国家出版基金项目
NATIONAL PUBLICATION FOUNDATION

无人机系统特征技术系列

总主编 孙 聪

无人机
自主控制系统设计

Autonomous Control System Design for
Unmanned Aerial Vehicles

车 军 唐 强 陈小龙 等 编著

上海交通大学出版社
SHANGHAI JIAO TONG UNIVERSITY PRESS

内容提要

本书是"无人机系统特征技术系列"丛书之一。无人机的自主控制系统是其面向飞行和任务实现智能化和自主化的基础。本书内容主要面向中大型无人机的自主控制系统设计,以工程实用性为主旨,注重理论方法和工程实践的紧密结合,包含了从系统总体到主要分系统,以及重要部件的相关技术内容。本书重点介绍并讨论了自主控制系统的概念内涵、系统体系结构、无人机对象建模与控制算法、基于系统工程的软件设计、无人机导航与定位、开放式模块化计算机硬件设计及无人机典型伺服作动系统设计技术,旨在较为系统性地体现工程实际中无人机自主控制系统的核心开发设计要素,助力无人机系统的发展。

本书的读者对象主要是从事无人机自主控制系统研究和设计的开发人员,也可供高等院校相关专业的高年级本科生和研究生参考使用。

图书在版编目(CIP)数据

无人机自主控制系统设计/车军等编著. —上海:
上海交通大学出版社,2024.3
(无人机系统特征技术系列)
ISBN 978-7-313-30520-6

Ⅰ.①无… Ⅱ.①车… Ⅲ.①无人驾驶飞机-自动飞行控制-飞行控制系统-系统设计 Ⅳ.①V279
②V249.122

中国国家版本馆 CIP 数据核字(2024)第 062780 号

无人机自主控制系统设计
WURENJI ZIZHU KONGZHI XITONG SHEJI

编 著 者:车 军 唐 强 陈小龙 等
出版发行:上海交通大学出版社   地   址:上海市番禺路 951 号
邮政编码:200030   电   话:021 - 64071208
印   制:上海文浩包装科技有限公司   经   销:全国新华书店
开   本:710mm×1000mm   1/16   印   张:31.75
字   数:550 千字
版   次:2024 年 3 月第 1 版   印   次:2024 年 3 月第 1 次印刷
书   号:ISBN 978-7-313-30520-6
定   价:260.00 元

无人机系统特征技术系列编委会

总　序

　　无人机作为信息时代多学科、高技术驱动的创新性成果之一,已成为世界各国加强国防建设和加快信息化建设的重要标志。众多发达国家和新兴工业国家,均十分重视无人机的研究、发展和应用。《"十三五"国家战略性新兴产业发展规划》及我国航空工业发展规划中都明确提出要促进专业级无人机研制应用,推动无人机产业化。

　　无人机是我国具有自主知识产权的制造名片之一。我国从20世纪50年代起就开始自主开展无人机研究工作,迄今积累了厚实的技术和经验,为无人机产业的后续发展奠定了良好的基础。近年来,我国无人机产业规模更是呈现爆发式增长,我国无人机产品种类齐全、功能多样,具备了自主研发和设计低、中、高端无人机的能力,基本形成了配套齐全的研发、制造、销售和服务体系,部分技术已达到国际先进水平,成为我国科技和经济发展的新亮点,而且也必将成为我国航空工业发展的重要突破口。

　　虽然我国无人机产业快速崛起,部分技术赶超国际,部分产品出口海外,但我国整体上仍未进入无人机强国之列,在精准化、制空技术、协作协同、微型化、智能化等特征/关键技术方面尚需努力,为了迎接无人机大发展时代,迫切需要及时总结我国无人机领域的研究成果,迫切需要培养无人机研发高端人才。因此,助力我国成为无人机研发、生产和应用强国是"无人机系统特征技术系列"丛书策划的初衷。

　　"无人机系统特征技术系列"丛书的撰写目的是建立我国无人机技术的知识体系,助力无人机领域人才培养,推动无人机产业发展;丛书定位为科学研究和工程技术参考,不纳入科普和教材;丛书内容聚焦在表征无人机系统特征的、重要的、密切的相关技术;丛书覆盖无人机系统特征技术的基础研究、应用基础研究、应用研究、工程实现。丛书注重创新性、先进性、实用性、系统性、技术前瞻性;丛书突出智能化、信息化、体系化。

无人机系统特征技术的内涵如下:明显区别于有人机,体现出无人机高能化、智能化、体系化的特征技术;无人机特有的人机关系、机械特性、试飞验证等特征技术;既包括现有的特征技术的总结,也包括未来特征技术的演绎;包括与有人机比较的,无人机与有人机的共性、差异和拓宽的特征技术。

本丛书邀请中国工程院院士、舰载机歼-15型号总设计师孙聪担任总主编,由国内无人机学界和工业界的顶级专家担任编委及作者,既包括国家无人机重大型号的总设计师,如翼龙无人机总设计师李屹东、云影无人机总设计师何敏、反辐射无人机总设计师祝小平、中国飞行试验研究院无人机试飞总师赵永杰等,也包括高校从事无人机基础研究的资深专家,如飞行器控制一体化技术国防科技重点实验室名誉主任陈宗基、北京航空航天大学无人系统研究院院长王英勋、清华大学控制理论与技术研究所所长钟宜生、国防科技大学智能科学学院院长沈林成、西北工业大学自动化学院院长潘泉等。

本丛书的出版有以下几点意义:一是紧紧围绕具有我国自主研发特色的无人机成果展开,积极为我国无人机产业的发展提供方向性支持和技术性思考;二是整套图书全部采用原创的形式,记录了我国无人机系统特征技术的自主研究取得的丰硕成果,助力我国科研人员和青年学者以国际先进水平为起点,开展我国无人机系统特征技术的自主研究、开发和原始创新;三是汇集了有价值的研究资源,将从事无人机研发的技术专家、教授、学者等广博的学识见解和丰富的实践经验以及科研成果进一步理论化、科学化,形成具有我国特色的无人机系统理论与实践相结合的知识体系,有利于高层次无人机科技人才的培养,提升我国无人机研制能力;四是部分图书已经确定将版权输出至爱思唯尔、施普林格等国外知名出版集团,这将大大提高我国在无人机研发领域的国际话语权。

上海交通大学出版社以他们成熟的学术出版保障制度和同行评审制度,调动了丛书编委会和丛书作者的积极性和创作热情,本系列丛书先后组织召开了4轮同行评议,针对丛书顶层设计、图书框架搭建以及内容撰写进行了广泛而充分的讨论,以保证丛书的品质。在大家的不懈努力下,本丛书终于完整地呈现在读者的面前。

　　我们衷心感谢参与本丛书编撰工作的所有编著者，以及所有直接或间接参与本丛书审校工作的专家、学者的辛勤工作。

　　真切地希望这套书的出版能促进无人机自主控制技术、自主导航技术、协同交互技术、管控技术、试验技术和应用技术的创新，积极促进无人机领域产学研用结合，加快无人机领域内法规和标准制定，切实解决目前无人机产业发展迫切需要解决的问题，真正助力我国无人机领域人才培养，推动我国无人机产业发展！

无人机系统特征技术系列编委会

2020 年 3 月

前　　言

　　无人系统发展的真正目的并不是直接取代人,而是通过一系列手段来补充、拓展和提升人类的能力,最终达到人与无人机协同工作的目的。一直以来,自主性都是无人系统(包括无人机、无人车、无人船、各种机器人等)的研究主题和所追求的重要目标之一,对其理解和认识也在与时俱进、不断深化。

　　无人系统自主性的实现在很大程度上依赖于自主控制技术的发展和进步,近二十年来,随着传感、通信、计算处理、系统控制和人工智能等领域新技术和新方法的发展与应用,同时在民用、军事等众多领域的强劲需求牵引下,以无人机为典型代表的无人系统发展日新月异,相应自主控制系统的功能和性能也日益完善和强大,所提供的自主能力不断提升,正在实现"自动"向"自主"的逐步跨越。面向无人机的发展与应用,航空工业西安飞行自动控制研究所发挥自身导航、制导与控制的核心专业优势,多年来在无人机控制与管理系统的预先研究和系统开发中积累了丰富的经验,在自主控制领域也取得了大量研究成果和技术突破,所开发和设计的控制与管理系统在多个无人机型号中得到了广泛应用,针对不确定性的自主控制系统关键技术的成熟度也在不断提升。

　　本书旨在尽可能面向工程实际,着重介绍无人机自主控制系统设计中的核心内容,主要包括无人机自主控制系统概述、自主控制系统体系结构、无人机控制对象建模及飞行控制算法设计、基于系统工程的软件设计开发、无人机导航与定位系统、开放式模块化计算机设计、无人机伺服系统设计、无人机自主控制系统发展与展望等。

　　本书的特色在于以下几个方面:首先,完整覆盖了无人机自主控制系统级与部件级设计的主要技术内容,其中系统级设计包括体系结构、控制算法、软件设计等,部件级设计包括导航定位、计算机、伺服作动等;其次,从工程实用角度出发,注重理论与实践相结合,所介绍和讨论的相关技术内容具备实际可行性和操作性;最后,尽管本书所介绍的内容主要面向中大型无人机应用,但相关设计思想和技术实现途径却并不受平台的局限,同样可以举一反三应用于不同类型的无人平台。

本书由航空工业西安飞行自动控制研究所的车军研究员任主编,唐强研究员、陈小龙高工任副主编。参与编写者都是从事无人机自主控制多年科研和工程的资深研究员和优秀的中青年工程师。全书共分为8章:第1章由唐强和车军编写,第2章由唐强编写,第3章由张翔伦编写,第4章由宋少龙等编写,第5章由张亚崇、周琪、田宇、刘通、张洋等编写,第6章由陈小龙、王波、雷志荣、张兴隆、刘坤等编写,第7章由夏立群、刘向、李永锋、韩志华、刘莹、朱明君等编写,第8章由唐强和车军编写。全书由车军和唐强统编统校。

本书的读者对象是无人机自主控制系统研究和设计的开发人员,也可供高等院校无人机相关专业高年级本科生和研究生参考使用。

本书编著者衷心感谢对本书出版给予关心、支持和帮助的人们,特别感谢对本书进行审阅并提出宝贵意见的北京航空航天大学陈宗基教授等。

无人机自主控制系统涉及面广,目前仍是一个相当开放、活跃的研究领域,但是由于时间和编著者学识水平的限制,书中难免存在遗漏甚至不当之处,恳请读者不吝批评,给予指正。

编著者

2024 年 1 月

目　　录

第 1 章　绪　　论

对无人机而言,其自主性具体表现为自主飞行和自主完成任务的能力,自主控制技术是支撑上述能力实现的首要手段。完全意义上的自主控制是无人机未来发展的必然方向和典型特征,其所面临的最大挑战来自无人机所处环境及任务的高度动态性、不确定性和复杂性。

本章首先简要阐述无人机自主性的概念和相关认识,在此基础上介绍自主性评价的相关研究和发展,从而引出无人机自主控制的概念和内涵,并且从工程应用的角度出发,对无人机自主控制系统的能力需求、功能组成、关键技术、典型特征等方面进行相应论述。

1.1　无人机的自主性

"自主"一词来源于英文"autonomy",从字面上看,有独立、自治、主动、不受外部控制等含义。通常,自主性可定义为实体的一种能力,这种能力的典型特征在于该实体可基于自身对外部世界、所处环境及自身的理解和认识,实现自我管理、自我决策、自我行动,以达到期望的目标[1]。换而言之,自主性代表系统能够主动独立完成任务的能力。对于无人机而言,自主性是其设计、开发与实际应用所追求的重要属性和能力。

1.1.1　自动、智能与自主

针对无人机的自主性,首先必须明确自动与自主,以及智能与自主这两组概念之间的区别和联系,从而指导无人机的研究、应用和发展。在实际中,它们经常同时被涉及且时常被混用,在不仔细区分的情况下,有时甚至会造成一定的混淆和歧义,因此有必要对它们进行较为清晰的区别和划分。

1) 自动与自主

首先,可以将自主作为自动的外延,自主是面向不确定条件下更高等级的自动化,是自动发展的高级阶段(见图1-1)。

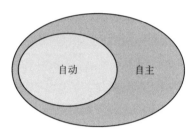

图1-1 自主是自动的外延和扩展

在众多文献和资料中,为便于自主性的认识和理解,经常将自动和自主放在一起对比。例如,在北约和美国空军等较为权威的组织机构所发布的无人系统相关技术报告中[2-3],对自动化和自主性有以下论述和比较。

(1) 自动化(automation)。

自动化通常有两个层次的含义[2]:一方面,自动化意味着自动地操作或控制某个设备、过程或者系统;另一方面,自动化也指达到自动操作或控制相应目的的技术和设备,通常也包括用于实现相关逻辑或实际操作的软件。

关于自动化,可理解为"在系统功能的自动实现过程中无人或较少人工参与,但是系统的性能受限于事先所设计的特定操作"。目前的工程实际中的系统大部分还是自动化系统,按照预编程序进行重复操作。对无人机而言,常见的自动化典型应用包括飞行控制系统中的电传控制系统,整合多传感器信息的数据融合系统,实现制导和导航的飞行管理系统,以及自动防撞系统等[3]。

在无人系统的应用中,自动化系统能按照事先给定的步骤或路径运行,并且可以实现对外部干扰引起的微小偏差进行补偿,但是不能根据一些给定目标来自行定义路径或者选择目标来规划路径。因此,单纯依靠自动化系统难以应对不确定、非结构化且复杂多变的实际运行使用环境。此外,无人系统的工作环境复杂,其运行和使用需要依赖大量的人-机交互操作,同时很多情况下还要具有与其他自主系统交互工作的能力,随着无人系统的快速增长及有人-无人系统的同步/协同操作,基于自动化实现的无人系统,其使用面临巨大人力资源的负担和挑战。

(2) 自主性(autonomy)。

与自动化不同,自主性的实现需要面向更广泛的操作和应用环境,通常采用额外的传感器和更复杂的软件,以实现更多的相关功能或技术活动,从而提供更高水平的自动化行为。自主性的若干典型特征例如在无外部控制介入的情况下,系统具备独立实现任务目标的能力,在存在较大不确定性的情况下系统仍表现良好,在通信受限或中断情况下系统正常工作,具备系统故障补偿和修复能力等。

自主系统是指可应对非程序化任务或非预设态势,具有一定自我管理和自我引导能力的系统。相比于自动化设备与系统,自主性设备和自主系统能够应对更多样、更复杂的环境,完成更广泛的操作和控制任务,具有更广阔的应用潜力。例如,具有自主性的无人机系统可根据任务需求,可以自主完成"感知—认知—决策—执行(observation-orientation-decision-action, OODA)"的系列化动态过程,并能够应对任务和环境中的意外/突发情形,以及容忍一定程度的失败。

自主系统是面向目标自我控制的系统,通过选择行为来实现人为导向的目标,不需要外部控制,但受规则和策略控制,能根据一系列规则和限制来做出决策。在决策时,能判别哪些是重要信息,相比于按照预定方式运行的自动化系统具有更高的性能水平。通过采用机器学习等技术,自主系统还可以根据自己开发改进的策略来选择自身的行为。另外,自主系统甚至在不可预料的情况下可以以目标导向的方式优化行为。

2) 智能与自主

其次,智能与自主是自主无人系统最为重要的两个基本特征,但是它们同样也是两个不同范畴的概念,自主更强调行为的独立自主性,而智能更强调智慧的水平和能力。无人机系统所追求的自主性实际上是针对特定任务场景,具有一定智能的自主性。

与自动和自主相比,智能与自主更容易被混淆,在某些场合中甚至会被不加区分地混用。不可否认,它们存在一定的共性和联系,但仍然是两个不同的概念。自主表达的是行为方式,强调由自身决策完成某种行为。智能不同于自主,智能是实施行为的能力,对行为方式和行为过程是否自主并不强调。智能应该说是实现更高自主性的方法和手段。

自主和智能两者间存在紧密关联(见图 1 - 2)[4-5]:

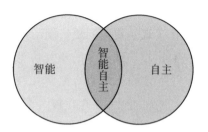

图 1-2　自主和智能相互联系但有所区别

(1) 自主在前,智能在后,两者相辅相成;

(2) 自主未必智能,但自主希望有智能;

(3) 智能依赖自主,智能的等级取决于自主权的高低。

因此,对于无人机而言,所追求的自主性严格来说应该是"智能的自主":一方面,要求无人机能在无人干预的情况下,针对不确定性实现自我管理并做出自我决策;另一方面,这种管理和决策的实现要具备一定的智能水平。

3) 自主同样受限

最后需要强调的是,自主并不意味着可以毫无限制,尤其需要强调自主性其实现必然是在一定权限内,超出原有的相应权限则必须获得新的授权。

无人机系统的自主性受到许多因素的限制,可以用具有自主意识和行为的人来进行对比理解。人不仅受到自然界的规律或法理限制,人还受到所处群体的制约(国家/制度、社会团体/规程、单位/条例、家庭/伦理道德等)。无人机系统的自主权限首先受人(使用者)限制,同时受自身能力的制约,还受其使用环境的限制(自然地理环境、飞机编队要求、任务要求等)[4]。此外,无人机的自主能力和权限在系统运行过程中往往也是动态弹性可变的,例如起飞/着陆阶段的自主性与任务执行过程中的自主性有着不同的内涵。

1.1.2　无人机自主性的体现

发展无人机系统的自主性是提升战略优势的一种重要手段。未来,随着自动化软件及更高级算法的广泛使用,无人机系统的自主程度将不断提高,将能够应对更复杂的环境,遂行多种任务,并且具备与其他自主系统协同运行的能力。通过提升无人机系统的自主性,可以获得以下显著好处[3]:

(1) 减少不必要的人力投入,降低人力成本;

(2) 扩大使用/作战范围,延伸人类的能力与意志;

（3）缩短无人机执行重大时敏行动所需时间；

（4）提高无人机系统使用和运行的可靠性、持久性和灵活性。

具体来说，无人机系统自主性主要体现在感知、规划、学习、人机交互与协作、多无人机协同等多个方面[6]。

1.1.2.1 感知

感知是实现自主性必不可少的关键要素，包括对无人机内部自身工作运行状态的感知，以及对飞行过程中外部运行环境和任务目标的感知。

根据感知目的的不同，可以将无人机系统的感知分为六个主要类别，分别是运动感知、系统健康感知、外部环境感知、任务目标感知、操作感知和人机交互感知。在某些情况下，为了完成某项任务，上述各类别的感知行为也会存在一定程度的交叉。

1）运动感知

运动感知主要敏感无人机的运动状态，包括无人机的角速率、过载、姿态、速度、位置、迎角/侧滑角等，均是无人机最为重要的基本感知能力，通过运动感知的反馈及闭环控制，方可实现无人机的制导、导航与控制（guidance, navigation and control, GN&C）功能，进而支持轨迹规划、动态重规划、障碍规避，以及多机编队与任务协同等功能的实现，是无人机安全飞行和执行任务的基本保障。

2）系统健康感知

系统健康感知服务于系统可靠性的提升，主要用于无人机的系统状态监测、故障评估与诊断及故障预测，是系统健康管理的基础，支持系统容错、重构、降级、应急处置等相应功能的实现。在系统"查错"→"容错"→"预错"全流程中，智能自主的系统健康感知能力提升有助于系统故障的处理与恢复，可提升用户对系统的信任度，减轻操作人员在故障处理方面的认知负荷。

3）外部环境感知

外部环境感知本质上也是一个多源信息融合的过程，用于无人机对所处外部飞行及任务运行环境的探测与认知，服务于轨迹/任务的规划与决策，支持环境感知与建模、态势评估和威胁估计等功能的实现。

4）任务目标感知

任务目标感知服务于任务目标的探测及目标的相对导航定位，主要支持目标探测与识别、目标位姿测量，以及目标运动预测与跟踪等功能的实现。任务目标感知的应用可根据无人机所执行任务的不同进行划分，例如应用于面向特定飞行阶段（包括自主着陆、空中加油、编队飞行等）的相对导航定位等功能实现，以及应用于面向侦察/监视/打击等任务中特定目标的感知(包括地面、海上、空中等目标)。无人机一旦具有自主性的任务目标感知能力,可显著减轻操作人员和分析人员的工作负担,降低对通信网络(包括通断、带宽、延迟等)的要求,并且可以与外部环境感知相结合实现面向任务的飞行。

5) 操作感知

操作感知主要面向任务操作的实现。随着无人机,尤其是微型和小型无人机室内应用的增多,任务重点也更多地从远程感知转移到过程行动上,操作感知变得越来越重要。例如,在国际空中机器人大赛(International Aerial Robotics Competition, IARC)第六代任务中,需要利用小型无人机拾取特定的 U 盘并放置替代的 U 盘,又如广为所知的宾夕法尼亚大学 Vijay Kumar 团队采用小型无人机编队协同,在室内进行搭建建筑物、弹钢琴等飞行演示试验等,在类似的场景中,操作感知的实现是一项艰巨的任务。提升自主操作感知可以减少完成操作任务所需的时间及人员工作负荷,并提高操作任务完成的效率。

6) 人机交互感知

人机交互感知主要用于感知无人机操作员的指挥/控制指令,从而服务于更高效可靠的人机交互实现。目前,实现无人机指挥/控制的人机交互感知主要通过传统的机/电信号传输实现,例如飞行员操纵杆/舵、鼠标/键盘/触摸屏等。将来无人机的操纵、指挥与控制可能是基于语音/唇形/手势/姿势/眼动/脑电等各种新型交互方式实现,因此需要深入开展新的感知途径及其应用研究;此外,无人机的应用方式也由传统的单机控制向多机协同、集群控制发展和转变,对于无人机操纵人员而言,不可避免地存在信息及交互过载的情况,同样对人机交互感知提出了新的挑战。

1.1.2.2　规划

规划是指能将当前状态改为预期状态的行动序列的计算过程,也是在尽可能节省已有资源的前提下,为实现任务目标而行动的过程。从数学的角度出发,规划问题实际上是一个已有资源能力和期望目标的最优化匹配过程。

对无人机而言,规划能力是其自主性的重要体现之一。例如,在美国国防部早期发布的无人机自主能力等级评价划分中,亦将动态环境中的机载重规划能力作为 ACL 4 级的典型标志。在无人机面向任务的飞行中,常用的规划一般包括轨迹规划、任务载荷规划、任务目标规划、机动动作序列规划、通信链路拓扑规划等。

在规划的实施过程中,通常需要把握两个关键点:

（1）规划问题的建模。

首先是规划求解的建模，在规划模型中，一般包括无人机运动行为和任务能力、所处环境（包括地形、天气、威胁、障碍等），任务目标特性等。通过这些模型，对无人机的行动和环境条件进行描述，在多属性多目标的情况下还要考虑规划的偏好，综合设定相应规划目标的数学表达式（例如常用的优化/代价函数等），为规划实施提供基础。

（2）规划算法的选择、设计和应用。

在规划问题建模的基础上，综合考虑各种约束条件，包括对规划算法的实时性要求，遵照硬性条件（如无人机在高度、速度、机动能力等包线方面的条件限制），优化软性限制条件（如最大限度地减少完成任务所需的时间或人力）的前提下，提供计算行动序列和分配行动资源的算法。

1.1.2.3 学习

如果说人的学习是通过观察、记忆、思考等途径获得某种技能的过程，那么无人系统的机器学习就是在用计算机模仿这一过程，使机器能够借助现有的知识进行识别和利用，并以此获得新知识和技能。近十几年的时间里，机器学习快速崛起，尤其是基于人工神经网络的深度学习得到了迅猛发展，不断涌现出的优秀算法推动了人工智能在语音识别、图形图像处理及自然语言处理方面的进展，已经成为大数据时代下开发自主智能系统最有效的手段之一。

通过机器学习，可以根据已有的数据和信息进行学习策略的探索和潜在结构的发现，依据所得模型进行预测及分析。同时，随着传感器和计算机技术的发展，海量数据的获取、积累和处理能力都得到了几何级数的增长，使得机器学习的应用前景越发广阔。

为了提升无人机的自主性，机器学习的应用场景同样非常丰富且关键。例如，基于机器视觉的静态/动态任务目标搜索与识别、用于人机交互的自然语言理解、用于执行战术机动的动作和轨迹规划、用于感知环境的威胁估计和态势评估等，都可以基于已有的大量训练数据，通过机器学习来实现高效可靠的知识获取，在未来甚至还可以由系统根据已有的实际运行经验，通过学习自主地适应新的环境和新的任务。

1.1.2.4 人机交互与协作

人机交互是研究人、机器，以及人与机器之间相互影响的技术。对无人机而言，人-机交互是一个较新的跨学科领域，旨在解决指挥/操作人员与无人机之间进行信息传递的方式，并基于信息传递实现人机和谐的问题。

需要明确的是,尽管无人机系统机上"无人",但其运行和使用过程中始终贯彻"以人为中心",即无人机实际上所承担的角色是操作者/使用者相应能力的延伸拓展或者替代补充。在危险/有害/枯燥(dangerous、dirty、dull,3D)等任务环境下,物理上无人机可视为人的视力(侦察)、拳头(打击)等能力的延伸,精神上无人机可替代人从事长时间的枯燥工作并可在授权范围内自主执行飞行及任务。借助于有效的人机交互与协作,可以将人类强大的适应性与自主系统的高精准度相结合,实现优势互补。

因此,人机交互与协作作为未来无人机所具备的一大重要特征,随着无人机系统自主能力的不断增强,其受重视程度不断提升。例如,在美国国防部2018年发布的最新版《无人系统路线图》中,首次明确将人机协作与互操作性、自主性、网络安全并列为无人系统的四大关键技术主题[1]。

在人机交互与协作领域,为实现人与无人机的双向认知交互,一方面需要实现具备自主感知能力的多模/多通道人机交互接口,另一方面需要综合考虑人机特性完成无人机自主权限的划分、人机功能的分配及相应的控制转换/交接逻辑,从而实现整个人机系统综合性能的最大化。

通过提高人机交互与协作水平,不仅可以提高无人机系统的任务执行能力,还可以提高人类对自主无人机系统的信任度。现阶段无人机系统的使用中,人机交互与协作仍然处在"人去适应无人机"的阶段,未来随着无人机自主性和智能水平的提升,必将沿着"无人机逐步适应人"的方向发展,充分体现"以人为中心"的自然交互准则。

1.1.2.5　多无人机协同

多无人机协同执行指定的战役/战术任务,通过它们之间的能力互补和行动协调,可以实现单架无人机的能力扩展,不仅可以提高整个系统的突防能力、电子对抗能力、目标搜索能力和识别能力,而且可以减小作战消耗,从而提高整体作战效能。

例如,在应对"反介入"和"区域拒止"作战中,多架低成本的无人机可以替代单一昂贵具备高防护能力的无人机系统。又如,在战场中出现噪声、干扰、伪装、隐藏、欺骗等现象时,多架低成本的无人机并行协同可以提供相应的任务冗余能力,即使其中若干无人机出现故障,最后仍能保证任务的完成。

在多无人机的协同中,期望每个无人机智能体都具有一定程度的自主性。通常情况下,它们之间的协同有两种基本的方式,即分布式协同和集中式协同。在分布式协同中,是多个无人机之间直接进行互动或交涉;而在集中式协同中,存在集中的规划/控制器,在其指导下无人机统一进行协调。无论多无人机系统采用哪种方式进行协同,都必须确保它们之间关于飞行或任务具有同步性,同时还要具备适应环境或任务动态变化的能力。

多无人机的自主协同,指的是面向飞行和任务中的不确定性,无人机单元无须外部指令,在授权范围内并在一定约束条件下,依托无人机之间的信息共享与融合,完成针对不确定事件的实时响应和处理,最终达成共同目标的群体行为。通过多无人机的自主协同,可以达成各无人机力量上的内聚融合和功能上的耦合放大,从而取得最佳的任务或作战效果。

多无人机协同系统研究的重点在于面向功能相对独立的无人机个体,通过它们之间有效的协商、协调和协作,共同完成复杂的控制任务或解决复杂的问题。多无人机自主协同首先是信息的协同,利用共享跨领域传感器传输信息,提高执行任务时的协同能力,其中涉及无人机分群、协同指挥控制、动态自组网通信、任务规划和目标分配等关键技术。无人机集群自主协同还需要解决态势共享及语义模型统一问题[7]。相比于人机交互与协作,多无人机协同与前者有联系但仍有所区别。多无人机协同主要侧重于研究不同配置无人机之间面向飞行/任务的协同机制,而人机交互与协作则在更大程度上侧重于协作认知研究。

1.1.3　无人机自主性发展应用方向

在可预见的未来,无人机的使用模式可以大致划分为三种主要的基本形式,分别如下:

(1) 替代有人驾驶飞机;

(2) 与有人驾驶飞机协同;

(3) 多无人机/无人系统协同执行任务。

结合自主性考虑上述三种主要无人机应用形式,则它们分别对应:

(1) 单机自主;

(2) 有人机-无人机协同自主;

(3) 多无人机/无人系统协同自主。

其中,单机自主是后两者的基础,三种无人机应用形式对自主性的要求和依赖程度依次提升。

1.1.3.1　无人机单机自主

对于无人机单机自主,如果对无人机在空中的飞行和任务进行分解,基于飞行阶段划分为依据,以固定翼飞机为例,可以借鉴各种军用飞行品质标准中列出的典型 20 余种飞行阶段[8-10](见表 1-1)。

表 1-1　固定翼飞机飞行阶段划分

战斗阶段(A 种)	航行阶段(B 种)	起降阶段(C 种)
空战(CO)	爬升(CL)	起飞(TO)
对地(舰)攻击(GA)	巡航(CR)	弹射起飞(CT)
武器投掷或发射(WD)	待机(LO)	进场(PA)
空中回收(AR)	空中加油(RT)	复飞(WO)
侦察(RC)	下降(D)	着陆(舰)(L)
空中受油(RR)	应急下降(ED)	
地形跟踪(TF)	应急减速(DE)	
反潜搜索(AS)	空投(AD)	
密集编队(FF)		

针对上述表中所列飞行阶段,从当前国内外技术开发和工程实践的进展分析,除空战阶段外,目前无人机均可在一定程度上替代有人机的飞行员完成任务。基于这个角度,无疑自主制空作战是无人作战飞机未来的重要发展方向,并且国内外均已开始在该领域展开相关研究,例如美国国防部在 2007 年发布的无人机路线图中,就规划于 2025 年实现无人机的自主空战。

由于空战的目的是通过机动获取对抗态势上的优势,从而取得空战的胜利,其行为具体体现为一系列的空中机动动作轨迹。基于此,目前无人机自主空战的相关研究很多是围绕空战战术机动决策展开的。

一种无人机自主空战实现的主要思路简述如下:

(1)首先针对空战战术机动建立相应的参数化模型;

(2)在典型战术机动模型的基础上建立完备的空战机动动作轨迹库;

(3)基于空战中的敌我态势,结合空间、时间进行实时的决策和优化,并且调用机动动作轨迹库中的基本机动动作,形成轨迹链;

(4)跟踪生成的轨迹并控制无人机完成战术机动。

近年来,在无人机自主空战领域已经取得了一定的突破,例如在美国空军研究实验室(air force research laboratory, AFRL)的支持下,辛辛那提大学旗下的 Psibernetix 公司开发了 ALPHA 自主空战模拟系统。2016 年据媒体报道,该系统在多次空战模拟中战胜了多位优秀的人类飞行员。

除了自主空战外,对于其他的飞行阶段,无人机单机自主性的提升同样有大量可以挖掘的潜力。

1.1.3.2　有人-无人自主协同

有人-无人自主协同是指有人系统与无人系统之间在组织、决策、规划、控制、感知等方面各自进行独立的计算、存储、处理,同时通过自发且平等的交互共融,达成共同目标的群体行为。与单纯的无人系统相比,在有人-无人自主协同系统中,人类智能与机器智能的平行交互与融合,有利于实现有人系统与无人系统的双向互补,使在执行复杂任务时能够更好地适应人类目标导向而产生更优的性能[11]。

对无人机而言,现有地面站远程异地控制无人机的模式存在数据链中断和指挥控制延时等带来的缺陷和风险,难以支撑无人机在战场对抗环境下遂行的作战任务。采用有人驾驶飞机指挥控制模式,可以实现对无人机的就近指挥,通过两者优势互补,可有效提高无人机对作战环境变化的应对能力,弥补无人机在复杂环境下自主能力的不足,是短期内无人机在战场对抗环境下形成作战能力的有效手段[12]。

基于上述认识,在现有技术条件下,各航空强国都将有人驾驶飞机与无人机的协同作为重要的战略发展方向,并且预期在不远的将来,有人驾驶飞机与无人机进行协同极大可能成为空中作战的主要形式。其中:有人驾驶飞机履行指挥官职责,侧重信息综合与决策;而无人机履行战士职责,是未来空中作战的主要侦察/打击力量。

从无人机自主性的角度出发,有人驾驶飞机与无人机之间的协同可以大致按三个主要阶段发展[11],分别如下:

(1) 有人-无人遥控模式。无人平台没有自主性,其决策与行为完全依靠有人平台的遥控指挥。

(2) 有人-无人半自主协同模式。无人平台自主完成行为操作,有人平台完成复杂决策操作。

(3) 有人-无人自主协同模式。有人/无人平台功能对等,协同关系自发形成且强度动态可调。

基于可见文献,尽管国内外已经在有人-无人协同自主方向开展了大量的基础性和工程应用研究,例如近年来广受关注并取得了极大进展的 MUM-T、忠诚僚机等项目等,但是客观地说,目前有人-无人协同领域的研究和应用基本上处于上述三个阶段中的第二阶段,协同自主的水平尚不高。尤其是面向动态的对抗环境和复杂的作战任务,关于如何有效协同有人驾驶飞机和无人机之间的能力,如何建立分布式感知信息的传递与融合,以及如何应对意外事件进行协同决策与规划等具体实现途径或研究方向上,尚未见实质性工程化研究进展,有人-无人自主协同模式要实现对抗环境中的应用仍存在一定的差距。

1.1.3.3 多无人机协同自主

面向高度对抗性、高度不确定性、高度动态性的战场环境,无人机的作战方式已逐步从单平台向多平台发展。一方面,未来战场越来越复杂,单架无人机所能执行的任务能力有限,生存能力受到越来越大的挑战;多架无人机协同作战,通过能力互补和行动协调,实现单架无人机的任务能力扩展及多无人机系统的整体作战效能提升。另一方面,无人机的自主能力不断发展,将逐步从简单的遥控、程控方式向人机智能融合的交互控制,甚至向全自主控制方式发展,无人机将逐步具备多机协同执行任务的能力。

在多无人机协同作战研究与应用中,美国开展的相关研究无疑最为广泛和深入。依据可见文献和网络等信息渠道,美军所公开的具有一定代表性和影响力的项目主要包括美国国防高级研究计划局(DARPA)主导的"体系集成技术及试验"(SoSITE)、"自治编队混合主动控制"(MICA)、"小精灵"(Gremlins)、"拒止环境下协同作战计划"(CODE)、"进攻性蜂群使能战术"(OFFSET)等项目,美国海军研究局(ONR)负责的"低成本无人机蜂群技术"(LOCUST)项目,以及战略能力办公室支持的"山鹑"(Perdix)微型无人机项目等。

根据多无人机参与协同数目和组织集中程度的不同,可以大致形象地划分为 Team-Group-Swarm,也可采用军队的组织来类比,如班-排-连-营等。这种划分方式可从多角度来理解:

(1) 无人机个体数量依次增多,从数个到数十个,到数百个乃至更多;

(2) 协同组织的集中程度依次下降,个体与整体之间的耦合越来越松散;

(3) 控制形式上,则由集中式向分散式过渡;

(4) 信息交互上,由全局信息交互向局部信息交互过渡;

(5) 无人机个体的目标越来越由具体趋向抽象,由战术趋向战略;

(6) 反映到无人机的自主性上,则对自主性的要求越来越高。

以目前最为热门的无人机"蜂群作战"模式为例,2016 年 4 月,美国空军发布了《2016—2036 年小型无人机系统飞行规划》[13],其中首次明确提出小型无人机系统(small unmanned aircraft systems, SUAS)的发展将重点支持编组、蜂群等新作战概念的实施。"蜂群作战"背后的理论支撑则主要来源于美、欧等所倡导的"高动态与分布式为特点的跨域自主协同作战理论",一方面需要作战装备具有在高强度拒止环境中使用的特点,另一方面强调削弱单一武器平台的中心地位,转向将信息、火力的集成作为作战力量的核心。这种思想的具体体现就是发展多样化、廉价的小型武器和传感器替代以往大型、昂贵的武器,从而将交战过程中的各个环节功能分散到不同小型武器上去,实现作战力量的分散部署和作战流程的高度灵活。归根到底,对参与多机协同的无人机而言,自主性的有效提升仍然是首先需要解决的问题。

无人机自主性的提升、发展与应用是一个涉及多个学科、多方面因素的综合性难题,相关领域和方向包括控制工程、通信工程、优化算法、机器学习、人工智能、认知科学、计算机科学、数据分析与处理、人因工程等。需要围绕上述三种无人机的主要应用形式,结合具体飞行与任务场景,开展深入的研究,可列出但不局限于如下的若干重点研究方向:

(1) 如何自主实现环境与态势的感知、理解和认知;

(2) 如何实现面向飞行与任务的自主规划、决策与控制;

(3) 如何实现自主系统之间的交流与协作;

(4) 如何通过自我学习、推理与强化等途径提升无人机系统的自主性;

(5) 如何依托电子/计算机科学的进步,达成自主算法的机载实现;

(6) 如何对具备自主性的无人机系统进行有效的验证与确认(V&V);

(7) 如何结合无人机的自主性,建立有效的人机分工和人机互信;

(8) 如何建立有效的机制,确保无人机自主系统的安全运行;

(9) 其他方向。

1.2　无人机自主性的评价

为了衡量无人机系统的自主性,需要对其进行合理有效的评价。

自 20 世纪 90 年代起,美国在无人机自主性描述与评价领域进行了大量的研究。目前,国内外主流的研究与应用,绝大多数主要参考的是美国国防部历年来发布的《无人机/无人系统综合路线图》等文件中关于自主性的分析与评价相关提法,而且随着对无人系统自主性认识的不断深入,自主性的认识与评价方法也在不断发展和演进。

在美国国防部关于无人机/无人系统自主性评价的论述中,主要经历了三个阶段的演进(见图 1-3),相应的标志性文件分别如下:

图 1-3 美国国防部关于自主性评价的演进

(1) 2000 年发布的 *Unmanned Aerial Vehicles Roadmap 2000—2025*[14];

(2) 2011 年发布的 *Unmanned Systems Integrated Roadmap 2011—2036*[15];

(3) 2012 年发布的 *The Role of Autonomy in DoD Systems*[6]。

美国国防部设计和提出上述自主性评价/参考体系的目的在于指引学术界、工业界按照要求发展军方需要的自主能力相关技术,以不断提升军用无人系统的自主性和智能水平。

1.2.1 自主能力等级划分

基于朴素的、对事物进行分类从而加深认识的思维,早期的无人机自主性评价方法主要是基于自主能力等级(autonomous capability levels, ACL)划分展开的。自主能力等级划分并不是直接研究实现无人机自主性的各种控制的理论和具体的实现方法,而是一种对无人机自主能力进行量化评估的有效工具[16]。

1) 美国国防部的划分

2000 年,美国国防部正式发布首个无人机路线图——*Unmanned Aerial Vehicles Roadmap 2000—2025*[14],其中正式提出了著名的无人机自主能力等级 10 级划分方法,以及美国代表性无人机的等级参考(见图 1-4 和表 1-2)。此后 2002 年和 2005 年陆续发布的两版无人机路线图均沿用了相关描述和提法[17-18],并得到了国内外的广泛一致认同。

图 1-4　美国国防部 10 级自主能力等级划分

表 1-2　美国国防部无人机路线图中的 10 级自主能力等级

级别	英文	中文
10	Fully Autonomous Swarm	完全自主的集群
9	Group Strategic Goals	遂行编队战略任务目标
8	Distributed Control	分布式控制
7	Group Tactical Goals	遂行编队战术任务目标
6	Group Tactical Re-plan	编队战术任务重规划
5	Group Coordination	编队协同
4	Onboard Route Re-plan	机载航路重规划
3	Adapt to Failure and Flight Conditions	对故障和飞行条件的适应
2	Real Time Health/Diagnosis	实时健康诊断
1	Remotely Guided	遥控引导

　　值得注意的是,在 2000 年版、2002 年版和 2005 年版无人机路线图中,美国国防部对 ACL 在字面上有两种描述,分别是 autonomous capability levels 和 autonomous control levels,但是对两者并未做任何区分,且在上述三版路线图中这两种描述一直同时出现在自主能力等级的划分中。可见,基于当时的认识至少可以这样理解:无人机的自主能力主要依赖自主控制技术来实现,自主能力

等级和自主控制等级两者基本等价,可不做特别区分。

通过早期的自主能力等级划分方法,美国国防部统一了军方、工业界和学术界等各方对无人机自主性的认识,避免在无人机自主性提法上和性能描述上的模糊性,使得无人机自主性更科学、更易于理解、更便于操作和实现,从而有力指导自主性在无人机型号应用中的工程实现。因此,在自主能力等级划分出现后的10余年间,其一直是全球无人机研究、发展与应用的重要指导性标准,对无人机的飞速发展起到了不可替代的促进作用。

从美国国防部无人机路线图中所描述的自主能力等级内容来看,自主能力等级1～3级主要针对个体性能描述,4级达到个体最高性能,5～10级则侧重于具体的群体特性。ACL的10级划分反映了自主能力的发展趋势,即单机自主(1～4级)→编队自主(5～7级)→集群自主(8～10级)。该分级在学术界和工业界影响较大,至今仍被广泛应用。

在上述自主能力等级划分的实际操作和运用中,也存在一些问题和不足。例如李明院士曾指出[19]:"划分粒度不一致,1～6级的划分偏细,而7～10级划分过于粗糙""ACL的前6级,作为对工程技术开发的牵引是可供参考的,但应用时度量有困难,尤其是7～10级的高等级部分"。同时,划分中各等级的代表性功能描述模糊、缺乏相应的细化性能指标,而且等级划分是离散的,相互之间关联度低。

应该同样基于类似的认识,美国的工业部门针对具体类型或者具体型号的无人机,在实际应用中,也对国防部上述10级自主能力等级的划分方法进行了适应性修改。

2) 美国空军研究实验室Clough提出的划分方法[20]

Clough是美国空军研究实验室(AFRL)技术领域带头人,他在美国国防部三个无人机路线图中10级ACL的基础上,结合了OODA理论,提出了11级ACL划分,如表1-3所示。它是对美国防部10级ACL的一种拓展,也同样受到广泛关注。虽然两者是不同的,但经常被混淆。

表1-3　美国空军研究实验室Clough所提自主能力等级划分

等级	等级描述	感知(O)(理解/态势感知)	认知(O)(分析/协同)	决策(D)(决策)	执行(A)(执行/能力)
10	完全自主	对战场的全部认知	必要时协同	具有完全独立能力	执行任务几乎不需要引导

（续表）

等级	等级描述	感知（O）（理解/态势感知）	认知（O）（分析/协同）	决策（D）（决策）	执行（A）（执行/能力）
9	战场集群认知	战场推理-敌我意图，复杂/对抗环境-机载跟踪	分派的多机战略目标，敌方战略推理	分布式多机战术规划，确认单机战术目标，单机任务规划/执行，选择战术目标	多机完成战略目标，不需要监督辅助
8	战场认知	近似推理-敌我意图，减少对离线数据的依赖	分派的多机战略任务，敌方战术推理，自动目标识别	多机协同战术规划，单机任务规划/执行，选择机会目标	多机以最少的监督辅助完成战略目标
7	战场知识	短期轨迹感知-有限的范围，时间和数量内的历史记录和战场预测，离线数据辅助下有限推理	分派的多机战术目标，敌方路线估计	单机目标规划/执行以实现任务目标	多机以最少的监督辅助完成战术目标
6	实时多机协同	大范围感知-机载大范围敏感，离线数据补充	分派的多机战术目标，敌方位置敏感/估计	协同路径规划和执行以满足目标要求，多机优化	多机以最少的监督辅助完成战术目标，以尽可能小的间隔飞行
5	实时多机协调	基于敏感的感知-局部传感器探测与离线数据融合	分派的多机战术目标，实时健康诊断，对大多数故障和飞行条件的补偿能力，对故障预测能力（可预测的健康管理），多机诊断和资源管理	机载轨迹重规划-当前和预测条件下的优化，碰撞规避	多机完成外部分派的战术规划，空中碰撞规避，以尽可能小的间隔编队飞行
4	故障/事件自适应	有针对性的感知-联合通信数据	分派的战术规划，分派的作战规则，实时健康诊断，对于大多数故障和飞行条件的补偿能力-内环能够适应外环性能	机载路径重规划-事件驱动的自身资源管理	独立完成外部分派的战术规划，中等间隔飞行
3	对实时故障/事件的鲁棒响应	健康/状态历史和模型	分派的战术规划，实时健康诊断（判定问题的严重程度），对于大多数控制故障和飞行条件的补偿能力（例如自适应内环控制）	评估自身状况及完成任务能力，如果能力不足就退出任务	独立完成外部分派的战术计划

（续表）

等级	等级描述	感知（O）（理解/态势感知）	认知（O）（分析/协同）	决策（D）（决策）	执行（A）（执行/能力）
2	可变任务	传感器健康和状态	实时健康诊断（判定自身是否存在问题），离线重规划（如果需要）	执行预规划或上传的规划以响应任务和健康状况	独立完成外部分派的战术计划
1	执行预规划任务	预装载任务数据飞行控制和导航敏感	飞行前/飞行后机内自测试，状态报告	预规划任务和中断退出规划	大间隔飞行（千米级）
0	遥控驾驶飞行	飞行控制（姿态，速率，前端摄像机）	遥测数据，遥控驾驶指令	无决策	遥控

3) 美国 NIST 的无人系统自主等级框架[21-23]

美国国家标准与技术协会（National Institute of Standard and Technology，NIST）从 2003 年开始针对无人系统自主性进行研究，并建立起了"无人系统自主等级框架"（autonomy levels for unmanned systems framework, ALFUS）。其目标主要是确定衡量自主化级别的重要性，设计无人系统自主级别衡量的方法，建立一套能够广泛认同的分级标准，以便对无人系统自主级别进行客观的评价，同时还对无人系统自主控制技术的技术成熟度开展定量研究。

ALFUS 的核心思想之一是主张根据任务复杂性、环境困难性（后改为环境复杂性）和人机交互程度（后改为独立自主性）三个方面的因素来评估其等级，如图 1-5 所示，这是一个全新的观点，在自主性评价相关研究领域具有很大的影响。核心思想之二是任务的分解，将要执行的任务分解成若干子任务，然后利用不同度量值的加权平均计算每个任务的自主性。

针对三类关键因素的组合，定义了低、中、高 3 个层次的自主性，并且与美国国防部 ACL 10 级的自主能力等级划分相对应（见图 1-6）。

由于 ALFUS 研究中涉及的因素过多，而且其中相当一部分难以量化或者难以确定权值，导致整个项目的研究难度非常大。例如，在 ALFUS 的中期报告里，常常是提出的问题比解决的问题还要多。迄今为止，基于可见文献，NIST 尚未建立起完善的 ALFUS 系统。

4) NASA 针对高空长航时无人机的划分[24]

NASA 飞行器系统计划（Vehicle Systems Program，VSP）高空长航时部（HALE Sector）对美国国防部的 ACL 做出分析，认为 ACL 对于预想中的高空

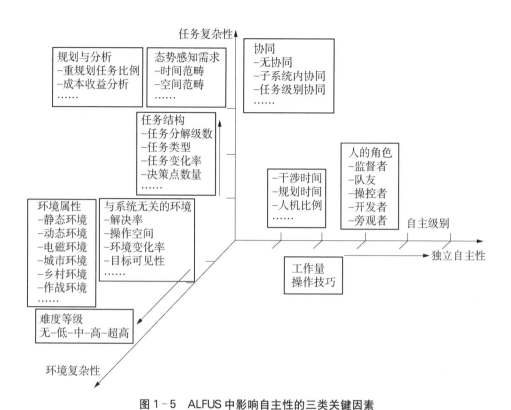

图 1-5　ALFUS 中影响自主性的三类关键因素

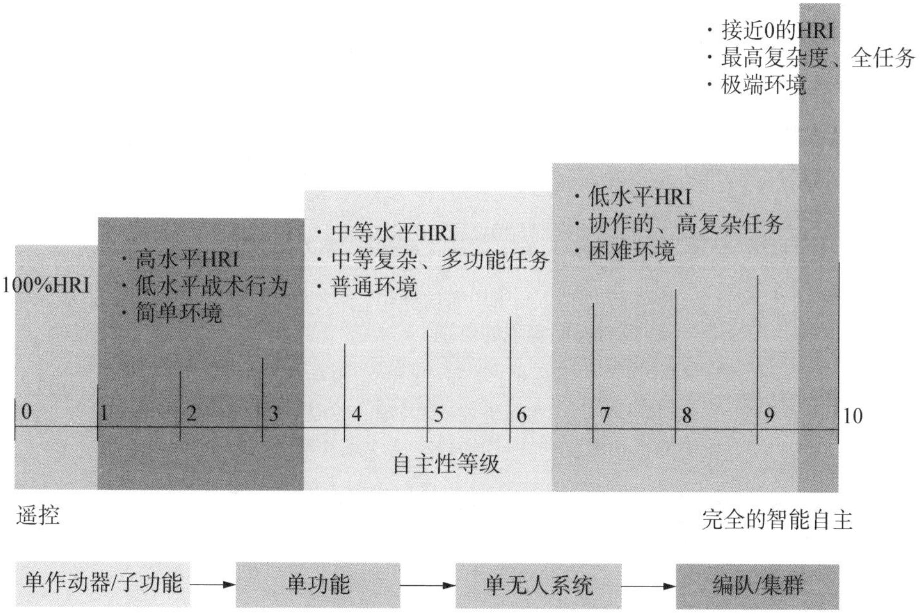

图 1-6　与美国国防部 ACL10 级的自主能力的对应

注：HRI 为人机交互。

长航时无人机而言太多且太细,于是于 2009 年采用了一种精简的自主等级划分方法,使整体感觉层次和意义更明确,并且实际操作性更好,如表 1-4 所示。

表 1-4　NASA 飞行器系统计划高空长航时部的自主等级划分

等级	名　称	描　　　　述	特　征
0	遥控	人在回路的遥控飞行 (100%掌控时间)	遥控飞机
1	简单的自动操作	依靠自控设备辅助,在操作员监视下执行任务 (80%掌控时间)	自动驾驶仪
2	远程操作	执行操作员预编程序任务 (50%掌控时间)	无人机综合管理,预设航路点飞行
3	高度自动化 (半自主)	可自动执行复杂任务,具有部分态势感知能力,能做出常规决策 (20%掌控时间)	自动起飞/着陆,链路中断后可继续任务
4	完全自主	具有广泛的态势感知能力(本体及环境),有能力和权限做全面决策 (<5%掌控时间)	自动任务重规划
5	协同操作	多架无人机可团队协作	合作和协同飞行

5) DAPAR、USAF 和波音公司针对 X-45 UCAV 的划分[25]

DARPA、美国空军(USAF)和波音公司 X-45 项目团队 2005 年提出一种宽泛的自主等级划分,如表 1-5 所示。

表 1-5　DAPAR、USAF 和波音公司针对 X-45 UCAV 提出的自主能力等级

等级	名称	描　　　　述
1	人工操作	操作员指导和控制所有的任务功能,无人机自主地飞行
2	经同意进行管理	系统自动推荐已选择功能的操作,系统在信息或决策的关键点提示操作员(目前已经实现的级别)
3	意外时进行管理	当响应时间对于操作员的反应而言太短时,系统自动执行相关任务功能;操作员关注功能进展;在限定的时限内,操作员可以改变参数,并取消或重新进行操作;操作员专注于意外发生时的决策
4	完全自主	当响应时间对于操作员的反应而言太短时系统自动执行相关任务功能,操作员关注功能进展

6) 针对"未来战斗系统"项目的划分[26]

美国海军针对目前已下马的"未来战斗系统(FCS)"项目的自主能力等级划

分如表1-6所示,该表是简表。

表1-6　FCS项目自主能力等级划分

等级	定　　义
1	遥控
2	已知运载器知识的遥控
3	外界预先计划的任务
4	当地和已规划路径环境的知识
5	危险规避或协商
6	目标侦查、识别、(危险)规避或协商
7	当地传感器和数据的数据融合
8	协同作战(行动)
9	合作作战(行动)
10	完全自主

7) 国内相关研究

在国内,无人机控制专业的相关研究院所和高校针对无人机自主能力等级划分也进行了深入的分析和研究[16, 19, 27-30]。根据公开发表的文献,在行业内产生较大影响的国内高校相关研究主要集中于北京航空航天大学,具有代表性的是陈宗基、王英勋、周锐等的研究成果。

北京航空航天大学的王英勋基于安全能力、感知能力、分析决策能力、协同能力四个能力要素,提出了一种6级的划分方法[27],如表1-7所示,对无人机自主能力的评价极具指导意义,其中高一级的自主能力必须首先具有所有比其低级的自主能力,另外还应具备新的能力。

表1-7　北航王英勋所提自主能力等级划分

等级	安全能力	感知能力	分析决策能力	协同能力
0级	完全结构化的控制方案和策略 对自身和环境变化没有做出反应的能力(自动控制)			
1级	简单的故障诊断,有限的自修复能力,大间隔飞行	按预定要求传回侦查信息	根据航路点实现预定航迹飞行,预装备用计划	接收操作员的指令,单机离线战术

（续表）

等级	安全能力	感知能力	分析决策能力	协同能力
2级	较强的故障诊断,大部分故障的自修复能力,简单的回避能力	目标设定与搜索,威胁在线感知和离线分析	在线评价任务完成情况,简单的局部航迹修改	编队飞行,人监控的机群协作
3级	完善的故障诊断与自修复能力,故障预测	威胁在线感知与实时分析	在线航迹评估,再规划航迹到新目的地	分等级合作,机群合作战术
4级	补偿预期的系统失误,小间隔飞行	多威胁在线感知和实时分析	持续的任务评价和再规划	分布式合作,机群合作战略
5级	根据需要完全脱离监管	机群合作感知	多机协同决策与博弈	多机作战中不需中央集权的控制,多机战术最优化

　　北京航空航天大学的陈宗基、周锐团队在美国国防部ACL10级划分的基础上,从智能系统的角度出发,结合无人机需要实现的自主功能,引入反射性行为、程序性行为、决策性行为等智能行为属性,以及互联互通能力,提出了适用于我国的无人机自主能力8级划分方法[28],并给出了各等级的技术内涵与判定准则,如表1-8所示,具有非常好的参考价值。

表1-8　北航陈宗基等所提自主能力等级划分

等级	自主功能	自主类别	智能属性	互联互通能力
1	遥控与结构性程序控制	单机自主	反射性行为	1级
2	实时故障诊断			
3	故障自修复和飞行条件自适应		程序性行为	
4	机载航路重规划			2级
5	编队飞行与多机协同	多机自主	决策性行为	3级
6	多机战术重规划			
7	机群战略重规划	机群自主		4级
8	全自主集群	集群自主		5级

　　此外,中国科学院沈阳自动化研究所王越超团队提出了一种基于蛛网模型的多维度无人系统自主性评价方法[29]。基于系统的自主等级,实际上是关心无人系统在完成某项任务的过程中所表现的自主能力。因此,在不同的任务中,无

人系统的自主等级是不同的,即无人系统的自主等级是相对的,而不是绝对的。为描述这种动态特性,提出了如图 1-7(a)所示的蛛网模型。它的形式是从一个原点,往外辐射出几条轴,每条轴代表一个评价项目,这些项目是决定无人系统的关键技术;每个项目都有 10 个级别,按照 NASA 提出的 9 级技术成熟程度等级来划分。

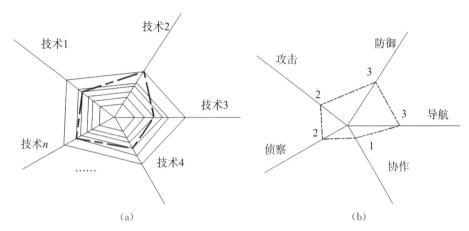

图 1-7　基于蛛网模型的无人系统自主性评价

对于一个系统,在每个评价条件上都有一个对应级别,最后把每条轴上的对应点连接起来,即构成蛛网的纬线,就能评价这个无人系统的自主性。对于一个无人机系统,假如对它的评价项目(关键技术)有导航、侦察、攻击、防御和协作五个技术方面,而它导航的自主级别是 3,侦察的自主级别是 2,攻击的自主级别是 2,防御的自主级别是 3,协作的自主级别是 1,那么它的蛛网自主评价模型就可以建立成图 1-7(b)的情形。

利用这种方法,可以建立适应于不同类型及不同领域无人系统的蛛网形自主性评价模型,根据经验或实验数据确定不同类型无人系统评价模型中纬线的数量/数值。针对无人系统在陆、海、空、天等不同环境中工作条件变化特点,在评价模型设计研究中需正确处理经线的互耦合、高维度、多样性等复杂因素,研究适应模型设计的动态优化理论和方法,可以通过数值仿真结果与模型试验对照研究来修正模型的变量设置。

因为这样的自主性分级方法直接把对技术的需求体现在维度上,所以维度数量不受限制,可以按照需求扩展。

1.2.2 人-机权限模型

在美国国防部于 2000 年首次提出无人机自主能力等级后的 20 余年间,尽管其在实际应用中存在一些不足,但不可否认的是,其间无人机自主性的评价基本都是基于该自主能力等级划分来进行的,可以不夸张地说,10 级自主能力等级划分方法引导了一个时代无人机的相关研究。

值得注意的是,在美国国防部 2007 年版和 2009 年版无人系统路线图[31-32]中,关于自主性的论述和讨论中回避了自主性评价和自主能力等级划分的话题,而在 2011 年版无人系统综合路线图[15]中首次提出了基于人-机权限视角的自主性等级划分,分为 4 级(见图 1-8 和表 1-9),分别是"人操作(human operated)、人委派(human delegated)、人监督(human supervised)和完全自主(fully autonomous)"。随着自主性级别的提升,在实际任务运行中,人的权限或者实际操作中的占比越来越低,而机器的权限越来越高。

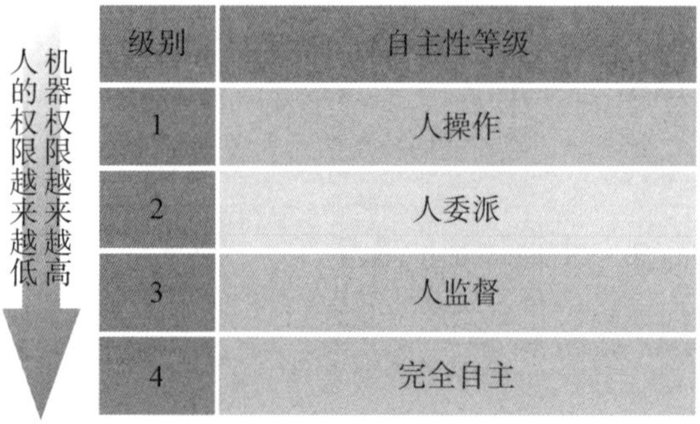

图 1-8 美国国防部基于人机权限的 4 级自主性划分

表 1-9 无人系统自主性的 4 级划分

级别	名称	描 述
1	人操作	所有的决策由人工操作员来决定。系统对其环境没有自主控制,尽管其可对感知的数据做出信息程度上的响应
2	人委派	系统可在授权委派的情况下,独立于人的控制执行许多功能。这一级别包括自动控制、发动机控制及其他低级别的自动化,必须由人工激活或停用,而且必须与人工操作互斥
3	人监督	在授予顶层权限的前提下,系统可以执行各种各样的行动。操作人员和系统均可以基于感知到的数据启动相应的行动,但是对系统而言,只有在当前指定的任务范畴内,才能做出相关行动

（续表）

级别	名称	描　述
4	完全自主	系统只接收操作员给出的任务目标，并将其转换为无须与操作人员交互即可执行的具体任务行动。在紧急情况下，操作人员可以随时在环或改变任务目标，尽管在实践中，可能存在由于人的介入而引入的明显延迟

　　不难体会，美国国防部此次提出的人机权限 4 级自主性模型，至少在一定程度上参考了前述 NASA 和 DARPA 等部门在具体无人机项目或型号中所提出的自主性评价方法，从而使得无人机自主性的评价更清晰和更具实操性，并且在一定程度上避免或者改善了之前自主能力等级 10 级提法具有的划分粒度不均、评价依据侧重点单一、代表性局限等不足。

　　尽管与之前自主能力等级的提法相比有所发展与进步，但是这种基于人-机权限分配的自主性评价方法的视角和维度仍显单一，所以很快就被美国国防部新的官方描述所取代，成为一种过渡性的评价方法。

　　从人-机控制权限分配的角度出发，国内以北京航空航天大学周锐为代表的团队也进行了相关的研究，他们根据人机交互的不同环节，也于 2011 年提出一种无人机系统的不同参考划分，按照顺序称为"由人操作—由人协助—由人委派—由人监督"四个类型。相关分类整理在表 1-10 中。

表 1-10　人的角色与无人机系统的类型

类型	人的角色	描　述
由人监督	监督模式	人的干预只出现在主任务层面
由人委派	队友模式	人的干预和交互出现在次任务层面
由人协助		人需要在任务执行期间，在具体工作细节层面给出干预和交互
由人操作	操控模式	等同于遥控模式

　　上述分类直接体现在无人机系统的自主性等级划分中，人的控制权限增加必定意味着无人机的控制权限减少，反之亦然（见图 1-9）。

　　综合以上内容，从而可以给出一个自主性等级的 5 级划分参考定义，从图 1-9 中最上开始，向下依次是"遥控—人控占优—人机参半—机控占优—完全自主"。

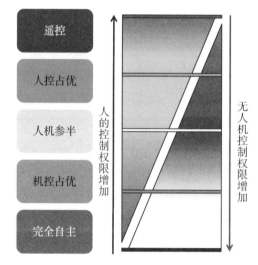

图 1-9 人与无人机控制权限的关系

同时,将自主性的等级与 OODA 循环结合在一起考虑,可以发现 OODA 循环中每一个环节其实都对应不同的自主性等级,每一个环节的自主性等级综合在一起,也就可以得到无人机的自主性等级,具体的描述和划分如图 1-10 所示。

LOA	O	O	D	A
无人机自主	完全自主	完全自主	完全自主	完全自主
无人机引导	完全自主	机控占优	机控占优	机控占优
操作员协助	机控占优	人机参半	人机参半	人机参半
操作员引导	人机参半	人控占优	人控占优	人机参半
远程操控	遥控	遥控	遥控	人控占优

图 1-10 OODA 循环与自主性等级的结合

针对上述无人机系统自主性评价和划分有以下几点说明:

(1) 所谓人机参半,并不是说人和无人机系统的控制权限各为 50%,而是在一个相对平衡的范围内都是被允许的;

(2) 对于特定任务,可以在上述自主性的定义中按照需求添加新的级别;

(3) 自主性的分级也不一定严格依"参半"对称,也是可以视情况进行适当的更改。

1.2.3 自主系统设计与评估框架

随着对自主性认识的不断深入，2012 年，美国国防部发布了专门针对无人系统自主性的标志性文件——*The Role of Autonomy in DoD Systems*[6]。在这份文件中，美国国防部对无人系统自主能力等级的提法进行了反思，并根据历年来国防部资助自主等级相关研究和项目所积累的经验和教训，明确提出以下观点和建议：

（1）自主性等级的相关研究对于自主能力的设计过程并无特别的帮助；

（2）之前各种定义自主性等级，并据此建立自主路线图的研究和努力并未达到预期目标；

（3）对自主性的竞相定义导致相关系统/产品的开发人员和采办官员，以及操作人员和指挥人员之间产生了不必要的混淆；

（4）国防部应禁止关于自主性等级相关定义的讨论，并不再使用自主性等级的提法；

（5）定义自主性的尝试，浪费了大量的时间和金钱来讨论和协调相关的条款，并可能最终导致"无边界自主"。

这些首次抛出的全新观念，对于自主性的研究而言无疑具有很强的颠覆性，基本否定了之前美国国防部所提出和倡导的自主能力等级划分方法，转而建议采用"自主系统设计与评估框架"替代之前一直沿用的"自主能力等级"，以实现对无人系统自主性的设计和评估的指导。

在新的提法中，美国国防部所提出的用于自主系统设计与评估的参考框架主要从"认知层次""任务时间轴"和"人-机系统权衡空间"三个不同角度出发，构建三种视图（见图 1-11）：

（1）认知层次视图（cognitive echelon view）；

（2）任务动态视图（mission dynamics view）；

（3）复杂系统权衡空间视图（complex system trades space view）。

其目的在于尽可能通过上述三类可视化视图，保证针对自主性的相关设计与决策在整个系统采办过程中明确清晰，包括需求/规范生成、系统设计、相关评审/批准等各阶段。

1）认知层次视图

基于认知层次视图对无人系统的自主性进行划分和考虑，其出发点在于面向任务的"人-机大系统"中"人"所处角色的不同。

对于实际运用中的无人机系统而言，不同层次/不同角色的指挥人员、系统

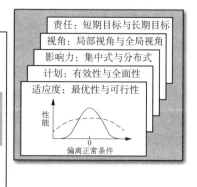

图 1-11　自主系统设计与评估参考框架

操作/使用人员和系统开发人员对系统所拥有的控制/操纵权限、级别和范围是不同的,他们对无人机自主能力的要求也有所区别,因此对于其自主性的认知也是分层的。

例如,在典型的多无人机作战任务中:

(1) 战场任务指挥官(任务控制层)需要在战场中综合考虑各种时空要素,指挥控制包含无人机在内的一定规模的作战单元,需要的是多无人机系统在不确定环境中面向复杂任务,并且适应快速动态变化战场上的自主性,如大规模资源调度与任务分配方面的自主性;

(2) 编队指挥官(作战单元控制层)需要面向任务,协调单元内各成员,需要的是编队集群的自主性,如编队队形自主变换与协调等;

(3) 无人机操纵/驾驶人员及任务设备操纵员(平台控制层)需要的是单机平台的自主性,如不确定情况下的航路重规划、自主故障诊断与处理等。

这就好比一场战役中,战役指挥官、局部战场指挥官和参战的士兵,他们对战役/战场的认识不同,各自的主观能动性也有所不同,所要执行完成的任务目标也由宏观到微观,被层层分解并不断细化。不难发现,认知层次视图和智能系统的分层递阶控制有异曲同工之妙(见图 1-12)。

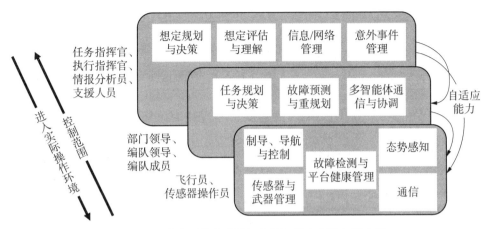

图 1‑12　自主系统参考框架中认知层次中的主要功能

通过认知层次视图:可以更加清晰地明确无人系统自主性的要求,以及自主性具体的实现和使用情况;也有助于检查和审视整个大系统,通过自主性的合理有效引入,来提高系统的整体性能,增强执行任务的能力;还可以清晰地明确人在系统中的作用和地位,通过人力资源的优化,可以减少人力使用,减轻工作负担。

2) 任务动态视图

任务动态视图(见图 1‑13)可以理解为面向任务的时间视图,指的是在任务执行过程中,应根据不同时间阶段,按不同的方式应用不同的自主性技术。

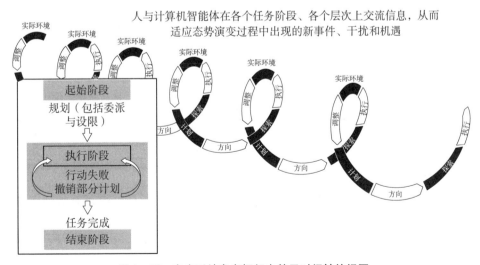

图 1‑13　自主系统参考框架中基于时间轴的视图

例如,从任务时间轴上看,不同任务阶段对系统自主能力要求的不同,可应用的自主决策类型会随着时间的流逝和变迁而发生变化。

(1) 任务启动阶段:任务规划、航路规划、意外事故应急计划、自主起飞等。

(2) 任务执行阶段:故障检测/监控与重构、态势评估、威胁估计、在线的航路重规划等。

(3) 任务结束阶段:数据收集/信息处理、自主返航、自主着陆等。

根据任务动态视图,在执行基于环境复杂度与必要响应时间的任务期间,认知功能的分配可能会发生变化。提高无人系统的自主性有利于任务执行期间按照要求调整计划,如新的目标出现、任务目标变更、额外信息获取、天气条件恶化或平台性能等级降低等。在任务初始阶段和结束阶段,也可利用自主技术减少人力消耗并提升任务效率。

3) 复杂系统权衡空间视图

根据复杂系统权衡空间视图(见表 1 - 11),主要从以下五个方面对自主能力的使用进行恰当的权衡与折中,从而指导系统自主能力的实现与评价。

表 1 - 11　复杂系统权衡空间视图

权衡空间	权衡对象	效益	不良后果
适应度	最优性/可行性	看清形势的情况下,可以得到更优的结果	漏洞增多
计划	有效性/全面性	实现计算资源均衡使用	导致计划出错或修订计划困难
影响力	集中式/分布式	使裁减行动适应认知层次	协调成本上升
视角	局部/全局	使行动的规模/范围与分辨率相适应	数据过载、决策速度降低
责任	短期目标/长期目标	建立人-机信任,使风险管理与任务目标、优先级以及背景相符	导致协作或协调失败

(1) 适应度:在系统对新任务或意外情况的自适应能力和性能最优化之间进行权衡。

(2) 计划:在系统有效跟踪现行计划与全面检测某个计划不再有效而需要改变的需求之间进行权衡。

(3) 影响力:在集中式与分布式之间进行权衡,使远程或当地获取的信息在不受潜在因素或不明因素影响的前提下具有可视性。

（4）视角：主要在局部性和全局性之间进行权衡，掌握态势，使一个单元中的集中行动与多个单元间的干扰和协调之间相适应，以取得更好的效果。

（5）责任：在长期目标与短期目标之间进行权衡，在目标认识和风险管理上达成统一。

通过复杂系统权衡空间视图的应用，可以有效预测复杂人-机系统中资源失衡（人力资源浪费、故障、人为失误增多等）引发的不良后果，从而指导自主能力/技术的利用。对自主能力的合理综合权衡将带来系统效能的提升，不当利用则会适得其反，可能引起系统效能下降甚至系统崩溃。

1.3　无人机自主控制系统

1.3.1　无人机自主控制系统概述

一般而言，用于实现自主性或自主能力的控制过程都可以称为自主控制，自主控制本质上属于智能控制范畴，系统自主性的强弱取决于智能水平的高低[33]。前文已述"自主"与"智能"两者之间的区别与联系，着眼于系统实现的角度，无人系统所期望具有的是"自主的智能"，即无人系统的智能化本质上是为了实现自主化。

对于这一认识，吴宏鑫院士指出："自主运行是目的，而智能控制与其他各种控制方法是实现自主运行的手段[34]。"赵煦院士也曾指出："要进一步突破无人机自主控制技术，就必须提高无人机系统的智能化水平。无人机自主控制的智能化主要体现在三个方面，即飞行的智能、决策的智能和集群的智能。无人机飞行的智能化是实现无人机决策智能和集群智能的基础，集群协同的智能化是实现无人机全自主这一终极目标的重要途径。"[7]

关于自主控制对于无人系统的重要性，包为民院士进行了深刻总结[35]："无人系统智能自主控制是无人系统平台、人工智能和智能控制的深度融合，其控制理论和技术具有前沿性、基础性和综合性，是支撑无人系统未来发展的核心领域之一。"

智能控制作为自主性实现的重要手段，是一门典型的综合交叉学科。20 世纪70 年代，美籍华裔科学家傅京孙（K. S. Fu）教授首次提出了智能控制的交叉二元论，认为智能控制（intelligent control, IC）是人工智能（artificial intelligence, AI）与自动控制（automatic control, AC）的交集；随后，美国普渡大学萨里迪斯（G. N. Saridis）教授将运筹学（operational research, OR）引入智能控制，提出由人工智能、自动控制与运筹学三者交叉的智能控制三元论;我国的蔡自兴教授也在 20 世纪 80 年代,基于 Saridis 三元论的基础上引入信息论(information theory, IT),提出了智能控制的四元结构观点。具体见图 1-14。

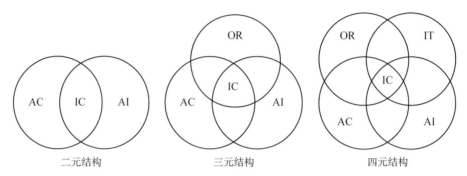

图 1-14　智能控制的多元综合交叉结构

经过多年的发展,智能控制学科虽然在基础理论方面取得了长足的进步,其应用领域不断拓展。但时至今日,客观地说,智能控制仍然不成熟,这在很大程度上归因于"智能"的研究本身,智能科学这一充满挑战性的领域至今尚未取得根本性突破,仍有大量的关键问题需要探索和研究[36]。

无人系统则是智能控制技术最为重要的应用载体和研究方向,随着电子技术、计算机技术和控制技术的发展,以无人机为代表的无人系统自 20 世纪 90 年代起出现了几乎爆炸式的发展。无人系统与生俱来所固有的自主性需求,结合智能控制等各种先进控制技术,催生了自主控制相关概念的出现和发展。自那时起,关于无人系统自主控制的研究在英美等发达国家开始逐渐得到重视[37-43],自主控制系统及相关技术也成为无人系统自主性实现最为重要的支撑。进入 21 世纪,随着无人机的日益兴起与迅猛发展,在国内也针对自主控制技术展开了持续广泛的深入讨论和研究[4, 27-30, 44-55],并在工程实际中开展了无人机平台自主控制相关技术的飞行演示验证工作。

无人机自主控制可以理解为非结构化环境、非预设态势、非程序化任务等各种不确定条件下的"高度"自动控制,其最为主要的特性是在无人干预的情况下,面对不确定性,实时或近实时地解决复杂的优化控制问题[39, 56-57]。换而言之,无人机自主控制意味着在没有人工/外部干预的条件下,无人机能够通过在线环境/态势的感知和信息处理,自主生成优化的控制与管理策略,规避各种障碍和威胁,完成各种特定任务,并具有快速且有效地适应动态任务的能力。无人机自主控制所面临的挑战主要来自运行环境、任务及无人机系统自身的复杂性、不确定性和动态性。

对于无人机自主控制系统,迄今尚未有一个明确的定义,而且自主控制系统的内涵和认识也随着应用场合、技术发展及时间的推移有所不同。但是,从功能分解与系统实现的角度出发,通常认为无人机自主控制系统一般由无人机任务管理系统、飞行管理系统、控制执行系统,以及感知与通信系统等子系统组成,基于信息实施无人机的决策、管理与控制功能,在动态和不确定环境下完成复杂任务。不同的无人机自主控制系统的功能配置和任务应用配置使得无人机具有不同的自主控制能力,来适应不同的自主性要求,完成不同的任务。

其主要功能是将系统的感知、规划、决策和行动等各种模块有机地结合起来。它的作用如下:

(1) 把各个子系统连接成一个整体,包括各个部件的接口规范、通信协议和数据流程;

(2) 统一管理、调度各个子系统,控制它们功能的发挥,按总体工作模型进行协调工作,使各子系统步调一致地完成总体任务;

(3) 提供面向不确定性的智能化处理机制,在授权范围内且无外界人工干预的情况下,实现自主的决策、管理与控制。

1.3.2　无人机自主控制系统能力需求

在系统工程实践中,系统需求不仅是系统定义的基础,而且是形成系统架构设计、综合与验证的基础[58]。

对于无人机系统而言,因为面向不同用户的不同平台、不同任务场景等对自主性的要求不同,所以其自主控制系统实现的需求也不尽相同。但是,仍然可以从宏观的角度出发,研究和分析无人机自主控制系统的能力需求,从而为技术研究提供重要的参考和借鉴,指导工程实践中无人机自主控制系统的开发与设计。

国内已有很多专家和学者针对无人机自主控制系统所应具备的能力开展了深入的研究,并形成了若干较为完善的观点。

(1) 北京航空航天大学王英勋研究员认为自主无人机应具备四种基本的能力[27]:安全能力、感知能力、决策能力和协同能力。

(2) 国防科技大学朱华勇教授认为未来无人机系统自主控制的技术需求主要体现在以下四个方面的能力实现[50]:全面的环境感知与智能战场态势认知能

力,复杂条件下的自主导航、规划与控制能力,人机智能融合与学习适应能力,以及多平台分布式协同能力。

(3) 航空工业沈阳飞机设计研究所范彦铭研究员基于无人机自主行为方式,认为系统必须具有三种主要能力[4]:独立自主信息获取能力、独立自主信息处理与决策能力、独立行为执行能力。

(4) 北京航天自动控制研究所马卫华研究员、柳嘉润研究员等认为航天智能控制系统的能力特征可归纳为五个方面[59-60]:感知与理解能力、运动与控制能力、学习与适应能力、规划与决策能力、沟通与协同能力。

(5) 针对智能控制系统,吴宏鑫院士则明确指出其应具备以下若干方面的能力[61]:感知和认知的能力、在线规划和学习的能力、推理决策的能力、多执行机构协调操控的能力。

对上述各种观点进行归纳总结,不难发现,无人机自主控制系统的能力需求与1.1.2节所讨论的无人机自主性的体现是高度统一的,可从以下若干角度出发进行简要分析。

(1) 因为"机上无人"且"人在回路上",所以对于无人机自主控制系统而言,倘若基于OODA循环,则很自然地期望"感知—认知—决策—执行"中的所有环节最好都能由无人机系统来自主完成,并形成控制闭环。这样一来,为实现自主的OODA循环,必须具有相应的感知认知能力、评估判断能力、规划决策能力,以及控制执行能力等。

(2) 考虑无人机在实际使用中,除了无人机自身外,其应用场景的主要元素一般还包括自然环境、遂行任务、敌对力量、友方力量和操作/使用者等。无人机自主控制系统的实现必须综合考虑上述各方面元素的影响,尤其是己方力量的交互、融合与协同,实现面向飞行和任务的有效资源管理、调度与控制。因此,除了上述OODA循环实现所必需的能力外,无人机自主控制系统还应具备相应的人机融合能力、多机协同能力等。

(3) 此外,除去自主控制功能实现所需具备的基本能力外,还期望无人机自主控制系统具备一定的面向故障的容错修复能力,以及具有智能化的学习进化能力。

综上所述,无人机自主控制系统的主要能力需求可以概括为八项,分别是感知认知能力、评估判断能力、规划决策能力、控制执行能力、人机融合能力、多机协同能力、故障容错能力、学习进化能力。

1) 感知认知能力

感知是获取外界信息的手段,认知是通过认识所感知事物形成知识。感知认知能力是无人机自主控制系统实现的基础。尤其在复杂和不确定条件下,只有具备相应的感知认知能力,无人机才能获取足够且正确的飞行和任务环境信息、自身运动和系统状态信息,以及操作指令和任务目标信息等,支撑自主控制系统所期望功能和性能的实现。

感知认知的对象是各种来源的相关信息,相应地,感知认知能力可以理解为针对信息的获取、识别/甄别,以及基于信息的建模等相关能力。其中:感知能力侧重于前端信息的收集和获取,一方面解决信息"有无"的问题,另一方面还要从各种信息中分辨和提取出有用的信息,解决"好坏"的问题;认知能力则更加侧重于后端信息的处理和理解,感知能力可认为是认知能力的基础,与感知能力相比较,认知能力更复杂也更抽象,同时含有一定程度的主观色彩,例如可以基于感知信息,建立关于环境/威胁/任务的认知模型等。

2) 评估判断能力

无人机自主控制系统的评估判断能力是感知认知能力的延伸,在基于感知认知获取相应的信息并建立认知模型后,需要对敌我态势/意图、环境/敌方威胁、自我健康等做出有效评估和判断。

从数据融合的角度出发,评估判断能力属于高层次数据融合的范畴。显然地,评估判断能力的强弱直接影响自主控制系统的运行,误评和误判可能会带来灾难性的后果。典型的评估判断能力是态势评估能力和威胁估计能力,其中:态势评估是基于"敌方+我方+环境+任务"等多种信息,实现反映战场/竞争/运行态势的多层视图融合;威胁估计需要综合威胁主体、行为、能力、意图、态势、事件等多因素,做到"感知—理解—预测",属于更高层级的融合。

3) 规划决策能力

规划与决策能力是自主控制系统智能化的重要体现。无人机要减少人的实时控制,增强自主控制能力就必须在不确定的情况下自己做出规划与决策,这一能力的强弱体现了"预先设定"和"随机应变"的巨大区别。

面向目标和任务的规划与决策能力,其实现依赖于人的经验、智能控制方法和软硬件的支持,实施的主要依据来源于数据链传递的信息、本源数据库有关数据、感知认知获取的相关信息及评估判断的结果。在无人机自主控制系统中,典型的规划决策能力体现包括轨迹规划、任务规划、战术机动决策等。

4) 控制执行能力

对无人机自主控制系统而言,控制执行能力主要面向无人机机动飞行,是基于规划与决策的结果,改变自身位置和运动状态的能力。其通常与被控对象紧耦合,不仅需要实现一定程度的快速性、敏捷性和机动性,而且对控制精度、稳定性、鲁棒性等属性也有相应的要求。

控制执行能力的优劣不仅取决于控制模态和控制算法的设计,也依赖于有效的传感装置与执行机构。例如,对于无人作战飞机而言,往往为了兼顾机动性和隐身性而采用变体设计,所带来的复杂性、非线性和不确定性对于系统的控制执行能力是巨大的挑战。

5) 人机融合能力

在无人机的实际使用中,离不开人的参与,并且须始终贯彻"以人为中心"的原则。因此,尽管绝大多数时间"人在回路上",人机融合能力仍是自主控制系统所必不可少的。通过人机融合能力的实现,无人机和操作使用者之间、无人机和有人系统之间才能建立起沟通与协作的桥梁。

人机融合能力可理解为智能系统技术与平台控制技术的有机结合,其实现涉及人机接口、人机分工、人机协同等相关技术领域。美国空军也在《自主地平线》报告[3]中明确指出人机共生/共融是自主系统未来的重要发展方向。

6) 多机协同能力

面向日益复杂的任务和应用环境,无人机系统的使用模式已经逐步由单平台发展为更灵活的多平台(有人/无人、无人/无人)协同操作方式。因此,自主控制系统也必须根据实际任务需求建立相应的多机协同能力。

具备多机协同能力的无人机系统,可以完成单一无人平台所不能完成的一些复杂任务,例如协同感知、协同攻击、协同干扰等。要实现这一能力,必须解决复杂性、分布性、异构性等问题,这对与之相关的通信、信息处理、管理和调度提出了一系列的挑战。

7) 故障容错能力

容错能力即自动/自主处理故障的能力,无人机自主控制系统应针对突发的系统故障、战损等具备一定程度的容错甚至修复能力,从而能自主处理飞行中的故障,为任务的执行提供有效的保障。

要具备故障容错能力,在无人机自主控制系统中,必须建立故障/错误的实时检测、隔离、恢复及预测等相应功能,主要通过主动容错和被动容错相关技术实现。例如,常见的容错手段包括故障检测/诊断/隔离、系统冗余/备份、自修复/重构控制、系统降级处理等。

8) 学习进化能力

学习进化能力是自主控制系统高度智能化的重要体现,指的是可通过自主的学习、修正和不断进化,提高系统相关性能的能力。其中,学习是指对已有经验和信息进行处理、加工和提炼,形成自身所掌握的知识;进化则指的是自身知识的不断迭代优化和提升。

随着人工智能和机器学习技术的进步,无人机自主控制系统有望逐步具备一定程度的学习和进化能力,尤其是面向某些特定的任务场景,例如自主空战决策等领域目前已有初步的研究成果,学习和进化能力的工程化实现为期不远,非常值得期待。

需要强调的是,无人机自主控制系统的上述八项能力需求并不是彼此独立的,而是相互渗透、相互作用和相互促进的关系,应该在系统的研究、设计和实现过程中予以统一考虑。例如:前四项能力依次递进,前者是后者的基础,后者是前者的目的;在前四项能力的基础上,才能实现面向任务的人机融合能力和多机协同能力;此外,故障容错能力和学习进化能力的具备则可以更进一步提升前六项能力。只有通过上述多方面能力的协调发展,才能达成并促进自主控制系统的实现和进步。

1.3.3　无人机自主控制系统功能组成

无人机的自主控制系统是一个大型、复杂且面向不确定性的系统,它由多个子系统组成,各子系统之间既有联系也相互独立,因此尽可能采用模块化设计并独立控制,防止一个子系统的故障影响其他子系统,然而它又是一个整体,应保持各子系统之间的统一管理与操作,其设计的优劣直接关系到系统整体性能的发挥和智能水平的高低。

自主控制系统的主要功能是实现无人机的飞行控制与管理,它是无人机机载系统中的飞行和安全关键系统。参考有人驾驶第四代战斗机的综合飞行器管理系统[62](integrated vehicle management systems, IVMS)相关概念和定义,一般可认为无人机自主控制系统在物理结构上由任务管理系统(mission management system, MMS)和飞行器管理系统(vehicle management system, VMS)两个主要部分组成。顾名思义,任务管理系统主要面向任务的执行管理,而飞行器管理系统主要面向飞行功能的实现和保障。

为便于理解,可将 MMS 和 VMS 对应到智能控制系统的功能分层递阶结构中,其中 MMS 处于顶层,VMS 系统位于底层(见图 1 - 15)。在功能划分上,VMS 主要承担协调层和执行层的相关功能,而 MMS 主要实现组织层和决策层的作用[46, 63]。

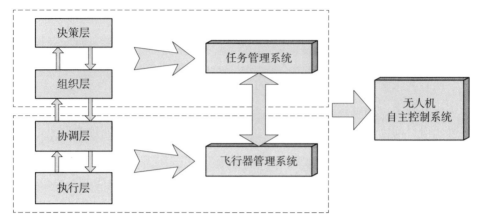

图 1-15　智能控制层阶结构和系统物理结构之间的关系

因此,基于上述组成和结构,无人机自主控制系统需要实现以下主要功能。

1) 任务管理

任务管理的实现是基于任务目标,以态势感知为中心,依托机载 MMS 达成可变自主权限的任务决策和管理。主要包括以下功能模块:

(1) 可变自主权限的判断(由任务控制站授权);

(2) 任务排序、分配;

(3) 本机任务规划和实时重规划;

(4) 任务解释;

(5) 任务流程和任务执行管理;

(6) 系统监视和异常处理;

(7) 任务载荷管理与控制;

(8) 敌我识别与目标定位;

(9) 机站通信等。

2) 飞行管理

飞行管理功能归属于智能控制系统分层结构中的协调层,主要作用是管理和导引无人机以最优的方式自动化地实现飞行计划,同时也可直接接收指令导引。飞行管理的主要功能如下:

(1) 导航解算(包括综合导航、相对导航);

(2) 飞行阶段管理;

(3) 飞行性能管理;

(4) 航线管理(含航迹规划与重规划);

（5）机动轨迹生成；

（6）制导（含四维制导、加油制导、编队制导、舰载起降制导等）；

（7）编队协同等。

3）控制与执行

控制与执行指的主要是传统意义上的飞行控制与综合控制功能，根据飞行管理生成和航迹指令对无人机和动力进行协调控制，实现无人机平台的速度控制和姿态控制，从而确保实现高精度的航迹跟踪，达成任务所需的平台飞行状态。其主要功能如下：

（1）控制模态选择；

（2）广义操纵面控制（含气动、矢量、进气道、滑行纠偏装置等）；

（3）发动机全权限数字控制；

（4）综合飞/火/推控制；

（5）边界保护和极限状态抑制；

（6）自修复重构控制等。

4）平台设备管理

平台设备管理主要完成无人机上与任务管理、飞行管理及飞行控制直接相关的传感器及任务设备（如导航、大气数据、雷达、链路等）的工作状态故障监控、控制与管理等工作。其主要功能如下：

（1）运动学/动力学传感器管理；

（2）伺服系统管理；

（3）通信链路管理；

（4）能源管理（含辅助动力、燃油、电气、液压等）；

（5）起落架/刹车系统管理等。

5）系统健康管理

健康管理主要用来监控、预测机载传感器、执行机构、发动机和机体等，实现其健康状态和故障的诊断、缓解、修复和检验，并将结果进行记录和发送报告，其主要功能如下：

（1）机内自测试（build in test, BIT）；

（2）余度管理；

（3）故障检测、诊断、隔离和预测；

（4）数据记录与发送等。

基于上述各功能的实现，一种可行的系统组成和主要功能的相互关系如

图 1-16 所示。

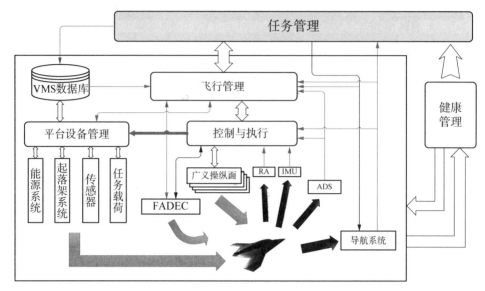

图 1-16　无人机自主控制系统功能组成示意图

1.3.4　无人机自主控制系统关键技术

对于先进无人机,需要实现三个层面的智能化[52]:单机飞行智能化、多机协同智能化和任务自主智能化。自主控制系统无疑是支撑上述三个"智能化"实现的核心所在。

与有人驾驶飞机飞行控制系统比较,先进无人机的自主控制系统无疑要复杂得多。从当前技术水平和发展现状来看,无人机控制系统的自动化已经解决了飞行自动控制的问题,但是还远未解决智能自主控制的问题。

美国国防部在 2012 年发布的重要文件——*The Role of Autonomy in DoD Systems* 中,总结了无人系统自主性的六大核心技术领域,分别是感知、规划、学习、人机交互、自然语言理解和多智能体协同,并基于认知层次视图给出了相关技术的现状和面临的挑战(见图 1-17),至今对于自主控制关键技术的分析和提炼仍具有很强的指导意义。

不难发现,自主控制尚未解决的核心问题绝大多数集中于决策层、组织层和协调层。因此,面向实际飞行和任务场景,结合能力需求,自主控制系统的关键技术可以归纳如下。需要说明的是,以下所述各关键技术并不是相互独立的,它们之间存在密切的联系,甚至在局部有所交叉和融合,在研究、应用和实践中应

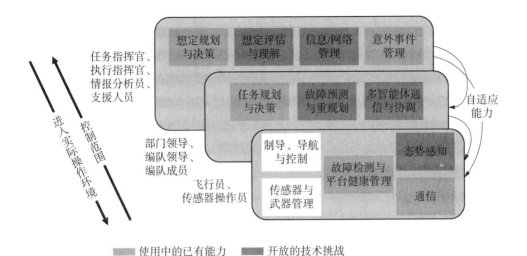

图 1-17 自主性技术现状及存在的挑战

整体予以考虑。

1) 自主控制系统体系结构设计技术

无人机自主控制系统体系结构的主要任务是把各个子系统连接成一个整体,统一管理调度各个子系统,使各子系统步调一致地完成总体任务,其设计的优劣直接关系到无人机系统整体性能的发挥和智能水平的高低[50]。

自主控制技术的作用对象和应用场景较以往自动控制系统更为复杂和动态,从效能的角度出发,未来无人机的工作方式将涵盖单机行动和多机协同的模式。在设计系统结构时应对诸多要素进行综合考虑,其中包括将整个机群的使命分解为每架无人机的具体目标、在线任务计划、在线优化编队的任务航线、轨迹的规划和跟踪、编队中不同无人机间相互的协调、在兼顾环境不确定性及自身故障和损伤的情况下实现重构控制和故障管理等[49]。因此,需要设计合理的系统结构,妥善解决软、硬件功能划分和系统内各要素的协调问题,确保复杂系统的灵活、开放、可配置。

针对这样的要求,当前广泛接受的解决方案是采用分层递阶式的设计模式,将系统分为任务、决策、执行等多个功能层次实现,以便保证任务和决策等高层功能的设计与底层控制的执行等限制解耦。在保证层间输入输出关系固定的基础上,每层功能设计可以采用灵活的形式。无人机自主控制系统体系结构设计中,可以选择集中式或分布式的通信/决策逻辑,并利用通用总线来连接各个子系统[53]。

2)（多源）信息采集、处理与融合技术

正确可靠、及时有效的信息是自主控制系统进行规划、决策、管理和控制的前提。多源不确定信息的采集、处理与融合技术不仅直接支撑无人机感知能力的实现，也是其他各种能力实现的基础，在信息复杂、高度对抗、任务多变的使用环境中发挥着不可缺失的重要作用。

通常情况下，多源信息采集、处理与融合过程可简单描述为首先通过多种来源的传感器或信息交互途径获得相关信息，然后依据某种准则对获取的信息进行组合与处理，实现对所获数据信息的结构化表示，从而获得平台自身、环境、目标、态势、威胁等相关的可用信息。对无人机自主控制系统实现而言，前端的多源信息采集、处理与融合技术严格来说是一个技术领域，范围较广，主要涉及以下相关子技术：

（1）先进传感器实现技术（如时间/位移、导航/定位、探测/检测等传感器）；

（2）传感器信号处理技术（校正、补偿、降噪、时空同步等）；

（3）自主导航、定位与授时技术（含相对导航）；

（4）非结构化未知环境感知与建模技术；

（5）目标检测、识别、跟踪技术；

（6）敌/我行为理解和意图识别技术；

（7）信息交互与共享技术；

（8）态势评估/威胁估计技术。

多源信息采集、处理与融合技术所面临的挑战主要来自信息的不确定性，即在复杂、对抗条件下获取的信息可能是非结构的、不完整的、含有噪声的、非同步的、不可预见的，甚至是欺骗的。此外，所获取信息的数据形式往往也呈现出高维、海量、动态等特征，对无人机机载条件下采集、处理与融合技术的实时性也提出了很高的要求。

3)在线实时规划与自主决策技术

自主控制的重要特征之一就是可在不确定条件下求解复杂的规划与决策问题，无人机自主控制系统的在线实时规划与自主决策技术主要面向飞行管理和任务管理相关功能的实现。

规划本质上是已有能力和目标代价之间的优化折中，无人机自主控制系统中的规划问题主要指的是任务规划，一般包括任务优先级排序、多任务分配、航迹规划、任务载荷规划、通信拓扑规划，以及针对系统保障和应急的预案规划等。通常情况下，规划可以分为离线的全局规划，以及在线实时的重规划。目前，研究比较多的是航迹规划技术和任务分配技术,这些技术均取得了一系列不错的成果,并逐步走向工程应用。

决策实际上是一个在可行方案中的选择过程,需要基于所获信息和已有知识,进行有效的推理、评估和预测,从而得到最终的结果。无人机自主控制系统中的决策主要指自主行为决策,典型如自主空战中的战术机动决策等。

在线实时规划和自主决策技术的挑战,一方面来自环境/任务的复杂性和不确定性,另一方面来自系统应用规模扩大所带来的复杂性。例如,在面向无人机协同或集群控制的分布式决策中,每个智能体在进行决策时,不仅需要考虑环境和智能体自身的模型,而且需要考虑其他智能体可能采取的策略,从而使得问题具有高度复杂的策略空间,而且随着个体数量和规划问题规模的增加,其复杂性呈指数增长,很快变得难以求解。

4) 高精度/鲁棒/自适应/容错控制与执行技术

高精度/鲁棒/自适应/容错控制与执行技术属于传统飞行控制领域的范畴,主要应用于分层递阶结构的执行层。

(1) 高精度的指令跟踪控制技术是无人机实现飞行和任务的必要保障,尤其是在一些特定的任务场景中,如着陆/着舰、空中加(受)油、编队飞行、避障飞行等,控制精度对任务的执行将起到决定性作用。

(2) 鲁棒控制技术主要针对被控对象中存在的不确定性,典型如结构不确定性和参数不确定性等,保证系统的鲁棒稳定性和鲁棒性能。

(3) 自适应控制技术则可以面向控制对象的大范围动态变化,提供满意的飞行品质,传统飞行控制中多采用线性控制方法加上增益调参策略予以解决,未来的主要研究和发展方向包括面向大包线飞行的非线性自适应控制技术、面向任务变化的任务自适应控制技术,以及面向变体飞行器的大可变构型自适应控制技术。

(4) 容错控制技术是系统容错能力实现的基础,容错能力主要体现在故障的自主诊断能力和系统在线运行过程中针对故障的重构能力,因此容错控制技术的主要研究内容包括故障检测/诊断/隔离、自修复重构控制等。

此外,高可靠、高带宽、高功重比的控制执行机构也是无人机自主控制系统实现的关键,需要针对相应的伺服作动技术展开深入研究,典型技术为电液伺服阀技术、直接驱动阀技术、液压密封技术、电静液伺服作动技术、机电伺服作动技术、作动器耐久性综合评价与验证技术等。

5) 面向任务的自主协同控制技术

协同是人类面向任务的高级智能活动,在任务复杂/艰巨,并且执行个体能力有限的情况下,可通过个体之间的协同与合作有效完成复杂任务。

面向任务的自主协同控制是无人机高级自主能力的体现。无人机的自主协同控制技术主要解决多无人机,以及人和无人机之间的协作行为控制,实现有人-无人平台协同任务、多无人平台的协同任务。其面临的挑战除了来自各种不确定性外,还来自需要解决处理分布式协同决策、管理与控制的难题。现阶段,面向任务的自主协同控制相关研究主要集中两个方向:有人-无人协同控制技术和编队协同控制技术。

在有人-无人协同控制技术研究方向上,主要问题首先是如何实现人-机系统的能力匹配,需要通过可变权限的自主控制,使得控制的权限在飞行员、辅助系统、自主系统之间动态转移[12]。同时,需要解决人-机合作行为控制的问题[11],主要包括:人为干预/意图的数学建模与推理判断,合作行为控制器的基本结构设计及其多回路控制稳定性分析。

在编队协同控制技术研究方向上,主要的研究内容包括队形设计与保持、队形动态调整与变换、编队飞行控制、编队重构控制、编队防撞/避障等。例如,在编队飞行控制中,常见的实现方法[64]包括 Leader-Follower 方法、基于行为的方法、虚拟结构法、一致性方法等。

1.4　本书主要内容及章节安排

本书介绍和论述的对象是无人机自主控制系统,从设计和实现的角度出发,主要内容包括两个部分:一是系统总体设计,包括系统体系结构、控制算法和软件设计;二是系统部件设计,包括感知传感、计算处理和作动执行三类主要部件设计。整体上力求针对无人机自主性的要求,以解决工程实现中各种实际技术问题为目的,对自主控制系统的设计进行较为详细的论述。

具体的章节安排如下:

第 1 章绪论,介绍了本书的相关背景和主要的基本概念,包括无人机的自主性及其评价的研究,并从多个角度对无人机自主控制系统进行了简要的介绍。

第 2 章至第 4 章主要介绍无人机自主控制系统的总体设计。

第 2 章是自主控制系统的体系结构设计。基于系统体系结构的定义和相关设计原则,介绍了无人机控制系统体系结构设计需要考虑的主要因素,基于不同的控制结构介绍了典型的设计案例,并讨论了控制系统容错结构的设计。

第 3 章是无人机对象建模及飞行控制算法的设计与实现。在介绍无人机建模及运动特性分析的基础上,从内环飞行控制和外环飞行控制的角度介绍无人机飞行控制算法设计方面的一些需要关注的内容,包括控制增稳、控制分配、航路制导、应急策略、避障飞行控制等,并专门讨论了无人机的机动飞行控制。

第 4 章是系统的软件设计。主要面向无人机自主控制系统应用需求,从基于模型的系统工程角度出发,介绍基于模型的软件设计开发,并对操作系统和集成开发环境进行相应的介绍。

第 5 章至第 6 章主要介绍无人机自主控制系统的部件设计。

第 5 章是无人机导航与定位。在介绍无人机对导航系统需求的基础上,针对"全球鹰"无人机导航系统架构进行了剖析,并进一步分析、介绍了常见的惯性导航、卫星导航、天文导航等典型导航技术及相关研发进展,并就未来趋势进行了展望。

第 6 章是无人机控制系统的计算与处理设计实现。对无人机飞行控制与管理计算机的发展历程进行了梳理,并总结了发展趋势。围绕开放式、模块化的计算机发展趋势,阐述了余度、计算核心、总线、外部接口等支撑技术,并对计算机设计流程和模块化设计方法进行了探讨。

第 7 章是无人机伺服作动系统设计。首先从功率电传的角度出发,分别着重介绍了电液作动器(electro-hydraulic actuator, EHA)和机电作动器(electro-mechanical actuator, EMA)两种用于无人机的典型伺服作动技术,然后介绍了无人机领域近年来国内外所有研究和应用的创新作动技术,并简单介绍了伺服控制电子技术。

第 8 章对未来无人机自主控制系统下一步的研究和发展进行了展望。

参考文献

[1] Unmanned systems integrated roadmap 2017—2042 [R]. Department of Defense, 2018.

[2] Integration of systems with varying levels of Autonomy [R]. North Atlantic Treaty Organization, 2008.

[3] Autonomous horizons, system autonomy in the air force: a path to the future, volume Ⅰ: human autonomy teaming [R]. United States Air Force, 2015

[4] 范彦铭. 无人机的自主与智能控制 [J]. 中国科学:技术科学,2017,47(3):221 - 229.

[5] 段海滨,邱华鑫. 基于群体智能的无人机集群自主控制 [M]. 北京:科学出版社,2018.

[6] The role of autonomy in DoD systems [R]. Department of Defense, 2012.

[7] 赵煦. 走向智能自主的无人机控制技术 [J]. 科技导报,2017,35(7):1.

[8] 国防科学技术工业委员会. 有人驾驶飞机(固定翼)飞行品质:GJB 185—86 [S]. 1986.

［9］ 国防科学技术工业委员会.电传操纵系统飞机的飞行品质:GJB 2874—97［S］.1997.

［10］ 中国人民解放军总装备部.舰载飞机规范　飞行品质:GJB 3719—99［S］.1999.

［11］ 陈杰,辛斌.有人/无人系统自主协同的关键科学问题［J］.中国科学(信息科学),2018,48(9):1270-1274.

［12］ 牛轶峰,沈林成,李杰,等.无人-有人机协同控制关键问题［J］.中国科学(信息科学),2019,49(5):538-554.

［13］ Small unmanned aircraft systems (SUAS) flight plan: 2016—2036［R］. United States Air Force, 2016.

［14］ Unmanned aerial vehicles roadmap 2000-2025［R］. Department of Defense, 2000.

［15］ Unmanned systems integrated roadmap 2011-2038［R］. Department of Defense, 2011.

［16］ 高劲松,丁全心,邹庆元.国外无人机自主能力量化评估方法初步分析［C］//第一届中国导航、制导与控制学术会议,北京:2007.

［17］ Unmanned aerial vehicles roadmap 2002-2027［R］. Department of Defense, 2002.

［18］ Unmanned aircraft systems roadmap 2005-2030［R］. Department of Defense, 2005.

［19］ 高劲松,余菲,季晓光.无人机自主控制等级的研究现状［J］.电光与控制,2009,16(10):51-54.

［20］ Clough B T. Metrics, schmetrics! how the heck do you determine a UAV's autonomy anyway? ［C］// AIAA's 1st Technical Conference and Workshop on Onmanned Aerospace Velaides, Portsmouth: 2002.

［21］ Huang H-M, Messina E, Albus J. Autonomy level specification for intelligent autonomous vehicles: interim progress report［C］//The 2003 Performance Metrics for Intelligent Systems Workshop, Gaithersburg: 2003.

［22］ Huang H-M, Messina E, Albus J. Toward a generic model for autonomy levels for unmanned systems (ALFUS)［C］//The 2003 Performance Metrics for Intelligent Systems Workshop, Gaithersburg: 2003.

［23］ Huang H-M, Pavek K, Albus J, et al. Autonomy levels for unmanned systems (ALFUS) framework: an update［C］//Unmanned Ground Vehicle Technology Ⅶ, Orlando: 2005.

［24］ Young L A, Yetter J A, Guynn M D. System analysis applied to autonomy: application to high altitude long-endurance remotely operated aircraft［R］. National Aeronautics and Space Administration, 2009.

［25］ Committee on Autonomous Vehicles in Support of Naval Operations, Naval Studies Board, Division on Engineering and Physical Sciences, National Research Council of the National Academies. Committee on autonomous vehicles in support of naval operations ［M］. National Academies Press, Washington, D.C.: 2005.

［26］ LTC Warren O'Donell. Future combat systems review［R］. Office of the Assistant Secretary of the Navy (Acquisition, Logistics, and Technology), 2003.

［27］ 王英勋,胡媛彦,蔡志浩.未来无人机的典型特征——自主控制［C］//2009 中国自动化大会暨两化融合高峰会议,杭州:2009.

［28］ 陈宗基,魏金钟,王英勋,等.无人机自主控制等级及其系统结构研究［J］.航空学报,

2011,32(6):1075 - 1083.

[29] 王越超,刘金国.无人系统的自主性评价方法[J].科学通报,2012,57(15):1290 - 1299.

[30] 刘树光,茹乐,王柯.无人机自主性评价方法新进展[J].飞航导弹,2019(2):43 - 49.

[31] DoD. Unmanned systems roadmap 2007—2032[R]. DoD, 2007.

[32] Unmanned systems integrated roadmap 2009—2034 [R]. Department of Defense, 2009.

[33] 张汝麟.自主控制系统:概念和方法论[C]//中国航空学会控制与应用第十届学术年会,北京:2002.

[34] 吴宏鑫,胡军,解永春.航天器智能自主控制研究的回顾与展望[J].空间控制技术与应用,2016,42(1):1 - 6.

[35] 包为民.无人系统,智控未来[J].控制与信息技术,2018(6):前插 1.

[36] 辛斌,陈杰,彭志红.智能优化控制:概述与展望[J].自动化学报,2013,39(11):1831 - 1848.

[37] Harris C J. Intelligent autonomous systems: an overview of research directions and requirements[C]//IEE Colloquium on Strategic Research Issues in AI in Engineering, London: 1990.

[38] Passino K M. Intelligent control for autonomous systems[J]. IEEE Spectrum, 1995,32 (6):55 - 62.

[39] Pachter M, Chandler P R. Challenges of autonomous control [J]. IEEE Control Systems Magazine, 1998,18(4):92 - 97.

[40] Chandler P R, Pachter M. Research issues in autonomous control of tactical UAVs [C]//The 1998 American Control Conference, Philadephia: 1998.

[41] Dumitrache I, Buiu C, Ceconvciuc C. Hybrid intelligent techniques into autonomous control systems [C]//IEEE International Conference on Systems, Man, and Cybernetics, 1998,2:1536 - 1539.

[42] Meystel A. Theoretical aspects of multi-resolutional autonomy[C]//The 1999 IEEE International Symposium on Intelligent Control/Intelligent Systems and Semiotics, Cambridge: 1999.

[43] Clough B T. Unmanned aerial vehicles: autonomous control challenges, a researcher's perspective[J]. Journal of Aerospace Computing, Information, and Communication, 2005,2(8):327 - 347.

[44] 李明.无人机系统发展中的若干问题[J].现代军事,2007(6):45 - 49.

[45] 张新国.从自动飞行到自主飞行——飞行控制与导航技术发展的转折和面临的挑战[J].飞机设计,2003(3):55 - 59.

[46] 杨晖.无人作战飞机自主控制技术研究[J].飞行力学,2006,24(2):1 - 4.

[47] 唐强,朱志强,王建元.国外无人机自主飞行控制研究[J].系统工程与电子技术,2004,26(3):418 - 422.

[48] 王宏伦,王英勋.无人机飞行控制与管理[J].航空学报,2008,29(S1):1 - 7.

[49] 王英勋,蔡志浩.无人机的自主飞行控制技术[J].航空制造技术,2009(8):26 - 31.

[50] 朱华勇,牛轶峰,沈林成,等.无人机系统自主控制技术研究现状与发展趋势[J].国防科技大学学报,2010,32(3):115 - 120.

[51] 沈林成,牛轶峰,朱华勇. 多无人机自主协同控制理论与方法[M]. 北京:国防工业出版社,2013.

[52] 樊邦奎,张瑞雨. 无人机系统与人工智能[J]. 武汉大学学报(信息科学版),2017,42(11):1523-1529.

[53] 石鹏飞. 无人机自主控制技术发展与挑战[J]. 科技导报,2017,35(7):32-38.

[54] 张友民,余翔,屈耀红,等. 无人机自主控制关键技术新进展[J]. 科技导报,2017,35(7):39-48.

[55] 王道波,任景光,蒋婉玥,等. 无人靶机及其自主控制技术发展[J]. 科技导报,2017,35(7):49-57.

[56] Antsaklis P I, Passino K M, Wang S J. An introduction to autonomous control systems[J]. IEEE Control Systems Magazine, 1991,11(4):5-13.

[57] Boskovic J D, Prasanth R, Mehra R K. A multilayer control architecture for unmanned aerial vehicles[C]//The 2002 American Control Conference, Anchorage: 2002.

[58] 国际系统工程协会(INCOSE). 系统工程手册:系统生命周期流程和活动指南[M]. 张新国,译. 北京:机械工业出版社,2013.

[59] 马卫华,包为民,禹春梅,等. 关于"航天智能控制系统"的认识[J]. 航天控制,2019,37(5):3-8.

[60] 柳嘉润,巩庆海,翟雯婧. 智能自主系统及其航天控制应用[J]. 飞控与探测,2018,1(1):59-62.

[61] 吴宏鑫,常亚菲. 智能控制系统简述及研究构想[J]. 空间控制技术与应用,2019,45(4):1-6.

[62] Integrated vehicle management systems [R]. North Atlantic Treaty Organization, 1996.

[63] 张汝麟,宋科璞,等. 现代飞机飞行控制系统工程[M]. 上海:上海交通大学出版社,2015.

[64] 宗群,王丹丹,邵士凯,等. 多无人机协同编队飞行控制研究现状及发展[J]. 哈尔滨工业大学学报,2017,49(3):1-14.

第2章 无人机自主控制系统体系结构

在工程实现中,系统体系结构(system architecture, SA)是飞行器控制系统开发需要首先考虑的问题。无人机自主控制系统体系结构的设计,需要结合无人机的任务使命和应用需求,在系统设计需求和规范的约束下,综合考虑系统的各组件,以及与其他无人机子系统之间的交联关系,集成相应的硬件和软件技术,给出系统相应的实现蓝图,以将系统进行合理高效的整合,实现所需的各项功能,并满足各项性能指标要求。

与有人驾驶飞机相比,无人机控制系统的实现有一定的特殊性,主要体现在其设计需求、功能实现,以及在全飞行器系统中的任务划分有所不同。例如,因为无人机上没有人,所以与人相关的操纵装置、控制-显示装置等分系统或部件的实现有所不同。又如,无人机控制系统除了需要实现传统的飞行控制功能,满足安全稳定飞行之外,很多情况下甚至还需要拓展实现一定程度的飞行器管理与任务管理功能,呈现出由面向飞行的控制系统拓展至面向任务的控制系统这一趋势。这些都是在无人机控制系统体系结构设计中所必须论证和考虑的问题。因此,控制系统体系结构设计的优劣不仅直接关系到无人机的飞行安全与稳定,在很大程度上还决定了无人机系统整体任务性能的发挥和智能水平的高低。

本章在系统体系结构概述的基础上,介绍无人机控制系统体系结构设计的相关考虑,并结合相关实例,介绍无人机控制系统设计开发中所涉及不同种类控制结构的划分及实现方式,主要包括集中式结构、分布式结构、分散式结构、分层递阶结构,以及系统容错结构等。

2.1　系统体系结构概述

关于系统体系结构,首先列出若干定义及描述如下:

(1) IEEE STD 1471—2000 给出的定义:体系结构是描述一个系统的组成单元的基本结构、它们彼此之间和与环境之间的关系,以及指导系统设计与扩展的原则。

(2) ISO/IEC/IEEE 42010—2011 给出的定义[1]:体系结构是系统在其环境中的基本概念或特性,体现在其组成要素、相互关系以及其设计与演化的原则中。

(3) Wikipedia 给出的描述[2]:系统的体系结构是定义系统结构、行为和更多系统视图的概念模型。

(4) 其他代表性描述[3]:系统的体系结构由组件、接口、标准及框架 4 个部分组成。组件完成系统的实体功能,接口与标准规定了组件间的关联关系,框架定义了系统所有组件之间的关联关系。体系结构实际上是一个系统的抽象,通过抽象的组件、组件外部可见的属性及组件之间的关系来描述系统。

由上述定义和描述,系统体系结构明确了系统部分与整体、部分与部分的关系,以及决定它们设计和演化的原则和指导方针。换句话说,系统的体系结构可理解为系统的一种正式表达,通过系统体系结构可建立对系统进行描述和分析的全局模型,该模型包括系统的组成结构、各部件/组件/子系统的特性、各部件/组件/子系统之间以及与外部环境的关系、系统的行为和动力学特性、体现互补性和一致性的系统的多角度视图等相关内容。

通常情况下,可基于以下基本原则[4]建立系统体系结构。

(1) 首先,现实或者研究中的对象被建模为系统(见图 2-1),可在一定范围内实现相应的功能,可通过输入/输出和内部状态对系统加以定义。

图 2-1　系统建模

(2) 系统可以分解为一系列更小的子系统(见图 2-2)。

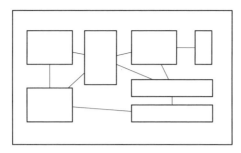

图 2-2　系统划分为子系统

（3）对系统进行建模和分析时,必须考虑其与其他系统之间的交互,即需要考虑系统所处的相关环境(见图 2-3)。

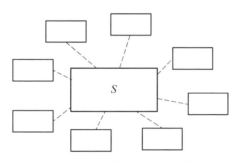

图 2-3　系统与其他系统之间的交互

（4）必须站在全生命周期的角度来对系统设计进行考虑(见图 2-4),以产品系统为例,其设计、原型、测试、验证、生产、发布、销售、使用、维修、回收等每个阶段都很重要,而不仅仅局限于对使用阶段的考虑。

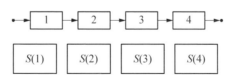

图 2-4　系统生命周期中的考虑

（5）系统可以通过相应的接口与其他系统相连接(见图 2-5)。

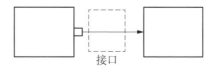

图 2-5　系统之间的接口

（6）根据相关的属性和行为，根据建模需要，系统可以在不同的级别上进行抽象（见图 2-6）。

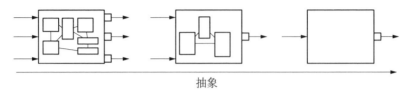

抽象

图 2-6　系统在不同级别上的抽象

（7）可通过不同的层次来审视和理解系统（典型系统至少包括三个层次，即系统实现的目的、系统的功能、系统的组成结构，见图 2-7）。

| 为什么（Why）？＝目的（purpose） |
| 什么（What）？＝功能（functions） |
| 怎样（How）？＝组成（composition） |

图 2-7　系统不同层次的理解

（8）基于给定的语义，系统可通过相互关联的模型来描述（见图 2-8）。

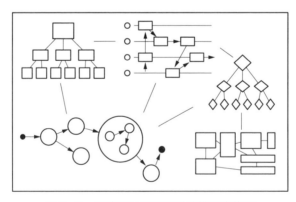

图 2-8　系统通过相互关联的模型来描述

（9）系统可以通过相关参与者所对应的不同视角来进行描述（见图 2-9），例如系统的设计开发者、系统用户、系统维护者对同一系统有着不同的视角和理解。

在进行体系结构的具体设计时，还应参考以下相关设计准则[5]。

图 2-9　不同视角看系统

（1）目的明确。应聚焦体系结构的设计目的,确定范围、时间要求、数据要求和详略程度等,以提高工作效率和产品的表达效果。

（2）简单清晰。体系结构设计不应过度复杂,其详略程度应与构建体系结构的预期目标相匹配。

（3）易于理解。体系结构应在发现、分析和解决问题方面引导使用者思维,便于快速阅读和理解,同时,采用通用术语和定义,避免不相关信息的干扰。

（4）有灵活性。体系结构应是模块化的、可重用的和可分解的。体系结构由相互关联的产品组成,可根据项目需要进行重组,以满足不同用途所需。

（5）跨项目可重用。相关的体系结构应采用相同的参考文献和通用术语,以便对不同项目所开发的体系结构进行比较和互操作,达到跨项目重用的目的。

2.2　无人机控制系统体系结构设计相关考虑

在工程实践中,无人机控制系统体系结构设计是对系统控制形式的规划、选择与布局,是在满足控制系统实际需求的前提下,为实现无人机系统的控制功能和性能所进行的系统顶层设计安排,是开展系统、子系统和相关部组件详细设计的纲领和依据,属于控制系统总体设计的专业范畴。

在无人机控制系统体系结构设计中,需要针对诸多因素进行统筹考虑与折中。例如,仅从技术角度出发,面向单机的无人机控制体系结构设计需要考虑的相关内容主要包括无人机的控制方式的选定、控制结构的确定、控制分系统的建立、系统余度结构的确定、系统综合化的考虑、新技术的应用,以及控制系统与机上其他相关系统信息交互方式的建立等。

2.2.1　控制方式的选定

由于无人机上没有飞行员直接进行驾驶操纵,无人机控制通常通过三种主要方式实现,分别是遥控控制、程序控制和自主控制[6]。

遥控控制需要遥控站(遥控器)与无人机间进行连续或者间歇的通信。遥控的程度从实时精确控制飞行器的气动舵面和发动机状态到间断进行航路点的调整。在遥控控制过程中,遥控操作员需要适时关注无人机状态信息以监控飞机并控制其机动。在遥控飞行中,保证通信链路的可靠和畅通无疑是整个控制过程的关键。

程序控制指按预先装订的内容和计划(预编程序)实现无人机的自动控制,以完成预先确定的航路飞行及所规划的任务。目前,世界上已投入使用的无人机一般都具有遥控控制和程序控制功能。

现阶段及可预见的未来,自主控制是无人机控制方式的主流发展方向,目前自主性已成为无人机的重要技术特征。自主控制意味着能在线感知态势,并按确定的任务目标和原则在飞行中进行自主决策并执行任务。自主控制的挑战是在不确定性条件下,实时或近实时地解决一系列最优化的求解问题,并且不需要人的干预。因此,从根本上说,自主控制的实现需要建立不确定性前提下处理复杂问题的自主决策能力,体现了无人机处理不同任务,以及针对环境复杂性、动态性和不确定性的能力及人机交互的程度。

在进行无人机控制系统体系结构设计时,通常将无人机的上述控制方式考虑为不同的控制模态予以实现,例如同一架无人机可同时具备遥控、程控和自主控制三种控制模态,通过控制模态的选择和切换,使得无人机同时具备可采用多种方式进行控制的能力,以更好地适应无人机的飞行和任务使用场景。

2.2.2   控制结构的确定

对于无人机控制系统而言,其基本结构可以归纳为三种基本类型[7-8],分别是集中式(centralized)控制结构、分布式(distributed)控制结构和分散式(decentralized)控制结构,三种控制结构如图 2 - 10 所示。

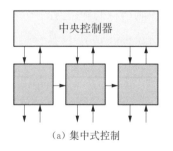

(a)集中式控制

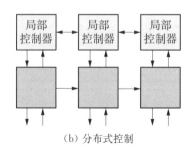

(b)分布式控制

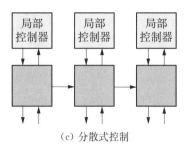

(c) 分散式控制

图 2 - 10 三种基本控制结构

在集中式控制结构中,存在一个唯一的控制中心对系统进行管理与控制,它接收/处理系统的所有相关信息并给出控制指令。其优点是结构简单,能够综合考虑所有的信息和约束,全局求解能力强。但是,由于信息的传输与处理都需要通过唯一的控制中心进行,受限于控制中心的能力,集中式控制结构往往不适用大规模复杂系统的控制实现。早期的无人机,以及目前的中小型无人机,多采用集中式控制结构。

在分布式控制结构中,系统的管理与控制是通过若干局部控制器协同合作完成的。每个局部控制器接收/处理系统的部分信息,局部控制器之间存在信息交互与共享,这样可以大大提高系统的可靠性与鲁棒性。与集中式控制相比,分布式控制对局部控制器的信息传输与处理能力要求有所降低,并且便于实现系统综合,因此分布式控制结构往往适用于大规模系统的控制实现。但是,从优化的角度出发,最终的控制结果是一系列局部控制器所实现局部最优的综合,不一定是全局最优的控制结果。目前,在先进中大型无人机控制实现中,分布式控制结构是主流方案。

分散式控制结构也称为无中心控制结构,与分布式控制结构类似,存在一系列的局部控制器,唯一不同在于这些局部控制器之间不存在信息的交互与共享,因此,分散式控制结构可以看作是分布式控制结构的一种特例。因为局部控制器之间缺乏信息交互,所以站在全局角度,分散式控制的性能和效果是三种控制结构中相对最差的。近年来,分散式控制结构被应用于无人机的编队控制中[9-11],此外,该结构在交通控制[12]、电网控制[13]等领域的应用也较为广泛。

针对复杂对象(如大规模复杂智能系统等)的控制,直接采用上述三种基本控制结构往往不能满足控制要求,需要采用分层递阶(hierarchical)的思想和相应的结构来对系统进行控制与管理。典型的层次划分例如从上至下的"决策管理层—组织协调层—控制执行层"三层划分(见图 2 - 11)等,自上而下对模型和控制的精度要求越来越高,但是对智能水平的要求则依次下降。在分层递阶控制结构中,上层给出下层的控制指令,这与飞行控制律设计中基于奇异摄动理论的逐回路闭合控制思想异曲同工。需要特别说明的是,如果换个角度,着眼于局部来看,分层递阶控制结构的实现仍然是上述三种基本控制结构在层次化基础上的优化与组合。

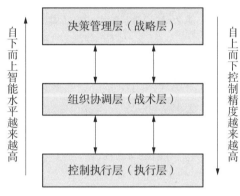

图 2-11 分层递阶控制三层基本结构

在无人机控制中,由于任务和环境的复杂性及不确定性,自主控制的研究和实现目前多基于分层递阶控制结构的应用[14-18],通常在逻辑功能层面上将自主控制系统仍然按照前述三层结构来分配实现。

(1) 上层为决策管理层,主要实现飞行任务管理功能,包括战术决策生成、威胁/态势感知与评估、任务调度与重规划、编队/协同等。

(2) 中间为组织协调层,主要实现战术飞行管理功能,包括飞行航迹规划/重规划、导航制导、性能管理、系统余度管理、故障检测、容错和重构控制的决策和分配等。

(3) 下层为控制执行层,主要实现综合飞行控制功能,包括控制增稳、鲁棒多模态飞行控制、自动驾驶仪等。

总之,无人机系统控制结构的确定,是系统结构设计的核心内容,受到诸如用户需求、飞机使命、机载条件、设计实现技术手段及确定的系统功能等多种因素的影响和限制,是需要经过多方协调、反复论证的设计过程。

2.2.3　控制分系统的建立

无人机控制系统可由若干个硬件分系统组成。分系统是在全系统范围内根据功能的依存性和作用的相关性予以划分的。分系统的划分与确立,既有利于分系统的设计,也便于全系统功能的分配和性能指标的管理。

　　无人机自主控制系统需要实现的控制功能自下而上主要包括飞行控制功能、飞行管理功能、任务管理功能等。

　　以飞行控制功能为例,参照控制系统闭环基本组成原理(见图 2-12)和有人驾驶飞机飞行控制分系统划分[19],无人机飞行控制的典型分系统一般应包括控制计算机分系统、伺服作动分系统和传感器分系统。

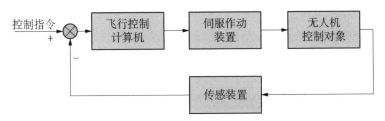

图 2-12　无人机飞行控制基本原理框图

　　1) 控制计算机分系统

　　飞行控制计算机分系统的组成及其主要控制功能如下:

　　(1) 控制计算机主机(实现决策与管理生成、控制律/制导律计算、余度管理等);

　　(2) 前置接口(输入计算机主机的信号处理、成形、转换接口及相应的信号处理线路);

　　(3) 后置接口(计算机的输出信号处理接口,包括模拟接口、离散接口、数字接口及相应的信号处理线路);

　　(4) 计算机主机及系统使用的电源(二次电源);

　　(5) 故障逻辑电路;

　　(6) 信息通信总线等。

　　2) 伺服作动分系统

　　伺服作动分系统包括伺服控制回路及具备监控功能的各伺服作动系统。

　　(1) 伺服控制器及其信号处理线路;

　　(2) 伺服作动器(执行机构)及其转换、监控机构;

　　(3) 监控及余度管理逻辑和线路。

　　3) 传感器分系统

　　为控制系统提供诸如环境/态势感知信息、飞机运动参量、大气信息和特殊要求的敏感信息等的传感装置,组成传感器分系统。

(1) 环境/态势感知传感器。典型的包括障碍、威胁信息传感器,如机器视觉传感器、激光雷达、红外传感器等。

(2) 无人机运动参量传感器。获取所需要的飞机运动信息反馈的敏感装置。例如,绕无人机三个机体轴的角速率传感器、无人机姿态角与航向角传感器、无人机法向过载/侧向过载传感器、无人机机翼上指定点的加速度传感器、无人机飞行高度或高度差传感器、飞行速度和/或马赫数传感器、迎角与侧滑角传感器等。

(3) 大气信息传感装置。大气静压、全压、温度信息传感器。

(4) 特殊传感器。舵面位移信号、液压压力信号、机轮滑跑速度、机轮承载等传感器。

除了上述三大分系统之外,在某些情况(例如中大型无人机的复杂控制系统)下,也可将实现控制系统机内自检(build in test, BIT)功能的相关软件、专用控/显装置和分散在各外场可更换单元(line replaceable unit, LRU)或外场可更换模块(line replaceable module, LRM)中的硬件线路(机构)作为机内自检分系统来统一考虑。

机内自检分系统赋予了系统自检测、自诊断的能力,可缩短飞行前准备时间,提高出勤率,增加系统工作/故障状态的透明度,提高系统的维修特性,增强系统故障检测与识别能力,确保无人机飞行安全。通常情况下,为实现 BIT 功能对系统全部硬件功能的检测与故障诊断,除专用 BIT 检测软件外,在各硬件装置中均应配备相应的激励、检测与监控线路或机构,此外系统亦应为其设计专用(或组合)显示装置。BIT 硬件包括在各相关部件内的 BIT 线路、逻辑及专用 BIT 控/显部件,BIT 软件用来实施 BIT 检测的控制、激励、采集、比较、判断与申报等功能。

此外,需要指出的是,与有人驾驶飞机不同,与人机交互界面相关的控制-显示装置通常在无人机地面控制站实现,通过通信链路和传输协议与机载控制系统交联,一般不作为无人机控制的分系统,但是在系统设计和实现中也应予以充分的考虑。

2.2.4 系统余度结构的确定

余度技术是提升系统安全性和可靠性的重要手段,通常指的是采用两个或两个以上的部件(或技术手段),正确、协调地完成同一任务的设计技术,因此可以在设计过程中针对系统中的不同对象如硬件、软件和时间等内容进行冗余配置,并通过设计不同的运行方式、实现形式、协调策略来确保它们协调有序运行。

　　在无人机控制系统结构的设计中,系统余度结构的确定是指对控制系统中各种形式余度资源相关的实现方式、工作方式和协调方式的论证与确定,从而给出系统余度等级、余度数目、余度形式、监控表决面设置等最终解决方案。经过多年的发展和实践,余度飞行控制系统已形成了多种余度种类和冗余方式[20],如图 2 - 13 所示,在设计过程中可以根据已有经验和积累,构建所需的系统容错能力和余度结构。

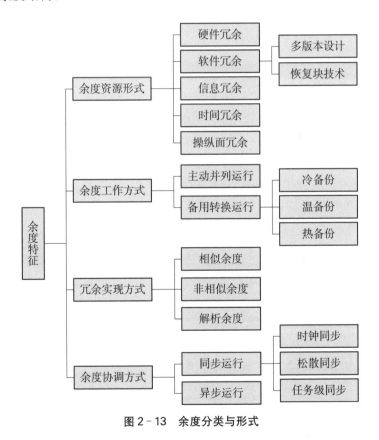

图 2 - 13　余度分类与形式

　　无人机设计中系统余度结构的确定需要考虑诸多因素,典型例如无人机的机种与飞行使命、飞行安全性需求、任务可靠性需求、功能关键性需求、维修性要求、系统设计的约束条件(例如重量、体积、功耗限制)、技术风险、全生命周期成本等。

与有人驾驶飞机相比，因为机上没有人，对系统安全性和可靠性等级的要求相对较低，所以无人机系统余度结构也相对简单，微型/小型无人机控制系统基本采用无余度配置结构，中大型无人机则多采用双余度或三余度配置结构。

对于复杂的多余度控制系统而言，在系统余度结构的确定中还应考虑结构布局设计相关的技术准则，主要包括故障传播的抑制、余度通道（余度功能）的隔离、功能/故障状态的正确显示，以及潜在故障的避免等。例如，在余度系统的机箱体制设计中，如果每个余度占用一个机箱，自然实现了通道之间的隔离处理，单个机箱作为一个 LRU，其重量、体积也利于外场更换和维修。但是，多机箱体制是否为安装空间所允许，则需要与飞机总体设计单位协调确定。而对于四余度系统，如果两个余度占用一个机箱（共有两个机箱），则需要考虑通道之间的隔离，并兼顾两个机箱的互换性等[19]。

2.2.5　系统综合化的考虑

随着计算机技术和航空电子技术的发展，飞机航电系统实现了由 20 世纪 60 年代"分布式模拟结构（distributed analogue architecture）"到 70 年代"分布式数字结构（distributed digital architecture）"，再到 80 年代"联合式数字结构（federated digital architecture）"，直到目前广泛应用的"综合模块化结构（integrated modular architecture）"和"模块化开放式结构"（modular open systems architecture），共计四代系统结构的跨越[21-22]。在上述技术发展趋势的推动和引领下，与有人驾驶飞机一样，目前无人机控制系统的实现也越来越倾向于采用高度综合的模块化设计。

在系统综合化的实现中，主要采用三种技术手段，分别是结构化综合技术、信息融合综合技术和任务合成综合技术[23]。

（1）结构化综合技术是基于系统资源、功能和管理的综合技术，面向系统自身能力组织和管理，旨在提升系统的能力、效能和有效性，是系统能力组织、处理效率、结构有效性的保障。

（2）信息融合综合技术是基于系统信息能力、成分和重要性融合的综合技术，是面向系统信息的精化、改善、调整和改进处理，旨在提升系统信息的能力、品质和有效性，是系统信息的能力组织、品质改进、结果有效性的保障。

（3）任务合成综合技术是基于系统的感知、优化和决策的综合技术，是面向系统任务的态势、模式、优化和选择处理，旨在提升系统应用任务和目标响应、能力优化和组织、结果效能与有效性，是系统应用任务组织与目标能力、效能和有效性的保障。

在无人机控制系统设计中,上述三种系统综合技术手段的应用,对于系统体系结构的设计有着巨大的影响。具体而言,系统综合化使得系统逐渐呈现出以控制功能为核心,综合实现相关功能的"一体化"技术特征。

例如,目前在微型、小型无人机和众多弹类飞行器上广泛应用的"制导、导航与控制(guidance navigation and control, GNC)一体化"技术,以及"决策、管理与控制一体化"和"计算、通信与控制一体化"等。这些综合化的技术手段和实施途径在无人机控制系统体系结构设计时,都应予以充分考虑。

以"导航、制导与控制一体化"为例(见图 2 - 14),在系统实现过程中,包括物理实现、软件算法和开发环境等多方面的含义。

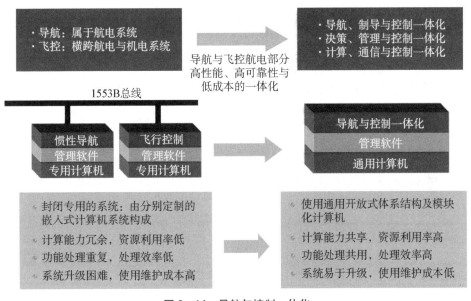

图 2 - 14　导航与控制一体化

(1) 物理实现一体化,即实现 GNC 硬件的高度综合化集成,典型体现在惯性测量单元(inertial measurement unit, IMU)电子结构的一体化实现,GNC 计算处理和接口的一体化,惯性/数据链/GPS/大气/计算处理/飞参等功能单元的小型一体化板级实现,甚至未来创新型效应面融合计算处理及传感器功能等(如柔性变体飞机应用等)。

(2) 软件算法一体化,即实现算法软件的深度融合,体现在导航、制导与飞行控制相关算法和软件之间的有效交联,控制律与制导律的一体化设计等方面,从而实现信息和处理的有效交互、共享与融合,进一步完善系统功能,提高系统性能。

(3) 开发环境一体化,通过各种开发工具的有机融合,形成具有一定通用性的、集成无人机建模、传感器数据融合、控制律设计、桌面仿真、机载代码自动生成、硬件在回路仿真、评估与确认等功能为一体的综合开发环境。

2.2.6 系统接口设计

参照传统飞行控制系统,无人机控制系统接口设计一般也包括两个部分的主要内容[19],其一是控制系统内部信息传递的接口,其二是控制系统与机上其他系统的机械、液压、电气等接口。其中,后者既受到其他机上系统的约束,也对控制系统自身的构成与特性产生影响。

确定控制系统的余度和综合化结构后,系统内部的信息传递不仅包括各个功能部组件之间的信息交互(典型如传感器与处理器、处理器与处理器、处理器与作动器等),也包含实现相同功能的不同余度通道之间的信息传输。在系统接口设计中,需要综合考虑所有上述系统内部的信息传输,在设计过程中满足系统整体容错和安全性要求。此外,为便于系统的开发、测试与维护,还应预留有相应的接口。

对无人机而言,控制系统除了与机上电气系统、液压系统产生接口关系外,与机载数据链系统和任务载荷也会有所交联,对于这些控制系统对外的接口设计,也需要进行详细的论证与确定。

通常情况下,系统接口设计的最终输出,应形成相应的接口控制文件(interface control document, ICD),用来定义系统各部组件之间及系统对外的连接关系,作为系统设计与综合的依据,指导系统试验与机上电缆制作,并支持系统的检修与维护。接口控制文件的成熟度在一定意义上可反映系统的设计状态,随着现代无人机控制与管理系统应用功能的不断扩展、系统规模的急剧攀升、结构的日益复杂,正确、完整、明确的接口控制文件对于系统的研制、开发、集成与验证有重要的作用。

2.2.7 新技术的应用

作为无人机系统的核心,无人机控制系统的发展面临一系列新的机遇和挑战,主要来自飞行器被控对象的新特征、信息化环境、无人机的自主性、高可靠可重构容错系统、飞行控制系统的评估与确认等多个方面[24]。为了迎接机遇,面对挑战,必须采用新的控制技术,这些新技术的选择及其应用程度的考虑,也体现在无人机控制系统的体系结构设计中。

此处所强调的新技术是指已经证明其适用性,但尚未经过实际使用,或缺少长时间实践应用经历的先进控制技术。典型的新技术例如新的控制算法/控制策略、新的数据总线、采用新原理的作动执行机构、采用新原理的传感器等。

新技术的应用,可以扩展飞行控制系统的功能、提高系统的性能、改善系统的经济性,但具有一定的风险[19]。在进行控制系统体系结构设计时,应对新技术涉及的各种因素进行综合折中取优考虑。

2.3　典型无人机控制结构

由于控制结构的实现方式是无人机控制系统体系结构中的核心关键内容,同时也是系统的重要特征体现,因此本节从控制结构的角度出发,结合工程实践和技术研究开发中的相关实例,首先面向单机无人机平台,分别介绍基于不同控制结构的无人机控制系统实现,主要包括集中式、分布式和分层递阶三种控制结构类型,其中集中式和分布式偏向基于物理结构实现的视角出发,而分层递阶则相对更侧重于功能结构的实现,从而便于理解无人机的控制系统体系结构设计。然后,结合无人机协同/编队/集群、有人机-无人机协同等热点研究问题,介绍无人机面向任务的协同控制结构。

2.3.1　以计算机为核心的集中式控制结构

集中式结构是通常广为采用的经典控制结构,该结构中一般存在一个中央控制处理单元,系统围绕该单元进行系统扩展实现相关控制功能。集中式控制结构的典型应用是三代机电传飞行控制系统,包括模拟和数字电传系统。在该结构中,以飞行控制计算机为核心,进行传感器信息的采集和处理,在多模态多速率组任务调度模式下,进行控制逻辑的决策和控制律的解算,并生成控制指令驱动伺服作动器,完成飞行控制任务的闭环。集中式结构的优点在于协调性好、易实现,但也存在适应性相对较差、扩展能力不足、不够灵活的缺点。

随着航空电子和计算机技术的发展,集中式飞行控制结构相关的余度设计、BIT 等核心技术已经较为成熟,因此该控制结构在早期工程实践中的应用非常广泛,在无人机控制系统的设计中也不例外,图 2-15 给出了一种典型的无人机集中式控制系统结构框图。

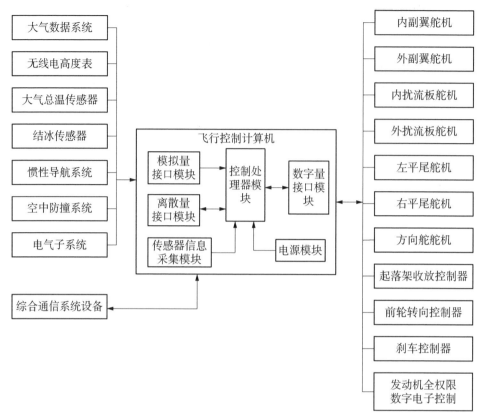

图 2 - 15　典型无人机集中式控制系统结构

在集中式结构中,作为系统核心的飞行控制计算机,其包含的典型模块一般有传感器信息采集模块、控制处理器模块(包括处理器及其外围电路)、离散量接口模块、模拟量接口模块、数字量接口模块和电源模块等。

(1) 传感器信息采集模块负责采集来自大气数据、无人机姿态/速度/位置、舵面位置等各类传感器信息。通常这些信号有直流、交流及频率量等多种形式,采集模块需要对其进行解调和模-数转换,使其成为计算机可以读取的数字化信息。

(2) 处理器及其外围电路模块负责控制和管理指令的计算,主要包含处理器芯片、随机访问(RAM)存储器、只读(ROM)存储器、非易失(NVM)存储器、看门狗(监控芯片)、中断控制器、IO控制逻辑等。随着微电子技术的不断发展,以上这些功能的部分甚至全部已经能够被集成至一个单一的芯片内。

(3) 离散量接口模块负责采集外部或者向外部输出采用高低电平形式标记

的控制指令或状态信号。为了能够适应机上恶劣的电磁环境,这些对外的离散信号普遍采用大信号幅值(例如 28 V/开路)或差分电平形式,而计算机内部普遍采用较低的电平信号(例如 5 V 或 3.3 V),因此离散量接口模块还负责内外部信号的电平转换功能。

(4) 模拟量接口主要采集来自传感器或其他分系统的模拟信号,并进行转换、滤波、整形、增益调整等处理。

(5) 数字量接口模块是飞行控制计算机为了对外大信息量数据交互而采用的数字化的串行/并行接口与总线,用于实现计算机与外部设备之间的数字信息通信。常见的数字总线包括 1553B、429、422、1394B、AFDX、FC 等。

(6) 机载电源一般采用 28 V 供电体制,计算机内部则存在不同电压与功率要求的电源模块。其具备将机上一次供电电压(如 28 V)转换为内部二次供电电压(如 3.3 V、5 V、±15 V 等)的功能。同时,由于机上供电特性的非理想性,飞行控制计算机的电源模块一般还需要具备综合外部多路供电、抑制电源线电磁干扰、容忍机上短暂失电的能力。

此外,对于具备余度功能的系统,飞行控制计算机的余度通道之间一般需要针对数据的一致性等进行监控和表决,所以余度通道除了具备对外通信能力外,也需要具备通道交叉数据链(cross chanel data link, CCDL)的能力,以进行通道间的数据交互。

在无人机型号中,美国"全球鹰(Global Hawk)"无人机所采用的集中式控制结构具有一定的代表性。该无人机是全球现役高空长航时无人机的典范,主要用来执行美国空军的情报搜集任务,提升情报搜集能力。在"全球鹰"无人机的研制和装备使用过程中,采用美军主推的螺旋式研发策略,即武器使用部署与武器升级改进并行的研制策略。

从其航电系统结构(见图 2-16)中可以看出,其控制系统的整体结构采用的是以控制与管理计算机为核心的集中式结构,但是在某些局部也采用了分布式结构设计和适度综合化的思想,例如,其核心计算机是基于开放的分布式 VME 总线结构实现的。

在"全球鹰"无人机控制系统的实现中,以双余度综合任务管理计算机(integrated mission management computer, IMMC)为核心,采用 VME 结构实现,辅以 IMMC 接口单元(IMMC interface unit, IIU)和余度计算机之间的交叉通道数据传输(cross channel data link, CCDL),实现了飞行控制与管理、传感器数据采集/管理/融合、导航解算、伺服控制等功能。

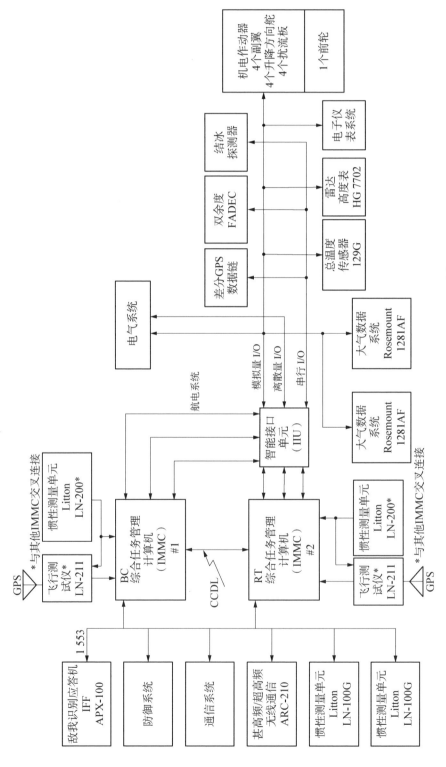

图 2 - 16 "全球鹰"无人机航电系统框图[25]

系统中的飞行安全关键部件包括双余度 IMMC、用于飞行控制的惯性测量单元(Litton LN - 200)、导航计算机(LN - 211G TSPI Units)、双余度大气数据系统(Rosemount 1281AF)、飞行控制机电作动器。通过 IIU 实现各部件之间的交联,从而使每个 IMMC 都可以获取双余度大气数据系统、双余度惯性测量单元和双余度导航计算机的信息,并且通过 CCDL 传输飞行关键传感器信息,实现相关信息的余度管理和合理性校核。

为获取一定的气动冗余,"全球鹰"无人机的气动舵面采用了"分裂式"设计,包括副翼、方向舵、升降舵和扰流板,即将同一个气动舵面分为两块并配以相应的作动器来实现。作动器的控制采用了不分主从的热备份逻辑,即双余度 IMMC 分别控制某"分裂式"舵面的两个作动器,当其中一个 IMMC 自检测系统(其 BIT 系统自检测覆盖率约为 90%)发现自身错误或故障后,切断自身对作动器的控制,另一个完好的 IMMC 全面接管所有作动器的控制权限。

"全球鹰"无人机控制结构的设计具有典型的时代背景。该项目于 1994 年启动,最初由 DARPA 负责,从 1998 年起转由美国空军管理,首架原型机于 1998 年 2 月完成首飞。"全球鹰"研制之时,正是美国空军开始研制 F - 35 战斗机航电系统,试图再次进行航空电子变革升级之时,这一变革升级所对应的技术特征正是"综合模块化航电"和"开放分布式飞行控制"。但在"全球鹰"机载航电系统的研制过程中,却全然没有借鉴这种高度综合化的理念,甚至也只是部分采用美国空军 F - 22 战斗机上取得的综合化航空电子研究经验。其背景是鉴于美军以往的无人机开发项目大多都出现超支现象,在开发"全球鹰"无人机时特别提出了单机成本(含机体、航空电子及载荷等)不超过 1 000 万美元的要求,这迫使"全球鹰"研制始终以控制成本至上,特别是机载航电系统的研制。正因为如此,"全球鹰"的机载航电系统的设计被迫在开放性、综合化、先进性和性价比等方面进行折中与平衡,通过部分功能综合、信息综合及少量硬件综合,在保持当时其系统先进性的同时,也有效控制了研制成本,缩短了研制周期。

2.3.2　基于总线的开放分布式控制结构

现代飞行器(包括无人机)的飞行任务需求不断增加,其设计要求所规定的控制与管理功能日益复杂,机载设备之间的交联越来越多,信息交互的数据量也越来越大。对于传统的集中式控制结构而言,由于过分依赖于中心处理器,难以完成复杂系统大数据量交互环境下及时的信息处理和准确有效的决策与控制。另外,集中式控制结构缺乏一定的灵活性、开放性和可维修性,采用集中式控制实现的系统通常难以方便地拓展和改进其控制功能,也难以充分利用硬件技术的进步来升级提高系统的性能。因此,随着系统信息获取技术、数字控制技术、飞行控制技术和实际功能需求等多方面的快速发展,传统集中式结构逐渐暴露出处理器易成为系统设计瓶颈,结构缺乏设计更改和改型所需要的灵活性,可维护性和可维修性较差等一系列缺点[26]。

分布式控制系统(见图 2-17)结构意味着计算资源和控制能力的分布化,在这种结构下,开放式总线作为系统核心,具有自适应、自组织和良好的协调性能,使得系统扩展能力强,对故障有较好的冗余,并可通过协调方式完成复杂的系统整体运作。因此,在分布式控制结构下,总线资源的调度是系统的关键所在。

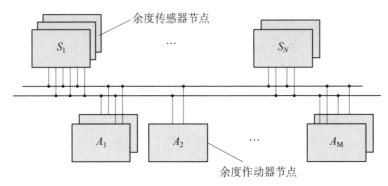

图 2-17   基于总线的分布式飞行控制系统[27]

进入 21 世纪,国外(尤其是美国)大部分先进技术验证机,以及国内外的四代机机载系统研制中,已经普遍采用了综合模块化的分布式控制系统设计,相关技术已趋于成熟,目前这种控制结构和系统实现方式在无人机中也得到了广泛应用,其典型技术特征如下:

(1) 在控制与管理计算机内部,将传感器处理、输入输出控制、决策管理和控制计算等以 LRM 的方式通过内部背板总线集成在控制/管理计算机内。其中,标准化的背板总线是实现开放分布式结构计算机的关键技术,它彻底改变了之前控制计算机以处理器为核心的集中式结构,实现了 LRM 间的"网络化互联",即 LRM 间本质上通过标准化的协议实现互联,从而从根本上保证了硬件结构的开放性。

(2) 在控制与管理计算机外部,将大气数据处理单元、作动器控制单元、发动机控制计算机、任务管理计算机及机载机电设备管理子系统之间采用外部高速数据总线方式进行信息交换,构成分布式网络连接,并且通信网络具备一定的容错能力。

　　以法国 Bertin 公司开发的 Hovereye 小型涵道风扇垂直起降无人机控制系统(见图 2 - 18)为例,该机主要面向陆军应用,实现城市环境中的短距侦察与监视,其飞行控制系统设计采用典型的分布式结构实现[28],通过 CAN 总线,将基于 DSP 的三余度飞行控制计算机、各种传感器(包括惯性测量单元、GPS、气压计、磁力计、声呐、雷达高度表、障碍物探测传感器等)、马达作动器及数据链路等连接起来,在体积、重量、成本、电磁兼容等众多约束条件下实现了系统的各项功能。

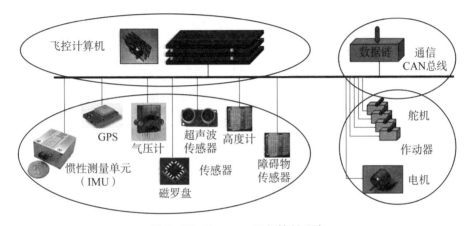

图 2 - 18　Hovereye 飞行控制系统

　　在国内,面向航拍、农业等领域应用的小型无人机控制系统绝大多数也采用了上述类似的设计,同样是基于 CAN 总线实现分布式控制,典型的应用案例包括深圳大疆创新、北京零度智控等公司的控制系统产品。

　　根据相关文献资料,美国 X - 45、X - 47 无人作战飞机的飞行器控制与管理系统也采用了分布式结构实现(见图 2 - 19)[29-32],各智能节点包括计算机、嵌入式 GPS/INS(embedded GPS/INS, EGI)、作动器、着舰相对导航 GPS 等均挂接于余度式系统总线上,实现了控制、决策与管理信息的动态调度与分配,较好地解决了智能水平和控制精度的协调问题。

　　采用分布式控制结构实现的飞行控制系统的主要优点如下:

　　(1) 可扩展性和灵活性强。模块化使系统易于直接扩展,而无须进行重新设计。分布式的自主节点布局方式使系统增加/改变功能或应用新技术变得更容易。

　　(2) 具备良好的可测试性。各个节点功能模块的内在分解方式简化了单节

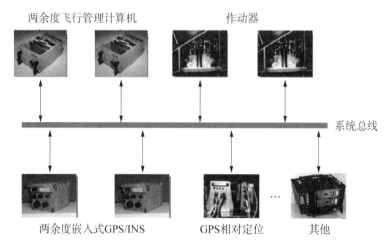

图 2 - 19 X - 47 飞行器管理系统简化结构图

点测试,并降低了软件复杂性,简化了模块级的软件评审和认证。

(3) 降低了系统复杂度和维修代价。系统通过将集中式控制单元分割为一系列更为简单计算节点的方式实现,相同节点的一致性提高了系统的性价比。

(4) 提高了系统容错能力。分布式容错使得根据可靠性需求进行系统余度裁减成为可能,减小了余度实现的代价,可以通过设计降低对战争损伤的敏感性。

以系统容错能力为例(见图 2 - 20),如果余度式飞行控制系统中发生了单点故障,采用传统集中式控制结构的系统将损失整个余度通道,而采用开放分布式控制结构的系统则不会影响到余度通道的整体功能。

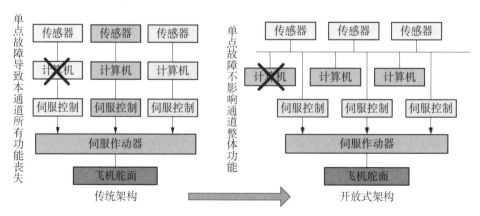

图 2 - 20 单点故障对不同结构系统的影响

2.3.3　面向自主能力的分层递阶控制结构

自 20 世纪末 21 世纪初,无人系统自主性和自主能力的研究首先在美国开始兴起,逐渐成为无人系统(包括无人机)的重要研究方向和技术发展趋势。作为实现无人系统自主性和自主能力的核心手段,面向复杂任务和动态不确定环境的自主控制相关研究具有极大的技术难度和挑战性,经过理论界和工业界近 20 年的研究和实践,目前仍然是一个相当开放的领域。

所谓自主控制是在"未组织"环境下采用的"高度"自动控制。其中,"高度"自动控制指的是无人无须外界干预的控制过程,而"未组织"的环境结构主要是由不确定性引起的[33-34]。无人机自主控制意味着能在线感知外部态势,并按预定的使命和原则在飞行中进行决策并自主执行任务[35]。自主控制包括在线感知、信息处理和控制重构等功能[36],强调自我决策、自我控制。显然地,自主控制技术的作用对象和应用场景比以往自动控制系统更为复杂和动态,因此需要设计合理的系统结构,妥善解决软、硬件功能划分和系统内各要素的协调问题,确保复杂系统的灵活、开放、可配置、可重构。

无人机自主控制系统结构通常采用分层递阶控制(layered hierarchic control)模式实现,基于"分而治之"的原则,根据自主权限的授权范围和授权形式,将系统按照任务、决策、执行等功能层次进行划分,层与层之间的时间尺度(或控制决策周期)自上而下依次递减,并保证上层的功能设计与下层的限制约束相解耦,从而降低系统的设计和实现难度。

在层间输入输出关系固定的基础上,每层功能的实现可以灵活设计,例如可以选择集中式或分布式的通信/决策结构,也可以利用通用总线来连通各个子系统。但是,值得注意的是,现阶段面向自主能力的无人机分层递阶控制结构在很大程度上仍处于理论研究阶段,尚未大规模实践,公开文献中针对工程应用的相关实例尚不多见。

分层递阶控制理论作为组织和分析复杂系统的一种常用方法,其控制系统的控制结构形式通常由组织级、协调级、执行级组成,如图 2-21 所示。

组织级是分层递阶控制结构的最上层,通过应用人工智能技术起主导作用,进行综合智能决策,并针对给定的任务和指令,给出合理适当的控制模式,并对协调层下达控制命令。

协调级是分层递阶控制结构的中间层,由一定数量的协调器组成,协调器根据来自各方不同的命令,协调推导出一系列的合理优化执行指令,并将这些指令分解成可供执行层操作实施的具体动作序列。

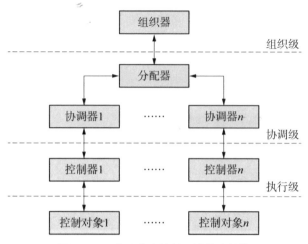

图 2-21　分层递阶控制系统基本结构

执行级是分层递阶控制结构的最底层,由经典控制理论和现代控制理论起主导作用,一般由多个控制器组成,执行确定的动作。

在相对早期的研究中,自主控制系统的分层递阶控制结构实现主要围绕面向飞行的功能进行了层次划分,主要涉及飞行管理与飞行控制,虽然有对任务管理的相关考虑,但并不清晰。例如,一种典型的面向无人作战飞机的自主控制系统结构如图 2-22 所示[36]。这种控制结构从上而下分为四层,分别是决策生成层、航迹规划层、轨迹生成层和余度管理层。

(1) 第四层(决策生成层),根据全局任务目标和约束条件,以及获得的传感器和态势感知信息,在任务目标达成与飞行器生存能力之间进行权衡折中,做出合理的自主决策。该层主要负责处理生成障碍规避、冲突消解、任务重捕获/更新及目标重估等高层决策。

(2) 第三层(航迹规划层),主要功能是生成整个任务的航路点,并计算为得到期望航迹所必需的空间限制条件,以及其他的一些约束条件。其中部分航迹和约束,即名义状态下一些已知的先验知识可用于离线航迹的解算,在遇到突发威胁、故障和外部干扰的情况下,必要时可重新对离线航迹进行动态调整与更新。

(3) 第二层(轨迹生成层),主要根据系统状态、航路点、控制输入和空间约束等限制条件生成最优的运动轨迹。该运动轨迹可根据一些事先给定的期望准则(如时间最短、油耗最省等)来确定,既可以离线生成,也可以在第三层航迹规划层发生重规划修改航路点时随之进行在线动态运动重规划。

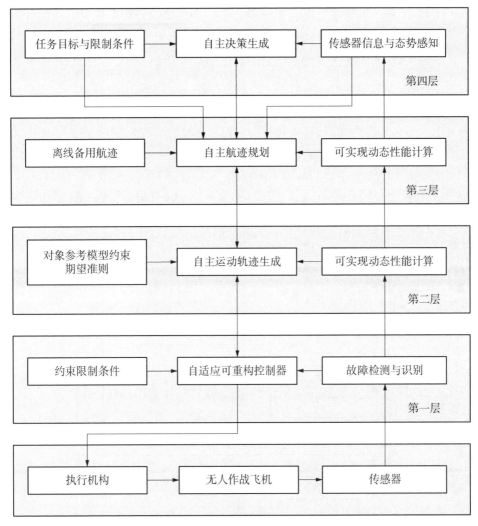

图 2-22　一种无人作战飞机的自主控制系统结构

（4）第一层（余度管理层），主要作用是在各种不确定情况下（包括外部扰动和内部故障），仍能保证无人机控制功能，准确跟踪期望的航迹。该层主要包括鲁棒在线的故障检测识别系统和自适应可重构控制器，可以在控制输入限制和可变控制权限的前提下，结合系统的余度管理功能对无人机的有效控制进行相应的优化。

从上述例子不难看出，作为现代控制系统的典型代表，分层递阶控制系统的各个子系统的控制作用是由按照一定优先级和从属关系安排的决策单元实现的，同级的各决策单元可以同时平行工作并对下级施加作用，同时它们要受到上级的干预,子系统可通过上级互相交换信息。分层递阶控制系统具有功能分散的特点,可以实现复杂运算,可方便地实现人机交互,可实现较高的智能。

近年来,在面向无人机自主能力的分层递阶结构研究中:一方面,从功能角度出发,系统范畴由之前主要着眼于飞行管理和飞行控制功能,逐步拓展至包含任务管理相应功能,开始强调"面向任务的飞行控制";另一方面,国内外学者引入基于人类认知行为的研究,将其与自主控制系统的实现相结合,得到了很多非常有启发意义的结论和成果。

例如图 2-23 给出了一种有代表性的、基于认知行为的无人机自主控制分层递阶结构[14],它来自国内北京航空航天大学的陈宗基教授研究团队的研究成果,这对无人机自主控制系统的研究和实现具有积极的意义。该结构参照人类认知控制行为模型,将自主控制系统结构也按照决策性行为、程序性行为和反射性行为主要分为三层,在功能逻辑划分上则分别主要对应无人机的任务管理系统、飞行管理系统和控制执行系统。

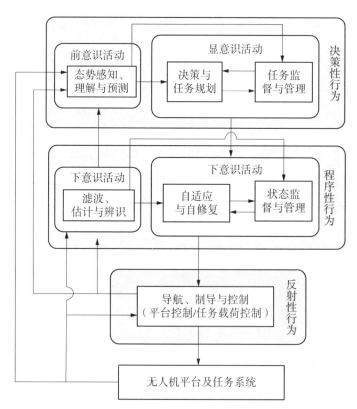

图 2-23   基于认知控制行为的无人机自主控制系统结构(图片源自北京航空航天大学)

在该基于认知行为的无人机自主控制系统中,各层级部分的特点或功能如下[14]:

(1) 决策性行为层。决策性行为在无人机的自主控制系统中主要体现为态势的感知、智能决策、任务规划与管理等功能。

(2) 程序性行为层。程序性行为在无人机的自主控制系统中主要体现为平台故障自修复和飞行环境自适应等功能。

(3) 反射性行为层。反射性行为在无人机的自主控制系统中主要体现为传统自动飞行控制系统的导航、制导与控制等功能。

国外学者也有相似的研究成果,例如俄罗斯"国家计算科学与控制研究中心"相关团队给出了如图 2-24 所示的无人机自主控制系统的多层认知结构[37]。

该结构考虑了无人机之间的任务/编队协同,将控制系统分为战略层、战术层和反应层三个层次来实现无人机的行为控制。

(1) 处于最上层的战略层是系统的核心认知层,引入基于符号知识的认知世界模型表达,并通过无人机之间的协同通信,实现高层次的认知任务(如协同编队和行为规划等)的管理与决策。在战略层中,基于群体活动心理学为编队/协同中的无人机个体构建了认知世界模型。该模型由相互关联的领域对象(或行为)知识元素组成,每个元素都包含有关于对象(或行为)的过程性和声明性知识。战略层在认知世界模型的基础上,实现编队/协同中的无人机个体的行为规划,并与所有其他无人机个体的规划相协调。

(2) 中间的战术层是高层次活动与低层次活动之间的纽带与中介,其负责的主要任务是导航功能的实现。所涉及的导航活动分为三类,即地图构建(世界空间模型的构建、更新和细化)、无人机定位(将无人机状态与所构建的地图绑定)和航迹规划。重点在于航迹规划,其过程分为预测、生成与监控三个阶段。当从战略层接收到目标位置(地图上某个区域)信息和到达目标的时间限制时,开始启动规划过程;在预测阶段,系统对及时到达目标区域所需的必要运动参数(如速度)进行初步的计算和预估,然后将这些参数发送到低层级的反应层,后者基于这些参数创建无人机运动动力学的空间几何约束,并将这些约束反馈至战术层的航迹规划模块;在生成阶段,系统试图在获取的约束条件下生成航迹,根据所生成的结果(成功意味着航迹顺利生成,不成功意味着在分配的时间内无法实现所需目标位置的航迹)将相应的消息发送给更高层级的战略层;在监控阶段,如果航迹规划生成失败并发送故障消息,作为对故障消息的响应,战略层应

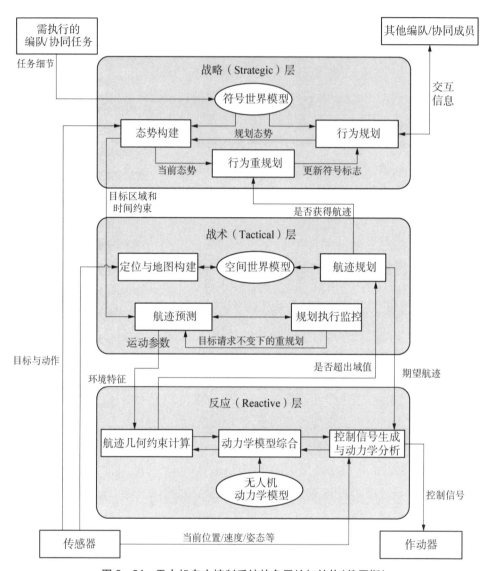

图 2-24　无人机自主控制系统的多层认知结构(俄罗斯)

该重新生成一个可选的导航任务,即新的目标位置-时间对。因此,在该系统中航迹规划是一个由上下两层控制反馈支持的迭代过程。

(3) 最下层的反应层的主要任务是根据无人机的动力学模型:一方面针对战术层提供的预测航迹生成相应的几何运动约束,用于战术层航迹规划的生成;另一方面跟踪战术层所规划的航迹,生成运动轨迹并获取跟踪轨迹所需的控制信号,然后将这些控制信号作为指令发送给控制无人机操纵面的作动器,并且根据机载传感器信息来分析和控制运动误差,形成反馈闭环控制。

实际上,如果结合 OODA 对抗决策理论,不难发现在分层递阶控制结构中,每一层都可作为一个或若干个完整独立的 OODA 循环。处于不同层级的 OODA 循环时间不同,上层中的循环慢,下层中的循环快,并且不同层级中的 OODA 循环存在着相互的联系和制约关系。因此,从这个角度出发,一方面可以通过核心关键 OODA 循环的加速,另一方面可以通过增强 OODA 循环之间的相互运作,来提升系统的整体效能。

2.3.4　面向任务的协同控制结构

在当前信息化环境下,无人机控制技术不断成熟,应用场景不断拓展,其"以平台为中心"的传统应用模式正在逐步向"以网络为中心"的多机协同模式转变。一方面,随着无人机自主能力的不断提升,无人机控制将逐步从简单的遥控、程控方式向人机智能融合的交互控制甚至全自主控制的方式发展,无人机自主智能化水平的不断提升使其逐步具备协同执行任务的能力。另一方面,未来无人机所面临的任务场景越来越复杂,单架无人机所能执行的任务能力有限,多架无人机协同执行任务,通过相互之间的能力互补和行动协调,可以完成单架无人机所不能完成的复杂任务,并实现单架无人机任务能力的拓展及多无人机系统整体任务效能的提升,例如通过多无人机平台之间的协同可以实现协同感知、协同侦察、协同攻击、协同干扰等。

不难体会,多无人平台协同最为重要的目的是完成某项或多项既定任务。因此,随着对无人机自主控制问题相关认识的深入和技术的进步,面向任务和信息相耦合的无人机多平台之间的协同,以及无人机与有人系统之间的协同控制问题和控制系统实现,近年来受到越来越多的关注,并得到广泛研究。

通常认为,协同控制系统主要的特点[38]如下:

(1) 信息的高度共享。信息共享是为了最大限度地发挥协同系统中实体本身的价值,并利用信息创造新的价值。信息共享是协同系统提高整体效能的基础。

(2) 任务的高度整合。尽管每项任务从属于协同系统中的不同实体,但本质上来说它们都是紧密关联的,系统需要对各个任务进行充分的整合以使所有的任务能够协调和平滑运作,任务上的耦合性使这些实体构成了一个协同系统。

（3）资源的高度优化。当协同系统实现了信息共享和任务整合后，才能使系统中的各项资源突破各种壁垒和障碍，在统一管理和协调下为实现系统的共同目标而服务。

围绕上述特点，按照无人机协同控制所实现的功能，现阶段这一领域主要的研究方向包括多无人机任务分配、多无人机协同航迹规划、多无人机编队控制，以及有人-无人系统面向任务的协同控制等。

从多回路闭环飞行控制系统的角度出发，无人机协同控制最终在很大程度上体现为面向任务的协同制导过程实现，可视为广义制导回路的范畴，与传统意义上姿态控制回路的外回路稍有不同，这种广义的制导尽管其控制目标仍然围绕位置、速度、到达时间等相关信息展开，但是这些相关信息所表达的控制目标包含明确的协同任务属性。

例如，一种面向任务，基于闭环控制结构表述的多无人机系统如图 2 - 25 所示[39]，其中控制输入是任务目标，也是期望的控制目标，被控对象是任务大系统，状态反馈包括任务、环境、无人机成员和有效资源的动态信息，控制器是图中虚线圆角框内的部分，包括多无人机系统各管理模块和无人机单机各功能模块。多无人机系统体系结构的设计过程可以看作是控制器中这些模块的确定过程，包括模块功能定义、接口定义、模块之间的交互关系、模块分布等。

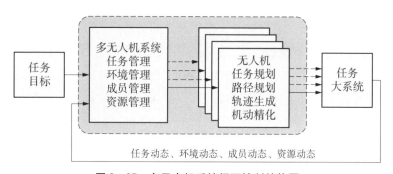

图 2 - 25　多无人机系统闭环控制结构图

首先，面向自主能力的要求，从功能实现的角度出发，分层递阶的控制结构同样适用于多体的自主协同控制。

一种典型的控制结构如图 2 - 26 所示[38]，具有很强的代表性。其中，多无人机任务分配作为顶层的规划功能，主要负责将总体的任务分解为若干可由单架或多架无人机完成的任务或任务集合，对各任务集合和所配备的无人机及任务载荷情况，确定各无人机所要执行的具体任务，并给出任务执行的时间；多无

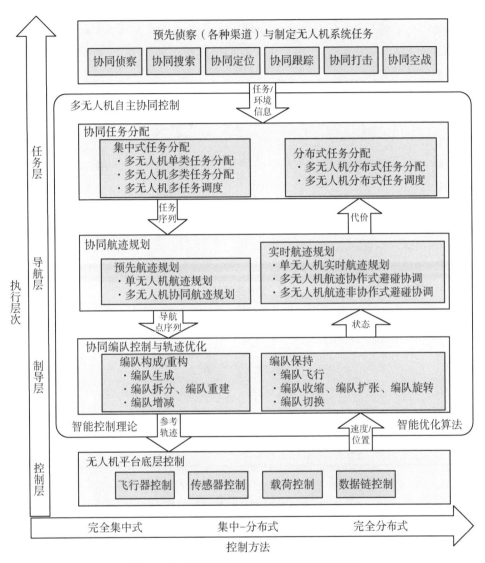

图 2-26　多无人机协同控制的分层递阶结构

人机航迹规划根据无人机所处的战场环境和敌我对抗态势为无人机规划符合任务执行需求的飞行航迹,并与其他无人机进行空间、时间和任务层面上的协调,从而有效引导无人机在指定的时间到达指定的任务区域;多无人机编队控制则直接面向无人机的任务执行,生成无人机编队队形并控制多无人机的编队飞行且进行轨迹优化,从而提高任务执行的效能。

　　其次,如果考察协同中的控制信息流,根据任务处理和指挥控制实现形式的不同,多平台协同控制结构也可以按集中式控制、分布式控制和混合式控制来进行分类[40-43],并且其中混合式控制往往是层次化的。图 2 - 27[42]和图 2 - 28[43]分别给出了有人-无人协同,以及无人机协同的集中式、分布式和混合式三种主要控制结构的直观示例。

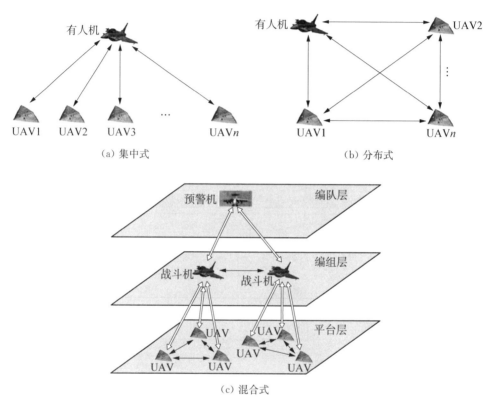

图 2 - 27　有人-无人协同控制主要结构

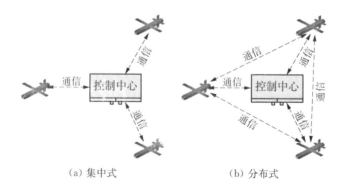

（a）集中式　　　　　　　　　　（b）分布式

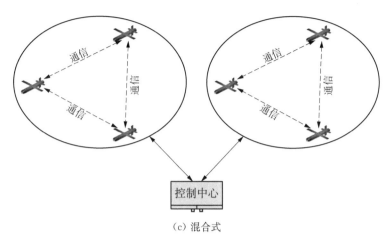

（c）混合式

图 2 - 28　无人机协同控制主要结构

现阶段,无人系统在进行面向任务的协同时,绝大多数情况下是采用集中式控制结构实现的,主要取决于以下两个方面的现实原因:一方面,参与协同的无人平台数量不多时,集中式结构的控制效率高、系统结构清晰、实现简单,从而优势明显;另一方面,考虑到实时性要求,分布式协同在信息获取、传输、处理及控制实现等方面的一致性研究尚不充分,虽然有一些理论上的成果,但是仍然较为理想化,例如通信中的延迟或者通信拓扑结构变化对系统所带来的不利影响往往考虑不足,又如一致性的相关研究很少考虑实际分布式系统中常见的拜占庭容错问题等。

集中式控制结构的缺点也很明显,在协同平台数量增加时,会给控制中心带来大量的信息交互和计算处理工作量,对链路、集中式控制器、集中处理算法等软硬件资源的高要求进一步凸显,并且规模大到一定程度后,客观上很难采用集中式控制实现有效的协同。

相反地,在分布式控制结构中,协同系统中的无人个体仅与相邻个体或若干固定的个体进行交互,不存在集中式结构中因为规模带来的上述问题,鲁棒性和容错能力好,但是在面向高动态、强对抗、多约束等场景进行应用时,还存在很多可靠性相关度的实际性难题,需要进一步地深入研究。

因此,在现阶段及未来一段时期,无人系统的大规模协同控制实现应该是混合式的,类似军队组织的指挥控制体系:实时性要求高、强交互的个体协同采用集中式结构;实时性要求不高、信息交互较少的个体之间采用分布式协同;还应采用一定的分层递阶控制结构来统筹协调控制精度和控制频率。在众多参考文献中,尤其是在面向编队控制等相对简单的协同任务场景实现时,国内外所开展的相关研究工作也显示出上述混合式控制结构的特征[44-50]。

2.4　无人机控制系统中的容错结构设计

众所周知,容错技术是系统对故障的容忍技术,也就是指处于工作状态的系统中一个或多个关键部分发生故障或差错时,能自动检测与诊断,并能采取相应的措施保证系统维持其规定功能或保持其功能在可接受的范围内的技术[51]。

在系统设计中,基于容错功能的具体实施过程,容错设计通常包括两个方面的内容:①故障检测与诊断,这部分的目的是当系统内发生故障时能自动发现故障,并确定出故障的部位、类型、程度等信息,同时自动隔离故障;②故障控制与决策,这部分的目的是针对故障的相关信息(包括故障部位、类型和程度等),采取相应的故障处理措施。

容错控制则是基于上述两个方面主要内容的一门交叉学科,与最优控制、鲁棒控制、故障检测与诊断、自适应控制、智能控制等具有密切的联系,其主要利用系统内在的信息、功能、结构或时间上的冗余性,实现容错目标。早期的容错控制侧重于硬件冗余的设计分析,相对而言需要投入较大的系统成本;随着计算机技术和信息技术的飞速发展,出现了采用软件冗余、解析冗余替代物理和硬件余度的容错设计思想;近年来,先进自适应技术、鲁棒和智能控制技术等在容错控制领域的应用则进一步推动了容错控制技术的发展。

根据可靠性的要求,在无人机控制系统的实现中,通常采用各种容错控制技术和手段。同时,因为系统的冗余性(包括硬件余度及软件/信息/解析余度等)是设计和实施容错控制的基本前提条件,所以余度容错结构的设计是无人机自主控制系统体系结构的重要组成。本节首先简要介绍系统设计中常用的容错设计手段,然后介绍余度容错结构设计的相关内容。

2.4.1　系统容错控制设计概述

容错控制技术能够提高无人机的生存能力和飞行安全性,是实现自主控制功能和性能的重要保障。在系统出现各种故障时,通过对系统结构、处理算法和系统软件等采取合理的容错设计,可以达到消除故障产生的不利影响,或避免故障在系统内部各子系统间传播的目的,从而提升系统的安全性和可靠性,并为系统的有效健康管理实现奠定基础。

在无人机控制系统容错功能的实现过程中,需要考虑的主要因素包括可能发生的故障类型、冗余资源的设计与配置,所采用的故障检测/故障诊断方法、相应的故障处理方法及容错控制策略等。

2.4.1.1　典型故障类型

无人机控制系统想要实现高可靠容错的目的,必须容忍两类主要故障:一类是控制系统自身的故障,例如传感器、伺服作动、控制计算机等各分系统发生的故障等;另一类是外界力量造成的无人机本体的物理损伤,可以认为是一种气动或动力损伤所造成的控制对象故障。

根据故障的表现形式,一些容错控制设计必须考虑的典型故障类型如下[52]。

1) 传感器分系统典型故障

(1) 传感器卡死:表现为传感器输出为常值。

(2) 传感器增益损失:表现为传感器输出与实际测量值之间存在恒定小于 1 的增益。

(3) 传感器恒定偏差:表现为传感器输出与实际测量值之间存在恒定的静差。

2) 伺服作动分系统典型故障

(1) 执行机构卡死;

(2) 执行机构损伤;

(3) 执行机构松浮;

(4) 执行机构饱和等。

3) 控制计算机分系统典型故障

(1) 输出无信号;

(2) 死机;

(3) 随机输出;

(4) 恒定偏差等。

其中:死机、随机输出一般源于软件故障,可能是软件陷入死循环等;无信号和恒定偏差通常主要来源于硬件故障,如短路和断路等。

4) 控制对象典型故障

(1) 机翼受损:控制对象发生重大变化。

(2) 气动舵面受损:操纵面失效或效能降低。

（3）动力损伤：如双发构型损失一侧发动机等。

此外，因为无人机上没有人，数据链路的故障对于无人机控制系统具有重大影响，尤其直接考验无人机的自主能力，所以在系统容错设计时，对于通信链路故障也应予以足够的考虑。

2.4.1.2　余度资源形式

按冗余资源的形式不同可以将系统中的冗余对象主要分为硬件冗余、软件冗余、信息冗余、时间冗余等[20,53]。

1）硬件冗余

硬件冗余通过相似或非相似的多个硬件，实现相似功能，以达到提高可靠性的目的。硬件冗余按照冗余程度的不同可以分为部分冗余和完全系统冗余，硬件冗余成本较高，一般只有核心关键的功能才考虑采用硬件冗余手段。在权衡是否采用硬件冗余时，主要应考虑系统功耗、散热、体积、重量等约束。

2）软件冗余

软件冗余是指通过附加软件模块的额外版本实现软件容错能力，从而提高软件可靠性，包括多版本软件（非相似软件）、软件恢复块等形式。多版本软件设计是指根据相同的软件需求，尽量由不同的开发团队采用不同的开发手段实现多个版本的相同功能的软件程序，可以使软件设计中的缺陷和错误被限制在一个版本之内。利用软件恢复块技术，当发现某版本软件或某软件模块错误时，则可以使系统恢复到原来正常状态的容错技术。与硬件冗余一样，软件冗余的成本和代价也比较高。

3）信息冗余

信息冗余是一种在原始数据中附加若干位的冗余信息以达到故障检测或故障恢复等目标的容错技术，包括检错编码和纠错编码两种。检错编码可以自动发现错误，而纠错编码具有自动发现错误和纠正错误的能力。信息冗余主要应用在数据层级，即在应用层数据传输时，为保持数据传输的完整性和可靠性，可通过编码技术在数据存储、传输和处理中加入奇偶校验、循环冗余校验等，提高数据的完整性，检测传输中的错误。不难看出，信息冗余是一种相对较为低级的冗余方式，本质上是以损失数据传递的有效载荷来换取可靠性的提高。

4）时间冗余

时间冗余是允许使用额外时间以重新执行任务或执行恢复块功能。换而言之，某些任务所允许的调度周期较长，如果有需要，任务可以再次甚至多次重新运行，并且仍然能够满足任务的时间要求。这种容错手段必然带来任务延迟，仅可在任务执行有充分剩余时间的非强实时要求下使用,例如某些瞬态故障可以采用时间冗余来抑制。

此外,对于具有冗余多操纵面构型的无人机而言,这也是一种控制对象自身控制能力的冗余,在系统容错设计中应予以充分而有效的应用。

2.4.1.3　故障检测与诊断

当系统发生故障时,故障检测的主要功能是辨别出是否有故障发生;而通过故障诊断则可以判定故障的程度、确定故障的类型,有时也包括对故障进行评价与决策。

故障检测与诊断是各种容错手段实现的基础,故障检测的准确性、故障诊断结果的正确程度、故障定位的精确程度都直接关系着各种容错手段执行的效果。

故障检测与诊断方法传统上可以分为以下三种主要类型[54]。

1) 基于解析模型的方法

基于解析模型的检测与诊断方法是根据系统数学模型所蕴含的内在解析余度关系进行诊断的方法。其主要思想是利用系统输入输出变量之间固有的解析关系,通过系统实际输出和算法的理论输出获得的残差序列,并依此判断系统的健康状态。不难发现,基于模型的故障检测与诊断方法面临两个主要问题:一是要确保先验信息的正确性,即建模问题,包括系统的正常模型和故障模型;二是增强残差序列中的故障信息,抑制模型误差、噪声干扰等非故障信息。基于解析模型的方法主要包括状态估计方法、参数估计方法及等价空间法。

在实际控制系统设计中,伺服系统常用的在线模型监控就属于典型的该类方法。基于解析模型的故障诊断利用了对系统内部的深层认识,具有很好的诊断效果。需要注意的是,这类方法依赖于被诊断对象精确的数学模型,实际中有时难以建立对象精确的数学模型,此时基于解析模型的故障诊断方法便不再适用。

2) 基于数据/信息处理的方法

基于数据/信息处理的方法是直接分析系统输入、输出等可测量信号,提取数据/信息的幅值、频率,以及统计参数等特征信息,根据信号模型实现故障检测。该类方法主要有绝对值检验、信息校核/趋势检验、基于小波变换、基于信息融合、基于信号模态估计、基于相关度分析和谱分析等多种方法。基于数据信息驱动的故障诊断方法本质上是通过对系统运行过程中数据的分析处理来进行检测与诊断,从而不需要知道系统精确的解析模型。

在实际控制系统设计中,最常见且简单易行的故障检测方法就是阈值判定,但是这种简单的信号处理方法有时在信号受扰时易产生故障误判。另一种典型故障判定方法是基于多余度的表决监控,其故障检测的准确性高,但会增加系统硬件开销。其他一些基于现代信号处理的故障检测技术,一般是通过较复杂运算抽取故障特征,剔除各种噪声干扰的影响,因此有较高的故障检测准确率,但目前面临的共同缺点是运算复杂、计算量较大。

3) 基于知识的方法

基于知识的故障检测与诊断方法,也被称为智能故障诊断方法,是一种以现代检测技术和计算机技术为基础,以人工智能和计算智能技术为核心,充分利用诊断对象信息和诊断知识对故障进行分析和决策的故障检测与诊断方法。常用的技术手段包括专家系统、故障树、模糊数学、机器学习等。

近年来,由于神经网络具有并行计算、自学习、非线性映射的特性,使得基于神经网络的学习方法逐渐发展成为一种重要的非线性故障诊断策略,在智能容错控制领域有望取得新的突破。基于知识的方法与传统的基于数学模型的方法和基于数据/信息处理的方法相比,基于知识的方法具有不需要精确的数学模型、受外界干扰小、诊断精度高等优点,有利于多故障并发情况下的复杂系统故障诊断和对突发性故障进行快速分析诊断。

随着各种故障检测与诊断方法的发展,上述三类方法的划分也暴露出一定的局限性,清华大学周东华教授提出了新的分类方法[55],进一步将其整体上分为定性分析的方法和定量分析的方法两大类,如图 2-29 所示。其中,定量分析方法又分为基于解析模型的方法和数据驱动的方法,后者又进一步包括机器学习类方法、信息融合类方法、多元统计分析类方法、粗糙集方法和信号处理类方法等。

此外,随着对系统安全性和可靠性要求的进一步提高,在实际中,不仅希望在系统发生故障后能够对故障进行诊断,更加希望在只有微小异常征兆出现时就能够对故障的发展进行预测,即根据系统过去和现在的运行状态预测故障发生的时间或者判断未来的某个时刻系统是否会发生故障。与故障诊断研究已经发生的确定性事件不同,故障预测的研究对象是未来的不确定性事件。因此,相对于故障诊断,故障预测更加具有挑战性。而目前,故障预测技术的研究还处于起步阶段,相关研究和应用成果相对较少。

2.4.1.4 故障处理方法

由于各种故障性质不同,对系统造成的影响范围和程度也千差万别,有的故

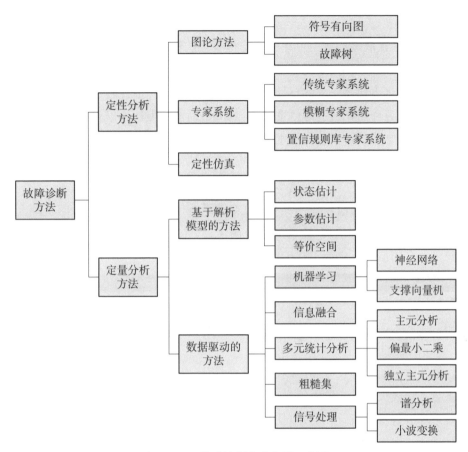

图 2‑29　故障诊断方法分类示意图

障对系统影响甚微,有的故障可能导致系统功能丧失,有的故障瞬时出现和永久存在时对系统的影响亦不相同。为保证系统的可用性,需要对不同故障采用不同的处理方式。在实际工程应用中,对于已经检测和诊断出的系统故障,主要有以下几种典型的处理方法。

1) 故障重试

故障重试指的是在故障诊断的基础上,对软件故障模块再运行一遍或若干遍,以消除对不引起物理破坏的瞬时故障的影响。在机载系统中,瞬时故障通常是所有故障中占比最高的故障形式,这些故障可以通过表决、重试或系统重构等多种方法来恢复,而故障重试利用时间冗余,是解决瞬时故障问题的最简单有效形式,需要的时间和资源开销通常也可接受,其中如何确定重试的时间,采用多少冗余资源来进行故障重试是应用实现的关键。

2) 故障恢复

因为系统在故障检测中存在一定的虚警,而且系统中已确认的故障可能会自行恢复,所以故障恢复指的是在故障诊断的基础上,对已发现的故障进行恢复和再检测,并将再检测正常的单元重新加入系统中,尽可能挽救系统内可用信号或通道,以有效利用系统有限的资源。例如,最简单的做法可以将故障信号或通道强行复位,如果故障检测与监控措施不再报故障,就可认为故障解决成功,否则进行故障再处理。

3) 故障屏蔽

故障屏蔽通常与故障检测及系统冗余相结合使用,即在故障诊断的基础上,将已发现的故障进行隔离,掩盖故障对模块、部件或系统输出的影响,使系统在有故障存在的情况下仍能正常工作。例如,在冗余系统中,可直接屏蔽发生故障的信号余度通道,使其不再参加信号链的信息表决和传递等;又如,可以利用转换机构(开关、离合器等)、转换线路(逻辑电路)切除已发生故障功能对系统的影响。

4) 系统重构

系统重构同样是在故障诊断的基础上,将已发现故障的部分从系统中切除,对参与系统表决与监控输入信号进行再组织、余度等级再造,利用剩余的系统资源对系统进行重新组合和构建,使系统在资源减少的情况下仍能正常实现原有系统功能。例如,可采用的系统重构手段包括监控器重构、信号选择器重构、控制律重构、伺服控制器重构等。

在实际中,可根据系统的具体要求和设计情况,同时采用多种故障处理方法构成综合系统容错方案。

2.4.1.5　容错控制算法

在控制策略与算法层面,基于解析余度的容错控制算法也是重要的研究和应用方向。这些容错控制算法可以主要分为被动容错控制和主动容错控制两大类[56-57]。

1) 被动容错控制算法

被动容错控制是由鲁棒控制衍生发展而来的,其控制的核心思想如下:针对事先假设好的一组故障集设计控制器,要求该控制器不仅能够保证正常情况下的闭环系统稳定性和相应的性能指标,而且在故障情况下也能够确保闭环系统的动态品质达到设计要求。实际上被动容错控制的目的就是要求闭环系统对事先设定好的故障不具有敏感性。从被动容错控制的定义可以看出,其控制器具有固定的结构和参数,不需要进行实时的故障诊断和控制律重构,结构简单,易于实现,这对容错飞行控制系统的设计具有重要的实用意义。但是,显而易见的是,被动容错控制的最大缺点就是只对事先设定好的故障具有较好的容错控制效果,对于超出设定范围的故障,控制性能往往就会出现明显的降级。

典型的被动容错控制算法包括鲁棒容错控制、满意容错控制等。

2) 主动容错控制算法

主动容错控制是在系统故障发生后,主动对故障做出反应,可以根据故障的情况对控制参数或控制结构进行调整,实现对控制律的重构,从而保证整个系统可接受的性能。主动容错控制是目前国内外研究的热点。主动容错控制的基本工作原理是首先在线对故障进行检测,然后再根据故障检测结果在线对控制器进行重构,形成适应所发生故障的容错控制律,以保证系统性能接近故障前系统的性能。

典型的主动容错控制算法包括增益调度控制、多模态控制、多模型自适应控制、多操纵面控制分配及各种重构控制策略等。

2.4.2　余度容错结构设计

对于无人机自主控制系统,可采用硬件冗余、软件余度管理、故障诊断及控制律重构相结合的方式构建容错系统结构。

2.4.2.1　硬件余度数的确定

对系统设计而言,冗余水平的确定是一个多方面权衡与折中的过程,并非余度数越多越好。无人机系统包括多个分系统,自主控制系统只是其中的一部分,因此在设计过程中不仅要考虑满足控制系统自身的设计要求和指标,还需要兼顾考虑对其他子系统的影响,主要包括以下内容。

1) 成本控制

对于作战用途的无人机而言,有可能长期处于储存状态,而一旦投入使用又会处于危险的战场环境中,因此无人机自主控制系统的成本不应过高,系统的硬件冗余配置同样受限。

2) 体积和重量

无人机的机上空间有限,为了实现自主控制和作战能力,除控制系统外还要装载多种设备,自然地,其上用于自主控制系统组件安装的地方更有限。硬件余度的增加直接造成的后果就是体积和重量的大幅增加,要在非常紧张的安装空间内以较苛刻的重量限制而实现较高的硬件余度等级存在较大难度。

3）可靠性等方面的要求

与有人机相比，无人机由于不用考虑人的安全因素问题，对可靠性方面的要求相对较低。因此，通常采用较低的余度水平，如两余度硬件，辅以适当的软件余度管理和故障检测/诊断手段，就可以满足其可靠性的要求。

2.4.2.2　余度形式及配置

余度形式主要包括相似余度、非相似余度、解析余度三种类型，在确定余度形式的基础上，还需要确定余度的配置方式，包括余度工作方式、余度之间的协调形式等，在某些特殊情况下可能还需要考虑备份系统。

1）相似余度

采用完全相同的硬件或软件所组成的多重余度系统构成相似余度，通过余度管理来解决多余度之间的监控表决、通道切换、故障隔离和系统重构。相似余度的主要弱点是无法抗拒共性故障。

2）非相似余度

非相似余度可以大大减少各余度通道之间遭受共模故障而同时丧失功能的概率，增加系统的生存能力和提高可靠性。根据非相似余度思想，可以从硬件和软件两个实现角度针对系统进行开发和设计。

3）解析余度

通过解析余度方法，在动态系统中建立相应的解析模型或解析关系式，利用所建立的解析模型对系统中的变量进行有效的估计，从而产生一个以故障检测为目的的新余度。解析余度可通过硬件线路或软件方式形成，一旦建立起准确的解析余度模型，可以将其作为一个余度通道参与对物理余度的监控和表决。

4）余度工作方式

余度之间的工作运行方式主要包括两种形式，分别是主动并列运行和备用转换运行。主动并列运行是指各余度模块或通道同时并行工作，处理结果同时输出，进行比较后输出，通常采用多余度表决的原则进行故障的监控。备用转换运行则包括冷备份、温备份和热备份等几种主要形式，实际系统中最常用的是热备份，如典型的主/备式余度系统工作方式。

5）余度通道之间的协调

在系统运行过程中，通常各余度通道执行相同的任务，并将其结果进行比较监控和表决，从而达到故障检测与隔离处理的目标。余度通道之间的协调包括同步工作和异步工作两种类型。同步主要分为时钟同步、松散同步和任务级同步，同步工作意味着对信号几乎同时进行采集、处理、均衡和表决，其优点是跟踪误差小,便于检测故障,可降低故障检测门限,减少虚警和误切,但同时也增大了系统受共模故障影响的可能。异步工作的优点是不需要同步算法或高可靠的时钟基准,可提高系统抗干扰的能力,缺点是余度通道之间可能存在较大的时间差,从而导致监控阈值小,易引起虚警和误切。

6) 备份系统

备份系统通常是为了避免余度系统出现共模故障或雪崩式控制功能丧失等灾难性后果而设计的附加功能单元,可视为一种特殊的余度配置形式。例如,常见的备份系统包括机械备份系统、模拟式备份系统、数字式备份系统等。目前,在无人机应用中主要以数字式备份系统为主。备份系统设计的基本要求是结构简单、可靠性高,往往降级考虑系统的控制功能和性能。

2.4.2.3　监控表决面的设置

监控表决面是余度系统结构设计的重要组成,是实施系统余度管理的前提和基础。监控面设置主要包括所设置的监控/表决面的数量,以及设置的位置两个部分内容。其目的在于分段检测和隔离故障,直接关系到系统故障监控能力的实现,也决定了系统的复杂程度和实现难易度。

通过设置监控表决面,可以在不增加部件余度数的情况下,提升系统的安全性和任务可靠性。同时,监控面的合理设置,既能有效提高故障诊断的准确率,又能不增加软件的负担,不影响程序运行的实时性。

例如,对于图 2-30 中的余度式飞行控制系统,可能的监控表决面可设置在图中 A、B、C、D、E 处,可根据需求和约束等实际情况进行相应的设置[20]。

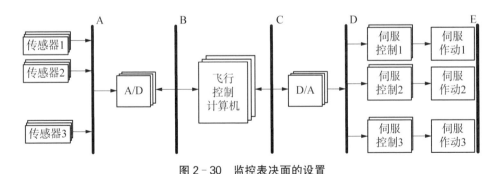

图 2-30　监控表决面的设置

2.4.2.4　部件自监控能力

系统组件的自监控能力直接决定着系统故障定位和隔离的能力,因此,自主控制系统中的各组成单元应尽可能具有较强的自监控能力,以配合系统所采用的故障诊断和容错方法,使系统具有较好的检错能力。

对自监控装置的设计尚无定式,不同工作原理和结构的组件,可以根据各自的具体情况,设计出监控覆盖面尽可能大的、不同的自监控装置和算法。

1) 数字式计算机可以采用的自监控技术如下:

(1) 电源监控;

(2) 定时器检测;

(3) 看门狗检测;

(4) 存储器校验;

(5) 输出回绕测试等。

2) 伺服作动器可以采用的自监控技术如下:

(1) 伺服控制器模型检测;

(2) 作动器位置传感器和值检测等。

3) 传感器可以采用的自监控技术如下:

(1) 马达转速检测;

(2) 线性可变差动变压器(linear variable differential transformer, LVDT)或旋转可变差动变压器(rotary variable differential transformer, RVDT)的和值检测;

(3) 附加输出函数关系检测等。

2.4.2.5　余度管理算法

在余度系统中完成必要的监控表决面设置后,可依据信号种类及余度配置情况,为每一个信号选择或设计合适的监控与表决算法。

例如,连续信号可以从连续量比较监控算法中选择合适算法,其中跨通道与跨表决器比较监控算法各有特点,可以依据系统实际情况选用或再设计。又如,离散信号可以按照离散量监控表决算法进行设计,是选择全同表决还是多数表决则可以依据信号对系统功能的影响程度进行决策。

此外,对于涉及飞行安全的关键功能信号,也可以采用自监控信号作为监控表决算法的输入条件。常见的自监控信号如速率传感器的马达转速信号、位移传感器的和值电压信号等,还有一些信号则可依据其数据(如信号数据变化率、幅值范围等指标)的合理性进行判断。

相同的余度配置在不同的管理算法支撑下所达到的容错效果是不相同的。以无人机控制系统中较为常见的硬件双余度加软件解析余度配置为例,若干可行的余度管理算法如图 2-31 所示。

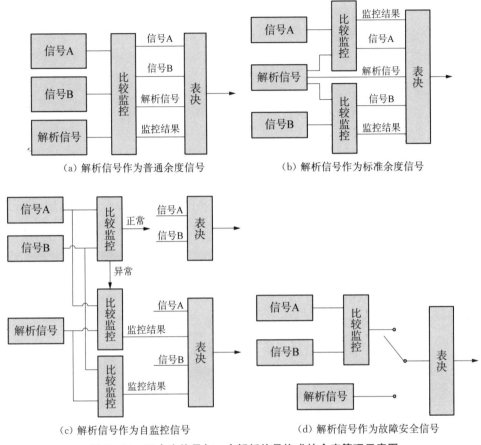

（a）解析信号作为普通余度信号　　　　　（b）解析信号作为标准余度信号

（c）解析信号作为自监控信号　　　　　　（d）解析信号作为故障安全信号

图 2-31　双余度信号与一个解析信号构成的余度管理示意图

　　方案 a：解析信号作为普通余度信号。把解析信号当作普通的硬件余度信号一样对待。将它与原有的硬件双余度信号共同组成基本的三余度信号配置结构，利用简单的比较监控、多数表决的方法，对包括解析信号自身在内的三余度信号进行管理。

　　方案 b：解析信号作为标准余度信号。把解析信号当作传感器的标准输出信号。一方面，可提高原信号的余度配置等级，另一方面，将两个硬件余度信号分别与这一标准解析信号对比，避免由同一信号源产生的两个硬件余度信号之间的比较。

　　方案 c：解析信号作为自监控信号。将解析信号当作传感器的自监控信号，将其用于硬件奇异故障后的故障辅助判别。当硬件余度信号比较不超差，即认为物理信号正常时，不引入解析信号。一旦物理信号比较超差，将解析信号作为自监控信号引入,可对故障进行判别和定位。

方案 d:解析信号作为故障安全信号。将解析信号当作传感器的故障安全信号。当双硬件余度比较超差呈现出奇异故障后,不再对其进行进一步的故障隔离,而是转为直接输出作为故障安全值的解析信号。

可见相同的余度配置下,不同算法的特点各不相同,在实际应用中,可充分考虑解析信号的可用度和可信度,并结合具体情况选用不同的容错方案。

2.4.2.6　重构策略

重构就是在系统发生故障或遭受损伤时,适时调整控制器参数或结构,从而具备一定程度的适应故障和损伤的能力,达到保证系统安全性及适当飞行品质要求的目的。在余度容错系统设计实现中,常采用的重构策略包括信号重构和控制律结构重构两种。

1) 信号重构

信号重构通常根据系统的静、动态数学模型,利用系统不同输出量之间的解析关系来产生所需输出量的冗余信息,实现用剩余的正常信号重构故障信号,是典型的解析冗余构造方法。在工程实现中,常见的有两类方法:一类是直接利用不同传感器信号之间的固有解析关系,例如角速率和姿态之间的关系、垂直加速度和高度之间的关系等;另一类是根据系统的动态模型进行推算,主要的建模方法有状态观测器法、卡尔曼滤波器等。

2) 控制律结构重构

结构重构在实现中也可以划分为两种主要类型:一种从输入信号端出发,将与故障输入信号有关的控制链路从原控制律结构中删除,对原控制律结构进行重新构建,利用剩余的输入信号实现控制功能,允许一定范围内的功能裁减和性能降级,典型如直接链控制律设计等;另一种是从输出执行端出发,在飞行器某些舵面/作动器发生故障后,在有操纵面控制冗余的前提下,通过重构控制策略将失效舵面的控制效果分配给健全的舵面,来补偿失效舵面的影响,从而保证安全飞行,典型如各种多操纵面控制分配策略,如饱和链式分配法、伪逆法、模型参考自适应法、神经网络法等。

总之,先进而有效的重构策略和技术可以在降低系统复杂性的同时,提高任务的可靠性、维修性、测试性和保障性。

参考文献

[1] ISO/IEC/IEEE 42010. Systems and software engineering: architecture description [S].

2011.

［2］ Jaakkola H, Thalheim B. Architecture-driven modeling methodologies［C］//20th European-Japanese Conference on Information Modelling and Knowledge, Jyväskylä: 2011.

［3］ 陈颖,苑仁亮,曾利. 航空电子模块化综合系统集成技术［M］. 北京:国防工业出版社,2013.

［4］ Golden B. A unified formalism for complex systems architecture［D］. Paris: École Polytechnique, 2013.

［5］ 中国人民解放军总装备部. 军事电子信息系统体系结构设计指南:GJB/Z 156—2011［S］. 2011.

［6］ 魏瑞轩,李学仁. 无人机系统及作战使用［M］. 北京:国防工业出版社,2009.

［7］ Fowler J M, D'Andrea R. A formation flight experiment［J］. IEEE Control Systems Magazine, 2003,23(5):35-43.

［8］ Negenborn R R, Maestre J M. Distributed model predictive control an overview and roadmap of future research opportunities［J］. IEEE Control Systems Magazine, 2014,34 (4):87-97.

［9］ Chandler P, Sparks A. Decentralized control for an autonomous team［C］//2nd AIAA "Unmanned Unlimited" Systems, Technologies, and Operations — Aerospace, Land, and Sea Conference, San Diego: 2003.

［10］ Richards A, How J. Decentralized model predictive control of cooperating UAVs［C］// 43rd IEEE Conference on Decision and Control, Nassau: 2004.

［11］ Ilaya O. Multi-objective decentralized model predictive control for cooperative multi-UAV systems［C］//AIAA Guidance, Navigation, and Control Conference and Exhibit, Hilton Head: 2007.

［12］ Tlig M, Buffet O, Simonin O. Decentralized traffic management: a synchronization-based intersection control［C］//2014 International Conference on Advanced Logistics and Transport, Hammamet: 2014.

［13］ Hermans R M, Jokić A, Lazar M, et al. Assessment of non-centralized model predictive control techniques for electrical power networks［J］. International Journal of Control, 2012,85(8):1162-1177.

［14］ 陈宗基,魏金钟,王英勋,等. 无人机自主控制等级及其系统结构研究［J］. 航空学报, 2011,32(6):1075-1083.

［15］ 陈海,王新民,赵凯瑞. 无人作战飞机自主控制分级递阶控制结构［J］. 航空学报,2008, 29(B05):224-228.

［16］ 王英勋,蔡志浩. 无人机的自主飞行控制技术［J］. 航空制造技术,2009(8):26-31.

［17］ 范彦铭. 无人机的自主与智能控制［J］. 中国科学:技术科学,2017,47(3):221-229.

［18］ 石鹏飞. 无人机自主控制技术发展与挑战［J］. 科技导报,2017,35(7):32-28.

［19］ 宋翔贵,张新国,等. 电传飞行控制系统［M］. 北京:国防工业出版社,2003.

［20］ 张汝麟,宋科璞,等. 现代飞机飞行控制系统工程［M］. 上海:上海交通大学出版社,2015.

［21］ Moir I, Seabridge A. Design and Development of Aircraft Systems［M］. Chichester:

Professional Engineering Publishing, 2004.

[22] Moir I, Seabridge A. Military Avionics Systems[M]. Chichester: John Wiley & Sons Ltd, 2006.

[23] 王国庆. 航空电子系统综合化技术[R]. 上海：中国航空无线电电子研究所, 2012.

[24] 陈宗基, 张汝麟, 张平, 等. 飞行器控制面临的机遇与挑战[J]. 自动化学报, 2013, 39(6): 703－710.

[25] Loegering G, Evans D. The evolution of the Global Hawk and MALD avionics systems [C]//The 18th Digital Avionics Systems Conference, St. Louis: 1999.

[26] 占正勇, 刘林. 分布式电传飞行控制系统结构发展及分析[J]. 飞行力学, 2009, 27(6): 1－4, 9.

[27] Ahlstrom K, Torin J. Future architecture of flight control systems[J]. IEEE Aerospace and Electronic Systems Magazine, 2002, 17(12): 21－27.

[28] Binetti P, Trouchet D, Hamel T, et al. The flight control system of the hovereye VTOL UAV[R]. AD Report, 2007.

[29] Mazur D G. The X－47A Pegasus, from design to flight[C]//1st AIAA Unmanned Aerospace Vehicles, Systems, Technologies, and Operations Conference Workshop, Portsmouth: 2002.

[30] Wood D. X－47A Pegasus flight and mission systems design and performance[C]//2nd AIAA "Unmanned Unlimited" Systems, Technologies, and Operations — Aerospace, Land, and Sea Conference, Workshop and Exhibition, San Diego: 2003.

[31] Davidson R W. Flight Control design and test of the joint unmanned combat air system (J－UCAS) X－45A[C]//AIAA 3rd "Unmanned Unlimited" Technical Conference, Workshop and Exhibit, Chicago: 2004.

[32] Whittenbury J R. Configuration design development of the navy UCAS－D X－47B [C]//AIAA Centennial of Naval Aviation Forum "100 Years of Achievement and Progress", Virginia Beach: 2011.

[33] Pachter M, Chandler P R. Challenges of autonomous control[J]. IEEE Control Systems Magazine, 1998, 18(4): 92－97.

[34] Chandler P R, Pachter M. Research issues in autonomous control of tactical UAVs [C]//The 1998 American Control Conference, Philadelphia: 1998.

[35] 杨晖. 无人作战飞机自主控制技术研究[J]. 飞行力学, 2006, 24(2): 1－4.

[36] Boskovic J D, Prasanth R, Mehra R K. A multilayer control architecture for unmanned aerial vehicles[C]//The 2002 American Control Conference, Anchorage: 2002.

[37] Emel'yanov S, Makarov D, Panov A I, et al. Multilayer cognitive architecture for UAV control[J]. Cognitive Systems Research, 2016, 39: 58－72.

[38] 沈林成, 牛轶峰, 朱华勇. 多无人机自主协同控制理论与方法[M]. 北京：国防工业出版社, 2013.

[39] 袁利平, 陈宗基. 一种新型多无人机系统体系结构的设计[J]. 系统仿真学报, 2008, 20 (22): 6137－6141.

[40] 蔡自兴. 多移动机器人协同原理与技术[M]. 北京：国防工业出版社, 2011.

[41] 沈林成, 徐昕, 朱华勇, 等. 移动机器人自主控制理论与技术[M]. 北京：科学出版

社,2011.

[42] 李相民,薄宁,代进进,等. 有/无人机编队协同作战指挥控制关键技术综述[J]. 飞航导弹,2017(9):29-35,87.

[43] 尹高扬,周绍磊,贺鹏程,等. 国外多无人机协同任务分配研究现状及发展趋势[J]. 飞航导弹,2016(5):54-58,82.

[44] Mehra R K, Boskovic J D, Li S-M. Autonomous flying of multiple UCAVs under communication failure[C]. IEEE Position Location and Navigation Symposium, San Diego: 2000.

[45] Richards A, Bellingham, J, Tillerson M, et al. Coordination and control of multiple UAVs[C]//AIAA Guidance, Navigation, and Control Conference and Exhibit, Monterey: 2002.

[46] Knoll A, Beck J. Autonomous decision-making applied onto UAV formation flight [C]//AIAA Guidance, Navigation, and Control Conference and Exhibit, Keystone: 2006.

[47] 周锐,吴雯漫,罗广文. 自主多无人机的分散化协同控制[J]. 航空学报,2008,29(S1): 26-32.

[48] Jamshidi M. Control of system of systems[C]//7th IEEE International Conference on Industrial Informatics, Cardiff: 2009.

[49] Hu Z W, Liang J H, Chen L, et al. A hierarchical architecture for formation control of multi-UAV[J]. Procedia Engineering, 2012,29:3846-3851.

[50] Valavanis K P, Vachtsevanos G J. Handbook of Unmanned Aerial Vehicles [M]. Dordrecht: Springer, 2015.

[51] 杨伟,等. 容错飞行控制系统[M]. 西安:西北工业大学出版社,2007.

[52] Khorasani K. Nonlinear fault detection, isolation and recovery techniques for unmanned systems[R]. AD Report, 2007

[53] 杨孟飞,华更新,冯彦君,等. 航天器控制计算机容错技术[M]. 北京:国防工业出版社,2014.

[54] 周东华,叶银忠. 现代故障诊断与容错控制[M]. 北京:清华大学出版社,2000.

[55] 周东华,胡艳艳. 动态系统的故障诊断技术[J]. 自动化学报,2009,35(6):748-758.

[56] 张登峰,王执铨,韩笑冬. 满意容错控制[M]. 北京:科学出版社,2014.

[57] Ducard G J J. 容错飞行控制与导航系统——小型无人机实用方法[M]. 陈自力,谢志刚,译. 北京:国防工业出版社,2012.

第3章 无人机对象建模及飞行
控制算法设计

在无人机自主控制这一大的研究方向中,飞行控制始终是一个开放而重要的研究领域。随着技术的发展,无人机的气动布局多样,执行的飞行任务也日趋多样化,相比于常规固定翼飞机,大展弦比长航时无人机、可变形无人机及垂直起降无人机在建模和控制方面各有特点。

从飞行的角度而言,无人机的飞行控制任务总是可以用按规定的或预期的飞行姿态达到预定的位置或保持预期的航迹来概括。从给出参考航迹或轨迹到实现该航迹或轨迹,在目前技术状态下,最常用也是经过实践检验可行的方法,就是将无人机的飞行控制粗略地分为两个回路,一个是外环飞行控制回路,即制导回路,用于解算无人机的应飞轨迹及制导指令,另一个是内环飞行控制回路,即控制回路(或者为便于理解,也可以称之为跟踪回路),控制无人机按照制导回路给出的广义轨迹指令完成飞行任务。

本章结合无人机的特点,在介绍无人机建模及运动特性分析的基础上,从内环飞行控制和外环飞行控制的角度介绍无人机飞行控制算法设计方面的一些需要关注的内容,包括控制增稳、控制分配、航路制导、应急策略、避障飞行、机动飞行等。

3.1 基础知识

3.1.1 几个概念和定义
首先对于无人机控制研究和算法设计中会遇到的几个常见的概念做一个说明。

1) 制导

在参考文献[1]中,对制导(guidance)给出了两个定义:一个是根据导航与定位系统获得的飞行器当前位置操控飞行器到达位置已知的目的地;另一个是无须显式地计算状态矢量(三个位置分量和三个速度分量)操控飞行器到达目的地。对于无人机而言,制导的含义可以用第二个定义来理解。

2) 导航

在参考文献[1]中,对导航(navigation)的定义为确定运动飞行器质心的位置和速度。将导航分为如下几类:绝对导航系统(absolute navigation systems),与飞行器飞过的航迹无关,包括无线电系统(radio systems)和天文导航系统(celestial systems);航迹推测导航(dead-reckoning navigation);图形匹配导航系统(mapping navigation systems)等。要实现无人机的飞行控制必须获取无人机当前位置、速度及姿态等信息,这些信息的获取就由完成导航功能的传感器和模块来实现。

例如航迹推测导航中用到的几何关系如图 3-1 所示。

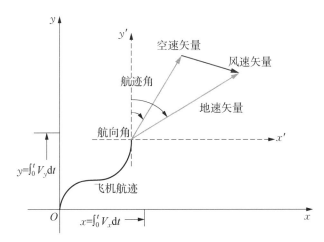

图 3-1　航迹推测法几何关系示意图[1]

3) 航路、航迹、轨迹

航路(airway)和航迹(path)有着本质的差别[2],航路是指一条有一定宽度和高度的空中安全飞行走廊,航迹仅仅是一条空间曲线。也就是说,航路不等于航迹,在一条航路中存在着无穷多条航迹,但其中只有一条是最优的。一般而言航迹规划(path planning)是给出飞机在三维空间中应飞位置曲线,而这些应飞位置是与时间无关的,如果与时间相关,一般会加限定,例如称为四维航迹规划。而轨迹规划(trajectory planning)是与时间相关的[3],两者是运动规划的不同方面。因此,实时轨迹规划/生成将受到更多的约束,难度更大。

4）视线

视线（line-of-sight，LOS）是指观测者与观测目标之间的连线，可以根据视线在参考坐标系中的方向确定制导策略。例如，参考坐标系选为地轴系，$O_b x_g$ 轴指向北，$O_b y_g$ 轴指向东，$O_b z_g$ 轴指向上，图 3-2 中的视线为 $O_b T$，视线高低角（或称仰角）为 PIT_LOS，视线方位角为 AM_LOS。

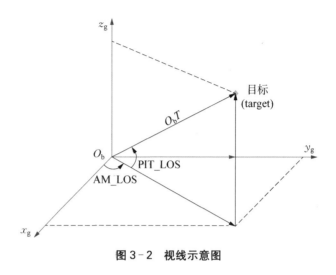

图 3-2　视线示意图

5）机动

通常飞机运动是随时间变化的非定常运动，例如飞机在着陆过程中，同时进行速度、高度和航向的变化。对于战斗机，在完成飞行任务过程中，可能会做各种较为复杂的机动（maneuver）飞行，例如筋斗、盘旋、战斗转弯等。机动性是指飞机在给定的构形和发动机工作状态下，改变飞行速度、飞行高度和飞行方向的能力[4]，可以用速度机动性、高度机动性和方向机动性来分别加以表征。按照航迹特点可以将飞机的机动飞行分为铅垂平面内的机动飞行、水平平面内的机动飞行和空间机动飞行。飞机的机动性可以用飞机的切向加速度和法向加速度来表征。切向加速度的大小，反映了飞机飞行速度大小改变的快慢程度；法向加速度的大小，反映了飞机飞行方向改变的快慢程度。

6）过载

飞机的加速度取决于作用在飞机上外力的大小和方向。在评价飞机的机动性时特别关注作用在飞机上的外力大小和方向，也就是特别关注发动机推力和空气动力产生加速度的能力，用过载（过载系数的简称）来加以衡量。

将除重力外作用在飞机上的合外力与飞机重力之比,称为过载。作用在飞机上的外力包括发动机推力 $\boldsymbol{T}$、空气动力 $\boldsymbol{R}$,重力 mg(m 为飞机质量)。作用在飞机上除重力外的合外力记为 $\boldsymbol{N}$,则 $\boldsymbol{N} = \boldsymbol{T} + \boldsymbol{R}$,过载可以表示为

$$N = \frac{T + R}{mg} \tag{3-1}$$

它通过重力加速度 $\boldsymbol{g}$ 体现,是飞机重心处的相对加速度。

过载是一个矢量,其方向沿着重力外的合外力 $\boldsymbol{N}$ 的方向,其模表示了合外力与飞机重力的倍数关系。通过改变飞机上 $\boldsymbol{N}$ 的大小和方向就可以改变飞机在空间的姿态和位置,实现各种机动飞行。

过载矢量可以用在所选取坐标轴上的投影来表示。例如,在航迹轴系中:沿 Ox_k 轴的过载分量 n_{kr} 是沿飞行速度方向,一般称为切向过载;沿 Oy_k 轴的过载分量 n_{ky} 和 Oz_k 轴的过载分量 n_{kz} 是垂直于飞行速度矢量的,所以称 $n_{kn} = \sqrt{n_{ky}^2 + n_{kz}^2}$ 为法向过载。

3.1.2　坐标系定义与选取

本书重点关注在大气中飞行的无人机运动特性,与之相关的建模中不涉及宇宙飞行,也不涉及高超声速飞行。

地心惯性坐标系 $O_e x_e y_e z_e$。　由于不涉及宇宙飞行,惯性坐标系就可以选取地心惯性坐标系。坐标原点位于地球质量中心。$O_e z_e$ 轴与地球自转轴重合,$O_e x_e$ 轴与 $O_e y_e$ 轴位于赤道平面内,与 $O_e z_e$ 轴构成右手坐标系。对于飞机飞行力学研究,将此坐标系作为惯性坐标轴系使用。无人机在地心惯性坐标系中的位置由矢径值和天文经度、天文纬度确定。

地面坐标系 $O_g x_g y_g z_g$ 是在飞行力学和飞行控制中常用的坐标系。坐标原点在地球表面某个位置,对无人机而言,可以选为其起飞点。$O_g x_g$ 轴指向北、$O_g y_g$ 轴指向东,并且 $O_g x_g$ 轴和 $O_g y_g$ 轴随地球一起转动,$O_g z_g$ 轴与 $x_g O_g y_g$ 平面垂直并构成右手坐标系。这个地面坐标系是惯性导航系统中最重要的参考系,通过该坐标系可以测出无人机在地球上的经度、纬度变化量,从而确定其位置。在导航领域中,这类坐标系称为地理坐标系。

飞机牵连的地面坐标系 $O_b x_g y_g z_g$,其原点选在无人机质心处,$O_b x_g$ 轴、$O_b y_g$ 轴和 $O_b z_g$ 轴分别平行于 $O_g x_g$ 轴、$O_g y_g$ 轴和 $O_g z_g$ 轴。$x_g O_b y_g$ 平面与当地水平面平行,$x_g O_b z_g$ 平面为当地的铅垂面,这个坐标系对于研究各个坐标系

之间的关系非常有用。

　　航迹坐标系 $Ox_ky_kz_k$，其原点选在无人机质心处；Ox_k 轴沿地速 V_K 方向；Oz_k 轴在包含 Ox_k 轴的铅垂面内，垂直于 Ox_k，指向下；Oy_k 轴垂直于这个铅垂面（因而是水平线），指向右，满足右手定则。

　　气流坐标系 $Ox_ay_az_a$，也称速度坐标系，其原点选在无人机质心处；坐标系符合右手定则；Ox_a 轴沿空速方向；Oz_a 轴在飞机对称面内，垂直于 Ox_a 轴，指向下方；Oy_a 轴垂直于 x_aOz_a 平面，指向飞机右侧，如果在无侧滑飞行条件下，则气流系的 Oy_a 横轴与机体系的 Oy_b 横轴重合。无人机所受到的阻力、升力和侧力就是无人机气动力合力在气流坐标系上的分量。

　　机体坐标系 $Ox_by_bz_b$，是与无人机机体固连并随着飞机一起运动的坐标系。坐标系定义符合右手定则，其原点位于无人机质心处；Ox_b 轴（飞机纵轴）取为平行于机身轴线或机翼平均气动弦，指向机头方向；Oz_b 轴（竖轴）在飞机对称面内，垂直于 Ox_b 轴，指向下方；Oy_b 轴垂直于飞机对称平面，指向飞机右侧。无人机所受到的轴向力、法向力和切向力就是无人机气动力合力在机体轴系上的分量。

　　半机体坐标系 $Ox_iy_iz_i$，其原点位于无人机质心处，Ox_i 轴平行于空速矢量在无人机对称平面内的投影，Oz_i 轴在无人机对称平面内。Oy_i 轴与 Ox_i 轴、Oz_i 轴构成右手坐标系。在实验空气动力学中，确定无人机上的空气动力有时用半机体坐标系。

　　稳定性坐标系 $Ox_sy_sz_s$，其原点位于无人机质心处，Ox_s 轴沿基准运动初始飞行速度矢量 V_0 在无人机对称平面投影方向，Oz_s 轴在对称面内，垂直于 Ox_s 轴，指向下，Oy_s 轴垂直于对称平面，指向右。

　　稳定性坐标系是基于沿基准运动（未受扰动运动）飞机速度矢量而建立的坐标系，半机体坐标系是基于飞机速度而建立的坐标系。因此，稳定性坐标系与机体坐标系相差一个基准运动状态的迎角 α_0，机体系绕 Oy_b 轴向下转动迎角 α_0 即可得到稳定性坐标系；稳定性坐标系再绕其立轴 Oz_s 向右转动一个侧滑角即可得到气流系坐标系。

　　在无人机控制的研究和设计中会用到与其运动相关的运动参数，主要有空间位置、姿态等。

　　无人机质心在空间的位置：一般用无人机在地面坐标系中的三坐标分量 x、y、z 来描述，通常也会用高度 H 来表示在 Oz_g 轴的分量，使用中应注意两者的极性定义差异。

无人机在空间的姿态:机体轴系与地面轴系之间的关系常用一组欧拉角表示,即俯仰角(常用符号 θ 表示)、倾斜角(常用符号 ϕ 表示)、偏航角(常用符号 ψ 表示)。

无人机速度矢量相对于机体的方位:迎角(常用符号 α 表示)、侧滑角(常用符号 β 表示)。

无人机速度矢量相对于地面的方位:航迹倾角(也称为航迹爬升角,常用符号 γ 表示)、航迹方位角(常用符号 χ 表示)。

无人机速度矢量相对于飞机对称平面的夹角:航迹倾斜角(常用符号 μ 表示)。

控制系统所使用的反馈信号来自机上的传感器,所以这些信号是相对于传感器的轴系获得的信息,而不是相对于飞机的机体轴系的信息。因此,需要考虑轴系差异可能带来的影响,对于定直平飞,这种差异较小,甚至可以忽略,但是对于其他飞行任务则有可能影响控制系统的性能,需要提前加以考虑。

作用在飞机上的重力、推力和空气动力在不同的坐标系上发生作用,因此在描述飞机运动时,需要综合考虑以选择合适的坐标系,并由此决定状态方程的状态变量。

地面坐标系适于描述飞行航迹,同时也适于描述重力、风和湍流,但需要对空气动力进行欧拉角变换。采用气流坐标系可以使微分方程中的空气动力的描述最简单,但是气流坐标系最大的缺点是必须对重力、发动机推力和惯性力、力矩进行坐标变换,从而导致方程很复杂。采用机体坐标系时,推力近似与飞机固连,空气动力只需要对 α 和 β 进行变换,也可以方便地对重力加以描述。只在欧拉项中含有机体轴系的变量 p、q、r 和 V。总体而言,机体坐标系中各项变量的描述均较为简单,是描述飞机运动中经常用到的一种坐标系。

3.2　作用于无人机的力和力矩

在空中飞行时,作用在无人机上的力包括发动机推力、空气动力和重力,合外力为

$$F = T + R + mg \qquad (3-2)$$

式中:T 为发动机推力;R 为空气动力;mg 为重力。

各力在机体轴表示如下:

$$\boldsymbol{T} = \begin{bmatrix} T_x \\ T_y \\ T_z \end{bmatrix} = \begin{bmatrix} T\cos\varphi_{\mathrm{p}} \\ 0 \\ -T\sin\varphi_{\mathrm{p}} \end{bmatrix}$$

$$\boldsymbol{R} = \begin{bmatrix} R_x \\ R_y \\ R_z \end{bmatrix} = \boldsymbol{M}_{\mathrm{a}}^{\mathrm{b}} \begin{bmatrix} -D_{\mathrm{F}} \\ C_{\mathrm{F}} \\ -L_{\mathrm{F}} \end{bmatrix}$$

$$m\boldsymbol{g} = \begin{bmatrix} G_x \\ G_y \\ G_z \end{bmatrix} = \boldsymbol{M}_{\mathrm{g}}^{\mathrm{b}} \begin{bmatrix} 0 \\ 0 \\ m\boldsymbol{g} \end{bmatrix}$$

式中：φ_{p} 为发动机推力方向与在飞机对称面内与 Ox_{b} 轴的夹角；T 为发动机推力；D_{F} 为阻力；L_{F} 为升力；C_{F} 为侧力；$\boldsymbol{M}_{\mathrm{a}}^{\mathrm{b}}$ 为从气流轴系到机体轴系的坐标变换矩阵；$\boldsymbol{M}_{\mathrm{g}}^{\mathrm{b}}$ 为从地面坐标系到机体轴系的坐标变换矩阵。

当采用机体轴系的分量表示时，有

$$\begin{bmatrix} F_x \\ F_y \\ F_z \end{bmatrix} = \begin{bmatrix} T_x \\ T_y \\ T_z \end{bmatrix} + \boldsymbol{M}_{\mathrm{a}}^{\mathrm{b}} \begin{bmatrix} -D_{\mathrm{F}} \\ C_{\mathrm{F}} \\ -L_{\mathrm{F}} \end{bmatrix} + \boldsymbol{M}_{\mathrm{g}}^{\mathrm{b}} \begin{bmatrix} 0 \\ 0 \\ m\boldsymbol{g} \end{bmatrix} \tag{3-3}$$

飞机所受到的合外力矩为包括发动机产生的力矩及飞机气动力矩：

$$\begin{cases} \boldsymbol{M} = \boldsymbol{M}_{\mathrm{P}} + \boldsymbol{M}_{\mathrm{F}} \\ \boldsymbol{M} = \begin{bmatrix} M_x \\ M_y \\ M_z \end{bmatrix}, \ \boldsymbol{M}_{\mathrm{P}} = \begin{bmatrix} 0 \\ Te_{\mathrm{p}} \\ 0 \end{bmatrix}, \ \boldsymbol{M}_{\mathrm{F}} = \begin{bmatrix} M_{\mathrm{Fx}} \\ M_{\mathrm{Fy}} \\ M_{\mathrm{Fz}} \end{bmatrix} \end{cases} \tag{3-4}$$

式中：$\boldsymbol{M}_{\mathrm{P}}$ 为发动机推力产生的力矩；$\boldsymbol{M}_{\mathrm{F}}$ 为飞机气动力矩；e_{p} 为发动机推力作用点与飞机质心的距离。

3.3　无人机运动模型及其线性化

3.3.1　无人机刚体运动方程

无人机的运动是在空气动力、重力、推力及力矩的作用下完成的。在建立无人机刚体运动方程时，需要确定必要的建模条件。除了上一节中提到的在大气中飞行且不涉及高超声速飞行的条件外,还有以下一些建模假设条件[5]。

（1）地球是静止不动的平面,重力加速度为常数 $g = 9.81\,\mathrm{m/s^2}$;

（2）将无人机视为刚体;

（3）无人机在平静大气中飞行,平静大气符合标准大气的参数;

（4）认为无人机的质量和惯性矩在所研究的时间内是不变的,并等于起始平衡飞行状态的值;

（5）认为无人机外形有对称面,并且相对此平面的质量分布是对称的;

（6）无人机在大气中飞行时,可以忽略重力力矩的作用,只考虑重力的作用,并且重力作用于无人机的质心,指向地球中心,与无人机的方位无关。

对于假设（2）,在这一假设条件下,按准静态来考虑结构弹性的影响,因此,可以不考虑由于结构弹性引起的自由度的增加。当然,这一假设并非对所有的飞机都是满足的。

刚体飞机的六自由度运动过程可用关于移动速度、转动角速度、位置（航迹）和姿态角的 4 个微分方程组来描述。其中,移动速度微分方程,不仅可用任意旋转的参考坐标系来描述,还可用机体坐标系、航迹坐标系和地面坐标系分别表示。下面分别给出几种坐标系表示的无人机质心移动速度的微分方程。

1) 在机体坐标系中的质心移动速度微分方程

作用在飞机上的力为 $\boldsymbol{F}$,对飞机质心移动微分方程最简单的描述是

$$m\frac{\mathrm{d}\boldsymbol{V}}{\mathrm{d}t} = \boldsymbol{F} \tag{3-5}$$

用 u_{b}、v_{b}、w_{b} 表示速度 $\boldsymbol{V}$ 在机体坐标系下的三轴分量,则可以得到在机体轴下三轴速度分量微分方程表示。

$$m\frac{\mathrm{d}\boldsymbol{V}}{\mathrm{d}t} = m\begin{bmatrix} \dot{u}_{\mathrm{b}} \\ \dot{v}_{\mathrm{b}} \\ \dot{w}_{\mathrm{b}} \end{bmatrix} + \begin{bmatrix} p \\ q \\ r \end{bmatrix}\begin{bmatrix} u_{\mathrm{b}} \\ v_{\mathrm{b}} \\ w_{\mathrm{b}} \end{bmatrix} = \begin{bmatrix} m[\dot{u}_{\mathrm{b}} - (qw_{\mathrm{b}} - rv_{\mathrm{b}})] \\ m[\dot{v}_{\mathrm{b}} - (ru_{\mathrm{b}} - pw_{\mathrm{b}})] \\ m[\dot{w}_{\mathrm{b}} - (pv_{\mathrm{b}} - qu_{\mathrm{b}})] \end{bmatrix} \tag{3-6}$$

其中,方程右边的第 2、3 项为由参考坐标系相对惯性空间转动引起,又称为欧拉项。在参考坐标系中飞机质心移动微分方程为

$$\begin{bmatrix} \dot{u}_{\mathrm{b}} \\ \dot{v}_{\mathrm{b}} \\ \dot{w}_{\mathrm{b}} \end{bmatrix} = \frac{1}{m}\begin{bmatrix} T_x \\ T_y \\ T_z \end{bmatrix} + \frac{1}{m}\boldsymbol{M}_{\mathrm{a}}^{\mathrm{b}}\begin{bmatrix} -D_{\mathrm{F}} \\ C_{\mathrm{F}} \\ -L_{\mathrm{F}} \end{bmatrix} + g\begin{bmatrix} -\sin\theta \\ \sin\phi\cos\theta \\ \cos\phi\cos\theta \end{bmatrix} - \begin{bmatrix} qw_{\mathrm{b}} - rv_{\mathrm{b}} \\ ru_{\mathrm{b}} - pw_{\mathrm{b}} \\ pv_{\mathrm{b}} - qu_{\mathrm{b}} \end{bmatrix}$$

$$\tag{3-7}$$

将相关变换矩阵代入,得到

$$
\begin{cases}
\dot{u}_b = \dfrac{1}{m}(T\cos\varphi_p - D_F\cos\alpha\cos\beta + L_F\sin\alpha - C_F\cos\alpha\sin\beta - mg\sin\theta) - \\
\qquad (qw_b - rv_b) \\
\dot{v}_b = \dfrac{1}{m}(-D_F\sin\beta + C_F\cos\beta + mg\sin\phi\cos\theta) - (ru_b - pw_b) \\
\dot{w}_b = \dfrac{1}{m}(-T\sin\varphi_p - D_F\sin\alpha\cos\beta - L_F\cos\alpha - C_F\sin\alpha\sin\beta + mg\cos\phi\cos\theta) - \\
\qquad (pv_b - qu_b)
\end{cases}
$$

$$(3-8)$$

当然,体轴系下的三轴速度分量满足:

$$V = \sqrt{u_b^2 + v_b^2 + w_b^2} \tag{3-9}$$

另外,假设 α、β 较小的情况下,可以根据 V、α、β 求得 u_b、v_b 和 w_b,即

$$
\begin{bmatrix} u_b \\ v_b \\ w_b \end{bmatrix} = \boldsymbol{M}_a^b \begin{bmatrix} V \\ 0 \\ 0 \end{bmatrix} = \begin{bmatrix} \cos\alpha\cos\beta \\ \sin\beta \\ \sin\alpha\cos\beta \end{bmatrix} V \approx \begin{bmatrix} 1 \\ \beta \\ \alpha \end{bmatrix} V \tag{3-10}
$$

在无风的情况下且当 α、β 不大时,也可利用 u_b、v_b 和 w_b 获得 α、β:

$$
\begin{cases}
V = \sqrt{u_b^2 + v_b^2 + w_b^2} \\
\alpha = \arctan\dfrac{w_b}{u_b} \approx \dfrac{w_b}{u_b} \\
\beta = \arcsin\dfrac{v_b}{V} \approx \dfrac{v_b}{V}
\end{cases} \tag{3-11}
$$

如果此种情况下速度变化也很小,则还可以得到

$$
\begin{bmatrix} \dot{u}_b \\ \dot{v}_b \\ \dot{w}_b \end{bmatrix} \approx \begin{bmatrix} \dot{V} \\ V\dot{\beta} \\ V\dot{\alpha} \end{bmatrix} \tag{3-12}
$$

2) 在航迹坐标系中的质心移动微分方程

航迹坐标系的轴 Ox_k 沿地速 V_k 方向,即沿飞机质心绝对速度方向,当取航迹坐标系为参考坐标系时,坐标系中的绝对速度分量为 $(V_k, 0, 0)$。由地面坐

标系至航迹坐标系只需要 2 次旋转变换,存在于地面坐标系的飞机旋转角速度仅有航迹方位角速率 $\dot{\chi}$ 和航迹倾角速率(Ox_k 轴相对于水平面的夹角变化率)$\dot{\gamma}$,航迹角的变化量与转动角速率之间的关系可以仿照欧拉角与转动角速度的关系获得,则航迹轴系的角速度分量 $\boldsymbol{\Omega}_k^{gk}$ 为

$$\boldsymbol{\Omega}_k^{gk} = \begin{bmatrix} \cos\gamma & 0 & -\sin\gamma \\ 0 & 1 & 0 \\ \sin\gamma & 0 & \cos\gamma \end{bmatrix} \begin{bmatrix} 0 \\ 0 \\ \dot{\chi} \end{bmatrix} + \begin{bmatrix} 0 \\ \dot{\gamma} \\ 0 \end{bmatrix} = \begin{bmatrix} 1 & 0 & -\sin\gamma \\ 0 & 1 & 0 \\ 0 & 0 & \cos\gamma \end{bmatrix} = \begin{bmatrix} -\dot{\chi}\sin\gamma \\ \dot{\gamma} \\ -\dot{\chi}\cos\gamma \end{bmatrix}$$

$$(3-13)$$

这样,飞行航迹矢量直接作为状态变量出现,且 $\boldsymbol{\Omega}_k^{gk} \times \boldsymbol{V}_k$ 形式非常简单。

航迹坐标系中无人机质心运动的关系式如下:

$$m \begin{bmatrix} \dot{V}_k \\ 0 \\ 0 \end{bmatrix} = \frac{1}{m} \boldsymbol{M}_b^k \begin{bmatrix} T_x \\ T_y \\ T_z \end{bmatrix} + \frac{1}{m} \boldsymbol{M}_a^k \begin{bmatrix} -D_F \\ C_F \\ -L_F \end{bmatrix} + \boldsymbol{M}_g^k \begin{bmatrix} 0 \\ 0 \\ g \end{bmatrix} - \begin{bmatrix} 0 \\ \dot{\chi} V_k \cos\gamma \\ -\dot{\gamma} V_k \end{bmatrix} \quad (3-14)$$

将上式展开并进行整理,得到航迹坐标系的飞机质心移动微分方程:

$$\begin{cases} \dot{V}_k = \dfrac{T\cos(\alpha+\varphi_p)\cos\beta - D_F - mg\sin\gamma}{m} \\[3mm] \dot{\chi} = \dfrac{T[-\cos(\alpha+\varphi_p)\sin\beta\cos\mu + \sin(\alpha+\varphi_p)\sin\mu] + L_F\sin\mu + C_F\cos\mu}{-mV_k\cos\gamma} \\[3mm] \dot{\gamma} = \dfrac{T[\cos(\alpha+\varphi_p)\sin\beta\sin\mu + \sin(\alpha+\varphi_p)\cos\mu] + L_F\cos\mu - C_F\sin\mu - mg\cos\gamma}{mV_k} \end{cases}$$

$$(3-15)$$

3.3.1.1　飞机转动角速度的微分方程

描述转动角速度最简单的微分方程是转动定律,即

$$\frac{\mathrm{d}\boldsymbol{H}}{\mathrm{d}t} = \boldsymbol{M} \qquad (3-16)$$

式中:$\boldsymbol{M}$ 为刚体旋转轴上所受的合力矩;$\boldsymbol{H} = \boldsymbol{J}\boldsymbol{\omega}$,是在该轴上的角动量(动量矩);$\boldsymbol{\omega}$ 为在该轴上的旋转角速度。

$$\frac{\mathrm{d}\boldsymbol{H}}{\mathrm{d}t} = \boldsymbol{J} \begin{bmatrix} \dot{p} \\ \dot{q} \\ \dot{r} \end{bmatrix} + \begin{bmatrix} p \\ q \\ r \end{bmatrix} \times \boldsymbol{J} \begin{bmatrix} p \\ q \\ r \end{bmatrix} \qquad (3-17)$$

$$\boldsymbol{J} = \begin{bmatrix} I_x & -I_{xy} & -I_{zx} \\ -I_{xy} & I_y & -I_{yz} \\ -I_{zx} & -I_{yz} & I_z \end{bmatrix} \qquad (3-18)$$

$$\boldsymbol{J}^{-1} = \frac{1}{I_y(I_xI_z - I_{zx}^2)} \begin{bmatrix} I_yI_z & 0 & I_yI_{zx} \\ 0 & I_xI_z - I_{zx}^2 & 0 \\ I_yI_{zx} & 0 & I_xI_y \end{bmatrix} \qquad (3-19)$$

式中：I_x、I_y、I_z 均为刚体的惯性矩；I_{xy}、I_{yz}、I_{zx} 均为惯性积。

假设无人机关于 Oxz 平面对称，$I_{xy} = I_{yz} = 0$，则参考坐标系下的转动微分方程：

$$\begin{cases} \dot{p} = \dfrac{(I_zL_{\mathrm{M}} + I_{zx}N_{\mathrm{M}})}{(I_xI_z - I_{zx}^2)} - qr(I_z - I_y) + pqI_{xz} \\[3mm] \dot{q} = \dfrac{1}{I_y}M_{\mathrm{M}} - rp(I_x - I_z) - (p^2 - r^2)I_{xz} \\[3mm] \dot{r} = \dfrac{(I_{zx}L_{\mathrm{M}} + I_xN_{\mathrm{M}})}{(I_xI_z - I_{zx}^2)} - pq(I_y - I_x) - qrI_{xz} \end{cases} \qquad (3-20)$$

式中：下标 x、y、z 分别是以质心为原点的任何一个与刚体固连的坐标系 $Oxyz$ 三个轴的代号；L_{M}、M_{M}、N_{M} 分别是作用在刚体飞机上的总力矩在飞机固连坐标系中三个轴上的分量；p、q、r 分别是刚体角速度在固连坐标系三个轴上的分量。

3.3.1.2 位置（航迹）的微分方程

飞机质心在空间的位置由在地面坐标系中的速度分量解算得到。

当由航迹坐标系转换到地面坐标系时，地面坐标系轴上的地速分量为

$$\begin{bmatrix} V_{xg} \\ V_{yg} \\ V_{zg} \end{bmatrix} = \boldsymbol{M}_k^g \begin{bmatrix} V_k \\ 0 \\ 0 \end{bmatrix} = \begin{bmatrix} \cos\gamma\cos\chi \\ \cos\gamma\sin\chi \\ -\sin\gamma \end{bmatrix} V_k \qquad (3-21)$$

得到由航迹坐标系转换的位置微分方程为

$$\begin{cases} \dot{x} = \cos\gamma\cos\chi V_k \\ \dot{y} = \cos\gamma\sin\chi V_k \\ \dot{z} = -\sin\gamma V_k \end{cases} \qquad (3-22)$$

由机体坐标系转换的位置微分方程为

$$\begin{bmatrix} \dot{x} \\ \dot{y} \\ \dot{z} \end{bmatrix} = \boldsymbol{M}_{\mathrm{b}}^{\mathrm{g}} \begin{bmatrix} u_{\mathrm{b}} \\ v_{\mathrm{b}} \\ w_{\mathrm{b}} \end{bmatrix} \tag{3-23}$$

利用 $V_{x\mathrm{g}}$、$V_{y\mathrm{g}}$ 和 $V_{z\mathrm{g}}$ 的关系可得

$$V_{\mathrm{k}} = \sqrt{V_{\mathrm{g}x}^2 + V_{\mathrm{g}y}^2 + V_{\mathrm{g}z}^2} \tag{3-24}$$

$$\chi = \arctan \frac{V_{y\mathrm{g}}}{V_{x\mathrm{g}}} \approx \frac{V_{y\mathrm{g}}}{V_{x\mathrm{g}}} \tag{3-25}$$

$$\gamma = -\arcsin \frac{V_{z\mathrm{g}}}{V_{\mathrm{k}}} \approx \frac{V_{z\mathrm{g}}}{V_{\mathrm{k}}} \tag{3-26}$$

3.3.1.3　姿态角的微分方程

无人机角速度在机体坐标系中三轴分量为 p、q、r，由姿态角变化率 $\dot{\psi}$、$\dot{\theta}$、$\dot{\phi}$ 形成。其中，$\dot{\psi}$ 沿 Oz_{g} 轴，$\dot{\theta}$ 沿 Oy_{bk} 轴，$\dot{\phi}$ 沿 Ox_{b} 轴。如果已知三个姿态角变化率($\dot{\psi}$, $\dot{\theta}$, $\dot{\phi}$)，可得到飞机的三个角速率分量(p, q, r)。由于 $\dot{\psi}$ 和 $\dot{\theta}$ 没有固连在飞机机体轴中，根据转动关系，$\dot{\psi}$ 需要经过 2 次转动变换转换到机体轴，$\dot{\theta}$ 需要经过 1 次转动变换，$\dot{\phi}$ 固连在飞机机体轴上不需要变换。因此，得到

$$\begin{bmatrix} p \\ q \\ r \end{bmatrix} = \begin{bmatrix} 1 & 0 & 0 \\ 0 & \cos\phi & \sin\phi \\ 0 & -\sin\phi & \cos\phi \end{bmatrix} \begin{bmatrix} \cos\theta & 0 & -\sin\theta \\ 0 & 1 & 0 \\ \sin\theta & 0 & \cos\theta \end{bmatrix} \begin{bmatrix} 0 \\ 0 \\ \dot{\psi} \end{bmatrix} +$$

$$\begin{bmatrix} 1 & 0 & 0 \\ 0 & \cos\phi & \sin\phi \\ 0 & -\sin\phi & \cos\phi \end{bmatrix} \begin{bmatrix} 0 \\ \dot{\theta} \\ 0 \end{bmatrix} + \begin{bmatrix} \dot{\phi} \\ 0 \\ 0 \end{bmatrix} \tag{3-27}$$

运算得到

$$\begin{bmatrix} p \\ q \\ r \end{bmatrix} = \begin{bmatrix} 1 & 0 & -\sin\theta \\ 0 & \cos\phi & \sin\phi\cos\theta \\ 0 & -\sin\phi & \cos\phi\cos\theta \end{bmatrix} \begin{bmatrix} \dot{\phi} \\ \dot{\theta} \\ \dot{\psi} \end{bmatrix} \tag{3-28}$$

则有

$$\begin{cases} \dot{\phi} = p + q\sin\phi\tan\theta + r\cos\phi\tan\theta \\ \dot{\theta} = q\cos\phi - r\sin\phi \\ \dot{\psi} = (-p\sin\phi + r\cos\phi)/\cos\theta \end{cases} \qquad (3-29)$$

飞机角速度在机体坐标系中的三轴分量 p、q、r，分别称为滚转角速度、俯仰角速度和偏航角速度，但它们并不等同于滚转角、俯仰角及偏航角的变化率 $\dot{\phi}$、$\dot{\theta}$、$\dot{\psi}$。只有在姿态角很小时，才近似有 $\dot{\phi}\approx p$、$\dot{\theta}\approx q$、$\dot{\psi}\approx r$。另外，在俯仰角 $\theta=\pm90°$ 时，式(3-29)奇异，此时需要采用其他方法求解姿态变量。

3.3.1.4　四元数与欧拉角

在飞行控制算法研究和设计中会涉及各种坐标系的定义及它们之间的变换，前面的建模都是通过欧拉角变换方法来完成坐标系之间的转换。

欧拉角变换方法的核心思想是两个坐标系之间关系可以用一组三次空间旋转来表达。欧拉证明了任何一个旋转都可以由三次连续的绕轴旋转实现，这三次绕轴旋转的旋转角是三个独立参数，称为欧拉角。有两种绕坐标轴旋转方式，一种是绕原坐标系的固定轴旋转，另一种是绕部分旋转后的坐标轴旋转，在飞行器建模和控制领域比较常用的是第二种方式，即绕部分旋转后的坐标轴旋转。另外，旋转顺序对于旋转矩阵的描述也是有影响的，在飞机的建模中，常用的顺序是先偏航再俯仰最后滚转，按照前面定义的坐标轴系，这种顺序也可以记为 zyx。欧拉角的物理含义清晰，但是在描述旋转过程中存在奇异点，也就是所谓万向节死锁(gimbal lock)现象。从旋转变换的角度看，出现这种现象是由于两个旋转轴指向了同一个方向，也就是说，绕一个轴旋转可能会覆盖住另一个轴的旋转，从而失去一个自由度。

可以想象一个陀螺仪，如图 3-3 所示。初始状态，飞机 Ox_b 轴所在平面为水平面(记为 PO_1，见图中中间圆环表示的平面)，可以绕 Oy_b 轴旋转，表征俯仰运动，Oz_b 轴所在平面为铅垂平面(飞机对称面，记为 PO_2，见图中最外圈圆环表示的平面)，竖直向下，飞机对称面可以绕 Ox_b 轴旋转，表征滚转运动，Oy_b 轴所在平面为一个铅垂平面(记为 PO_3，该铅垂平面与飞机对称面垂直，见图中最内圈圆环表示的平面)，Ox_b 轴为其法向量，该平面绕 Oz_b 轴旋转，表征偏航运动。在使用 Ox_b、Oy_b、Oz_b 轴描述机体相对于地面坐标系的旋转运动过程中，三个旋转轴分别代表了三个自由

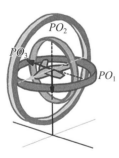

图 3-3　旋转轴与所在平面示意图

度。当飞机绕 Oy_b 轴旋转至俯仰角 $90°$(或 $-90°$),飞机 Ox_b 轴所在平面 PO_1 从初始的水平面状态旋转至与铅垂面 PO_3 重合的状态,Ox_b 轴与 Oz_b 轴重合,这样原来的三个旋转轴就只剩两个旋转轴是相互独立的,三个自由度也减少为两个自由度,这样就不能正确描述飞机的旋转运动结果了。按 zyx 顺序进行坐标旋转,当俯仰角为 $90°$(或 $-90°$)时,第三次旋转和第一次旋转的转轴是相互平行的,也就是绕同一个轴进行旋转,丧失了一个自由度,因此无法正确描述滚转运动了。从欧拉角变化率方程也可以看到俯仰角为 $90°$ 时,会出现奇异。

为了解决欧拉角变换方法的这个问题,可以使用四元数方法来描述坐标系的旋转。

四元数是爱尔兰数学家汉密尔顿发明的,是对复数的推广。四元数本质上是一种超复数,可以定义为

$$\boldsymbol{E} = e_0 + e_1 i + e_2 j + e_3 k \qquad (3-30)$$

式中:$i^2 = j^2 = k^2 = -1$, $ij = k$, $ji = -k$, $jk = i$, $kj = -i$, $ki = j$, $ik = -j$。

复数的几何意义在于,复数映射到复数平面上,对一个复数乘以 i,得到的复数是原复数在复平面上旋转了 $90°$ 的结果。用四元数可以描述三维矢量的旋转,可以将四元数定义为如下形式:$\boldsymbol{E} = (v, \Omega)$,其中,$v$ 表示旋转矢量,Ω 表示旋转角度。三维矢量 v_1 绕另一个三维单位矢量 v_0 旋转角度 Θ 后得到一个新的三维矢量 v_2。用四元数来描述这样一个三维矢量的旋转过程,定义一个四元数 $\boldsymbol{E}_1 = (v_1, 0)$,表示旋转的四元数为 $\boldsymbol{E}_0 = [v_0 \sin(\Theta/2), \cos(\Theta/2)]$,旋转后得到的四元数为

$$\boldsymbol{E}_2 = \boldsymbol{E}_0 \boldsymbol{E}_1 \boldsymbol{E}_0^{-1} \qquad (3-31)$$

$\boldsymbol{E}_2$ 的实部为零,虚部即为新的三维矢量 v_2 的坐标。需要注意的是,用于旋转的四元数必须是单位四元数(即模为 1)[6],实际参与旋转的四元数有两个,即 $\boldsymbol{E}_0$ 和 $\boldsymbol{E}_0$ 的逆 ($\boldsymbol{E}_0^{-1}$) 过程中相当于经过了两次旋转,所以每次转过的角度为 $\Theta/2$。

$\boldsymbol{E}_a \boldsymbol{E}_b$ 表示四元数 $\boldsymbol{E}_a$ 乘以四元数 $\boldsymbol{E}_b$,可以看作是对 $\boldsymbol{E}_a$ 进行 $\boldsymbol{E}_b$ 左旋转,也可以看作是对 $\boldsymbol{E}_b$ 进行 $\boldsymbol{E}_a$ 右旋转。任意的四维旋转都可以被唯一地拆分为一个左旋转和一个右旋转,$\boldsymbol{E}_L \boldsymbol{E}_1 \boldsymbol{E}_R$ 表示对四元数进行了一个左旋转 $\boldsymbol{E}_L$ 和一个右旋转 $\boldsymbol{E}_R$,结果仍然是一个四元数。单位四元数存在于四维空间的一个球面上。汉密尔顿定义了一种纯四元数(pure quaternion),其表达式为 $\boldsymbol{E}_\omega = (0, \omega_x, \omega_y,$

ω_z)。纯四元数第一项为零,存在于四维空间的三维超平面上,与三维空间中的三维矢量一一对应。于是就有了常见的 $\boldsymbol{E}_I\boldsymbol{E}_\omega\boldsymbol{E}_I^{-1}$ 这种左乘单位四元数,右乘其共轭的表达式。这种运算形式是为了实现一个限制在三维超平面上的四维旋转,也就是对一个三维矢量进行三维旋转后,得到的仍是一个三维矢量[7]。

对于按 zyx 顺序旋转的欧拉角变换方式,利用三个四元数分别表示这次三旋转,即

$$\begin{cases} \boldsymbol{E}_1 = \cos\left(\dfrac{\psi}{2}\right) + \sin\left(\dfrac{\psi}{2}\right)\mathrm{k} \\[2mm] \boldsymbol{E}_2 = \cos\left(\dfrac{\theta}{2}\right) + \sin\left(\dfrac{\theta}{2}\right)\mathrm{j} \\[2mm] \boldsymbol{E}_3 = \cos\left(\dfrac{\phi}{2}\right) + \sin\left(\dfrac{\phi}{2}\right)\mathrm{i} \end{cases} \tag{3-32}$$

通过相乘计算可以得到欧拉角到四元数的变换公式:

$$\begin{bmatrix} e_0 \\ e_1 \\ e_2 \\ e_3 \end{bmatrix} = \begin{bmatrix} \cos\left(\dfrac{\phi}{2}\right)\cos\left(\dfrac{\theta}{2}\right)\cos\left(\dfrac{\psi}{2}\right) + \sin\left(\dfrac{\phi}{2}\right)\sin\left(\dfrac{\theta}{2}\right)\sin\left(\dfrac{\psi}{2}\right) \\[2mm] \sin\left(\dfrac{\phi}{2}\right)\cos\left(\dfrac{\theta}{2}\right)\cos\left(\dfrac{\psi}{2}\right) - \cos\left(\dfrac{\phi}{2}\right)\sin\left(\dfrac{\theta}{2}\right)\sin\left(\dfrac{\psi}{2}\right) \\[2mm] \cos\left(\dfrac{\phi}{2}\right)\sin\left(\dfrac{\theta}{2}\right)\cos\left(\dfrac{\psi}{2}\right) + \sin\left(\dfrac{\phi}{2}\right)\cos\left(\dfrac{\theta}{2}\right)\sin\left(\dfrac{\psi}{2}\right) \\[2mm] \cos\left(\dfrac{\phi}{2}\right)\cos\left(\dfrac{\theta}{2}\right)\sin\left(\dfrac{\psi}{2}\right) - \sin\left(\dfrac{\phi}{2}\right)\sin\left(\dfrac{\theta}{2}\right)\cos\left(\dfrac{\psi}{2}\right) \end{bmatrix} \tag{3-33}$$

微分方程形式为

$$\begin{bmatrix} \dot{e}_0 \\ \dot{e}_1 \\ \dot{e}_2 \\ \dot{e}_3 \end{bmatrix} = \begin{bmatrix} -\dfrac{1}{2}(e_1 p + e_2 q + e_3 r) \\[2mm] \dfrac{1}{2}(e_0 p + e_2 r - e_3 q) \\[2mm] \dfrac{1}{2}(e_0 q + e_1 r + e_3 p) \\[2mm] \dfrac{1}{2}(e_0 r + e_1 q - e_2 p) \end{bmatrix} \tag{3-34}$$

对此微分方程积分就可以求得四元数的时间响应。

根据地面坐标系与机体坐标系之间的关系,可以求得描述飞机姿态的欧拉角与四元数的关系:

$$\begin{bmatrix} \phi \\ \theta \\ \psi \end{bmatrix} = \begin{bmatrix} \arctan 2[2(e_2 e_3 + e_0 e_1), 1 - 2(e_1^2 + e_2^2)] \\ \arcsin[-2(e_1 e_3 - e_0 e_2)] \\ \arctan 2[2(e_1 e_2 + e_0 e_3), 1 - 2(e_2^2 + e_3^2)] \end{bmatrix} \tag{3-35}$$

式中：$\arctan 2(a, b)$ 为四象限反正切。

3.3.2　小扰动运动方程

无人机六自由度非线性方程是对其运动的精确描述，但形式复杂，难以得到解析解，不利于进行飞行动力学分析和飞行控制系统的初步设计。

无人机的线性化运动方程，有助于分析和研究其稳定性、操纵性及干扰反应等特性，获得表征飞机运动的特征量与设计参数的关系；以线性化方程为基础得到飞机的传递函数和频率特性，进行系统稳定性、可控性、可观测性及飞行品质等方面研究，是飞行控制系统的设计基础。

线性化运动方程通过在工作状态点附近对飞机运动方程的线性化处理而得到。线性化处理方法是将方程各状态变量和输入量限于小角度和小角速度描述，略去 2 次项，将变换矩阵、欧拉项、空气动力项等进行线性化和简化。得到的线性化运动方程称为小扰动方程，有时也称为增量方程。小扰动运动方程的假设条件如下：

（1）外界扰动为小扰动；

（2）无人机具有对称面（外形和质量分布均对称）；

（3）无人机做基准运动，侧滑角为零、滚转角为零（速度矢量在对称平面内，对称平面与铅垂平面重合，运动平面、对称平面、铅垂平面重合）；

（4）无人机做定直飞行，等速直线飞行，则可得到线性常系数微分方程。

由于固定翼飞机具有对称性，可以将飞机的纵向运动和横航向运动分解，采用标准形式的状态方程分别描述飞机纵向运动和横航向运动。

利用关系式 $\Delta \gamma = \Delta \theta - \Delta \alpha$、$\Delta \alpha = \Delta w / V_0$ 和 $\Delta q = \partial \Delta \theta / \partial t$，将 $\Delta \delta_e$ 作为输入变量，将偏差 ΔV、$\Delta \alpha$、Δh、Δq 作为状态变量，忽略包含 Δh 的项，得到纵向小扰动状态方程常用形式如下：

$$\begin{bmatrix} \dot{V} \\ \dot{\alpha} \\ \dot{q} \\ \dot{\theta} \end{bmatrix} = \begin{bmatrix} X_u & X_w & 0 & -g\cos\theta_0 \\ \dfrac{Z_u}{V_0} & Z_w & 1 & -\dfrac{g}{V_0}\sin\theta_0 \\ M_u & M_w & M_w & 0 \\ 0 & 0 & 1 & 0 \end{bmatrix} \begin{bmatrix} V \\ \alpha \\ q \\ \theta \end{bmatrix} + \begin{bmatrix} 0 \\ \dfrac{Z_{\delta_e}}{V_0} \\ M_{\delta_e} \\ 0 \end{bmatrix} \delta_e \tag{3-36}$$

横航向小扰动状态方程中通常以副翼 δ_a、方向舵 δ_r 为输入变量，同样以 β、p、r 和 ϕ 等变量为状态变量，其形式如下所示：

$$
\begin{bmatrix} \dot{\beta} \\ \dot{p} \\ \dot{r} \\ \dot{\phi} \end{bmatrix} = \begin{bmatrix} Y_v & 0 & -1 & g/V_0 \\ L_\beta & L_p & L_r & 0 \\ N_\beta & N_p & N_r & 0 \\ 0 & 1 & \tan\gamma_0 & 0 \end{bmatrix} \begin{bmatrix} \beta \\ p \\ r \\ \phi \end{bmatrix} + \begin{bmatrix} Y_{\delta_r}/V_0 & 0 \\ L_{\delta_r} & L_{\delta_a} \\ N_{\delta_r} & N_{\delta_a} \\ 0 & 0 \end{bmatrix} \begin{bmatrix} \delta_a \\ \delta_r \end{bmatrix} \quad (3-37)
$$

3.3.3 稳定机动飞行条件下的运动方程[8]

1) 稳定直线飞行

顾名思义，稳定直线飞行可以视为一种最简单的机动飞行情况。在这种飞行情况下，绕重心的角速度为零，力矩均为零，即 $L_{M0}=0$，$M_{M0}=0$，$N_{M0}=0$。所有随时间变化的导数为零，在机体轴系无人机的气动力与重力的关系就可以简化为

$$
\begin{cases} F_{xb0} - mg\sin\theta = 0 \\ F_{yb0} + mg\cos\theta\sin\phi = 0 \\ F_{zb0} + mg\cos\theta\cos\phi = 0 \end{cases} \quad (3-38)
$$

对于定直平飞，无人机应无倾斜姿态，即 $\phi=0$，则力矩均为零，气动力和重力的关系式进一步简化为

$$
\begin{cases} F_{xb0} = mg\sin\theta \\ F_{yb0} = 0 \\ F_{zb0} = -mg\cos\theta \end{cases} \quad (3-39)
$$

2) 稳定转弯飞行

正常盘旋是指飞机在水平面内做无侧滑的圆周运动，在此过程中飞机在水平面内稳定转弯，飞行高度、速度、盘旋半径均为定值，飞机的俯仰角变化率、倾斜角变化率均为零，偏航角变化率为定值，即 $\dot{\theta}=\dot{\phi}=0$、$\dot{\psi}=$ 常数，则体轴系的三轴角速率分量可以简化为

$$
\begin{cases} p = -\dot{\psi}\sin\theta \\ q = \dot{\psi}\cos\theta\sin\phi \\ r = \dot{\psi}\cos\theta\cos\phi \end{cases} \quad (3-40)
$$

通常在这种稳定转弯运动中，飞机俯仰角很小，在偏航角变化率也较小的情

况下,可以忽略角速率的变化,认为力矩为 0, $p = q = r = 0$。

在协调转弯中,无侧滑,侧力为 0,同时,考虑到俯仰角和迎角很小的条件,通过力的关系式(3-41)可以得到偏航角变化率的关系式,如(3-42)所示。飞机正常盘旋状态受力如图 3-4 所示。

$$\begin{cases} F_{xb0} = mg\sin\theta \\ F_{yb0} = m(\dot{\psi}V\cos\theta\cos\varphi + g\sin\phi) \\ F_{zb0} = -mg\cos\theta\cos\phi \end{cases} \tag{3-41}$$

$$\dot{\psi} = \frac{g}{V}\tan\phi \tag{3-42}$$

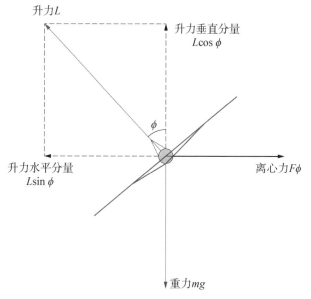

图 3-4　飞机正常盘旋状态受力示意图

3) 稳定俯仰飞行

无人机以机翼水平状态沿着铅垂平面内的曲线轨迹飞行,即只有俯仰运动且无横航向运动,保持常值的俯仰速度,这是一种准稳定机动飞行运动。在此过程中,无人机所受的侧力为零,三轴的力矩为零,速度分量 u_b、w_b 随着时间变化,而 v_b、p、r、ϕ、ψ 均为零,无人机的气动力可以描述如下:

$$\begin{cases} F_{xb} = m(\dot{u}_b + qw_b) + mg\sin\theta \\ F_{yb} = 0 \\ F_{zb} = m(\dot{w}_b - qu_b) - mg\cos\theta \end{cases} \tag{3-43}$$

在这种飞行条件下的受力方程也可以用于小扰动运动的分析。对于小扰动运动情况下的俯仰角速率而言，线加速度 $\dot{u}_b$、$\dot{w}_b$ 都很小，可以忽略，因此受力方程就可以用于确定初始条件

$$\begin{cases} F_{xb0} = m(q_0 w_{b0} + g\sin\theta_0) \\ F_{zb0} = -m(q_0 u_{b0} + g\cos\theta_0) \end{cases} \tag{3-44}$$

求解法向力的方程就可以得到初始俯仰角速率与初始法向过载（定义为 $n_{zb0} = -F_{zb0}/mg$）的关系式，如下：

$$q_0 = \frac{g}{V_0}\left(-\frac{F_{zb0}}{mg} - \cos\theta_0\right) = \frac{g}{V_0}(n_{zb} - \cos\theta_0) \tag{3-45}$$

3.4　无人机运动特性分析

3.4.1　稳定性

无人机的静稳定性可以描述为遇突风或其他外力干扰使无人机改变了当前的飞行状态，无人机具有自我恢复的能力。静稳定性包括静稳定、静不稳定、中立稳定三种情况。无人机静稳定性涉及纵向静稳定性（水平尾翼和升降舵）、航向静稳定性（机翼后掠角、垂尾和方向舵）、横向静稳定性（机翼上反角）。表3-1给出了现在常用的两套符号体系下无人机三轴稳定性的符号定义对照。

表 3-1　静稳定性含义和符号对照

名称	符号	含义	符号	含义
纵向静稳定性	m_z^α	$m_z^\alpha < 0$，表示飞机具有纵向静稳定性	$C_{m\alpha}$	$C_{m\alpha} < 0$，表示飞机具有纵向静稳定性
横向静稳定性	m_x^β	$m_x^\beta < 0$，表示飞机具有横向静稳定性	$C_{l\beta}$	$C_{l\beta} < 0$，表示飞机具有横向静稳定性
航向静稳定性	m_y^β	$m_y^\beta < 0$，表示飞机航向静稳定性	$C_{n\beta}$	$C_{n\beta} > 0$，表示飞机具有航向静稳定性

动稳定性表示无人机受外界干扰后飞机运动随时间变化的情况。

对于追求高机动性的无人机，可能会放宽纵向静稳定性，在某些飞行包线内，可能会出现纵向静不稳定的情况。表征无人机纵向静稳定性的导数 $C_{m\alpha}$ 表达式为

$$C_{ma} = (\bar{x}_{cg} - \bar{x}_{ca}) \frac{\partial C_L}{\partial \alpha} \qquad (3-46)$$

式中：$\bar{x}_{cg}$ 为无人机重心位置；$\bar{x}_{ca}$ 为无人机焦点位置；α 为迎角；C_L 为升力系数。

当 $C_{ma} < 0$，即 $\bar{x}_{cg} < \bar{x}_{ca}$ 时，无人机重心在焦点之前，在此种情况下，受到扰动使迎角增大时，负的 C_{ma} 将产生低头力矩，使得迎角减小，因此飞机纵向是静稳定的。当 $C_{ma} > 0$，即 $\bar{x}_{cg} > \bar{x}_{ca}$，无人机重心在焦点之后，在此种情况下，受到扰动使迎角增大时，正的 C_{ma} 将产生抬头力矩，使得迎角进一步增大，因此飞机纵向是静不稳定的。一般纵向静稳定裕度定义为 $C_m^{cy} = C_{ma}/C_{La}$。

对于无尾飞机，例如，飞翼布局的无人机，由于取消了垂尾，同时机翼的后掠角不大，故由侧滑引起的滚转力矩量级相对常规布局飞机小得多。

常规布局飞机的航向静稳定性主要依靠垂尾上的侧力对重心的力矩来保证具有后掠角的机翼对航向静稳定性也起一定作用，但贡献很小。对于无垂尾的飞翼布局无人机，航向静稳定性导数 $C_{n\beta}$ 比常规布局飞机的要小得多，多数飞机的 $C_{n\beta}$ 为负值，航向是静不稳定的。

3.4.2　法向过载与侧向过载

在小扰动条件下，无人机重心处的法向过载可以定义为

$$n_{zcg} = (\dot{w} - V_0 q)/g \qquad (3-47)$$

在小迎角情况下，$w \approx V_0 \alpha$，则有 $n_{zcg} = V_0(\dot{\alpha} - q)/g$。

当无人机改变其飞行姿态，稳定的法向过载也会改变，要获得无人机其他位置的法向过载，则需要获得在机体 Ox_b 轴上该位置相对于重心的距离 l_x（该位置到重心的距离向前为正），机体轴上其他位置相对于重心处的法向过载为

$$n_{z\_x} = (\dot{w} - V_0 q - l_x \dot{q})/g \qquad (3-48)$$

重心处的高度变化与法向过载的关系为

$$\ddot{h}_{cg} = -g n_{zcg} \qquad (3-49)$$

h_{cg} 为飞机重心距地面的距离，因此有如下关系式：

$$\dot{h}_{cg} = -w + V_0 \theta \qquad (3-50)$$

$$h_{cg} = -\int w\,\mathrm{d}t + V_0 \int \theta\,\mathrm{d}t = V_0 \int \gamma\,\mathrm{d}t \qquad (3-51)$$

$$n_{zcg} = -V_0 \dot{\gamma}/g \tag{3-52}$$

加速灵敏度定义为法向过载与迎角之比,记为 $n_{z\alpha}$,这也是一个值得关注的参数,根据迎角和法向过载的传递函数可以得到 $n_{z\alpha}$ 的表达式如下:

$$n_{z\alpha} = \frac{V_0}{g} \frac{Z_{\delta_e} M_\alpha - M_{\delta_e} Z_\alpha}{M_{\delta_e} - Z_{\delta_e} \dfrac{M_q}{V_0}} \tag{3-53}$$

由于 $Z_{\delta_e} \dfrac{M_q}{V_0}$ 非常小,可以忽略,若满足条件 $Z_{\delta_e} M_\alpha \ll M_{\delta_e} Z_\alpha$,则上式可以简化为

$$n_{z\alpha} = \frac{-Z_w V_0}{g} = \frac{-Z_\alpha}{g} \tag{3-54}$$

对于定直平飞情况,法向过载为 1g,则

$$n_{z\alpha} = -Z_\alpha = C_{L\alpha}/C_L \tag{3-55}$$

式中:$C_{L\alpha}$ 为升力线斜率;C_L 为升力系数。

在横航向运动中,由于扰动引起的重心处的侧向过载可以定义为

$$n_{ycg} = (\dot{v} - v_0 r - g\phi)/g \tag{3-56}$$

要获得无人机其他位置的侧向过载,则需要获得在机体 Ox_b 轴上该位置相对于重心的距离 l_x(该位置到重心的距离向前为正),在 Oz_b 轴上该位置相对于重心的距离 l_z(该位置到重心的距离向下为正)。机体轴上其他位置相对于重心处的侧向过载为

$$n_{y\_lat} = n_{yc} + (l_x \dot{r} - l_z \dot{p})/g \tag{3-57}$$

3.4.3 大展弦比无人机特性

长航时无人机在环境监测、气象研究、信息中继等应用领域的重要作用日渐显著,涌现出了 Helios(太阳神)、MQ-1(捕食者)和 RQ-4(全球鹰)等著名的高空长航时无人飞行器。这类无人机都具有大展弦比的特点,为了进一步增加飞行高度和续航时间,一方面可以在已有基础上大幅增加展弦比,降低诱导阻力,另一方面可以更多地使用复合材料,减小结构重量,提高气动效率。传统的结构设计过程中都保留有足够的结构强度和刚度冗余或避免在某些条件下飞行

以满足设计要求,但是如果通过增大机翼的强度和刚度来抑制不利的气动弹性影响会显著增加机翼的结构重量,而限制飞行条件的措施也制约了无人机的飞行性能,缩小了飞行包线,不能满足现代长航时无人机飞行任务的需要。因此,为了降低结构设计约束,进一步提高大展弦比高空长航时无人机的性能,气动伺服弹性主动控制技术再度成为关注点。例如,美国开发 X-56 无人机研究主动颤振抑制技术,验证通过先进的控制技术预测颤振、抑制颤振(见图 3-5),研究目标是通过主动颤振抑制技术降低 25% 的机翼结构重量、提高展弦比 30%~40%。

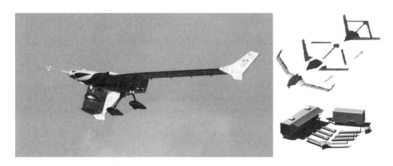

图 3-5　X-56A 多用途技术验证平台

NASA 对于 Helios 原型机失事的分析报告指出由于缺乏飞行器弹性与全机刚体运动耦合的动力学分析工具,忽略了对机翼振动与全机刚体动力学的耦合分析是造成该机失事的主要原因。因此,针对大展弦比飞机(尤其是柔性机翼飞机)的非线性气动弹性特性及非线性气动弹性与飞行动力学耦合静、动态特性的研究十分必要。国际上已经开展的大展弦比柔性验证机及研究计划,如 NASA 的环境研究飞机与传感器技术(ERAST)、小型高空科学飞行器项目(SHASA)等,在大展弦比柔性机翼弹性运动与全机刚体运动耦合建模和分析方面开展工作。

目前,应用较多的建模方法有平均轴系法和准坐标系方法。平均轴系法方程简单,计算方便,但是由于未考虑质量分布的变化,难以从本质上反映结构弹性对刚性自由度的影响,而且难以明确坐标轴在任意瞬时的具体指向。准坐标系是一种当地固连坐标系,其原点和指向在惯性空间中是始终不变的,能够较好地描述刚性自由度与弹性自由度之间的交叉耦合,方程物理意义明确,但是较为复杂。对于大展弦比无人机,其机翼的弹性变形会改变机翼的质量分布和气动力分布,引起整个无人机的动力学特性发生变化。因此,选用准坐标系建模方法是适宜的。

弹性部分建模的难点主要在于非定常气动力的表达,采用非定常 Navier-Stokes 方程的气动力表达方式可以保证一定的精度,但是计算流体力学(computational fluid dynamic, CFD)和计算结构动力学(computational structural dynamic, CSD)迭代的计算量大,耗费时间多,无法直接为控制律设计提供状态空间方程形式。为获得适合于控制律设计的模型,国内外主要采用两种方法进行气动伺服弹性建模:第一种方法是利用 CFD 技术和模型降阶技术,高效地辨识出非定常气动力,形成状态空间方程;第二种方法是属于一种流固耦合建模方法,它以有限状态入流理论(infinite-state, induced flow)为基础,与等效梁理论以紧耦合方式建模。这两种方法都可以直接获得系统状态空间形式的动力学模型。采用有限状态表达非定常气动力的方法已经发展了数十年,Peters 等在无黏性、无旋、不可压缩的假设条件下,基于速势方程发展出了利用有限状态思想对 Theodorsen 气动力或类似频域气动力的时域近似方法,不仅可以描述任意二维薄翼型的非定常气动特性,而且可以描述翼型弦线发生任意形式变形后的非定常气动力,结合一定的入流模型后,可以将二维非定常气动力发展到三维情况,用以描述机翼或者旋翼在任意运动下的非定常气动力,适用于亚声速和超声速范围。

将大展弦比无人机视为一个多体系统,可以包括机身、机翼、尾翼等部件,各部件都可以根据实际情况独立地描述为刚体或者弹性体,同时受到重力、气动力、发动机推力和控制力的作用。无人机动力学模型的描述主要用到三个坐标系:惯性系 xyz、准坐标系 $x_f y_f z_f$ 和弹性部件坐标系 $x_i y_i z_i (i=\text{w, e})$。惯性系 xyz 与地球固连,通常将初始分析时无人机质心在地面上的投影点作为原点 O,Ox 轴指向机头方向,Oz 轴垂直地面向上,Oy 轴按右手系确定。准坐标系 $x_f y_f z_f$ 原点固连于无人机未变形时的质心上并随无人机运动,Ox_f 轴位于无人机纵向对称面内,平行于机身轴线或机翼的平均气动弦线,指向飞行器机头方向为正,Oz_f 轴位于无人机未变形时的纵向对称面中,垂直 Ox_f 轴向下为正,Oy_f 轴垂直于未变形无人机的对称面,指向右。弹性部件坐标系 $x_i y_i z_i (i=\text{w, e})$ 固连于弹性部件上,可以按弹性部件建模自行定义。无人机的整体运动状态可以由准坐标系 $x_f y_f z_f$ 相对于惯性系的三个平动自由度和三个转动自由度来表示,柔性部分的运动状态可以由任一点相对机身坐标系的弹性变形位移量和弹性变形速度表示,相应的 $x_w y_w z_w$ 和 $x_e y_e z_e$ 坐标系分别固连于未变形时的机翼和尾翼上,可以为机翼、尾翼的建模和变形量的度量提供方便。考虑弹性变形平动自由度和转动自由度,准坐标系下的拉格朗日方程表达[9-10]为

$$
\begin{cases}
\dfrac{\mathrm{d}}{\mathrm{d}t}\left(\dfrac{\partial L}{\partial \boldsymbol{V}_f}\right)+\widetilde{\boldsymbol{\omega}}_f\left(\dfrac{\partial L}{\partial \boldsymbol{V}_f}\right)-C_f\left(\dfrac{\partial L}{\partial \boldsymbol{R}_f}\right)=\boldsymbol{F} \\[2mm]
\dfrac{\mathrm{d}}{\mathrm{d}t}\left(\dfrac{\partial L}{\partial \boldsymbol{\omega}_f}\right)+\widetilde{\boldsymbol{V}}_f\left(\dfrac{\partial L}{\partial \boldsymbol{V}_f}\right)+\widetilde{\boldsymbol{\omega}}_f\left(\dfrac{\partial L}{\partial \boldsymbol{\omega}_f}\right)-(\boldsymbol{E}_f^{\mathrm{T}})^{-1}\left(\dfrac{\partial L}{\partial \boldsymbol{\theta}_f}\right)=\boldsymbol{M} \\[2mm]
\dfrac{\partial}{\partial t}\left(\dfrac{\partial \hat{L}_i}{\partial \boldsymbol{u}_i}\right)-\dfrac{\partial \hat{L}_i}{\partial \boldsymbol{u}_i}+\dfrac{\partial \hat{\mathcal{F}}_{ui}}{\partial \dot{\boldsymbol{u}}_i}+\mathcal{L}_{ui}\boldsymbol{u}_i=\hat{U}_i \\[2mm]
\dfrac{\partial}{\partial t}\left(\dfrac{\partial \hat{L}_i}{\partial \boldsymbol{\alpha}_i}\right)+\dfrac{\partial \hat{\mathcal{F}}_{\psi i}}{\partial \dot{\psi}_i}+\mathcal{L}_{\psi i}\psi_i=\hat{\Psi}_i
\end{cases}
\tag{3-58}
$$

式中：L 为拉格朗日变量；$\boldsymbol{V}_f$、$\boldsymbol{\omega}_f$ 分别为准坐标系下无人机平动和转动速度矢量；$\widetilde{\boldsymbol{V}}_f$、$\widetilde{\boldsymbol{\omega}}_f$ 分别为 $\boldsymbol{V}_f$、$\boldsymbol{\omega}_f$ 的叉乘运算符形式，为反对称矩阵；C_f 为从惯性坐标系到机身坐标系 $x_f y_f z_f$ 的坐标转换矩阵（为正交矩阵）；$\boldsymbol{R}_f$ 为 $R_f(x_f,\ y_f,\ z_f)$，表示机身坐标系 $x_f y_f z_f$ 原点 O 在惯性坐标系中的位置矢量；$\boldsymbol{E}_f$ 为欧拉角速度与准角速度间的坐标转换矩阵；$\boldsymbol{\theta}_f$ 为机身坐标系 $x_f y_f z_f$ 与惯性坐标系间的欧拉角矢量；$\boldsymbol{u}_i$、$\boldsymbol{v}_i$ 为任意质量单元 i 的弹性平动位移矢量与弹性平动运动速度矢量；ψ_i、$\boldsymbol{\alpha}_i$ 分别为任意质量单元 i 的弹性转动角位移与弹性转动运动角速度；$\hat{L}_i$ 为任意质量单元 i 的拉格朗日量密度；$\hat{\mathcal{F}}_{ui}$、$\hat{\mathcal{F}}_{\psi i}$ 均为任意质量单元 i 的瑞利耗散函数；$\mathcal{L}_{ui}$、$\mathcal{L}_{\psi i}$ 为任意质量单元 i 的刚度矩阵微分运算符；F、M 分别为机身坐标系下的广义力和力矩，与无人机上的重力、气动力、控制力有关；$\hat{U}_i$、$\hat{\Psi}_i$ 均为任意质量单元 i 的广义力密度。

大展弦比无人机的结构采用有限元的思想离散化，可以利用一个具有有限自由度的系统来替代用原本具有无限自由度的系统，降低系统的复杂度，也适合利用数值方法求解。目前，在大部分对大展弦比柔性机翼飞行器的研究中都采用的假设如下：机身和尾翼的刚度相对机翼很大，可以将机身和尾翼作为刚性体进行处理，柔性飞机的动力学方程为一阶常微分非线性方程，非线性主要来源于动失速修正和动力学方程中矩阵 $\boldsymbol{M}$ 和矩阵 $\boldsymbol{H}$ 的耦合项。大展弦比无人机刚弹耦合动力学模型的状态空间表达形式如下。

$$
\begin{bmatrix}\dot{V}_f\\ \dot{\omega}_f\\ \ddot{q}\\ V_f\\ \omega_f\\ \dot{q}\end{bmatrix}=\begin{bmatrix}\boldsymbol{M}&\boldsymbol{H}\\ 0&\boldsymbol{I}\end{bmatrix}^{-1}\begin{bmatrix}0&-\boldsymbol{E}\\ \boldsymbol{I}&0\end{bmatrix}\begin{bmatrix}V_f\\ \omega_f\\ \dot{q}\\ R_f\\ \theta_f\\ q_w\end{bmatrix}+\begin{bmatrix}\boldsymbol{M}&\boldsymbol{H}\\ 0&\boldsymbol{I}\end{bmatrix}^{-1}\begin{bmatrix}F\\ \boldsymbol{M}\\ f\\ 0\\ 0\\ 0\end{bmatrix}
\tag{3-59}
$$

刚弹耦合动力学模型的主控方程是非线性常微分方程形式,采用显式时间推进的方法即可求解得到飞行器的动力学特性,但无论对方程进行定性分析还是用来进行控制律设计,目前多数情况下仍要将方程转化为线性方程,所以平衡点的选取及线性化的方法也是需要研究的核心问题。为了便于控制律设计,对方程进行线性化处理,推导出方程的普遍形式,经过配平运算后,以配平后得到的飞机迎角、结构广义模态坐标组成的系统状态变量 x_e 为平衡状态,采用数值方法求解系统的雅克比矩阵 A_J,可以得到线化系统为

$$\begin{cases} \dot{x} = A_J(x)x + Bu \\ y = Cx \end{cases} \tag{3-60}$$

通过模态分析对大展弦比无人机刚弹耦合模型进行简化后,模型的阶数仍有数百,这对于控制律设计而言仍然十分困难,因此有必要对模型进行进一步的降阶处理。文献[10]采用一种平衡截断方法实现模型降阶处理取得了较好的效果。

3.4.4 可变形飞行器的特性

可变形飞行器指的是飞行器可以自主地根据环境、任务动作要求自适应地发生形状改变,使飞行器始终保持在当前条件下最优的气动布局[11]。

国外持续开展了相关研究,项目包括主动柔性翼(AFW)计划(1985年)、智能机翼(smart wing)项目(1995年)、变形飞机结构(MAS)项目(2003年)[12]。主动柔性翼项目于1996年后扩展为主动气动弹性机翼(AAW)计划,最终装载于 F-18 上进行飞行性能验证,可变飞行器不仅得到了非常好的气动性能,还降低了飞行器整个机翼的质量。智能机翼项目,采用形状记忆合金构成的驱动机构来代替常规的机翼铰链。智能机翼在不同的飞行状态下,能提供相应的最优气动外形。风洞试验表明,该项目的设计可以改善飞机俯仰和滚转力矩系数,减小控制面的偏转。变形飞机结构项目中,承包商洛克希德·马丁公司和新一代航空技术公司分别提出了"折叠机翼"方案和"滑动蒙皮"变形机翼方案,并取得了一定进展。

变体飞行器为了实现既定的飞行任务引入一些新的布局机制,在模型特性上与传统固定翼飞行器有类似之处,但是飞行器构型的变化,会引起动力学方面的诸多变化,有一些是重要的且不可忽略的,主要有如下几个方面。

(1) 构型变化引起的质量分布变化和重心变化。

构型改变势必引起惯性矩与惯性积的变化,直接导致了模型力矩方程的复

杂化;同时,会引起重心的变化,使得相应的加速度和力矩随之改变。

(2) 构型变化过程中的惯性变化。

构型变化过程中变形体运动的加速度产生的影响就是惯性影响,即变形体相对原不变形部分的相对加速度,包括切向加速度、法向加速度、科氏加速度。

(3) 构型变化过程中的气动作用变化。

构型变化过程中变形体运动的速度产生的是气动作用的变化,影响飞机升力、阻力、俯仰力矩等部分。

对于飞机上变形部分如机翼,其对地加速度则可以分解为相对机身的相对加速度和机身对地的牵连加速度:

$$m_w \frac{\mathrm{d}\boldsymbol{V}_w}{\mathrm{d}t} = m_w \frac{\mathrm{d}\boldsymbol{V}_b}{\mathrm{d}t} + m_w \frac{\mathrm{d}\boldsymbol{V}_{w,b}}{\mathrm{d}t} \tag{3-61}$$

机身对地面的加速度变化,在机体轴系下有如下结果(u_b、v_b、w_b 为三轴速度分量,p、q、r 为三轴角速度分量,$\boldsymbol{i}$、$\boldsymbol{j}$、$\boldsymbol{k}$ 为三轴方向上的单位方向矢量):

$$\frac{\mathrm{d}\boldsymbol{V}_b}{\mathrm{d}t} = \frac{\mathrm{d}u_b}{\mathrm{d}t}\boldsymbol{i} + \frac{\mathrm{d}v_b}{\mathrm{d}t}\boldsymbol{j} + \frac{\mathrm{d}w_b}{\mathrm{d}t}\boldsymbol{k} + u_b(r\boldsymbol{j} - q\boldsymbol{k}) + \tag{3-62}$$
$$v_b(p\boldsymbol{k} - r\boldsymbol{i}) + w_b(q\boldsymbol{i} - p\boldsymbol{j})$$

对于加速度部分的第二项,在机体轴下有如下结果:

$$\frac{\mathrm{d}\boldsymbol{V}_{w,b}}{\mathrm{d}t} = \frac{\mathrm{d}u_{w,b}}{\mathrm{d}t}\boldsymbol{i} + \frac{\mathrm{d}v_{w,b}}{\mathrm{d}t}\boldsymbol{j} + \frac{\mathrm{d}w_{w,b}}{\mathrm{d}t}\boldsymbol{k} + u_{w,b}(r\boldsymbol{j} - q\boldsymbol{k}) +$$
$$v_{w,b}(p\boldsymbol{k} - r\boldsymbol{i}) + w_{w,b}(q\boldsymbol{i} - p\boldsymbol{j}) \tag{3-63}$$

机体轴系的力方程组有如下的结果:

$$\begin{cases} T_x + F_x - mg\sin\theta = m\left(\dot{u}_b + \dfrac{m_w}{m}\dot{u}_{w,b} + wq + \dfrac{m_w}{m}w_{w,b}q - v_b r - \dfrac{m_w}{m}v_{w,b}r\right) \\[2mm] T_y + F_y - mg\cos\theta\sin\phi = m\left(\dot{v}_b + \dfrac{m_w}{m}\dot{v}_{w,b} + u_b r + \dfrac{m_w}{m}u_{w,b}r - w_b p - \dfrac{m_w}{m}w_{w,b}p\right) \\[2mm] T_z + F_z - mg\cos\theta\cos\phi = m\left(\dot{w}_b + \dfrac{m_w}{m}\dot{w}_{w,b} + v_b p + \dfrac{m_w}{m}v_{w,b}p - u_b q - \dfrac{m_w}{m}u_{w,b}q\right) \end{cases}$$
$$\tag{3-64}$$

变体飞行器变体过程的力矩方程组微分形式为

$$M + M_{\Delta cg} = \frac{\mathrm{d}L_b}{\mathrm{d}t} + \frac{\mathrm{d}L_{w,b}}{\mathrm{d}t} \tag{3-65}$$

式中：M 为外力矩（包括气动力和推力产生的力矩，分量记为 M_x、M_y、M_z）；$M_{\Delta cg}$ 表示重心变化产生的力矩（此处对应重心移动产生的重力外力矩）；L_b 表示将整机视作刚体时可以得到的动量矩；$L_{w,b}$ 表示机翼部分对机身部分的相对动量矩。

重力竖直向下，重力矩项的变化主要来自机翼的位置移动，机体轴三轴分量如下：

$$\begin{cases} M_{\Delta cg,\,x} = mg\cos\theta(\cos\phi\hat{S}_y - \sin\phi\hat{S}_z) \\ M_{\Delta cg,\,y} = mg(\cos\theta\cos\phi\hat{S}_x - \sin\theta\hat{S}_z) \\ M_{\Delta cg,\,z} = mg(\cos\theta\cos\phi\hat{S}_x - \sin\theta\hat{S}_y) \end{cases} \tag{3-66}$$

式中：$\hat{S}_x$、$\hat{S}_y$、$\hat{S}_z$ 分别为机翼重心在三轴的等效移动距离。在实际计算过程中可以根据飞行器的变形特点做针对性的简化，从而降低模型分析的计算难度。

对于整机刚体动量矩的时间导数有如下形式：

$$\frac{\mathrm{d}L_b}{\mathrm{d}t} =$$

$$\begin{bmatrix} \dot{p}I_x - \dot{q}I_{xy} - \dot{r}I_{xz} + p\dot{I}_x - q\dot{I}_{xy} - r\dot{I}_{xz} + qr(I_z - I_y) - pqI_{xz} + (r^2 - q^2)I_{yz} + prI_{xy} \\ \dot{q}I_y - \dot{r}I_{yz} - \dot{p}I_{xy} + q\dot{I}_y - r\dot{I}_{yz} - p\dot{I}_{xy} + pr(I_x - I_z) - qrI_{xy} + (p^2 - r^2)I_{xz} + pqI_{yz} \\ \dot{r}I_z - \dot{p}I_{xz} - \dot{q}I_{yz} + r\dot{I}_z - p\dot{I}_{xz} - q\dot{I}_{yz} + pq(I_y - I_x) - prI_{yz} + (q^2 - p^2)I_{xy} + qrI_{xz} \end{bmatrix}$$

$$\tag{3-67}$$

完整的力矩方程组表达式如下：

$$\begin{cases} M_x + mg\cos\theta(\cos\phi\hat{S}_y - \sin\phi\hat{S}_z) = \dot{p}I_x - \dot{q}I_{xy} - \dot{r}I_{xz} + p\dot{I}_x - q\dot{I}_{xy} - \\ \qquad r\dot{I}_{xz} + qr(I_z - I_y) - pqI_{xz} + (r^2 - q^2)I_{yz} + prI_{xy} \\ M_y + mg(\cos\theta\cos\phi\hat{S}_x - \sin\theta\hat{S}_z) = \dot{q}I_y - \dot{r}I_{yz} - \dot{p}I_{xy} + q\dot{I}_y - r\dot{I}_{yz} - \\ \qquad p\dot{I}_{xy} + pr(I_x - I_z) - qrI_{xy} + (p^2 - r^2)I_{xz} + pqI_{yz} \\ M_z + mg(\cos\theta\cos\phi\hat{S}_x - \sin\theta\hat{S}_y) = \dot{r}I_z - \dot{p}I_{xz} - \dot{q}I_{yz} + r\dot{I}_z - p\dot{I}_{xz} - \\ \qquad p\dot{I}_{xz} - q\dot{I}_{yz} + pq(I_y - I_x) - prI_{yz} + (q^2 - p^2)I_{xy} + qrI_{xz} \end{cases}$$

$$\tag{3-68}$$

对于一般的变体飞行器,应依据其变体特征设计具体的变体变化参数,之后根据参数设计对应的过渡状态点。对于本示例,需设计的过渡状态变化参数为变后掠角和变机翼面积,考虑到示例的具体情况,将其参数简化为变后掠角一类参数。在 800 m 高度、25 m/s 的飞行速度条件下,以后掠角速度 3(°)/s 和 6(°)/s 为例,计算设计状态点的结果如表 3-2 所示。

表 3-2　机翼后掠角变化速率对过渡状态点的影响

后掠角速度 3(°)/s			后掠角速度 6(°)/s		
后掠角/(°)	迎角/(°)	升降舵角/(°)	后掠角/(°)	迎角/(°)	升降舵角/(°)
0	2.65	−2.54	0	2.68	−2.58
10	3.31	−2.84	10	3.34	−2.87
20	4.25	−3.22	20	4.29	−3.24
30	5.67	−3.45	30	5.71	−3.47
45	9.31	−3.66	45	9.35	−3.66

可以看到示例变体飞行器在变体过程中和固定状态下所对应的配平状态参数略有变化。对于飞行器整体来说,因为变体过程与参数连续变化过程相对应,所以这一相对变化在变体过程中是一个连续变化过程,将这一较小的参数在时间上进行积分,其对飞行器的状态影响将达到不可忽略的程度。

3.4.5　垂直起降无人机过渡模态特性

垂直起降(vertical take-off and landing, VTOL)无人机是指可通过一些特殊的布局和构型实现垂直起降,且兼有固定翼飞机和旋翼机优点的一类无人机,可以根据需要在固定翼模式和直升机模式之间转换,能够垂直起飞和着陆,可充分发挥旋翼类飞行器垂直起降、悬停及固定翼飞行器高速巡航的优点,近几年广受重视,得到了较大的发展。按推力(拉力)的实现方式,可将目前具有垂直起降能力的飞行器分为两大类,即推力定向式和推力换向式[13]。

推力换向类垂直起降无人机,起飞时推力向上,转入水平飞行时推力向前倾转,同时由机翼承担部分或全部升力。因为翼面空气流速越低,气动效率越高,所以相同情况下,采用机翼获取升力的无人机比纯直升机具有更高的飞行效率,也具有更大的航程[13]。近年来的研究和实践表明,在多种推力换向类垂直起降无人机方案中,尾座式垂直起降无人机的总体布局方案最为简洁,没有复杂的旋转机构。在此重点介绍这类垂直起降无人机的研究结果,该无人机外观如图 3-6 所示。

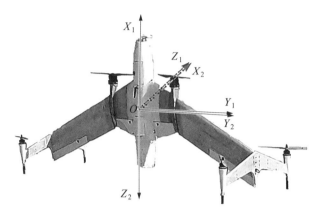

图 3-6 一种典型的尾坐无人机示意图

尾坐式无人机的受力包括重力、拉力(或推力)、气动力。从起飞到巡航、着陆的过程如下:无人机从地面垂直起飞,当无人机到达一定高度和速度时切换到水平飞行模式,无人机在水平飞行模式完成飞行任务,在着陆场地上空时由水平飞行模式切换到垂向飞行模式,逐渐降低速度和高度完成降落。因此,可以将尾坐式无人机的飞行模式分为垂向飞行模式、水平飞行模式和过渡飞行模式。在水平飞行模式下无人机的受力情况与常规固定翼飞机相同,垂向飞行模式和过渡飞行模式是其独有的飞行模式,同样也是实现尾坐无人机控制的关键,下面按照从起飞、巡航到着陆的过程对各个飞行模式的相关飞行特性加以说明。

1) 垂向飞行模式(起飞)

在起飞阶段垂向飞行过程中尾坐无人机机头朝上,受力情况类似于四旋翼,其俯仰角接近 $90°$。在此阶段中无人机的速度较低,气动操纵面的操纵效率相对比较小,主要靠螺旋桨的拉力来平衡无人机的重力,并由四个螺旋桨实现无人机的姿态调整。垂向飞行模式主要用来实现垂直起降、悬停及垂向低速机动。

2) 垂平过渡飞行模式

垂平过渡飞行模式是尾坐无人机由垂向飞行模式过渡到水平飞行模式的过渡模式。一方面,通过油门控制空速,使无人机的空速逐渐增加到水平巡航速度。另一方面,控制无人机低头,将无人机机身由垂向平稳地改为水平,进入巡航飞行状态。

3）水平飞行模式

在水平飞行模式下,无人机的空速达到巡航空速,其机翼可以产生足够的升力,从而发挥高速高效的优点。在此飞行模式下主要由气动力来平衡重力,由气动操纵面来实现无人机的姿态和航迹控制,与常规固定翼无人机无异。

4）平垂过渡飞行模式(着陆)

平垂过渡飞行模式是尾坐无人机由水平飞行模式过渡到垂向飞行模式的过渡模式。一方面,通过油门控制空速,使无人机的空速逐渐由水平巡航速度减小到零。另一方面,控制无人机平稳快速地抬头,将机身由水平改为垂向,在此过程中逐渐降低飞行高度使尾坐式无人机平稳落地。

由于尾坐无人机在过渡转换过程中无人机机体的欧拉角发生了非常大的转变,按照前面的分析会出现欧拉角奇异的问题,在使用欧拉角实现反馈控制的情况下,必须解决这个问题。参考文献[14]中提出了一种双欧法,参考文献[15]使用和验证了该方法。简要说明如下。

如图 3-6 所示,图中无人机为垂直状态,建立机体坐标轴系 $Ox_1y_1z_1$:原点在尾坐无人机质心处; Ox_1 轴在无人机对称平面内,且平行于无人机的理论纵轴并指向机头; Oy_1 轴垂直于无人机对称平面,指向机身右方; Oz_1 轴在无人机对称平面内,与 Ox_1 轴垂直并指向机腹(平飞状态 Oz_1 轴指向下)。该机体坐标轴系与地面坐标轴系的欧拉角定义为第一套欧拉角,在垂向飞行时,第一套欧拉角存在奇异性问题,因此定义机体坐标轴系 $Ox_2y_2z_2$,由该机体坐标轴系与地面坐标系形成的欧拉角描述垂向飞行时的姿态。机体坐标轴系 $Ox_2y_2z_2$ 定义如下:原点在尾坐无人机质心处; Oz_2 轴在无人机对称平面内,平行于无人机的理论纵轴并指向机尾; Oy_2 轴垂直于无人机对称平面,指向机身右方; Ox_2 轴在无人机对称平面内,与 Oz_2 轴垂直并指向机腹。体坐标轴系 $Ox_2y_2z_2$ 与地面坐标轴系的欧拉角定义为第二套欧拉角。

第一套欧拉角和第二套欧拉角都存在奇异性问题,但两套欧拉角出现奇异性的位置并不一样。如果综合考虑,能够避免方程在奇异处求解。当 θ_1(机体坐标轴 x_1 与地面的夹角,抬头为正)在 $\pm 45°$ 范围内时,采用第一套欧拉角来描述无人机姿态;当 $|\theta_1|$ 超过 $45°$ 时,改用第二套欧拉角来描述无人机姿态。

3.5　内环飞行控制

对于无人机飞行过程中实时生成轨迹指令和跟踪控制而言,按照递阶控制的多层结构,可以分为三层,如图 3-7 所示。

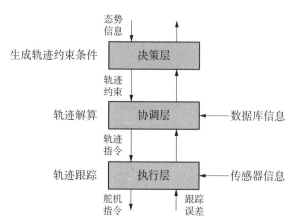

图 3-7　无人机飞行轨迹生成与控制系统分层控制框架示意图

决策层用于根据任务要求和环境信息选择合适的飞行轨迹,执行层用于实际操纵无人机完成应飞轨迹的跟踪。介于决策层和执行层之间的是协调层,完成鲁棒轨迹的局部调整与细化。自顶向下整个系统智能程度逐渐降低,控制精度逐渐提高[16-17]。

各层的功能及输入、输出信息说明如下。

1) 决策层

输入:控制台指令、干扰信息和错误信息、协调层反馈信息等。

输出:为协调层提供指导性决策、轨迹约束条件等。

功能:根据任务要求和已知的环境信息选择合适的制导策略。

2) 协调层

输入:决策层的信息(指令和可用的环境态势信息)和本机信息。

输出:轨迹指令。

功能:根据决策层的信息和本机信息进行实时生成应飞轨迹指令。

3) 执行层

输入:协调层轨迹指令和飞行状态信息。

输出:舵机控制指令。

功能:完成设定轨迹。

按照传统的控制回路概念来划分,无人机的轨迹生成与控制也可以分为内环飞行控制和外环飞行控制两个回路来实现。如图 3-8 所示,内环(也可以称为内回路)飞行控制主要实现飞行器本体的增稳/阻尼、广义轨迹指令的跟踪,广义轨迹指令包括姿态控制指令、位置控制指令、速度控制指令、角速率控制指令、加速度控制指令等。外环(也可以称为外回路)飞行控制主要是生成广义轨迹指令,也就是制导回路(具体内容见 3.6 节)。

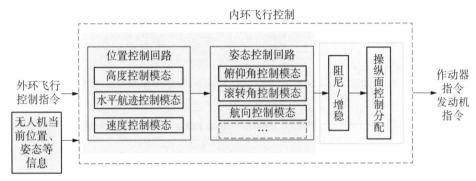

图 3-8　无人机内环飞行控制多模态多回路控制框架示意图

本节主要关注内环飞行控制,也就是无人机本体的控制,按照奇异摄动理论,可以将无人机动态特性按时间尺度分为快变量速率组和慢变量速率组,目前研究的无人机一般都具有这一特性,角速率回路为快变量回路,速度、航迹倾角等构成慢变量回路,高度等位置构成极慢变量回路,从而形成一个多回路控制系统。

基于飞行状态变量之间的内在联系,可以设计嵌套式多模态多回路控制系统。为了配合外环飞行控制的需要,可以设计多个控制模态,如空速控制模态、法向过载控制模态、俯仰角控制模态、高度控制模态、倾斜角控制模态等。

可以使用的设计方法包括经典控制设计方法(如零极点配置)、特征结构配置方法、动态逆设计方法、自适应设计方法等,本节不进行赘述。本节主要针对无人机的增稳控制、多操纵面分配进行相关分析和论述。

3.5.1　多操纵面控制分配

飞机的操纵面包括气动操纵面和发动机推力控制操纵面两大类。同一种气动操纵面可能具备不止一种控制功能;对于安装多台发动机的飞机而言,有可能实现仅使用发动机对飞机进行控制(PCA),这在所有气动操纵面均失效的情况下是非常有效的一种应急控制手段,因此气动操纵面和发动机推力控制操纵面都可以成为多功能操纵面。多功能操纵面协调与管理技术主要是研究如何有效、合理地使用多操纵面以满足飞行任务需求。

图 3-9 所示是一种多操纵面控制系统结构。这种结构源自操纵面冗余条件下利用控制分配衔接(或说隔离)基本控制律与多个操纵面。

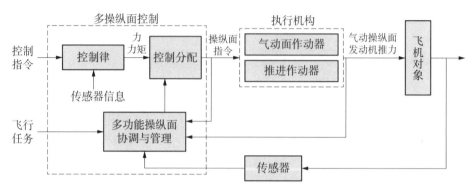

图 3-9　多操纵面控制系统结构示意图

这种结构的优点如下：

(1) 控制分配器的设计与基本控制律的设计可以相互独立；

(2) 在操纵面出现效率变化或故障/失效时，只需要对控制分配进行调整，基本控制律的结构、参数及解算可以保持不变；

(3) 通过对多操纵面进行协调与管理，有利于实现多模态控制。

图 3-9 所示的控制系统由三个功能模块构成：控制律解算模块、控制分配模块、操纵面协调与管理模块。控制律解算模块根据控制指令求解各个控制通道所需提供的控制力和控制力矩，控制分配模块根据期望的力、力矩及多功能操纵面协调与管理模块的输出解算各个操纵面的控制指令，多功能操纵面协调与管理模块根据飞行任务与模态需求、飞机状态信息采用不同的策略与算法。

多功能操纵面协调与管理模块所需的信息如下：飞行任务与模态信息；飞机自身状态信息，包括传感器测量的飞机运动状态信息和操纵面位置信息；操纵面指令信息。

多功能操纵面协调与管理模块系统通过对飞行任务要求、飞行器当前状态及效率机构工作状态等进行评价，对操纵效率机构的控制进行综合管理，如图 3-10 所示。具体功能包括控制分配算法管理、控制分配优化指标管理和控制重构管理。

设计高效的控制分配算法，充分发挥冗余控制面的效能，必须考虑很多因素，如算法的实时性、操纵面的位置限制和速率限制、各种情况下操纵面的选择

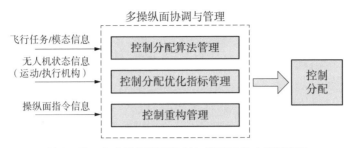

图 3-10　多功能操纵面协调与管理模块功能示意图

与组合等。众多因素使得问题变得异常复杂,至今还没有一种通用的算法能够完全满足所有的要求,因此有必要根据任务需要选择使用合适的控制分配算法。

针对不同的任务模态,控制分配优化指标有所不同,所使用的操纵面也可能有所不同,需要有针对性地使用。

总之,控制分配算法管理、控制分配优化指标管理的基本原则是按任务模式对操纵面有选择性地分组使用。

3.5.1.1　任务模式划分

图 3-11 为无人机任务剖面示意图。其任务模式可以划分为两大类:常规任务模式和特殊任务模式。与之对应的控制模态可以分为常规控制模态和特殊控制模态,操纵面的使用策略会依据任务需求而调整。

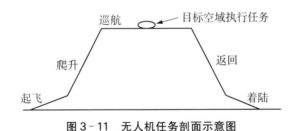

图 3-11　无人机任务剖面示意图

1) 常规任务模式和控制模态

常规任务模式包括以下模态控制,一般使用常规操纵面完成。

(1) 起飞/着陆模态:包括起飞、爬升率保持、高度捕获、动力进场、下滑轨迹捕获、下滑线控制和拉平控制等控制模态。

(2) 巡航模态:包括高度跟踪与保持、水平航迹跟踪与保持、马赫数(空速)保持与空速指令等控制模态。

（3）燃油控制模态：与发动机油门控制综合调整燃油使用的控制模态。

2）特殊任务模式和控制模态

特殊任务模态指在特殊飞行状态下，需要进行操纵面重新分配的控制模态。例如，可包括以下几个方面。

（1）主动控制模态：阵风减缓控制模态、机翼载荷减缓控制模态等，一般需要在特殊部位安装传感器并使用襟翼、分段副翼等操纵面。

（2）重构模态：执行机构/操纵面故障下的重构控制模态，需要在线将控制指令分配给其他有效操纵面，完成控制任务。

随着技术的发展，可能会出现新型的控制模式，如附面层控制模态、涡流控制模态等，这些模态都需要新型气动力装置和相应的控制算法。

3.5.1.2　基于任务模态的控制分配优化目标管理

气动操纵面冗余条件下，针对不同的使用目的，操纵面组合和偏转范围等都有所不同，表 3-3 列出了多操纵面布局飞机气动操纵面的几种优化使用原则。

表 3-3　气动操纵面控制分配优化指标

分配设计模式	控制分配优化原则或目标
最小操纵面偏转模式	对所有控制面组合寻求最小偏转量，即控制代价最小
最小阻力模式	以飞行阻力最小为代价函数寻求最优设计
最大升力模式	以升力最大为代价函数寻求最优设计
最小翼面载荷模式	通过最小化使用全动翼尖、外段前缘襟翼等来减小翼面载荷

在发动机性能寻优控制（PSC）方面的研究中，有三种算法模式，如表 3-4 所示。在这三种算法模式中，最大推力计算模式和最小耗油率计算模式有助于改善飞机的性能，在后续的任务模式与优化指标的对应关系中，只考虑使用这两种寻优算法模式，而不考虑最低涡轮进口温度计算模式。

表 3-4　发动机控制优化指标

优化模式	优化原则或目标
最大推力计算模式	在飞机加速、爬升、突击时提供最大剩余推力
最小耗油率计算模式	在飞机巡航飞行时使耗油率降至最低
最低涡轮进口温度计算模式	用降低温度的控制方法延长发动机的使用寿命

优化指标管理子系统将根据获得的任务阶段信息、飞机状态信息等,自动选择使用优化指标。可以初步确定如下几条基于任务模式的优化指标管理原则。

（1）默认的优化指标:最小操纵面偏转,发动机不进行寻优控制。

（2）出现某些气动操纵面故障/失效情况时,进行重构,不论当前处于何种任务模式,气动操纵面分配都使用最小操纵面偏转优化指标,发动机优化模式保持重构开始前的优化模式。传感器故障/失效时,气动操纵面控制分配优化原则和发动机控制优化模式均保持不变。所有气动操纵面均故障/失效情况下,使用发动机推力控制飞机,发动机不再使用优化模式,这种情况未在表中列出。

（3）主动控制任务模式主要是指阵风缓和或机翼载荷减缓这两种情况。这两种情况都是通过在特定位置安装的传感器信息自动实现的,进入主动控制任务模式应产生一个标志量,便于优化指标管理子系统知道飞机控制系统已进入这种控制模态。

表 3-5 给出了一些典型任务模式或飞行阶段的多操纵面优化指标示例。

表 3-5　任务模式与优化指标关系

任务模式/ 控制模态	气动操纵面控制分配 优化原则或目标	发动机控制优化模式
起飞	最大升力模式	最大推力计算模式
着陆	最小操纵面偏转模式	—
爬升	最大升力模式	最大推力计算模式
巡航	最小阻力模式	最小耗油率计算模式
主动控制	最小翼面载荷模式	—
重构	最小操纵面偏转模式或保持	保持

3.5.1.3　重构控制管理

随着控制技术的进步及无人机的多操纵面配置,为了满足损伤和故障等情况下飞行品质与安全飞行的需要,先进重构飞行控制技术在原有的基础上更加强调自适应的能力,因而促进了鲁棒控制、智能控制和自适应控制技术在该领域的交叉和融合,朝着智能化方向发展。

基于"基本控制律+控制分配"的控制结构,重构控制可以有两种实现方式:方式一,利用控制分配解决重构问题,基本控制器保持不变;方式二,由重构控制律解决基本控制器的重构问题,控制分配器保持不变。

多操纵面的配置在提高系统气动余度的基础上,为重构控制系统的设计提供了必需的解析余度。在操纵面失效或故障的情况下,可以使用上述重构方式一,重构控制和控制分配的本质是相同的,即在操纵面故障情况下具有动态约束的控制分配。在其他故障条件下(如传感器故障等),需要采用相应的重构控制律,仅依赖控制分配是难以实现重构控制的。因此,重构控制与控制分配有联系也有区别,总体来说,重构控制的范畴更大,控制分配可以解决一类重构控制问题。

从是否依赖于机载故障诊断与隔离系统(fault diagnosis and isolation system, FDIS)提供故障检测与隔离信息的角度看,重构策略可以分为两大类:一类为依赖 FDIS 的重构,根据 FDIS 提供故障检测与隔离信息,实时选择针对不同故障模式所设计的控制律;另一类为不依赖 FDIS 的重构,在没有故障检测与隔离信息的情况下,对无人机的飞行状态进行在线实时参数辨识,在线调整控制律,以适应故障带来的变化。第一类重构策略由于事先有针对性地对故障模式进行分析并设计相应的控制律,又称为主动重构;第二类重构策略由于不能在线获得故障信息,而依靠控制律的自动调整来保证系统仍具有较好的性能,又称为被动重构。从智能化程度看,被动重构策略对系统的智能性、自适应性、鲁棒性都提出了更高的要求。

从控制系统结构变化情况看,传统的重构对控制系统的参数和结构均做了调整,而对于“基本控制律+控制分配”这种控制系统结构而言,对于操纵面故障的情况,重构完全可以由控制分配器来实现,而不改变基本控制律,这样在控制效能充足的条件下,重构后的系统飞行品质等性能基本不受影响。

在无人机出现其他故障导致其特性或性能已经超出了正常控制器所能容忍的范围,则需要进行控制重构,这种情况相当于除了正常的无人机模型外,还需要针对一个或多个故障无人机模型进行控制设计。因此,可以参考对于复杂系统的多模型控制思路进行重构控制的研究和设计。

多模型的设计有两种不同的方法:固定多模型和自适应多模型。固定多模型,其参数向量不随环境改变;自适应模型,要随环境时刻更新其参数向量,最后可以达到精确跟踪。两种方法各有其优缺点:自适应模型需要随时间和环境更新参数,因此有延时性,不能快速跟踪对象;固定模型没有这些缺点,但由于固定模型个数的限制,只能表示出有限数量的飞机状态,当固定模型与飞机状态存在误差时,就达不到足够的控制精度,因此需要自适应模型来提高精度。综合其优缺点,可以选用多个固定模型和一个自适应模型相结合的方法,使其相互补充。

其中,自适应模型采用重新初始化自适应模型,即当选择到某一固定模型时,自适应模型重置初值为当前固定模型的参数。

神经网络动态逆的重构控制是一种基于神经网络的直接自适应重构控制方法。飞机的基本控制律可以采用非线性动态逆方法设计,对于模型不准确和舵面故障等因素导致的逆误差采用神经网络进行在线补偿。在飞机发生操纵面故障时,神经网络通过自适应补偿逆误差,可以快速地在线重构控制律,保持飞机的稳定和一定的操纵品质。

对于无人机可能遭遇的各种故障或失效,有很多需要外环飞行控制实施预定控制逻辑加以处置,内环飞行控制实现姿态和航迹的稳定与控制。对于传感器故障/失效,基本控制律需要进行部分或全部重构,以尽可能减少反馈信号故障对机体控制带来的不利影响。部分气动操纵面故障/失效情况下,通过控制分配实现重构控制。全部气动操纵面故障/失效:通过多发动机协调控制实现飞机的控制,本质是将气动操纵面换成发动机推力控制,应该可通过控制分配实现重构控制。但是,从目前看到的一些资料中得出,仅使用发动机对飞机进行控制以纵向控制飞行航迹倾角,这与一般的控制增稳系统纵向控制法向过载/俯仰速率等是不同的。由于仅使用发动机对飞机进行控制的技术尚处于研究之中,具体的设计需要大量的数据支持,对此不进行深入分析,只将仅使用发动机对飞机进行控制作为一种重构控制的情形看待。

虽然不依赖 FDIS 的重构控制成为研究的一个重要方向,但是目前的技术状态下,依赖于 FDIS 的重构控制仍是一个重要的、实用的方向。FDIS 可以提供故障类型,这对于重构控制的管理是十分有利的。根据故障类型可以决定是通过控制分配实现重构还是通过基本控制律调整实现重构。

3.5.1.4　控制分配方法

对于多操纵面布局的无人机,控制分配问题可以描述如下。

假设飞机期望转矩矢量 $v(t) \in \mathbf{R}^k$,称为虚拟控制,操纵面偏转矢量 $u(t) \in \mathbf{R}^m (m > k)$,称为实际控制(或作动器指令)。给定 $v(t)$、$u(t)$ 如下:

$$g[u(t)] = v(t) \tag{3-69}$$

式中:$g:\mathbf{R}^m \to \mathbf{R}^k$ 为从实际控制到虚拟控制的映射。

也可将上述关系描述为

$$Bu(t) = v(t) \tag{3-70}$$

式中：$\boldsymbol{B}$ 为 $k \times m$ 维、秩为 k 的控制效率矩阵。

考虑作动器位置限制和作动器速率限制，则有

$$\boldsymbol{u}_{\min} \leqslant \boldsymbol{u}(t) \leqslant \boldsymbol{u}_{\max} \tag{3-71}$$

$$\boldsymbol{\rho}_{\min} \leqslant \dot{\boldsymbol{u}}(t) \leqslant \boldsymbol{\rho}_{\max} \tag{3-72}$$

考虑到数字控制系统存在合理的近似时间微分为 $\dot{\boldsymbol{u}}(t) = \dfrac{\boldsymbol{u}(t) - \boldsymbol{u}(t-T)}{T}$，$T$ 为采样时间，可将限制描述为 $\underline{\boldsymbol{u}}(t) \leqslant \boldsymbol{u}(t) \leqslant \bar{\boldsymbol{u}}(t)$，其中：$\underline{\boldsymbol{u}}(t) = \max\{\boldsymbol{u}_{\min},\ \boldsymbol{u}(t-T) - T\boldsymbol{\rho}_{\min}\}$，$\bar{\boldsymbol{u}}(t) = \min\{\boldsymbol{u}_{\max},\ \boldsymbol{u}(t-T) + T\boldsymbol{\rho}_{\max}\}$，则带约束的控制分配问题描述转化为标准形式如下：

$$\begin{cases} \boldsymbol{B}\boldsymbol{u}(t) = \boldsymbol{v}(t) \\ \underline{\boldsymbol{u}}(t) \leqslant \boldsymbol{u}(t) \leqslant \bar{\boldsymbol{u}}(t) \end{cases} \tag{3-73}$$

即在期望输入 $\boldsymbol{v}(t)$ 的作用下，需要求解满足约束条件的分配器的输出 $\boldsymbol{u}(t)$。

对于上述问题存在三种可能的解，说明如下。

(1) 无穷多解。要根据某些性能指标进行优化，寻求最优控制解。

(2) 唯一解。可直接求出正确解。

(3) 无解。需要在约束条件和优化指标下尽可能逼近最佳控制。

带约束的求解可以转化为以下四类数学问题来求解：

(1) 直接分配问题：给定控制效率矩阵 $\boldsymbol{B}$ 和期望转矩向量 $\boldsymbol{m}_{\mathrm{d}}$，寻找控制向量 $\boldsymbol{u}$ 及标量 λ，使优化指标 $J = \lambda$ 最大，并满足等式约束条件 $\boldsymbol{B}\boldsymbol{u} = \lambda \boldsymbol{m}_{\mathrm{d}}$，$\underline{\boldsymbol{u}}(t) \leqslant \boldsymbol{u}(t) \leqslant \bar{\boldsymbol{u}}(t)$，当 $\lambda > 1$ 时，$\boldsymbol{u} = \boldsymbol{u}/\lambda$。

(2) 误差最小问题：给定矩阵 $\boldsymbol{B}$，在 $\underline{\boldsymbol{u}}(t) \leqslant \boldsymbol{u}(t) \leqslant \bar{\boldsymbol{u}}(t)$ 约束中寻找向量使优化指标 $J = \|\boldsymbol{B}\boldsymbol{u} - \boldsymbol{m}_{\mathrm{d}}\|$ 最小。

(3) 控制最小问题：给定矩阵 $\boldsymbol{B}$ 和参考控制向量 $\boldsymbol{u}_p$，在 $\underline{\boldsymbol{u}}(t) \leqslant \boldsymbol{u}(t) \leqslant \bar{\boldsymbol{u}}(t)$ 约束中寻找向量 $\boldsymbol{u}$ 使优化指标 $J = \|\boldsymbol{u} - \boldsymbol{u}_p\|$ 最小。

(4) 混合优化问题：给定矩阵 $\boldsymbol{B}$ 和参考控制向量 $\boldsymbol{u}_p$，在 $\underline{\boldsymbol{u}}(t) \leqslant \boldsymbol{u}(t) \leqslant \bar{\boldsymbol{u}}(t)$ 约束中寻找向量 $\boldsymbol{u}$ 使优化指标 $J = W_1 \|\boldsymbol{B}\boldsymbol{u} - \boldsymbol{m}_{\mathrm{d}}\| + W_2 \|\boldsymbol{u} - \boldsymbol{u}_p\|$ 最小，W_1、W_2 均为权值。

针对以上四类问题的求解，并借助于数学工具，可以演化出不同的控制分配方法和算法。控制分配算法大致可以分为两类：非优化的分配方法和基于优化

的分配方法。目前,在研究中常用的算法如表 3-6 所示。

表 3-6 控制分配算法

控制分配算法类别	控制分配算法名称
非优化的分配法	直接几何法
	饱和链式分配法
	力矩变化率分配法
	广义逆法(伪逆法、级联伪逆法等)
基于优化的分配法	直接几何优化法(面搜索、对分边搜索)
	固定点迭代优化法
	有效集法
	基于线性规划的分配法
	基于二次规划的分配法

以下简要介绍几种典型的控制分配方法[18]。

1) 直接几何分配法

直接几何分配法也称为约束分配法,最早由达拉谟(Durham)在 1993 年基于转矩可达集(AMS)的概念提出。这种方法首先必须建立舵面指令限制的控制子空间到飞机转矩可达子空间的映射。飞机舵面限制的控制子空间的维数就是其操纵面数量 m,转矩可达集则是飞机 m 维受限控制子空间中的全部向量经过飞机的时变非线性舵面控制效率矩阵的映射而形成的三维转矩子空间。

算法的求解思路如下:

(1) 根据飞机操纵面配置、位置和速率饱和限制,定义控制子空间 Ω;根据控制子空间和飞机操纵性能定义飞机的转矩可达集 Φ;

(2) 确定转矩可达集的边界 $\partial(\Phi)$;

(3) 确定待求解的期望转矩 m_d 指向边界的哪条边或哪个面;计算出 m_d 与边界的边或面相交所产生的矢量 $a\hat{m}_d$,$a>0$,从而根据转矩矢量 $a\hat{m}_d$ 求解出对应的控制向量。

如果 $a=|m_d|$,说明期望转矩在可达集的边界上,上一步求解的控制向量即为所求解;如果 $a>|m_d|$,则说明期望转矩在可达集的边界内,只需要将第 (3) 步中的控制解乘以因子 $K=|m_d|/a$ 得到期望解;如果 $a<|m_d|$,则说明期望转矩在可达集的边界之外,在控制范围内无解,而第(3)步中产生的解就是其

最优逼近解。

直接分配方法能够实现目标可达集内的所有目标向量,它可以采用几何优化类的搜索算法进行求解,如面搜索、对分边搜索、相邻边搜索等方法,通过寻找目标向量和目标可达力矩集边界的交点从而直接获得控制分配的结果。但这种基于几何搜索方法在面临 3 个以上的期望目标时,边界条件不易计算,几何处理变得非常复杂;在计算过程中,无法直接处理包含线性相关向量的控制效率矩阵。

2）饱和链式分配法

饱和链式分配法的设计思路是先将操纵面分解成若干组,分组的要求是任意一组必须能够产生所期望的飞机三轴力矩,然后对于每一个轴的运动控制规定操纵面饱和后接替的优先级。首先使用最高优先级的一组操纵面产生期望的控制,如果出现饱和,依次使用下一组。分配方式的数学描述如下。

首先将控制输入分为 M 组:

$$\boldsymbol{u} = \begin{bmatrix} u^1 \\ \vdots \\ u^M \end{bmatrix} \tag{3-74}$$

相应的控制效率矩阵为 $\boldsymbol{B} = \begin{bmatrix} B_1 & \cdots & B_M \end{bmatrix}$,得到的控制分配解表达如下:

$$B_1 u^1 + B_2 u^2 + \cdots + B_M u^M = v \tag{3-75}$$

其控制过程表示为

$$\begin{cases} u^1 = \mathrm{sat}_{u_1}(P_1 v) \\ u^2 = \mathrm{sat}_{u_2}\left[P_2 (v - B_1 u^1) \right] \\ \quad\vdots \\ u^M = \mathrm{sat}_{u_M}\left[P_M \left(v - \sum_{i=1}^{M-1} B_i u^i \right) \right] \end{cases} \tag{3-76}$$

式中: $B_i P_i = I$, $\mathrm{sat}(\cdot)$ 代表操纵面位置和速率限制。

在关于推力矢量技术的不少研究文献中,均采用的是这种分配策略,尤其是在单纯俯仰推力矢量控制中,它具有分配速度快、工程实现简单、使用可靠等特点,还可以最大限度地使用常规操纵面,减少飞机可用功率的损耗。缺点是受操纵面最大偏转速率的限制。

3）广义逆法

广义逆法包括伪逆法、加权伪逆法及最优广义逆分配算法、级联广义逆和重新分配伪逆法等。

（1）伪逆法（PI）。

一般在控制无约束的情况下，对于一个已知的期望运动，其广义逆解有无穷多个，一般需要对解进行优化。通常优化问题可以采用最小范数法解决。

取控制量的最小 2 范数（能量函数）为优化指标的求解法就是伪逆法，也称之为操纵面偏转最小能量分配法。假设多操纵面飞机存在 n 维控制，其每一个控制都存在物理上限定的控制面偏转最大和最小范围，并且每一个控制面都对飞机的运动产生一定的控制效率。定义一个 $m \times n$ 维的控制矩阵 $\boldsymbol{B}$，作为 n 维容许控制子集和 m 维转矩可达集 $\boldsymbol{\Phi}$ 之间的线性映射。要求解：$\boldsymbol{Bu} = \boldsymbol{v}$。其解有三种情况：

a. 如果 $m = n$，且 $\boldsymbol{B}$ 阵非奇异，则上式有唯一解；

b. 如果 $m > n$，则上式无解；

c. 如果 $m < n$，则上式有无穷解，需要根据约束求出满足条件的伪逆解。

对于具备气动余度的多操纵面飞机，一般有 $n \geqslant m$，因此其控制分配问题实际就是如下描述的约束求解问题，设

代价函数为 $J = \boldsymbol{u}^{\mathrm{T}} \boldsymbol{u}$。

约束条件为 $\boldsymbol{Bu} = \boldsymbol{v}$。

定义标量性能指标函数：$J = \dfrac{1}{2} \boldsymbol{u}^{\mathrm{T}} \boldsymbol{u} + \boldsymbol{\lambda}^{\mathrm{T}} (\boldsymbol{Bu} - \boldsymbol{v})$。分别对 J 求 $\boldsymbol{u}$ 和 $\boldsymbol{\lambda}$ 的偏导数，根据求极值的条件，可得到 $\boldsymbol{u}^{\mathrm{T}} = \boldsymbol{\lambda}^{\mathrm{T}} \boldsymbol{B}$ 即 $\boldsymbol{u} = \boldsymbol{B}^{\mathrm{T}} \boldsymbol{\lambda}$，将其代入 $\boldsymbol{Bu} = \boldsymbol{v}$ 中，解出 $\boldsymbol{\lambda} = (\boldsymbol{BB}^{\mathrm{T}})^{-1} \boldsymbol{v}$，从而得出右逆解如下：

$$\boldsymbol{u} = \boldsymbol{B}^{+} \boldsymbol{v} = \boldsymbol{B}^{\mathrm{T}} (\boldsymbol{BB}^{\mathrm{T}})^{-1} \boldsymbol{v} \qquad (3 - 77)$$

其中，伪逆符号的表示以及定义为 $\boldsymbol{A}^{+} = \boldsymbol{A}^{\mathrm{T}} (\boldsymbol{AA}^{\mathrm{T}})^{-1}$。

从上述推导过程可以看出，这种操纵面控制分配方法是一种全时间的联动方法，即不论飞行条件如何，参与分配的广义操纵面都将始终工作。同时，采用单纯的伪逆法求解时，由于没有考虑操纵面的约束限制条件，对于具有执行机构限制约束的实际飞机转矩可达集而言，其内部的部分期望运动将无法得出合理的伪逆解，即对于飞机原本能够实现的部分期望运动来说，用操纵面最小偏转能量求解法则，将无法求出最优解。一旦不存在符合条件的最优解，控制系统性能恐怕难以满足要求，因此提出了加权伪逆和再分配伪逆两种改进的伪逆法，以改善伪逆求解中，部分控制量过早进入饱和的情况。

（2）加权伪逆法（WPI）。

加权伪逆法是对伪逆法的一种推广，对于要求的控制力矩，按照使用侧重点的不同，对各个控制量进行加权，其求解则相对规范。

假设控制分配的优化指标如下：

$$J = W\|u\|_2^2 + \lambda^{\mathrm{T}}\|Bu - v\|_2^2 \tag{3-78}$$

式中：W 为对称正定权值矩阵。对 J 求 u 和 λ 的偏微分，结合上述引理求极值可推导出：

$$u = W^{-1}(BW^{-1})^+ v \tag{3-79}$$

考虑加权伪逆法的目的就是为了避免单纯伪逆法没有考虑操纵面位置和速率限制带来的问题，因而加权矩阵的选择一般要考虑操纵面控制效率和操纵面位置限制、执行机构速率限制等因素。加权矩阵的选择方式不同，也就形成不同的加权伪逆求解方法，因此实现方式较为灵活。但为了简化设计，通常选择的权值矩阵为对角正定矩阵。

例如，以控制面位置限幅值平方作为对应对角元素。如果适当加大控制效率低的操纵面的权值，则可以加大其出舵量，从而避免操纵效率高的舵面过早进入饱和状态，或者将控制量乘以作动器位置极限值的逆阵，该逆阵就是加权伪逆法中权值矩阵的特例。该权值矩阵的构造如下：

$$W_u = \mathrm{diag}(1/\sqrt{\bar{u}_1}, \cdots, 1/\sqrt{\bar{u}_m}) \tag{3-80}$$

这种方法直接利用的是作动器的操纵限制，在一定程度上使处在力矩可达集内的期望转矩能够得出合理伪逆解。

（3）级联再分配伪逆算法（CGI）。

1996 年 Bordignon 等提出了反复迭代式再分配伪逆法，即如果第一次再分配控制仍然饱和，反复进行直到不再出现控制量饱和，或剩余的控制量的个数少于控制目标的维数，用剩余的控制量产生剩余的期望目标，得到最小二乘解。这样依次在剩余控制量中进行多次再分配，就是级联再分配法（cascaded generalized inverse, CGI）。

级联再分配伪逆法本质上仍然是一个线性无约束的算法，但是由于算法在实现过程中，实时检测操纵面的位置、速度及增益是否饱和，如果出现任一饱和，则将其设定在极限位置，并从有效的分组舵面中去除，然后利用剩余有效舵面实现指令，并继续迭代，直到没有操纵面出现饱和或无有效操纵面可用，则算法结束。这种迭代结构通过反复使用有效的可用操纵面,从而使其控制能力与加权伪逆法相比得到了极大的提高,并满足了指令要求的能力。

这种方法得到的控制分配解不是真正意义上的最优分配结果,因此不能完全发挥控制能力,但是与目前的大多数基于数学优化的分配算法相比,这种方法不仅实现相对简单可靠,而且更为重要的是,对于实时性有严格要求的飞机操纵和控制分配来说,在控制计算机有吞吐量要求和存储约束等限制条件的情况下,该算法非常有效,目前在美国的第四代战斗机 F - 35B 飞机上已经采用了这一算法完成其 IFPC 控制律中包括发动机在内的广义多操纵面的控制分配任务。

该方法必须已知控制矩阵 B,该矩阵包含有飞机角速度变量的导数与控制面偏度之间的关系,可在机载模型中通过离线处理得到,如果要采用近似非线性的方法,可以在飞机模型中,通过对当前状态下,舵面位置的扰动对应的角速度的变化从而计算出该矩阵(操纵效率)。这种近似的非线性方法在少数情况下因为其非线性因素会反过来影响计算结果,需要对数据进行修正,使其在某操纵面与其对应轴上是单调的。从而保证所有的操纵面在无指令的条件下能够返回到期望位置。

CGI 算法考虑了操纵面位置和速率限制,利用操纵面位置、速率限制值及飞机的操纵极限能力在控制律的机载飞机模型部分计算控制律指令限制、控制律增益限制,从而避免激发结构模态耦合振荡。在这里,控制律增益包含两个部分:基本反馈控制律增益和分配器增益(矩阵 P)。基本反馈控制律增益是预先离线计算出的,分配器增益则是实时计算的,其包含的条件较多,如控制输入指令、操纵面位置、速率饱和、飞行条件、飞机操纵面故障情况等。因此,需要采取措施保证矩阵 P 不会过大,增益极限是离线计算的。

4) 基于线性规划的控制分配算法

将控制分配问题描述为:求最优 $\bar{u} \in \{u_{\min} \leqslant u \leqslant u_{\max}\}$,在满足 $v = B\bar{u} = \lambda m_d$,$0 < \lambda < 1$ 的条件下,使 λ 最大。

这里引入系数 λ 的目的是使所求的转矩向量与期望控制转矩在方向一致的前提下,易于将最优控制分配问题转化为标准的线性规划问题求解。可得出在约束条件 $Au \leqslant B$ 下求使目标函数 $\lambda = \dfrac{B\bar{u}}{m_d}$ 最大的 $\bar{u}$。

该形式已成为标准的线性规划问题,其最优解是凸集的顶点,可以利用成熟的线性规划类算法求解。求解线性规划最常用的数值算法是单纯形法。单纯形法的实质是采用迭代的原理找顶点的办法求最优解,即从一个顶点移到邻近的顶点,直到识别出最优解为止。当执行机构出现饱和时,满足条件的最优解位于可达集之外,此时,求解过程将会放松等式约束,而不等式约束却保持不变,转而寻求次优解。最后,根据求解出的 $\bar{u}$,可得到基于线性规划的直接控制分配解。

这种基于线性规划完成的直接控制分配法主要避免了纯几何求解的计算机实现问题,同时又利用了直接几何法求解 AMS 的完备性特点。但是,这种方法在实现控制分配时,其规划算法的浮点运算量较大,实时性受到严重挑战。

5)基于二次规划的分配算法

该方法是针对不同的频率进行分配,即将期望运动的高频和低频部分分别乘以控制效率矩阵的加权伪逆,而该伪逆阵则基于操纵面各自的位置和速率限制选取。利用这种策略大大降低了速率饱和发生的可能性。

这种动态分配策略实质是带约束的二次规划的扩展。设 $v(t)$ 为虚拟控制,$u(t)$ 为真正控制量,T 为采样周期,首先建立下列动态映射:

$$u(t) = f[v(t), u(t-T), v(t-T), u(t-2T), v(t-2T), \cdots]$$

$$(3-81)$$

在最优 2 范数分配法中考虑操纵面速率限制,增加优化目标函数中作动器速率惩罚项。当无作动器饱和情况发生时,在控制 u 和期望转矩 v 之间的映射实际上就是一个一阶线性滤波器,其表示如下:

$$u(t) = Fu(t-T) + Gv(t) \qquad (3-82)$$

该滤波器的频率特性由优化依据中使用的加权矩阵来决定。因此,与先前的分配方法不同的是,滤波器的构造对设计者而言并非十分简单和直接。

基于优化的控制分配问题可以描述如下:

$$u(t) = \underset{u(t) \in \Omega}{\mathrm{argmin}} \| W_1[u(t) - u_S(t)] \|^2 + \| W_2[u(t) - u(t-T)] \|^2$$

$$\Omega = \underset{\underline{u}(t) \leqslant u(t) \leqslant \bar{u}(t)}{\mathrm{argmin}} \| W_v[Bu(t) - v(t)] \|$$

$$\underline{u}(t) \leqslant u(t) \leqslant \bar{u}(t)$$

$$(3-83)$$

式中:$u \in \mathbf{R}^m$ 为实际的控制量;$u_S \in \mathbf{R}^m$ 为期望的稳态控制量;$v \in \mathbf{R}^k$ 为虚拟控制量;$B \in \mathbf{R}^{k \times m}$ 为控制效率矩阵。在非饱和情况下将上述优化指标和约束简化为下式:

$$\underset{u(t)}{\min} \| W_1[u(t) - u_S(t)] \|^2 + \| W_2[u(t) - u(t-T)] \|^2$$

$$\boldsymbol{B}\boldsymbol{u}(t) = \boldsymbol{v}(t) \tag{3-84}$$

由于实际控制中,期望的稳态控制面偏转量为 0,为简化问题分析,求解时可以不考虑矩阵 $\boldsymbol{E}$,而矩阵 $\boldsymbol{G}$ 代表的是对虚拟控制的基本广义逆分配部分,因此分配的动态部分具体体现在矩阵 $\boldsymbol{F}$ 上,滤波器的极点由反馈矩阵 $\boldsymbol{F}$ 决定。

在稳态情况下,根据极限定理有 $\boldsymbol{u}(t) = \boldsymbol{u}(t-T)$,优化指标和约束可简化为:

$$\min_{\boldsymbol{u}} \|\boldsymbol{W}_1(\boldsymbol{u} - \boldsymbol{u}_S)\|^2 \tag{3-85}$$

假如 $\boldsymbol{u}_S$ 满足 $\boldsymbol{B}\boldsymbol{u}_S = \boldsymbol{v}_0$,则 $\boldsymbol{u} = \boldsymbol{u}_S$ 是上式的最优解,如果 $\boldsymbol{W}_1$ 非奇异,$\boldsymbol{u} = \boldsymbol{u}_S$ 则是唯一最优解。借助各种静态分配策略方法,将 $\boldsymbol{u}_S$ 的求解转化为静态控制分配问题。

$$\min_{\boldsymbol{u}_S} \|\boldsymbol{W}_S(\boldsymbol{u}_S - \boldsymbol{u}_d)\|$$
$$\boldsymbol{B}\boldsymbol{u}_S = \boldsymbol{v} \tag{3-86}$$

式中:$\boldsymbol{u}_d$ 代表各种方法的参考控制。例如伪逆法,如果取 $\boldsymbol{u}_d = 0$、$\boldsymbol{W}_S = \boldsymbol{I}$,就可以得到伪逆解为 $\boldsymbol{u}_S = \boldsymbol{B}^+ \boldsymbol{v}$。

与静态控制分配相比,动态方法提供了额外的自由度,因而在设计中不需要假定全部作动器具有相同频带,当实际飞机的多个操纵面偏转速率限制不一致时,这种方法更接近工程实用。同时,在设计过程中也无须单独考虑速率的饱和限制,低频带的作动器仅用于低频控制指令,高频带的作动器可用于整个频率范围。

动态分配算法中的参数选择依据如下:$\boldsymbol{W}_1$ 权值矩阵影响稳态控制量,可根据不同操纵面的操纵效率适当选择权值;$\boldsymbol{W}_2$ 则影响分配的动态过程,可根据作动器或操纵面的最大偏转速率之比确定,权值越大对应控制分配指令的变化速率越快。$\boldsymbol{u}_S$ 的确定以伪逆法较为简单且计算速度快,可以将多模态的任务优化指标作为稳态分配的目标实现基于混合目标优化的控制分配。

总之,动态分配仍然是带约束的优化问题,在伪逆法基础上增加速率二次优化指标,以线性滤波器方式完成动态分配,使控制分配问题具有较好的解析特性。

综上,伪逆法是一种简单、有效且易于计算的控制分配算法。伪逆法所选用的优化指标是使控制向量 2 范数最小,即操纵面偏度最小,小的操纵面偏度可使液压作动系统磨损小、产生小的铰链力矩,一般也只使用较小的舵机速率。伪逆法是解决带冗余的控制分配问题最常用的方法,比较适用于工程应用的方法,缺点是无法考虑操纵面位置和速率限制。CGI将求解结果中超出约束范围的控制量设为相应的极限值,并将这些控制量产生的转矩从期望力矩中减去,重新用伪逆法求解剩余有效操纵面的分配问题,继续迭代,直到没有操纵面出现饱和或无有效操纵面可用时算法结束。它考虑了操纵面位置限制,也是一种较好的、适用于工程使用的分配算法。基于二次规划的分配算法,通过适当改进,例如根据操纵面位置与指令之差动态调整加权值,从而对操纵面故障/失效等情况自动具有适应能力。另外,这种分配算法适合引入各种优化指标。

3.5.2 增稳控制

常规布局的无人机是纵向静稳定的,如果要增强机动能力,可能会出现放宽纵向静稳定性的设计需求。对于无垂尾布局的无人机,横向静稳定性、航向静稳定性往往得不到保障,需要通过反馈控制实现横航向的增稳与控制。以下针对纵向增稳控制和横航向增稳控制加以分析说明。

1) 纵向增稳控制

为了方便分析,假设无人机在铅垂平面内做定常水平直线飞行,其纵向运动仅以二自由度小扰动方程描述。迎角对升降舵的传递函数记为

$$\frac{\alpha}{\delta_e}(s) = \frac{(V_0 M_{\delta_e} - M_q Z_{\delta_e})(T_1 s + 1)}{s^2 - (Z_w + M_q + M_{\dot{w}} V_0)s + (Z_w M_q - M_w V_0)} \quad (3-87)$$

$$\frac{\alpha}{\delta_e}(s) = \frac{(M_{\delta_e} - M_q Z_{\delta_e}/V_0)(T_1 s + 1)}{s^2 + 2\zeta_{sp}\omega_{sp}s + \omega_{sp}^2} \quad (3-88)$$

其中,短周期的阻尼比、频率满足如下关系式:

$$2\zeta_{sp}\omega_{sp} = -(Z_w + M_q + M_{\dot{w}} V_0)$$

$$\omega_{sp}^2 = Z_w M_q - M_w V_0 \quad (3-89)$$

时间常数 T_1 表达式如下:

$$T_1 = \frac{Z_{\delta_e}}{V_0 M_{\delta_e} - M_q Z_{\delta_e}} \quad (3-90)$$

短周期运动中俯仰角速率对升降舵的传递函数记为

$$\frac{q}{\delta_e}(s) = \frac{(Z_{\delta_e} M_w - M_{\delta_e} Z_w)(T_2 s + 1)}{s^2 - (Z_w + M_q + M_{\dot{w}} V_0)s + (Z_w M_q - M_w V_0)} \quad (3-91)$$

其中，

$$T_2 = \frac{M_{\delta_e} + Z_{\delta_e} M_{\dot{w}}}{Z_{\delta_e} M_w - M_{\delta_e} Z_w} \qquad (3-92)$$

法向过载的传递函数记为

$$\frac{n_{zcg}}{\delta_e}(s) = \frac{V_0}{g} \cdot \frac{Z_{\delta_e}/V_0 s^2 - Z_{\delta_e}(M_{\dot{w}} + M_q/V_0)s + (M_{\delta_e} Z_w - Z_{\delta_e} M_w)}{s^2 - (Z_w + M_q + M_{\dot{w}} V_0)s + (Z_w M_q - M_w V_0)}$$

$$(3-93)$$

从影响短周期阻尼比和频率的参数进行分析。若增大 $M_{\dot{w}}$，则短周期阻尼比增大，而不改变短周期频率，T_2 增加。若增大 M_q，则短周期阻尼比 ζ_{sp} 增大，同时短周期频率 ω_{sp} 也增大，时间常数 T_1 会增大，时间常数 T_2 不变。若增大 M_w，则短周期频率降低，从而短周期阻尼比增加，因此短周期阻尼比也是纵向静稳定性导数的函数。若飞机本体是纵向静不稳定的，即 M_w 为正值，如果满足 $M_w V_0 > Z_w M_q$，则飞机纵向也是动不稳定的。根据飞机特性，利用状态变量迎角 α、俯仰角速率或法向过载的反馈构成闭环控制，等效地增加 Z_w、$M_{\dot{w}}$、M_q 中的一个或全部参数，就可以有针对性地改善短周期阻尼比，补偿静稳定度。

使用俯仰角速率反馈信号，设置合理的反馈增益，可以增加短周期阻尼比，同时也可以增大短周期频率，对于放宽纵向静稳定性的情况，直接使用俯仰角速率反馈也有一定的增稳作用。若给俯仰角速率反馈信号设置一个合理的滤波器，例如 $\delta_e = \dfrac{K_{fq}}{T_{fq} s + 1} q$，通过零极点配置，就可以将放宽纵向静稳定性的飞机短周期特性改善到放宽之前的状态。

表 3-7 中列出了两个示例状态，通过设计俯仰角速率反馈控制参数，可以使得反馈控制后系统的等效特征根与放宽静稳定度前的特征根基本一致。

表 3-7　俯仰角速率反馈增稳效果示例

状态	K_{fq}	T_{fq}	未放宽静稳定性短周期根	放宽静稳定性短周期根	补偿后的短周期根
1	0.799 9	0.903 5	-1.88 ± 1.73i	-1.121 5，-2.636 6	-1.878 ± 1.729i
2	0.313 0	0.847 4	-1.524 0± 2.005 8i	-0.998 2，-2.047 7	-1.52 ± 2.01i

同样地，使用迎角反馈信号，设置合理的滤波器，例如 $\delta_e = \dfrac{K_{f\alpha}}{T_{f\alpha} s + 1} \alpha$，通过

零极点配置，就可以将放宽纵向静稳定性的飞机短周期特性改善到放宽之前的状态。表3-8中也列出了两个示例状态，通过设计迎角反馈控制参数，可以使得反馈控制后系统的等效特征根与放宽静稳定度前的特征根非常接近。

表3-8 迎角反馈增稳效果示例

状态	$K_{f\alpha}$	$T_{f\alpha}$	未放宽静稳定性 短周期根	放宽静稳定性 短周期根	补偿后的 短周期根
1	2.505 8	0.046 4	$-0.868\,0\pm1.245\,3i$	$-0.538\,9, -1.200\,4$	$-0.796\,1\pm2.127\,2i$
2	1.628 5	0.029 1	$-1.406\,8\pm1.573\,8i$	$-0.853\,1, -1.963\,9$	$-1.370\,1\pm2.208\,3i$

使用法向过载信号可以达到类似的效果。在工程实践中，往往需要综合考虑反馈信号的品质（精度、可靠性等）及系统配置设计合理的增稳方案。

2）横航向不稳定无人机的增稳控制

为了方便分析仍从小扰动运动方程着手，如果假定可以忽略滚转运动，滚转力矩为零，那么横航向运动可以简化为用二自由度运动方程来描述：

$$\begin{bmatrix} \dot{\beta} \\ \dot{r} \end{bmatrix} = \begin{bmatrix} Y_v & -1 \\ N_\beta & N_r \end{bmatrix} \begin{bmatrix} \beta \\ r \end{bmatrix} + \begin{bmatrix} Y_{\delta_r}/V_0 \\ N_{\delta_r} \end{bmatrix} \delta_r \qquad (3-94)$$

则侧滑角对方向舵的传递函数为

$$\frac{\beta}{\delta_r}(s) = \frac{(N_r Y_{\delta_r}/V_0 + N_{\delta_r})(T_{\beta 1}s - 1)}{s^2 - (Y_v + N_r)s + (N_\beta + Y_v N_r)} \qquad (3-95)$$

其中，荷兰滚的阻尼比、频率满足如下关系式：

$$2\zeta_d \omega_d = -(Y_v + N_r),$$
$$\omega_d^2 = N_\beta + Y_v N_r \qquad (3-96)$$

时间常数 $T_{\beta 1}$ 表达式如下：

$$T_{\beta 1} = \frac{Y_{\delta_r}}{N_\beta Y_{\delta_r}/V_0 + N_{\delta_r}} \qquad (3-97)$$

偏航角速率对方向舵的传递函数为

$$\frac{r}{\delta_r}(s) = \frac{(N_\beta Y_{\delta_r}/V_0 - N_{\delta_r}Y_v)(T_{r1}s + 1)}{s^2 - (Y_v + N_r)s + (N_\beta + Y_v N_r)} \qquad (3-98)$$

时间常数 T_{r1} 表达式如下：

$$T_{r1} = \frac{N_{\delta_r}}{N_\beta Y_{\delta_r}/V_0 - N_{\delta_r} Y_v} \tag{3-99}$$

常规布局的固定翼无人机横航向一般都是静稳定的,也具有典型的滚转模态、螺旋模态和荷兰滚模态。而对于飞翼布局的无人机,则很有可能出现航向不稳定的情况,造成荷兰滚模态特征根中立稳定或不稳定,甚至横航向的特征根变为四个实根,荷兰滚模态对应的共轭复根变为两个正实根,在这种情况下,必须通过控制律设计使无人机稳定可控。

通常偏航通道会使用偏航角速率反馈来增强阻尼,对于航向静稳定的情况,该反馈的作用是降低荷兰滚模态频率、增强荷兰滚模态的阻尼。对于航向静不稳定的情况,即使是荷兰滚模态弱不稳定的情况,仅使用偏航角速率反馈往往也很难将系统改善为弱稳定系统,必须使用侧滑角反馈才能有效增稳。另外,无人机横航向运动的控制是一个典型的多输入多输出系统的控制问题,在全状态反馈情况下,用特征结构配置方法可以方便地计算出反馈增益,将系统极点配置在合理的位置,实现系统增稳和品质的调整。图 3-12 是利用状态反馈实现横航向增稳控制控制律框图。

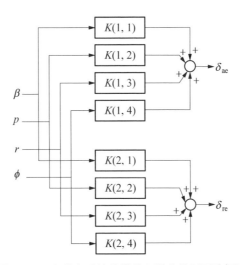

图 3-12　全状态反馈的横航向增稳控制回路框图

以某飞翼无人机的 3 000 m 高度、马赫数为 0.3 的状态点为例,无人机本体的四个特征根如表 3-9 所示,从表中可以看到,无人机本体的滚转模态、螺旋模态均稳定,荷兰滚模态不稳定,荷兰滚模态的共轭复根离虚轴非常近。表 3-9

列出了几种反馈增稳的结果。其中,仅使用偏航角速率反馈,需要使用非常大的反馈增益,可以使系统的荷兰滚模态的共轭复根控制到负半平面,但是仍然距离虚轴非常近,同时超大的偏航角速率反馈增益几乎没有工程实用性。仅使用侧滑角反馈,可以将系统的荷兰滚模态的共轭复根控制到负半平面距离虚轴稍远的位置,荷兰滚的阻尼和频率得到了明显的提高,螺旋模态仍然稳定,但是特征根较无人机本体特性更接近正半平面,如表中结果所示,使用侧滑角反馈后的等效荷兰滚阻尼比为 0.115 5,等效荷兰滚频率为 0.94。使用全状态反馈,可以在保证滚转模态和螺旋模态特性不改变的情况下将系统的荷兰滚模态的共轭负根配置在更合理的位置,如表中所示,将荷兰滚阻尼比配置到 0.45,将荷兰滚频率配置到 0.87。从表中增稳后系统特征根结果对比可以看到,仅使用侧滑角反馈的增稳效果不如全状态反馈的好,表现在增稳后的荷兰滚模态阻尼不够高,螺旋模态有不稳定的趋势。

表 3-9 横航向增稳反馈阵 K 设计结果对比

无人机横航向本体特征根	反馈增益阵 K $\begin{bmatrix} K(1,1) & K(1,2) & K(1,3) & K(1,4) \\ K(2,1) & K(2,2) & K(2,3) & K(2,4) \end{bmatrix}$	增稳后系统的特征根
$-1.519\,4$ $-0.593\,5$ $0.073\,6+0.260\,3i$ $0.073\,6-0.260\,3i$	仅使用偏航角速率反馈 $\begin{bmatrix} 0 & 0 & 0 & 0 \\ 0 & 0 & 1.82 & 0 \end{bmatrix}$	$-3.120\,9$ $-1.483\,6$ $0.015\,5+0.305\,4i$ $0.015\,5-0.305\,4i$
	仅使用偏航角速率反馈 $\begin{bmatrix} 0 & 0 & 0 & 0 \\ 0 & 0 & 18 & 0 \end{bmatrix}$	$-26.261\,2$ $-1.496\,0$ $-0.000\,5+0.306\,6i$ $-0.000\,5-0.306\,6i$
	仅使用侧滑角反馈 $\begin{bmatrix} 0 & 0 & 0 & 0 \\ -0.8 & 0 & 0 & 0 \end{bmatrix}$	$-1.501\,7$ $-0.030\,9$ $-0.217\,3+0.915\,5i$ $-0.217\,3-0.915\,5i$
	全状态反馈 $\begin{bmatrix} -0.349\,2 & 0.143\,6 & -0.117\,0 & 0.206\,2 \\ -0.789\,1 & -0.045\,6 & 0.923\,0 & -0.036\,9 \end{bmatrix}$	-1.5 -0.59 $-0.8+0.350\,0i$ $-0.8-0.350\,0i$

在工程实践中,需要根据无人机横航向的特性及飞行任务需求确定合理可行的横航向增稳控制方案。

3.6　外环飞行控制

外环飞行控制主要实现正常情况和异常情况下制导策略和制导指令的生成,确保控制策略层面的飞行安全性。

对于无人机而言,执行任何一次任务,都要事先做出必要的航路规划,由速度回路、位置回路控制无人机实现航路飞行。在执行飞行任务过程中,由于种种不确定性因素的存在,重新规划航路/航迹是必须具备的能力,而且航路(或航迹)实时规划必须在规定的时间间隔内完成。引起任务/航路重规划的不确定性因素大体上有以下几类。

(1) 通信链路故障后的任务/航迹重规划。

无人机的通信链路主要包括与指挥站的通信链路、与通信卫星的通信链路等。同一种信号可能可以由不同的通信链路和机载设备获得,因此通信链路故障并不一定引起任务或航迹的变更,任务管理系统要负责处理链路切换等工作,如果所有的通信链路都无法使用或者由于某一通信链路故障导致某一信息无法获得影响飞行安全,那么必须进行任务和航迹的重规划。

(2) 通信链路正常情况下由地面站要求改变飞行任务时进行相应的重规划。

由于地面站的授权改变任务实施地点或着陆地点、变更飞行任务等,这种情况下,应进行相应的重规划,这种情况下任务/航迹重规划的目的和约束条件也是很明确的。

(3) 遇到事先未知的威胁必须进行任务/航迹重规划。

事先未知的威胁包括地形和天气等环境因素等。雷电等气象区域、气象状态突变的区域都可能对无人机执行任务造成不利影响,应能够实时规划出相应的规避航迹。

(4) 飞机自身或所携带的设备出现重大故障时必须进行任务/航迹重规划。

在出现这类故障时,要根据故障对完成任务的影响程度区别对待。如果不影响任务的完成,那么不需要进行任务重规划。如果任务设备损坏无法执行相关任务、遭遇发动机失效等致命故障,那么需要取消此次飞行任务、安全返航,也需要进行任务/航迹重规划。

从上述分析可以看到,正是因为具备完成任务/航迹重规划的能力,才使得无人机的自主控制能力得以实现。在飞行过程中针对动态环境实时重规划应飞轨迹是确保任务完成的一项重要内容。对于通信链路故障后的重规划、地面站授权更改着陆地点等的重规划,可以在相对较宽裕的时间内完成航迹/轨迹重规划,相比之下,遇到突发威胁进行规避轨迹的实时规划则必须在极短的时间内完成。由此可见即便是实时重规划,对时间尺度的要求也是有所区别的。对相对宽裕时间内的轨迹重规划的实现较为容易,而在短时间尺度内进行近乎实时的轨迹重规划是一项极富挑战性的工作。

在实时航迹/轨迹规划中,需要结合飞行中要求的实时性和存在的不确定性,在诸多约束条件下规划出满意的轨迹,从满足种种约束条件到达期望位置的角度看,这实际是一个多维、多模、多目标的优化问题,其中搜索算法起到十分重要的作用。针对各类问题的航迹规划或轨迹规划研究中,有大量关于搜索算法的研究,目前可以借鉴和使用如下算法:A*算法、遗传算法、利用 Hopfield 网络的路径规划方法、利用 Voronoi 图的路径规划方法、PRM(probabilistic roadmap)法、快速扩展随机树(rapidly exploring random trees, RRT)法、人工势场法等[19-24]。

无论无人机的自主能力等级如何提高,目前技术条件下一种安全(或许也会被认为是保守)的控制方式是依然保留人工操控的权限,对于制导回路设计而言,就是无人机可以处于程控模式(也可以称为自动控制模式,甚至是自主控制模式)也可以处于遥控模式(也可以称为人工控制模式或是手动控制模式)。在程控模式下,无人机的制导回路按照预定的航路计划控制无人机的飞行,可以自动处置无人机系统的各种故障,也可以处置外部因素造成的航路计划变更情况。在遥控模式下,无人机按照地面站上传的控制指令飞行,控制指令可以是无人机姿态回路的控制指令,也可以是舵面指令,这完全取决于无人机本体特性及飞行控制系统设计人员的设计理念。本章重点关注无人机程控模式下制导回路的相关算法设计问题,对于遥控模式的相关设计就不进行过多讨论。

在正常情况下,无人机的制导回路根据飞行计划中航路数据、性能数据生成的轨迹剖面,根据获得的飞机位置和姿态信息自动完成二维、三维或四维轨迹制导指令解算。当无人机平台、发动机、链路、飞行控制系统等出现故障情况下,无人机的制导回路根据预先设定的处置策略实现航迹/轨迹重规划,完成故障条件下的制导逻辑和制导指令的解算。在无人机执行飞行任务过程中遇到障碍物或其他危险情况,无法实现预规划的飞行航路,那么制导回路可以按照设计进行航路重规划或轨迹重规划。不论哪种情况,制导回路最终会确定应调用的内环飞行控制的控制模态及各个控制模态所需的控制指令,从而自动地控制无人机安全、高效地完成飞行任务。图 3-13 描述了外环飞行控制,也就是制导回路的主要功能及模块划分关系。

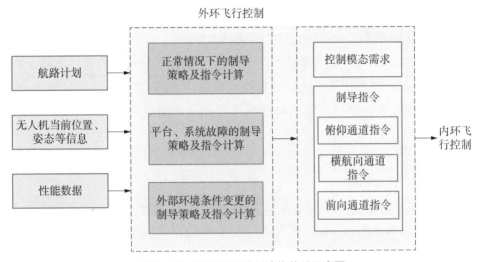

图 3 - 13　外环飞行控制功能关系示意图

无论是否处于正常情况,无人机制导回路的每个功能都可以细分为轨迹剖面计算、轨迹预测参数计算、轨迹制导指令计算等几个部分。以正常情况下制导指令解算为例,图 3 - 14 给出了制导解算流程示意图,航路计划变更是指地面监

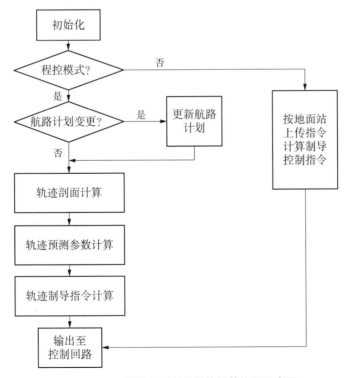

图 3 - 14　正常情况下制导模块解算流程示意图

控人员根据情况通过地面站上行的航路计划有所改变。制导模块初始化所需数据为初始位置、航路计划、飞机总重、机场高度等信息。

对应正常情况下的制导策略及指令计算、平台与系统故障的制导策略及指令计算、外部环境条件变更的制导策略及指令计算,本节分别以航路制导、保护与应急处置和避障控制为例对外环飞行控制的制导策略和指令计算加以说明。

3.6.1 航路制导

为了便于描述与分析,以下按照水平面内的制导、铅垂平面内的制导进行分析和论述,这两个部分均包括轨迹剖面计算、轨迹参数预测、轨迹导引指令计算等内容。

3.6.1.1 水平制导

1) 水平轨迹剖面计算

水平轨迹剖面与航路计划密切相关,水平剖面的生成需要使用飞行计划提供的航路点相关信息。根据航路计划,水平轨迹剖面由直线航段和转弯航段连接而成。

DO-236C 推荐的航段类型如表 3-10 所示,亦可供无人机水平制导设计参考。

表 3-10 DO-236C 推荐的航段类型[25]

推荐航段类型代号	含义
TF	按航迹到定位点
CF	航线到定位点
RF	按常值弧长到定位点
HM	保持到人工选定点
HA	保持到规定高度点
HF	保持,飞行一周后在固定点终止
FA	从定位点到高度航线
DF	直飞到定位点
IF	初始化定位点

　　DO‐236C 推荐的、满足 RNP 要求的转弯航段有两类：切点转弯(fly-by transition)、定半径转弯(fixed radius transition)。切点转弯为默认转弯形式，切点转弯的条件：飞行高度小于 5943.6 m(19500 ft)时，航段夹角不超过 120°，高度大于或等于 5943.6 m(19500 ft)时，航段夹角不超过 70°。定半径转弯用于一般航线飞行，并且对于平行航路无须考虑间距限制的情况，飞行高度小于 5943.6 m (19500 ft)时，转弯半径为 27780 m(15 n mile)，高度大于或等于 5943.6 m (19500 ft)时，转弯半径 41670 m(22.5 n mile)。根据已知的转弯半径、地速可以计算出期望的倾斜角、转弯航段起点距过渡定位点的距离、转弯航段终点距过渡定位点的距离等参数。按 ARINC 702A‐5 中的要求，过点转弯航段仅在高度低于 5943.6 m(19500 ft)的条件下使用[26]。

　　无人机水平轨迹剖面计算就是要根据所规定的航段类型和转弯航段类型生成连续的应飞轨迹曲线。重点在于转弯航段应飞轨迹的计算，利用转弯半径、地速、期望滚转角等的函数关系可以解算转弯航段起点与过渡定位点的距离、转弯航段终点与过渡定位点的距离等参数。

　　这里简要说明两种典型转弯航段。对于切点转弯和固定半径转弯，航路转换时水平轨迹剖面采用单一圆弧连接，如图 3‐15(a)所示。按照几何关系已知转弯时的地速，则可以计算转弯半径。过点转弯由初始转弯和恢复转弯组成，两段转弯的构造分别与切点转弯类似，水平轨迹剖面如图 3‐15(b)所示。图中：p_i 为要飞越的航路点；航向偏转角为 θ，则初始转弯使航向改变 $3\theta/2$，随后恢复

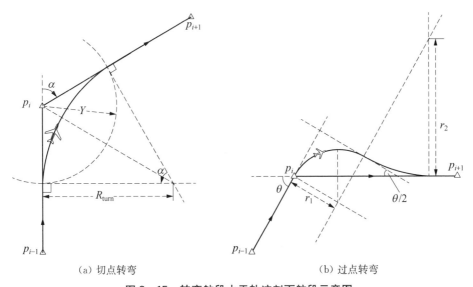

(a) 切点转弯　　　　　　　　　　(b) 过点转弯

图 3‐15　转弯航段水平轨迹剖面航段示意图

转弯使航向向反方向改变 $\theta/2$，进入下一航段。转弯半径的确定方法与切点转弯相同。

2）水平轨迹参数预测

基于生成的水平轨迹剖面，动态地计算水平轨迹参数，这些数据由典型的水平位置信息组成。

（1）待飞距离，即到当前水平航路点的距离（DTG）；

（2）期望航迹角（DTRK）；

（3）航迹角误差（TRKERR）；

（4）侧向航迹误差（XTRK）；

（5）偏流角（DA）；

（6）当前航路点的方位（BRG）。

3）水平轨迹导引指令计算

在已经生成的水平轨迹剖面基础上进行水平轨迹导引指令计算，包括航段转换逻辑和滚转指令的计算两个部分。

为了使飞机平稳过渡到下一航段并减少航段转换过程中的跟踪误差，必须设计合理的航段转换逻辑，来实现直线航段与圆弧航段的平滑衔接。

直线航段转圆弧航段的转换逻辑决定了飞机何时进入圆弧航段，通过计算飞机距离转弯点的距离进行判定。当飞机接近转弯点时，判断逻辑生成一定的滚转指令控制飞机开始转弯，之后转换到圆弧段跟踪控制。

为了无超调地从直线段转入圆弧航段，应考虑无人机转弯坡度建立时间等因素，转弯时滚转角的确定应综合考虑无人机的机动能力和水平机动所需的空间，可以使用下式计算转弯起始点与航路点的距离，从而确定转弯起始点。

$$Y_{\text{ges}} = R_{\text{turn}}\tan(\Delta\psi/2) + K_G V_G \tag{3-100}$$

式中：R_{turn} 为转弯半径；$\Delta\psi$ 为航段夹角；K_G 为调节增益；V_G 为地速。

当飞机完成圆弧航段飞行时，使用航段转换逻辑控制飞机平稳地转入直线航段。当飞机飞至标志点时，计算相对于直线航段的侧偏变化率 $\Delta\dot{y}$，此时飞机操纵指令依然为圆弧跟踪导引指令 $\phi_{\text{STR\_R}}$，当 $\Delta\dot{y} = \Delta\dot{R}$（$\Delta R$ 为侧偏距）时，飞机侧偏变化率指令将转换到直线航段导引指令，之后完全转换为直线航段导引。通过这种方式可以避免圆弧航段转到直线航段时导引指令的突变。

直线航段可根据飞机相对于应飞航段的侧偏距、航向等误差计算滚转角指令。可根据几何关系求出下述各个物理量,即侧偏距离 Δy,已飞距离 D_L,已飞航线距离 D_1,侧偏变化率 $\Delta \dot{y}$,然后可以计算出直线航段飞行所需的滚转指令 φ_{STR} 以及待飞距离 D_{TG}。

$$\phi_{STR} = K_1 \Delta y + K_2 \Delta \dot{y},$$
$$D_{TG} = D_L - D_I \qquad (3-101)$$

圆弧航段飞行时同样可以根据几何关系求出下述各个物理量:已飞距离,已飞航线距离,侧偏,期望航线角,侧偏变化率等。然后,可以计算该航段滚转指令 ϕ_{STR} 及待飞距离 D_{TG}。

3.6.1.2　垂直制导

1) 垂直轨迹剖面计算

垂直轨迹剖面计算的基本原理是根据无人机的重量、速度及高度,利用飞机的能量状态方程,采用数值积分进行解算。

垂直轨迹剖面与飞行阶段相关,与水平轨迹剖面类似,无人机的垂直轨迹剖面也是由直线段和弧线段连接而成的。

无人机垂直轨迹剖面直线段可以分为爬升段、平飞段、航路爬升段、航路下降段、下降段,每一阶段的计算公式随着该阶段的任务特点而有所不同。

按照所选性能模式对爬升/下降航迹角是否有约束,可以将爬升/下降段分为有约束的爬升/下降段和无约束的爬升/下降段。对于速度需要改变的情况,各个飞行段的计算方法也有所不同。

对于所有垂直轨迹剖面段,需要根据滚转角及其变化情况,以及速度变化率或者推力进行修正,以便保证在航路转换等飞机转弯过程中水平轨迹剖面与垂直轨迹剖面能够相互协调。

无约束爬升/下降段是指飞机以一定的速度进行爬升/下降飞行,并对爬升/下降过程中的爬升角/俯冲角没有限制。

飞机的空速使用航路计划中航路点速度限制确定的速度,阻力根据飞机构型、速度及滚转角计算。根据速度剖面计算结果可以计算出相应的各个特征量,如下降终点、燃油消耗量、航段飞行所需时间等。

有约束爬升/下降段是指飞机以一定的速度进行爬升/下降飞行,并限制爬升/下降过程中的爬升角/俯冲角的数值。根据规定的爬升角/俯冲角及爬升/下降速度剖面决定爬升速度。

平飞段以恒定速度进行水平飞行。对于水平飞行而言真空速变化率 dV_{true}

和垂直速度平均值 $V_{S_{ave}}$ 均为零,即 $T = D$,平飞段轨迹剖面可以基于固定的时间或距离步长进行积分获得。

在垂直轨迹剖面中,如果从一个直线航段直接转换到另一个直线航段,则折点处的垂直加速度为无穷大,这种垂直轨迹剖面是无法飞行的,所以与水平航路点的转换过渡类似,在垂直轨迹剖面的高度改变时也应该有相应的过渡航段。

考虑到飞机的法向过载与飞机的航迹倾角有近似关系,根据几何关系得到相应的垂直轨迹剖面圆弧过渡段半径及起始下降点位置。

2) 垂直轨迹参数预测

需要预测的垂直轨迹参数如表 3 - 11 所示,其中绝大部分的算法可以参考性能计算中相关算法,以及在垂直轨迹剖面计算中的相关算法。

表 3 - 11　垂直轨迹参数

飞行阶段	垂直导引参数
起飞	起飞速度 V_1、V_2、V_R
	起飞推力限制
爬升	目标速度
	飞行计划速度限制、机体速度限制
	目标高度截获
	高度限制
	到达 T/C 的距离
	爬升推力限制
巡航	目标速度
	飞行计划速度限制、机体速度限制
	最大飞行高度、最优飞行高度
	到达 T/D 的距离
	巡航推力限制
	巡航推力目标值
下降	目标速度
	飞行计划速度限制、机体速度限制

(续表)

飞行阶段	垂直导引参数
下降	目标高度截获
	垂直偏差
	期望的垂直速度
进近	目标速度
	垂直偏差
	期望的垂直速度

3）垂直轨迹导引指令计算

垂直制导与飞行阶段密切相关,因此需要进行飞行阶段判断和自动飞行阶段转换。为了便于说明,如图 3‑16 所示,给出一种飞行阶段划分方式如下。

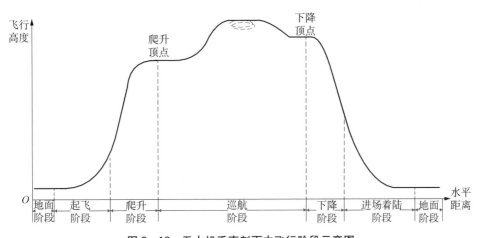

图 3‑16　无人机垂直剖面内飞行阶段示意图

（1）地面阶段:在起飞前的地面等待及地面滑跑阶段。

（2）起飞阶段:响应起飞指令,起飞阶段开始,直至无人机推力降低的高度。

（3）爬升阶段:从推力降低高度开始,直至爬升顶点。

（4）巡航阶段:从爬升顶点开始,直至下降顶点,巡航包括巡航过程中根据航路需要进行的爬升/下降。

（5）下降阶段:从下降顶点开始,直到预先设定的进近点。

（6）进场着陆阶段:从进近点开始至着陆接地。

（7）地面阶段：无人机着陆接地后滑跑，发动机关车，清除现用的飞行计划和载荷数据。

为了使垂直剖面转换过程平滑，并且满足飞机的载荷系数限制条件，必须根据飞机的性能限制，设计合理的转换过渡逻辑。垂直剖面过渡条件与飞机的实际高度，目标平飞速度及飞机的当前垂直速度有关，可以按照目标航迹高度及无人机当前飞行高度的偏差与无人机当前垂直速度的关系判断是否进行过渡转换。

俯仰轴控制通过指令无人机的控制回路实现。可供使用的控制模态为垂直速度控制模态、俯仰角控制模态、高度保持模态、速度控制模态，分别记为 CVS、CPTH、CAH、CSPD。在不同的飞行阶段和垂直航段产生不同俯仰轴指令，并且调用不同的内环飞行控制模态。发动机控制通道使用速度控制模态完成目标速度的捕获和跟踪。垂直制导指令计算俯仰轴和推力轴控制指令，如表 3 - 12 所示。

表 3 - 12　垂直制导指令

飞行阶段		俯仰轴制导指令	推力轴制导指令	俯仰/推力控制模态
起飞		俯仰角控制	起飞推力	CPTH/T_{TO} 限制
爬升		捕获/跟踪目标速度	爬升推力	CSPD/TEPR，T_{CLB} 限制
巡航	平飞	保持高度	保持目标速度	CAH/TSPD，T_{CRZ} 限制
	爬升/下降	捕获/跟踪垂直航迹	保持目标速度	CVS/TSPD，T_{CRZ} 限制
	下降	捕获/跟踪垂直航迹	慢车推力	CVS/TEPR，T_{CRZ} 限制
进场着陆	无约束进场着陆	捕获/跟踪垂直航迹	慢车推力	CVS/TERP，T_{CRZ} 限制
	复飞	捕获/跟踪目标速度	复飞推力	CSPD/TERP，T_{GA} 限制

3.6.2　保护与应急处置

在无人机飞行控制系统的相关控制算法设计中，对于自身传感器的依赖非常强，如果无法获得必要的传感器信息，相关的控制算法不进行必要的处理则可能诱发灾难性后果。在无人机控制和制导所使用的反馈信息和指令信息出现失效的情况下，根据对飞行安全和飞行任务的影响，制订预案。例如，无人机的经度、纬度、高度和地速信息若来源于 GPS，GPS 失效的情况下，则高度信息可以由气压传感器提供的气压信息经过解算得到其近似结果,地速信息可以由空速管提供的空速及其他传感器提供的信息经过解算得到其近似结果。然而,经纬度信息很难通过其他传感器的信息融合得到。因此,GPS 失效的情况下无人机位置信息是未知的,高度信息和地速信息精确度较低。这种情形下,常规的航路飞行制导律失效,无人机的飞行安全无法得到保证,飞行任务难以完成。GPS 失效的情况下如果能够使无人机自主安全返航,则能极大地提高无人机的生存能力,减少不必要的损失。基于这个原则,可以研究和设计 GPS 失效情况下的制导控制与返航策略。

除了制导与控制的所需信息失效这类故障情况的保护与处置外,另一类故障就是飞行动力的丧失,在这种情况下如何利用无人机当前的动能和势能尽可能安全地使无人机返场着陆也是一个需要研究和设计的内容。20 世纪 70 年代初,在航天飞机研发过程中,为了使航天飞机从高度 25 000 m 左右、马赫数 2.5 左右的状态在无动力条件下按照参考轨迹下滑到高度 3 000 m 左右、马赫数 0.5 左右的状态,定义了终端区域能量管理(terminal area energy management, TAEM)阶段。该阶段可以分为四个子阶段[27]:第一个阶段是 S 转弯(S-turn)耗能阶段,第二个阶段是航向调整圆锥捕捉(HAC acquisition)阶段,第三个阶段是航向调整圆锥(heading alignment cone)阶段,第四个阶段是最终进场准备(pre-final approach)阶段。在 TAEM 阶段中,飞机的势能转换为动能,并通过大气的摩擦阻力来消耗能量,最终在 TAEM 阶段的第四个阶段结束时满足高度的限制及动压的要求,而且飞机的机头指向机场跑道中心线。20 世纪 90 年代初,约翰逊航天中心的 Thomas E. Moore 总结了之前的各种 TAEM 制导策略,探讨了哥伦比亚号历次飞行任务在制导策略、进场方式及控制系统设计等方面的改进,给出了 TAEM 各阶段的数学模型、过渡条件、待飞航程的计算公式等,同时为了保证飞行安全,提出了串联限制器来限制滚转角指令、俯仰角指令及法向过载指令[27]。

无人机在执行飞行任务过程中,若遇到发动机故障等导致飞行动力丧失,无法继续完成飞行任务,则需要有安全的返航迫降策略。近年来,国内工业界已经在这方面做了很多设计和实践工作,取得了良好的效果。由于无人机飞行包线大、任务区域可能远离机场,无人机出现动力丧失时,与机场的相对高度、相对距离及方位各不相同,如何在各种初始条件下考虑各种因素的影响,设计出满足鲁棒要求的安全返场参考航迹,对于各个无人机可能都有各自特有的特点或难点,但是总的原则都是需要综合考虑无人机的能量与目的地之间的差异进行综合设计,以便制订安全合理的返场着陆策略。可以借鉴航天飞机终端区域能量管理策略,将无人机无动力返场着陆划分为终端能量管理段及进近着陆段两个阶段。

在无动力情况下,推力为零,假定无人机侧滑角为零、侧力为零,则航迹轴系的运动方程变为

$$
\begin{cases}
\dot{V}_k = \dfrac{-D_F}{m} - g\sin\gamma \\[2mm]
\dot{\chi} = \dfrac{L_F\sin\mu}{-mV_k\cos\gamma} \\[2mm]
\dot{\gamma} = \dfrac{L_F\cos\mu - mg\cos\gamma}{mV_k}
\end{cases}
\tag{3-102}
$$

$$
\begin{cases}
\dot{x} = V_k\cos\gamma\cos\chi \\[1mm]
\dot{y} = -V_k\cos\gamma\sin\chi \\[1mm]
\dot{z} = V_k\sin\gamma
\end{cases}
\tag{3-103}
$$

考虑飞机机体结构强度的限制,动压、法向过载及下滑过程中航迹倾角都不能超过允许的最大值,即动压最大值、法向过载最大值和航迹倾角最大值均有约束。另外,在无动力阶段,尤其需要考虑避免飞机失速,迎角应在失速迎角范围内,因此在进行参考航迹的规划和设计时需要满足如下约束:

$$
\begin{cases}
n_{z\min} \leqslant n_z \leqslant n_{z\max} \\[1mm]
Q_{c\min} \leqslant Q_c \leqslant Q_{c\max} \\[1mm]
\alpha \leqslant \alpha_{\text{stall}} \\[1mm]
\gamma_{\min} \leqslant \gamma \leqslant \gamma_{\max}
\end{cases}
\tag{3-104}
$$

无人机的动能与势能之和定义为无人机的总能量:

$$
E = mgh + mV^2/2
\tag{3-105}
$$

无人机单位质量的能量定义为

$$
E_I = h + \frac{V^2}{2g} = h + \frac{Q_c}{\rho g}
\tag{3-106}
$$

为了计算和分析方便,下面以无人机的单位能量为研究分析对象。从公式可以看到,无人机的单位能量是由动压和高度决定的,也就是说飞机的能量轮廓

线是由动压轮廓线和高度轮廓线共同决定的。在这三条轮廓线中,只要已知了其中的任意两条轮廓线,就可以确定另外一条轮廓线。

由式(3-103)可知,航程 $F_D = \sqrt{x^2 + y^2}$,航程对时间的导数为

$$\frac{dF_D}{dt} = V_k \cos \gamma \tag{3-107}$$

结合航迹轴系运动方程,可以求得无人机单位能量对航程 F_D 的导数如下:

$$\frac{dE_I}{dF_D} = \left(\frac{dh}{dt} + \frac{V_k}{g}\frac{dV_k}{dt}\right)\frac{1}{V_k \cos \gamma} = \frac{-D_F}{mg \cos \gamma} \tag{3-108}$$

从中可以看出无人机单位能量 E_I 随航程 F_D 的变化率与其气动阻力 D_F 和航迹倾角 γ 有关。气动阻力和航迹倾角越大,能量变化率越大,即随着航程增大能量下降得越快,无人机能够飞行的总航程越小。

能量轮廓线有上下两条边界,分别是上边界 E_{max} 曲线和下边界 E_{min} 曲线。上边界 E_{max} 曲线相对航程 F_D 变化率大,航迹倾角大,在初始能量相同的情况下,无人机可以飞行的总航程最小,在上边界能量模式下,无人机以最大限制动压 Q_{cmax} 飞行;下边界 E_{min} 曲线相对航程 F_D 变化率小,航迹倾角小,在初始能量相同的情况下,无人机可以飞行的总航程最大,在下边界能量模式下,无人机应以最大升阻比飞行。E_{norm} 曲线是无人机的标称能量曲线,是在充分考虑能量控制余量的基础上设计出来的参考能量曲线。如果飞机初始能量 E_0 大于 E_{max} 曲线,飞机会进入 S 转弯耗能阶段,通过远离机场的水平面内运动增大待飞航程 $F_{D_{togo}}$,直到飞机能量小于 E_{tmax} 曲线;如果初始能量 E_0 大于 E_{min} 曲线而小于 E_{ohmin},无人机则不进行 S 转弯耗能阶段而直接进入 HAC 捕捉阶段;如果初始能量 E_0 小于 E_{min},则无人机的能量不足,无法返回机场,应该就近迫降。

根据航迹轴系运动方程,可以求出高度对航程的导数:

$$\frac{dF_D}{dh} = \frac{\cos \gamma}{\sin \gamma} \tag{3-109}$$

根据航迹轴系运动方程可以求出航迹倾角对高度的导数:

$$\frac{d\gamma}{dh} = \frac{\rho}{2\sin \gamma}\left(\frac{SC_L \cos \chi}{m} - \frac{g \cos \gamma}{Q_c}\right) \tag{3-110}$$

由此可以得出动压对 $\frac{d\gamma}{dh}$ 的函数:

$$Q_c = \frac{mg\cos\gamma}{SC_L\cos\chi - 2m\dfrac{\mathrm{d}\gamma\sin\gamma}{\mathrm{d}h\rho}}\qquad\qquad (3-111)$$

无动力返场的高度包络线是高度与航程之间的关系曲线。若已知高度包络线,则可以通过积分算法得到无动力返场的动压包络线。

例如,在高度区间[1 000 m,20 000 m]内可以规划航迹倾角为常数(−10°)的无动力返场的高度包络线,通过计算可知,在高度从 20 000 m 降至 10 000 m 的过程中,随着高度的降低,动压开始呈指数规律减小,飞行速度也随之呈指数规律减小。在高度低于 10 000 m 后,随着高度的降低,动压基本不变,飞行速度线性减小。在高度区间[1 000 m,20 000 m]内可以规划动压为常值的无动力返场的动压包络线,例如动压为 1 500 Pa,并设定高度为 1 000 m 处的轨迹倾角初值 $\gamma_0 = -23°$。通过计算可知,飞机的高度轮廓线可以用三次多项式拟合,在常值动压条件下,随着高度的下降,航迹倾角增大。

TAEM 阶段的参考航迹曲线在水平面上的投影如图 3-17 所示。TAEM 阶段在铅垂平面内的参考航迹曲线可以使用无动力返场的高度包络线方法获得。参考高度与航程 F_D 之间的关系可设定为线性关系,即以固定的航迹倾角 γ_{TAEM} 下滑。根据动压的限制范围,选择合适的常值动压,选择某高度处的大气密度作为已知条件,求解准平衡方程得到 TAEM 阶段的下滑航迹倾角 γ_{TAEM}。

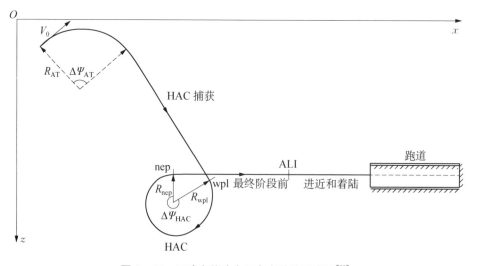

图 3-17　无动力着陆水平参考航迹示意图[28]

设置 S 转弯耗能子阶段,是为了避免出现无人机遭遇无动力情况时初始能量过大,无法满足后续能量要求,而必须提前消耗一部分能量。在这个子阶段,无人机以固定滚转角左右进行转弯,最终形成一条类似 S 形状的远离机场的轨迹曲线。确保无人机飞行航迹与 HAC 参考航迹的相互关系,在 S 转弯的初始时刻选择转弯方向就变得很重要。为了保证 S 转弯的方向是远离机场,需要依据本机速度与跑道中心线之间的夹角大小进行左转弯和右转弯的切换。当然,若无人机初始位置距离机场过近,即 $F_D \leqslant F_{D_{min}}$,无人机经过 S 转弯后仍无法进入航向调整圆锥子阶段,则不能进行 S 转弯耗能。

航向调整圆锥捕捉子阶段分为圆弧段和直线段,圆弧段的目的是调整无人机航向,使其航向与航向调整圆锥相切,直线段与航向调整圆锥相切于 wp1 点,引导无人机以相切的方式进入航向调整圆锥。圆弧段采用固定滚转角的转弯方式,当无人机的航向与直线段平行时,则进入直线段飞行模式。

航向调整圆锥子阶段是 TAEM 中最重要的一个阶段,开始于 wp1 点,结束于 nep 点。在该子阶段中,无人机将不断调整飞行航向,最终和跑道中心线重合,同时保证在 nep 点满足高度和动压的要求。航向调整圆锥的航迹倾角保持不变,航迹曲线由内向圆锥定义[29]。例如,以左手内向圆锥为例对调整圆锥进行数学建模,如图 3-18 所示。

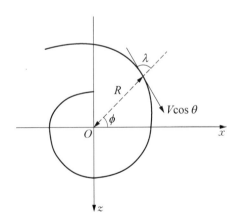

图 3-18　左手内向圆锥示意图

无人机在水平面内运动的半径与旋转角度之间关系如下:

$$\frac{\mathrm{d}R}{\mathrm{d}\phi} = R\,\frac{\cos\lambda}{\sin\lambda} \tag{3-112}$$

内向圆锥速度方向与半径方向的夹角 $\lambda \leqslant 90°$。如果 λ 保持不变,则圆锥为定常内向圆锥;如果 λ 随着 ϕ 变化,则圆锥为非定常内向圆锥。以定常圆锥为例进行分析。对于定常圆锥模型,可以得到如下关系式:

$$\frac{\mathrm{d}R}{R} = \mathrm{d}\phi \, \frac{\cos\lambda}{\sin\lambda} \qquad (3-113)$$

设 nep 点处旋转角度 $\phi = 0$,通过对式(3-113)两边积分得到半径 R:

$$R = R_{nep} \mathrm{e}^{\phi \cot\lambda} \qquad (3-114)$$

式中:R_{nep} 为 nep 点处的圆锥半径。由于速度方向与半径之间的夹角 λ 保持不变,因此旋转角度的变化量 $\mathrm{d}\phi$ 和圆弧切线方向的变化量 $\mathrm{d}\psi_s$ 大小相等,因此可以求得圆锥的曲率半径,并推导出航向调整圆锥的参考滚转角和半径之间的关系式:

$$R = \frac{V^2 \cos\theta \sin\lambda}{g \tan\gamma} \qquad (3-115)$$

将航向调整圆锥的起点 wp1 点和终点 nep 点的位置、高度、航向、滚转角及半径之间的关系式以方程组形式联立,就可以对该子阶段的参考航迹进行求解。

最终进场准备子阶段是 TAEM 的最后一个阶段,终点是进场着陆接口(ALI),整个阶段是一条与跑道中心线平行的直线,在该子阶段中无人机继续调整航向与跑道中心线对齐,同时消除高度误差,以满足 ALI 点的进场要求。在机场有风扰动时,进场着陆的轨迹曲线会发生偏移,此时最终进场准备阶段可以随着进场着陆轨迹曲线的变化实时调节 ALI 点的位置以满足轨迹曲线的连续性。

进近着陆阶段(approach and landing)起始于 ALI,结束于跑道中心线的接地点。在此过程中,飞机无人机沿着参考轨迹进行下滑,并需要满足动压的限制,最终在预先设定的跑道位置接地,然后进入地面减速滑行阶段。触地的瞬间也需要满足动压和下沉率的限制条件。

无动力进近着陆标准过程包括两个部分:初始的陡下滑过程和最终的浅下滑过程。Kluever 提出了三次多项式模型,将浅下滑过程分为圆弧拉起阶段和拉平阶段,并且将陡下滑过程分成了陡下滑道捕捉阶段和陡下滑道阶段[30],如图 3-19 所示,其中陡下滑道捕捉阶段和拉平阶段的轨迹曲线由三次多项式模型定义,所有阶段都需要满足高度、航迹倾角及法向过载的连续性与光滑性的约束。进近着陆段的参考轨迹以及制导指令的解算在此就不进行展开说明。

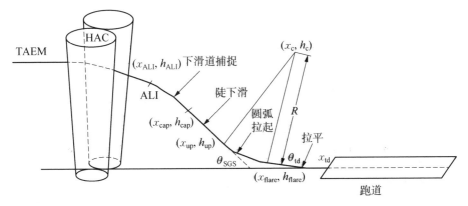

图 3-19　自动进场着陆阶段划分示意图

3.6.3　避障控制

随着无人机的发展及其应用,在执行预定飞行任务的飞行航路上,若遇到航路预规划时未出现的物体(可能是障碍物,也可能是其他飞行器),无人机应能够做出合理的评估和正确的规避反应,这样才能保证无人机能够在空域中安全运行和使用。因此,对于障碍或威胁的探测、感知与规避可以视为无人机自主能力的一个重要体现,也将成为具有自主能力的无人机制导控制中一项重要的功能。

无人机的感知与规避功能是指无人机系统通过传感器和数据链路实现对空中交通环境的有效观测、评估和威胁判断,针对可能发生的碰撞威胁生成有效的规避航迹和机动控制,从而实现碰撞规避和保障空域交通安全[31]。美国空军实验室、欧洲防务局都在开展无人机感知与规避方面的相关项目推进工作,总体而言,学界和业界都在积极开展无人机感知与规避的研究和实践工作。

各国及其相关行业协会对于无人机安全应用开展研究,并制定和发布了相关法规、标准,其中美国材料与试验协会委员会于 2007 年制定了无人机机载感知与规避(sense and avoid, SAA)系统的设计与性能评估标准(ASTM F38),该标准定义了无人机机载 SAA 系统的目标检测范围为视场的方位应达±110°,俯仰角应达±15°,安全分离距离为水平 152.4 m(500 ft)、垂直 30.48 m(100 ft),并且有足够的检测距离和反应时间,从而提供有人飞行器等价安全的可视并规避能力[32-33]。

无人机融入现在的空域,与有人机和其他无人机在规定空域中安全运行是一个重要的问题,它不仅是个技术问题,而且与政策和法规有很大的关系[32]。这里重点探讨技术方面的问题。无人机按已有的预规划航迹飞行过程中,通过传感器、链路等获取了在预规划航迹上出现的障碍物或威胁物位置、速度、方位等信息,需要做出规避障碍或威胁的正确判断,并重新规划应飞航迹、控制飞机实现障碍或威胁的规避,继续执行既定的飞行任务。其中有两类关键技术:一类是障碍与威胁信息的获取,另一类是航迹的实时重规划。

障碍物的感知探测方式可以分为合作式和非合作式两大类。合作式,即所有飞行器可通过共同的通信链路共享信息,例如应答机 TCAS 及 ADS - B 广播式自动相关监视系统,能够直接获取装载同类设备飞机的精确、全面的状态信息,这种方式是无人机融入目前空管区域的有效手段,使无人机接受空管系统的可靠监管,未来也会是一种必要手段。合作式感知探测方式的不足之处在于必须依靠通信链路,对于非合作目标则无法感知和探测。非合作式,则是指飞行器彼此间不通信,本机只能采用主动检测的方法来获取其他机的位置等信息。因此,非合作式感知探测设备是未来全空域无人机感知规避系统中的重要环节,它包括雷达、视觉、光电、红外等,能够感知探测视场范围内的所有物体包括飞机及地势、鸟类等非合作型目标。

在障碍与威胁信息的获取方面,对于中型和大型无人机而言,有条件配备大型合作式感知设备(如 TCAS、ADS - B 等)及非合作式感知设备(如雷达、光电等),这样可以保证在较远距离就能够获得须规避目标的信息,从而为航迹实时重规划赢得了充分的时间。对于非威胁目标,例如另一架接受空管系统指挥管理的飞机(有人机或无人机),也有一些可以遵循的规避规则,如相向而行的飞行条件下,执行右转规避原则。另外,还可以使用地面信息支持系统提供所需规避目标的信息。例如,依赖于美国完善的地基雷达系统和空管系统,2013 年,美国空军完成了地基感知与规避系统的技术开发和演示验证。2014 年 11 月,地基感知与规避系统开始在美军无人机基地应用。尽管良好的技术和系统建设为无人机的感知与规避提供了基础,但是现有的地基感知与规避系统受限于雷达的通信距离、覆盖区域的限制,只能在特定航路和飞机进出场区域实现对无人机的有效感知[33]。对于小型和微型无人机而言,由于载荷能力限制无法配备目前的大型合作式感知设备,只能配备非合作式感知设备,使用机载设备感知环境中的障碍物或威胁，并实施规避。

　　针对障碍与威胁进行航迹实时重规划，可以视为一种在不确定条件下进行的运动规划，可以用如下方式进行描述（详见参考文献[34]）。

　　设 $\pmb{\chi} \subseteq \pmb{R}^d$ 为状态空间。定义开集 $\pmb{\chi}^{\text{obs}} \subset \pmb{\chi}$ 为障碍空间，$\pmb{\chi}^{\text{free}} \subset \pmb{\chi} \backslash \pmb{\chi}^{\text{obs}}$ 为自由空间。考虑无人机的动力学约束和环境感知的观测过程，将其表示成如下的非线性随机离散系统形式

$$\begin{cases} x_t = f(x_{t-1}, u_{t-1}, w'_{t-1}) \\ z_t = h(x_t, v'_t) \end{cases} \tag{3-116}$$

式中：$x \in \pmb{\chi}$ 为状态矢量；u 为控制输入；$w' \sim N(0, Q'_t)$ 为过程误差；z 为观测矢量；$v' \sim N(0, R'_t)$ 为观测误差。

　　若已知起点 $x^{\text{initial}} \in \pmb{\chi}^{\text{free}}$ 和目标区域 $\pmb{\chi}^{\text{goal}} \subseteq \pmb{\chi}^{\text{free}}$，定义满足下列条件的名义航迹 X^n 和名义控制输入 U^n：

$$\begin{cases} X^n = (x_0^n, x_1^n, x_2^n, \cdots, x_T^n) \\ U^n = (u_0^n, u_1^n, u_2^n, \cdots, u_T^n) \\ x_0^n = x^{\text{initial}} \in \pmb{\chi}^{\text{free}}, \ x_T^n \in \pmb{\chi}^{\text{goal}} \\ x_t^n \in \pmb{\chi}^{\text{free}}, \forall t = 1, 2, \cdots, T-1 \\ u_t^n \in \Omega, \ \forall t = 1, 2, \cdots, T \\ x_t^n = f(x_{t-1}^n, u_{t-1}^n, 0), \ \forall t = 1, 2, \cdots, T \end{cases} \tag{3-117}$$

式中：$x_0^n, x_1^n, x_2^n, \cdots, x_T^n$ 为名义状态；Ω 为可用控制输入空间。

　　真实航迹 X 由 x_t 的估计值 $\hat{x}_t$ 用稳定控制器 K 反馈跟踪名义航迹 X^n 生成，满足：

$$\begin{cases} X = (x_0, x_1, x_2, \cdots, x_T) \\ x_0 \sim N(x_0^n, \Sigma_0) \\ x_t = f[x_{t-1}, u_{t-1}^n + K(x_{t-1}^n - \hat{x}_{t-1}), w'_{t-1}], \ \forall t = 1, 2, \cdots, T \end{cases} \tag{3-118}$$

　　设 $\chi^{\text{msr}} \subset \chi^{\text{free}}$ 为感知区域，$\chi^{\text{blind}} = \chi^{\text{free}} \backslash \chi^{\text{msr}}$ 为感知盲区。当且仅当 $x_t \in \chi^{\text{msr}}$ 时，存在 x_t 的估计 $\hat{x}_t$。

　　无人机避障飞行的航迹实时重规划问题可以描述如下。已知无人机状态方程及误差 w' 和 v' 服从的高斯分布、障碍空间 χ^{obs} 和自由空间 χ^{free}、感知区域

χ^{msr} 和感知盲区 χ^{blind}、起点 x^{initial} 和目标区域 χ^{goal},可用控制输入空间 Ω 和稳定控制器 K,找到名义航迹 X^n 和名义控制输入 U^n,使得真实航迹满足:

$$\begin{cases} P(x_t \in \chi^{\mathrm{obs}}) < \delta_1, \ \forall\, t = 1, 2, \cdots, T-1 \\ P(x_T \notin \chi^{\mathrm{goal}}) < \delta_2 \end{cases} \tag{3-119}$$

式中:δ_1 和 δ_2 分别为真实航迹在任意时刻与障碍物碰撞的概率阈值和不能到达目标区域的概率阈值。

2011 年,麻省理工学院 Adam Bry 等提出了基于名义航迹的不确定性预测方法,用以预测真实航迹偏离名义航迹的误差。但是,因为航迹不确定性预测基于名义状态,所以在有感知盲区条件下准确性差。参考文献[34]提出了基于真实航迹的不确定性预测方法,能够较好地解决存在多感知盲区情形下的航迹不确定性预测。应用上述基于真实状态的航迹不确定性预测方法,结合快速扩展随机树算法,通过预测航迹的不确定性约束搜索树的生长,从而保证所规划的航迹满足式(3-119)的约束。同时,还需通过采用重生长技术并合理地选择取样点以改善算法性能。

根据无人机障碍探测的数据,可利用航迹规划算法实现对障碍的规避。航迹规划算法,可分为利用传感器信息的局部路径规划算法与利用完全环境信息的全局规划算法。全局路径规划算法中最具代表性的是 A* 算法,它是最经典的启发式搜索规划算法。它将整个环境栅格化,对从起点向终点的每一步的路径代价进行评估,从而产生最佳路径。在 A* 算法基础上,研究者们提出了一些扩展算法,如 D*、D* Lite、TA* 等。该类方法需要对环境信息进行建模,而且规划与重规划过程计算量较大。Khatib 等提出的人工势场法是典型的局部路径规划算法,其通过构造斥力和引力函数,得到运动空间内的势场函数。合势场的负梯度方向为智能体当前期望运动方向。上述算法对于小型无人机具有局限性,均未考虑运动学约束问题。Koren 和 Borenstein 等为改进人工势场法算法提出了 VFH 方法,该方法可以考虑无人机的运动学约束,并在局部极小点处理、狭窄路径通行等问题上优于人工势场法。

对于小型无人机实时避障控制,参考文献[35]利用 VFH 算法中"备选扇区"的思想,设计了一种基于二维激光雷达传感器探测源的实时防撞算法,取得了较好的效果。

航迹规划中无人机的安全区域设为球体,半径为 r_p,与障碍物的安全距离设为 r_s。为了便于算法实施,需将 r_p 和 r_s 叠加到激光雷达数据上,进行"圆形扩展"。对激光雷达数据进行预处理可得一组数据：

$$\boldsymbol{D}_{\mathrm{merge}} = \begin{bmatrix} d_{m1} & d_{m2} & \cdots & d_{k-3} & d_{k-2} & d_{k-1} & d_k & d_{k+1} & d_{k+2} & \cdots & d_{2\alpha/k\beta\mathrm{laser}+1} \end{bmatrix}$$

如图 3-20 所示，以激光雷达的正前方为 x 轴建立平面直角坐标系，将数据绘制在坐标系中。设除 d_{k-2}、d_{k-1} 和 d_k 其余数据均为 $d_{\max}$，即在 d_{k-2}、d_{k-1} 和 d_k 位置探测到障碍物。将 d_{k-2}、d_{k-1} 和 d_k 代表的点状障碍物变为半径为 $(r_p + r_s)$ 的扩展圆，若该扩展圆与其他角度的射线有交点，则需对该数据进行修正。对于 d_k，其扩展圆与 d_{k+2} 数据有两个交点（P_1 和 P_2），选取距离激光雷达较近的交点 P_1 与激光雷达的距离为该角度的新数据：

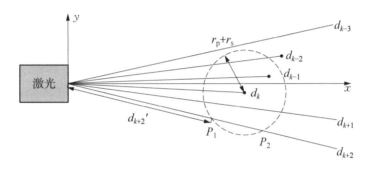

图 3-20　激光雷达数据处理

$$d'_{k+2} = d_k \cos(2\beta_{\mathrm{merge}}) - \sqrt{(r_s + r_p)^2 - [d_k \sin(2\beta_{\mathrm{merge}})]^2} \qquad (3-120)$$

需利用 d_k 的扩展圆更新全部激光雷达数据可得 $D_{\mathrm{merge}}(k)$。利用其他数据（d_{k-2}、d_{k-1}）也可得到相应的数据如 $D_{\mathrm{merge}}(k-2)$、$D_{\mathrm{merge}}(k-1)$ 等。将 r_p 和 r_s 叠加到激光雷达数据上，得到最终结果 $D_{\mathrm{expand}} = \min\{D_{\mathrm{merge}}(k-2), D_{\mathrm{merge}}(k-1), D_{\mathrm{merge}}(k)\}$。

根据 D_{expand} 可得到无人机前进中多个无障碍物的方向，这些方向称为"备选扇区"。如图 3-21 所示，通过激光雷达探测可得 OBS_1 和 OBS_2 两块由若干个数据点组成的障碍物区域。在无人机正前方 $180°$ 范围内，形成了 R_1、R_2、R_3 三个无障碍物的备选扇区。

为了保证备选扇区满足无人机的动力学约束，利用转弯半径对备选扇区进行筛选。若在障碍物区域中存在一个激光数据 d_k，其值小于该方向射线与转弯半径圆弧交点到激光雷达的距离。若该障碍物位于第一象限，障碍物左侧备选扇区不可用；若该障碍物位于第四象限，障碍物右侧备选扇区不可用。即对于障

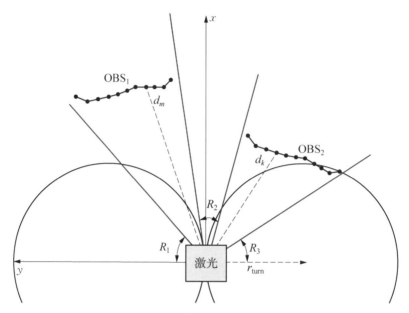

图 3-21　备选扇区生成示意图

碍物区域 OBS_2 中的数据点 d_k，设其方向与 x 轴夹角为 β_k，若存在：

$$d_k < 2r_{turn}\cos(90° - |\beta_k|) \qquad (3-121)$$

则备选扇区 R_3 不可用。

由此便可得出，筛选后的可飞备选扇区：

$$\boldsymbol{R}_f = [R_1 \quad R_2 \quad \cdots \quad R_n] \qquad (3-122)$$

根据可飞备选扇区 $\boldsymbol{R}_f$，可在其中确定无人机的避障飞行方向。此处，引入角度代价函数 $K = \mu_1|\theta_{target} - \theta_n| + \mu_2|\psi - \theta_n| + \mu_3|\theta_{n-1} - \theta_n|$，其中：$\theta_{target}$ 为当前位置到目标航路点的期望航向，ψ 为无人机当前航向，θ_n 为当前时刻的期望飞行方向，θ_{n-1} 为上一时刻的期望飞行方向，μ_1、μ_2、μ_3 为大于 0 的参数。应在 $\boldsymbol{R}_f$ 的范围内，选择 θ_n，使得代价函数 K 最小化。代价函数 K 中三个部分分别代表目标航路点、当前飞机航向及上一时刻期望飞行方向对运动方向选择的影响。μ_1 较大可获得更短的避障运动路径；μ_2 较大可使无人机在避障倾向选择较小的机动动作；μ_3 可抑制方向选择抖动。实践中，通常将 μ_1 或 μ_2 作为主导参数。

3.7　机动飞行控制

机动飞行可以看作是无人机的一个重要特征。由于无人机上没有人类飞行员,无疑降低了人类生理特性对无人机过载的约束。因此,无人机可以比同类的有人机具有更大的过载能力,这也意味着这类无人机可以比同类有人机具有更大的机动能力。如何发挥机动能力并实现安全可控的机动飞行,是无人机机动飞行控制要解决的问题。

如果把定直平飞定义为非机动飞行,那么在完成航路飞行过程中,无人机爬升、降高、转弯都可以作为机动飞行。只是在这类机动飞行过程中,无人机的飞行轨迹和飞行状态变化并不剧烈,所用的法向过载也都不大,属于无人机的过载能力范围内较为安全的区域。除了这些机动飞行之外,本节还会更多地关注能够发挥无人机机动能力的复杂机动的飞行控制问题。

3.7.1　无人机机动性能的分析与计算

分析和计算机动性能一般采用航迹轴系。在无风条件下,航迹轴系与气流轴系的夹角可以用绕速度矢的滚转角 μ 来表示。将过载在航迹轴系的过载分量表示如下:

$$\begin{cases} n_{kx} = \dfrac{1}{mg} \left[T\cos(\alpha + \varphi_p)\cos\beta - D_F \right] \\ n_{ky} = T\sin(\alpha + \varphi_p)\sin\mu - T\cos(\alpha + \varphi_p)\sin\beta\cos\mu + L_F\sin\mu + C_F\cos\mu/mg \\ n_{kz} = T\sin(\alpha + \varphi_p)\cos\mu + T\cos(\alpha + \varphi_p)\sin\beta\sin\mu + L_F\cos\mu - C_F\sin\mu/mg \end{cases}$$

$$(3-123)$$

式中: n_{kx} 为切向过载,与飞机速度向量 $\boldsymbol{V}_k$ 的方向一致,法向过载 n_{kn} 垂直于飞机速度向量 $\boldsymbol{V}_k$,对飞行轨迹的曲率有重要影响。

航迹轴系中飞机质心运动方程可以用过载形式描述如下:

$$\begin{cases} \dot{V}_k = g(n_{kx} - \sin\gamma) \\ \dot{\chi} = -\dfrac{g}{V_k\cos\gamma}n_{ky} \\ \dot{\gamma} = \dfrac{g}{V_k}(n_{kz} - \cos\gamma) \end{cases}$$

$$(3-124)$$

令无人机飞行中无侧滑，即 $\beta=0$，侧力 $C_F=0$，则航迹轴系过载分量可以简化为

$$\begin{cases} n_{kx} = \dfrac{1}{mg}\left[T\cos(\alpha+\varphi_p)-D_F\right] \\[2mm] n_{ky} = \dfrac{1}{mg}\left[T\sin(\alpha+\varphi_p)+L_F\right]\sin\mu \\[2mm] n_{kz} = \dfrac{1}{mg}\left[T\sin(\alpha+\varphi_p)+L_F\right]\cos\mu \end{cases} \tag{3-125}$$

从上述简化表达始终可以得到，绕速度矢的滚转角的计算公式如下：

$$\mu = \arctan\frac{n_{ky}}{n_{kz}} \tag{3-126}$$

在迎角较小时，可以认为绕速度矢的滚转角近似等于绕体轴的滚转角。

根据法向过载 n_{kn} 的计算公式，可知

$$n_{kn} = \frac{T\sin(\alpha+\varphi_p)+L_F}{mg} \tag{3-127}$$

在无侧滑飞行（$\beta=0$），并且飞行在小迎角状态、发动机安装角也较小的条件下，近似认为 $\sin(\alpha+\varphi_p)\approx0$、$\cos(\alpha+\varphi_p)\approx1$，可以得到法向过载与升力的关系为

$$n_{kn} = L_F/mg \tag{3-128}$$

在上述假设条件下，机动飞行中飞机上的升力是飞机重力的 n_{kn} 倍。因此，机动飞行时最小允许速度（即最小机动速度）为

$$V_{\min\_man} = \sqrt{2n_{kn}mg/\rho SC_{L\_lim}} \tag{3-129}$$

最小平飞速度为

$$V_{\min} = \sqrt{2mg/\rho SC_{L\_max}} \tag{3-130}$$

则最小机动速度与最小平飞速度的关系为

$$V_{\min\_man} = V_{\min}\sqrt{n_{kn}} \tag{3-131}$$

无人机的机动飞行按机动轨迹在空间中的位置类型可以分为铅垂面内的机动、水平面内的机动及空间机动。对于飞机机动能力的综合评定，常用到单位剩

余功率这个参数,它定义如下:飞机动力装置的推进功率和飞行阻力的功率差与飞机所受重力之比 P_s。英美国家也将其称为比剩余功率(specific excess power, SEP),它表征了飞机单位能量对时间的变化率[4]。

$$P_s = \frac{\mathrm{d}E_s}{\mathrm{d}t} = \frac{V(T - D_F)}{mg} \tag{3-132}$$

空间机动飞行轨迹的解算可以通过方程式(3-124)来求解,因为铅垂面和水平面内的机动飞行由于只在某一个平面内运动,不是空间机动,所以性能计算可以有一些简化分析方法。以下分别对这两个平面内的一些典型机动的飞行性能分析方法加以说明。

3.7.1.1　铅垂平面内机动飞行性能

无人机在铅垂平面内飞行时,航迹偏转角和绕速度矢滚转角均为零,航迹轴系的质心运动方程可以简化为

$$\begin{cases} \dot{V}_k = g(n_{kx} - \sin\gamma) \\ \dot{\chi} = 0 \\ \dot{\gamma} = \dfrac{g}{V_k}(n_{kz} - \cos\gamma) \end{cases} \tag{3-133}$$

无人机航迹相对地面坐标系的运动学方程表示如下:

$$\begin{cases} \dot{x}_g = V_{kx} = V_k\cos\gamma \\ \dot{y}_g = V_{ky} = 0 \\ \dot{z}_g = V_{kz} = V_k\sin\gamma \end{cases} \tag{3-134}$$

给定初始条件,并给定推力和过载 n_{kz} 变化规律就可以通过上述方程用数值积分方法求解无人机在铅垂面内的机动飞行轨迹。

航迹轴系的过载分量可以简化为

$$\begin{cases} n_{kx} = \dfrac{1}{mg}[T\cos(\alpha + \varphi_p) - D_F] \\ n_{ky} = 0 \\ n_{kz} = \dfrac{1}{mg}[T\sin(\alpha + \varphi_p) + L_F] \end{cases} \tag{3-135}$$

在小迎角假设条件下可以进一步简化为

$$\begin{cases} n_{kx} = (T - D_F)/(mg) \\ n_{kz} = L_F/(mg) \end{cases} \tag{3-136}$$

从上述方程可以看到,推力对于改变飞机速度能力起到了重要作用。无人机的水平加减速飞行性能就反映了无人机改变飞行速度的能力,切向过载 n_{kx} 反映了无人机具有的加减速能力。平飞时完成一定的速度的增加或减少所花费的时间越短,则表明该无人机的速度机动性越好。对于亚声速无人机,可取速度从 70%增加至 99%的给定高度上的最大平飞速度所需时间作为加速性能指标,取速度从 99%降低至 70%的给定高度上的最大平飞速度所需时间作为减速性能指标。

加减速过程需要的时间 $t_{\_acc}$、所经过的水平距离 $D_{\_acc}$ 可以通过下列方程解算。

$$t_{\_acc} = \int_{V_{k1}}^{V_{k2}} \frac{m}{T\cos(\alpha + \varphi_p) - D_F} dV_k \tag{3-137}$$

$$D_{\_acc} = \int_{V_{k1}}^{V_{k2}} \frac{mV_k}{T\cos(\alpha + \varphi_p) - D_F} dV_k \tag{3-138}$$

通过跃升可以将无人机的动能转换为势能,迅速获得高度优势。跃升性能可以用跃升所增加的高度和完成跃升所需时间来衡量。在给定初始跃升条件下,无人机完成跃升所获得的高度增量越大、花费时间越短,则跃升性能越好。跃升性能的计算可以采用航迹轴系的质心运动方程进行解算,也可以使用能量法进行近似计算[4]。

无人机的静升限是可以做等速直线平飞的最大高度,在此高度上,无人机的可用推力等于需用推力。无人机的动升限是通过跃升可以达到的最大高度,在此高度上,无人机的可用推力小于需用推力,无法实现等速平飞。动力高度是飞机在给定高度(接近于具有最大能量的高度)的最大速度,按一定过载控制规律跃升到允许的最小速度所能达到的最大高度[36]。无人机在动力高度范围内可以保持一定时间的减速平飞。

通过俯冲无人机可以将势能转换为动能,实现快速降高增速,也是一种常用的机动飞行方式。对于俯冲机动而言,在要求有较好的直线俯冲加速性能的同时,要求俯冲机动改出时高度损失不应太大。

在俯冲机动的直线段,$\dot{\gamma} = 0$,航迹轴系的运动方程变为如下形式:

$$\begin{cases} \dot{V}_k = [T\cos(\alpha + \varphi_p) - D_F - mg\sin\gamma]/m \\ L_F = mg\cos\gamma \end{cases} \tag{3-139}$$

在直线俯冲段,无人机的重力分量是起着加速作用的,随着飞行高度的下降,空气密度增大。如果保持固定油门,则发动机推力增大,无人机受到的阻力也因飞行速度的增大而快速增大,并超过发动机推力的增幅,从而使得直线俯冲段的俯冲加速度随着俯冲速度的增大而减小,在达到俯冲极限速度时,俯冲加速度为零,即 $T\cos(\alpha + \varphi_p) - mg\sin\gamma = D_F$。

改出俯冲过程是一种非定常曲线运动过程:先通过获得较大的法向过载使得航迹向上弯曲,当航迹接近水平时,再减小法向过载使飞行航迹转为水平飞行航迹。在近似计算中,假定改出俯冲过程中发动机推力与飞机阻力基本相等,则可以得到简化的关系式为

$$\begin{cases} \dot{V}_k = -g\sin\gamma \\ \dot{\chi} = 0 \\ \dot{\gamma} = \dfrac{g}{V_k}(n_{kz} - \cos\gamma) \end{cases} \tag{3-140}$$

于是,有

$$\frac{\mathrm{d}V_k}{\mathrm{d}\gamma} = -\frac{V_k\sin\gamma}{n_{kz} - \cos\gamma} \tag{3-141}$$

将俯冲改出开始时刻的速度和航迹倾角定为 V_{k1}、γ_1,改出结束时刻的速度和航迹倾角定为 V_{k2}、γ_2,且 $\gamma_2 = 0$,假定改出过程中的法向过载为常值,则对式(3-141)积分可以求解出俯冲改出结束时的飞行速度:

$$V_{k2} = -\frac{n_{kz} - \cos\gamma_1}{n_{kz} - 1}V_{k1} \tag{3-142}$$

假定发动机推力与飞行阻力相等,可得俯冲改出时刻的高度变化量为

$$\Delta H = 0.5(V_{k2}^2 - V_{k1}^2)/g \tag{3-143}$$

3.7.1.2　水平面内机动飞行性能

无人机在水平面内的机动是指在保持飞行高度不变的情况下飞行方向连续变化的一种曲线运动,包括定常盘旋机动和非定常盘旋机动两类。若飞行航向变化不足 $360°$,也常称为转弯机动。定常盘旋是指在机动过程中飞行速度、迎

角、倾斜角和侧滑角均保持不变的盘旋机动,非正常盘旋则是指机动过程中飞行速度、迎角、倾斜角和侧滑角随时间不断变化的盘旋机动[37]。

正常盘旋机动是指无侧滑角的定常盘旋机动。正常盘旋的盘旋半径越小、盘旋一周所需时间越短,则表明无人机的方向机动性能越好。

在正常盘旋条件(侧滑角为 0,航迹倾角 γ 为 0)下,令盘旋半径为 R,则

$$\begin{cases} T\cos(\alpha + \varphi_p) = D_F \\ m\dfrac{V_k^2}{R} = T\sin(\alpha + \varphi_p) + L_F\sin\mu \\ T\cos(\alpha + \varphi_p) + L_F\cos\mu = mg \end{cases} \quad (3-144)$$

迎角近似为零,则有

$$\begin{cases} T = D_F \\ m\dfrac{V_k^2}{R} = L_F\sin\mu \\ L_F\cos\mu = mg \end{cases} \quad (3-145)$$

根据上述关系式可知,正常盘旋条件下,切向过载 $n_{kx} = 0$,法向过载

$$n_{kn} = 1.0/\cos\mu \quad (3-146)$$

正常盘旋的盘旋半径可以表示为

$$R = \frac{mV_k^2}{L_F\sin\mu} = \frac{V_k^2}{gn_{kn}\sin\mu} \quad (3-147)$$

进一步可以推导出正常盘旋的盘旋半径与法向过载和速度的关系式如下:

$$R = V_k^2/(g\sqrt{n_{kn}^2 - 1}) \quad (3-148)$$

正常盘旋机动盘旋一周的时间 $t_{\_360°}$ 可以表示为

$$t_{\_360°} = 2\pi V_k/(g\sqrt{n_{kn}^2 - 1}) \quad (3-149)$$

那么无人机水平转弯 180°所需的时间为 $t_{\_180°} = \pi V_k/(g\sqrt{n_{kn}^2 - 1})$。

从正常盘旋的盘旋半径、盘旋时间等参数的关系式可以看到:相同法向过载条件下,飞行速度越高、盘旋半径越大,所花费的时间越长;相同飞行速度条件下,法向过载越大、盘旋半径越小,盘旋时间越短。无人机的法向过载能力受到飞机结构强度、飞机迎角、飞机俯仰操纵面及发动机可用推力的限制,在这些限

制条件中的某一项达到限制值时的盘旋状态就是极限盘旋状态,所对应的盘旋性能就是极限盘旋性能。

从有人机的使用经验看,实际中更多地会使用到非定常盘旋。例如,以大速度进入盘旋而以较小的速度结束盘旋,同时盘旋过程中尽可能使用较大的法向过载,这样盘旋时间会大幅度缩减。在这种盘旋飞行过程中,飞行速度、倾斜角、盘旋半径等参数中有一个或多个参数会发生变化,不再保持恒定值。

对于无侧滑的非定常盘旋,航迹倾角为零、航迹倾角变化率为零、侧滑角为零、侧力为零,如果再考虑迎角和发动机安装角均很小,则 $\cos(\alpha + \varphi_\mathrm{p}) \approx 1$、$\sin(\alpha + \varphi_\mathrm{p}) \approx 0$,航迹轴系的方程可以简化为如下:

$$\begin{cases} \dot{V}_k = (T - D_\mathrm{F})/m \\ \dot{\chi} = L_\mathrm{F}\sin\mu/(-mV_k\cos\gamma) \\ L_\mathrm{F}\cos\mu = mg \end{cases} \quad (3-150)$$

通过对式(3-151)进行解算可以分析非定常盘旋的性能参数。

3.7.2　典型常规机动动作的过程与描述

常规机动包括铅垂平面内的机动(如筋斗)、水平面内的机动(如盘旋)以及空间机动(如上升转弯)。以下介绍常见的机动动作。

3.7.2.1　盘旋

盘旋是指飞机在水平面内连续改变飞行方向而飞行高度保持不变的一种曲线运动,是一种常用且实用的机动动作。

盘旋机动过程各个阶段描述如下。

(1) 准备阶段为平飞状态或接近平飞状态。

(2) 进入阶段和形成阶段:

$$\begin{cases} \mu = \mu_\mathrm{cmd} \\ n_{kn} = 1/\cos\mu \\ \gamma = 0 \\ \chi = \chi_0 + \Delta\chi \end{cases} \quad (3-151)$$

发动机工作状态为"加力"或"最大"。

(3) 改出阶段:

$$\begin{cases} \gamma = 0 \\ \mu = 0 \end{cases} \tag{3-152}$$

(4) 结束条件:结束时的高度基本保持不变,速度保持不变或达到规定值,航迹偏转角达到360°或达到规定值,即 $\gamma = 0°$、$H \approx H_0$、$V \approx V_0$ 或 V_{cmd}、$\chi = 360°$ 或 χ_{cmd}。

(5) 转换阶段:平飞状态或接近平飞状态。

(6) 附加条件:在盘旋过程中,无侧滑($\beta = 0°$),法向过载不应超过一定飞行条件(如 H、M 给定)下的 n_{kn_max};由平飞进入稳定盘旋,为了较快地进入可以在速度降低到一定值之前使用最大过载。

3.7.2.2　筋斗

筋斗是指飞机在垂直平面内航迹偏转角改变 360° 的机动飞行,半筋斗是指航迹偏转角由 0° 改变到 180° 的筋斗前半部动作。在机动过程中飞机的速度和高度均发生剧烈的变化。

机动的进入条件一般为平飞状态(或接近平飞状态)。机动完成后转入平飞状态。

筋斗的过程中要求到达筋斗顶点时的飞行速度不小于规定的最小安全使用速度,筋斗改出高度不低于规定的安全高度,而且改出筋斗的高度范围应与进入高度相近。

对于半筋斗机动,当飞机运动到筋斗顶点时,航迹倾斜角接近于 180°,此时滚转飞机进入平飞。

筋斗机动过程各个阶段描述如下。

(1) 准备阶段为平飞状态或接近平飞状态。

(2) 进入阶段至改出阶段:

$$\begin{cases} \gamma = \gamma_0 + \Delta\gamma \\ \mu = 0 \end{cases} \tag{3-153}$$

筋斗飞行中的发动机工作状态可以参照如下的工作状态使用:

$\gamma = 0° \sim 190°$,发动机处于"最大"工作状态;

$\gamma = 190° \sim 330°$,发动机处于"额定"或"慢车"工作状态;

$\gamma = 330° \sim 360°$,发动机处于"最大"工作状态。

法向过载 n_{kn} 可以根据各种无人机的性能进行选取,也可以参考表 3-13 中的变化规律取值。

表 3-13　筋斗机动过程中法向过载取值示例[37]

$\gamma /(°)$	n_{kn}
0	1.5
30	4.5~6.5
90	3.5~4.5
180	1.5~2.0
330	3.5
360	1.5~2.0

（3）结束条件：筋斗改出的高度不低于安全高度，尽可能在筋斗进入的高度范围内改出，即 $H \approx H_0$ 且 $H > H_{safe}$。

（4）转换阶段：平飞状态或接近平飞状态。

3.7.2.3　半滚倒转

半滚倒转（split-S）是指飞机先滚转 $180°$，再完成筋斗的后半部分。半滚倒转机动过程各个阶段描述如下。

（1）准备阶段：平飞状态或接近平飞状态。

（2）开始条件：飞机翻转 $180°$，即 $\mu = 180°$，$\gamma \approx 0$，$\chi = \chi_0$。

（3）进入阶段至改出阶段：

$$\gamma = \gamma_0 + \Delta\gamma \tag{3-154}$$

法向过载 n_{kn} 可以根据无人机的性能选取，也可以参考表 3-14 中的变化规律取值。

表 3-14　半滚倒转机动过程中法向过载取值示例[37]

$\gamma /(°)$	n_{kn}
180	1.5~2.0
330	3.5
360	1.5~2.0

发动机工作状态为"最大""额定"或"慢车"状态。

（4）结束条件：结束时的高度不低于安全高度，即 $H > H_{safe}$；或者结束时的高度和速度达到规定值（H_{cmd} 和 V_{cmd}），$\chi = -\chi_0$。

（5）转换阶段：平飞状态或接近平飞状态。

3.7.2.4　俯冲

飞机沿较陡的轨迹倾斜角做直线加速下降的飞行。俯冲是将重力势能转化为动能的过程。俯冲时机尾与地面的角度越大，俯冲的速度就越快。

俯冲机动过程各个阶段描述如下。

（1）准备阶段为平飞状态或接近平飞状态。

（2）进入阶段和形成阶段：

$$
\begin{cases}
\gamma = \gamma_{cmd} \\
\mu = 0 \\
\chi = \chi_0
\end{cases}
\tag{3-155}
$$

发动机工作状态为"最大""部分额定"或"慢车"状态。

俯冲可以有两种进入方式。一种是利用俯仰力矩进入，在这种进入方式下，n_{kn} 可取 0.3～0.5；另一种是利用滚转力矩和俯仰力矩的共同作用进入，在这种进入方式下，n_{kn} 可取 1.0～4.0，绕速度矢的滚转角 μ 可取 90°～180°。

（3）改出阶段：

$$
\begin{cases}
\gamma = 0 \\
\mu = 0 \\
\chi = \chi_0
\end{cases}
\tag{3-156}
$$

发动机工作状态为"最大"或"部分额定"状态。

（4）结束条件：俯冲改平后的高度不低于安全高度，改平时的速度不超过最大允许速度；或者俯冲改平后的高度和速度达到规定值（H_{cmd} 和 V_{cmd}），$\gamma = 0$。

（5）转换阶段：平飞状态或接近平飞状态。

3.7.2.5　跃升

飞机以大于稳定上升的最大上升角做直线飞行，其特点是利用动能迅速获得高度。在跃升的过程中飞机速度会不断降低，机头与地面的角度越大，减速就越快，所以跃升也可以作为一种制动的方法。

跃升机动过程各个阶段描述如下。

（1）准备阶段为平飞状态或接近平飞状态。

（2）进入阶段和形成阶段的轨迹指令：

$$\begin{cases} \gamma = \gamma_{\text{cmd}} \\ \mu = 0 \\ \chi = \chi_0 \end{cases},$$

$$n_{kn} = \begin{cases} 常数, & 进入阶段 \\ 1/\cos\gamma, & 形成阶段 \end{cases} \qquad (3-157)$$

发动机工作状态为"最大"状态。

（3）改出阶段：

$$\begin{cases} \gamma = 0 \\ \mu = \mu_{\text{cmd}} \\ \chi = \chi_0 \\ n_{kn} = 常数 \end{cases} \qquad (3-158)$$

发动机工作状态为"最大"状态。

（4）结束条件：到达希望的高度（H_{cmd}），$\gamma = 0$，$\mu = 0$。

（5）附加条件：在进入段要求 n_{kn} 不超过该高度上的 n_{kn_max}，在直线段 n_{kn} 取决于 μ_{cmd} 的大小。在改出段：若跃升角较大，则可以利用飞机滚转来改出，在这种改出方式下，$n_{kn} \approx 1.0$，$\mu = \mu_{\text{cmd}}$；若跃升角比较小，则可以利用俯仰力矩来改出跃升，在这种改出方式下，$n_{kn} < 1.0$。

（5）转换阶段：平飞状态或接近平飞状态。

3.7.2.6　上升转弯

上升转弯又称为半筋斗翻转、战斗转弯或殷麦曼翻转，飞机在铅垂面内迅速增加高度并改变 180°方向的飞行，它是由筋斗的前半段和横滚的后半段结合起来的。

在亚声速范围内飞机一般做减速上升转弯，在超声速范围内飞机做等速或增速上升转弯。

上升转弯机动过程各个阶段轨迹描述如下。

（1）准备阶段为平飞状态或接近平飞状态。

（2）进入阶段至改出阶段的轨迹指令：

$$\begin{cases} \gamma = \gamma_{\text{cmd}} \\ \chi = \chi_0 + \Delta\chi \end{cases} \qquad (3-159)$$

发动机工作状态为"最大"状态（亚声速上升转弯）。

发动机工作状态为"加力"状态(超声速上升转弯)。

亚声速上升转弯过程中 n_{kn} 随 χ 的变化规律的参考值如表 3-15 所示, μ 随 χ 的变化规律[37]的参考值如下:

当 χ 在 $0°\sim90°$ 范围内时, $\mu=\mu_0+(\mu_{max}-\mu_0)\sqrt[4]{\chi/90}$;

当 χ 在 $90°\sim\chi_{sk}$ 范围内时, $\mu=\mu_{max}$;

当 χ 在 $\chi_{sk}\sim180°$ 范围内时, $\mu=\mu_{max}\sqrt[3]{\sin\chi/\sin\chi_k}$。

表 3-15 亚声速上升转弯过程中 n_{kn} 随 χ 的变化规律示例[37]

$\chi/(°)$	n_{kn}
0	1.35
5	4.95
10	5.95
16	4.75
29	3.75
40	3.15
60	2.60
70	2.50
80	2.36
90	2.10
105	1.40
113	1.10
120	1.00
180	1.00

上述关系式中: μ_0 为进入机动时绕速度矢滚转角的初始值,通常为 $5°\sim10°$; μ_{max} 为绕速度矢滚转角最大值; χ_{sk} 为绕速度矢滚转角开始减小时的 χ 值,一般可取为 $130°\sim150°$。

在超声速等速上升转弯过程中, $V=V_0$, $\mu=\mu_0$, $n_{kn}=1/\cos\mu$。

(3) 结束条件:结束时的速度大于最小机动速度,高度到达希望高度,或航迹转过希望的角度,即 $V>V_{min}$, $H=H_{cmd}$ 或 $\chi=\chi_{cmd}$。

(4) 转换阶段:平飞状态或接近平飞状态。

3.7.2.7　盘旋下降

盘旋下降是一种飞行高度随时间而减小的非定常盘旋运动。在进行此机动动作时,发动机状态可以是任意选定的,飞行速度可以随时间改变或不变。

盘旋下降机动过程各个阶段轨迹描述如下。

(1) 准备阶段为平飞状态或接近平飞状态。

(2) 进入阶段至改出阶段的轨迹指令:

$$\begin{cases} \gamma = \gamma_{\text{cmd}} \\ \mu = \mu_{\text{cmd}} \\ \chi = \chi_0 + \Delta\chi \end{cases} \tag{3-160}$$

发动机工作状态不限。

(3) 结束条件:改出时的高度不低于安全高度,改出时的速度不超过最大允许速度;或者改出后的高度和速度达到规定值(H_{cmd} 和 V_{cmd}),$\gamma = 0$,$\mu = 0$。

(4) 转换阶段:平飞状态或接近平飞状态。

(5) 附加条件:在盘旋下降过程中,无侧滑($\beta = 0$),可以给定 μ(如 $\mu = 45°$)。对于等速盘旋下降有 $n_{kn} = \dfrac{\cos\gamma}{\cos\mu}$,$\dot{\gamma} = 0$;对于急速下降有 $n_{kn} < \dfrac{\cos\gamma}{\cos\mu}$,$\dot{\gamma} < 0$;对于慢速下降有 $n_{kn} > \dfrac{\cos\gamma}{\cos\mu}$,$\dot{\gamma} > 0$。

3.7.2.8　桶滚

桶滚(barrel roll)实际上就是让飞机在以机头和机尾所成的轴线上做陀螺运动,它可以减慢飞行速度而不影响飞行状态。在进行桶滚的过程中飞机的运动方向不发生改变,但它会消耗一部分动能从而使飞行速度减小。

桶滚机动过程各个阶段轨迹描述如下。

(1) 准备阶段为平飞状态或接近平飞状态。

(2) 进入阶段至改出阶段的轨迹指令:

$$\begin{cases} \gamma_{\text{new}} = \gamma_{\text{cmd}} \\ \chi_{\text{new}} = \chi_{0\_\text{new}} + \Delta\chi \end{cases} \tag{3-161}$$

发动机工作状态不限。

下标"new"表示以桶滚机动中的滚转轴线为 y 轴形成的直角坐标系,该坐标轴系的坐标原点与地轴系的坐标原点相同,新坐标轴系是由地轴系按照 angle_x、angle_y 和 angle_z 旋转得到的,在新坐标轴系中桶滚机动可以看成是以

Oy_{new} 为轴线进行的上升转弯机动。可以通过坐标转换将 γ_{new} 和 χ_{new} 换算成希望的航迹倾斜角和航迹偏转角指令。

（3）转换阶段：平飞状态或接近平飞状态。

3.7.3　非常规机动

非常规机动包括过失速非常规机动（PSM）和直接力控制的非常规机动（DFCM）两类。无论是有人机还是无人机，并非每架飞机都具有非常规机动能力。对于过失速机动的建模和控制都是需要深入研究的问题。直接力控制在有人驾驶飞机上开展过研究和试验，由于操纵面配置、收益等原因，并未得到广泛应用。随着无人机应用的拓宽及新的控制方式的出现，直接力控制或许会迎来新的发展。因为直接力控制与常规机动控制的不同，所以参考有人机的经验对直接力控制的非常规机动加以描述。

1）直接力控制的非常规机动

直接力控制的非常规机动包括纵向直接力控制方式和侧向直接力控制方式产生的六种机动动作。

（1）采用直接升力进行的直接爬升控制。

通过控制升力控制面（如后缘机动襟翼、襟副翼等），在保持迎角不变的条件下，使速度矢量与机体轴等速旋转，也就是控制飞机的俯仰角和航迹倾斜角，从而快速改变垂直平面内的航迹，提高航迹机动性。这种运动方式飞机不需要改变迎角便可上升或下降，并且提供了一种在退出俯冲时尽量减少高度损失的办法，同时也能在爬升和下滑过程中控制飞行轨迹。

（2）采用直接升力进行的单纯俯仰转动。

通过气动舵面（如后缘机动襟翼、襟副翼和平尾）协调操纵产生纯粹的俯仰力矩，可以实现在保持航迹倾斜角不变的条件下进行俯仰姿态控制，改变飞机的迎角和俯仰姿态角。

（3）采用直接升力控制的垂直平移运动。

通过气动舵面（如后缘机动襟翼、襟副翼和平尾）协调操纵，保持飞机俯仰角不变，进行垂直速度控制。在控制过程中，飞机速度矢量的变化过程较为缓慢，另外由于襟翼操纵权限的限制和迎角负值范围的限制，使得这一机动只适用于幅值较小、反应较慢的精确修正过程。

（4）采用直接侧力进行的机翼水平转弯控制。

这是一种单纯直接侧力控制方式，在保持侧滑角为零的情况下，控制飞机的侧向加速度,使飞机不压坡度(即机翼保持水平),就可以转弯。

(5)采用直接侧力进行的单纯偏航转动。

通过气动舵面的协调操纵实现纯粹的偏航角控制,这样可以在保持一定的航迹偏转角的条件下,通过机身轴线的偏转直接指向应飞航向。

(6)采用直接侧力进行的侧向平移控制。

飞机在保持偏航角不变的情况下,控制侧向速度实现侧向移动,并保持飞机的机头方向和水平姿态不变。这种机动方式可以消除侧风的影响,这一机动与采用直接升力控制的垂直平移运动一样,反应过程较长,只适用于小幅值、反应较慢的侧向修正等任务。

2)过失速机动

目前,过失速机动已在一些现役有人驾驶战斗机和试验机上进行了一些试验和应用。过失速机动有两种形态:一种是在传统常规控制飞机上实现的称为"动态进入"(dynamic attainment)的机动,它是利用机体俯仰惯性突破力矩平衡和失速边界所限定的迎角,进入短暂的过失速飞行状态;另一种是应用推力矢量控制技术,使得在过失速区飞机仍能够保持力和力矩平衡且有足够的操纵效能的受控过失速机动。第一种过失速机动形态的代表动作是"眼镜蛇"机动,第二种过失速机动形态的机动动作包括 Herbst 机动等。

(1)眼镜蛇机动。

"眼镜蛇"机动最早是由苏联试飞员用 Su-27 飞机在 1989 年的巴黎航展上公开完成的。该机动由定值平飞状态进入,拉起到很大的迎角($\alpha > 90°$),然后平稳下俯恢复正常飞行状态。在完成机动动作的短短几秒内,飞机飞行速度骤减,航迹几乎保持平飞,没有横航向偏离。

从"眼镜蛇"机动完成过程看,它主要是无横航向偏离的纵向运动。如果飞机能够完成"眼镜蛇"机动,就表明飞机具有较好的大迎角横航向稳定性;机动持续时间和上仰角最大值反映了飞机的俯仰敏捷性。

(2)Herbst 机动。

Herbst 机动是以德国空战分析专家 W. B. Herbst 的名字命名的,由于完成机动形成类似英文字母"J"的轨迹,故又称为 J 转弯。进行 Herbst 机动是为了以最短的时间将速度矢的方向改变 $180°$,尽快获得指向优势。

Herbst 机动从定直平飞状态进入深失速(如迎角为 $60°\sim70°$),速度随之骤减,然后绕速度矢滚转,试图以最短时间、最小半径将机头指向改变 $180°$,之后,返回小迎角飞行状态。在机动过程中,要考虑深失速区稳定飞行、绕速度矢滚转和顺利改出等问题。

为了实现 Herbst 机动,在大迎角下飞机除了需要具备类似"眼镜蛇"机动中的纵向操纵能力和横航向稳定性之外,还要具备横航向的操纵能力,能够绕速度矢滚转。

3.7.4 机动飞行控制方法简介

无人机的机动飞行控制,与无人机的航路飞行控制类似。一种思路是将问题的求解分为制导回路和控制回路两个层面来解决,制导层面将完成飞行任务所需实现的机动飞行应飞轨迹转化为制导控制指令,控制回路实现对制导控制指令的精确跟踪,将控制指令解算为无人机的操纵面指令和发动机控制指令,在此将这类方法称为制导与控制分回路机动控制的方法。另一种思路是不严格区分制导回路与控制回路,通过一体化设计方法,直接将完成飞行任务所需实现的机动飞行轨迹转化为控制飞机所需的操纵面控制指令和发动机控制指令,在此将这类方法统称为制导控制一体化的机动控制方法。

3.7.4.1 制导与控制分回路设计方法

对于无人机的机动控制,尤其是常规机动动作的轨迹生成与跟踪控制,一种方案就是基于机动动作库的设计方法。它包括机动轨迹指令设计、机动轨迹跟踪和机动动作库设计几个部分。机动轨迹指令设计就是给出机动控制的制导指令,机动轨迹跟踪则实现轨迹控制。以下重点介绍机动轨迹指令设计和机动动作库设计的内容。

1) 机动轨迹指令设计

无人机机动飞行过程的轨迹可以这样来描述:无人机的飞行状态从初始状态 $S_{T_0} = [x_0 \ y_0 \ z_0 \ \gamma_0 \ \chi_0 \ \mu_0]$,按机动动作过程的约束,经过一定的时间和飞机的位置、姿态变化,到达期望的目标状态 $S_{T_{tgt}} = [x_{tgt} \ y_{tgt} \ z_{tgt} \ \gamma_{tgt} \ \chi_{tgt} \ \mu_{tgt}]$,这个过程就形成了满足规定动作约束的机动轨迹。

因此,机动轨迹指令设计也可以看成是生成从 S_{T_0} 至 $S_{T_{tgt}}$ 的一条满足各项机动约束条件的轨迹。这种轨迹生成问题的描述中一个重要的特点就是轨迹规划中不仅需要对位置信息进行规划,而且需要对姿态信息进行规划,基于这一思想规划出的轨迹对于实现轨迹跟踪是十分有利的。

忽略无人机机体转动的影响,从无人机机动飞行轨迹看,可以用 (V, γ, χ, μ) 描述飞行器的机动过程,$(V, \theta, \psi_s, \gamma_s)$ 经积分可得到无人机在空间中的运动轨迹。因此,可以通过控制 $(V, \theta, \psi_s, \gamma_s)$ 使飞行器进行某个机动动作、完成空间运动轨迹；也就是说可以将期望的运动轨迹分解成若干期望的机动动作，通过解算机动动作过程中期望的 $(V,\theta,\psi_s,\gamma_s)$，作为控制回路的控制指令，完成轨迹的精确跟踪。

目前，固定翼无人机的控制主要是通过力矩控制实现的（除去有直接力控制的部分），即通过力矩作用引起姿态变化。对机动轨迹的控制一般是通过对角速率、姿态的控制来达到控制目的。航迹倾角控制就可以通过俯仰角速率、俯仰角等反馈回路进行控制。

在无风条件下，绕速度矢滚转角与体轴欧拉角有如下几何关系：

$$\sin\mu=[\sin\beta(\sin\theta\cos\alpha-\cos\varphi\cos\theta\sin\alpha)+\cos\beta\sin\varphi\cos\theta]/\cos\gamma$$

$$(3-162)$$

考虑到无人机运动过程中都尽可能做无侧滑运动，即 $\beta=0$，上式可简化为

$$\sin\mu=\sin\varphi\cos\theta/\cos\gamma \qquad (3-163)$$

在采用常规机动动作进行的大机动过程中，迎角一般较小，于是 $\cos\theta/\cos\gamma\approx1$，那么就有

$$\mu\approx\varphi \qquad (3-164)$$

在有风条件下，航迹角、体轴欧拉角、迎角、侧滑角之间的关系异常复杂。由于机动轨迹库中存储的是理想轨迹，也就不计风的影响，可以认为无论实际是否有风，轨迹指令中总是给出理想情况下的绕速度矢滚转角。在零侧滑、小迎角条件下，绕速度矢的滚转角和绕体轴的滚转角几乎相等。因此，控制回路中用绕体轴的滚转角进行控制是可行的。当使用绕体轴滚转角难以实现大姿态的精确控制时，可以将控制系统设计为绕速度矢滚转，当然，实际中绕速度矢滚转角是很难测量的，计算也存在一定误差。

通过上述分析可知，机动轨迹指令可以设计为 V、θ、χ、μ。速度控制通过发动机推力或速度闭环来实现控制，航迹倾角控制就可以通过俯仰角速率、俯仰角等反馈回路进行控制，也可以通过法向过载回路来实现控制。

2）机动动作库设计

根据常规机动动作的用途及无人机飞行任务特点，可以构建机动动作库。例如，机动库中可以包括平飞、跃升、俯冲、盘旋、上升转弯、盘旋下降、桶滚、半滚倒转等机动动作。

机动动作库应包含所有机动动作的轨迹及其算法，同时应使轨迹库中的数

据尽可能少,并能够满足轨迹解算实时性的要求。每一种机动动作轨迹由以下几种数据构成:机动的进入条件(如高度、速度等的范围)、轨迹的特征点(如进入点、改出点等飞机应有的姿态、过载等)、机动轨迹的终止状态。

根据无人机三自由度运动解算机动轨迹的建库方式的方便之处在于可以根据需要产生机动动作,实时生成飞行包线范围内各种机动动作的轨迹。机动动作轨迹库中并未存储飞机机动轨迹,机动轨迹亦不能事先获得,必须确定应飞机动动作后,通过求解微分方程获得。从初始高度 8 000 m、初始马赫数 0.6 开始平飞,之后进行半滚倒转机动,机动结束后转入平飞,用动作库求解的轨迹如图 3 - 22 所示。

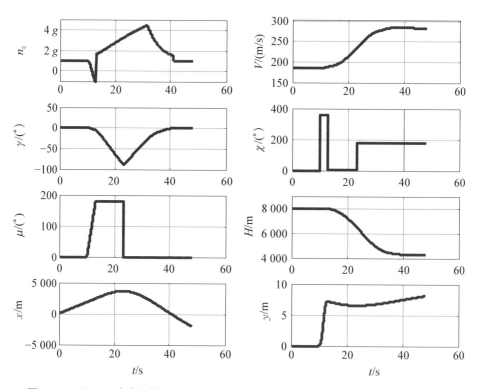

图 3 - 22 平飞—半滚倒转—平飞轨迹仿真曲线(初始状态:$H_0 = 8\,000\,\text{m}$, $Ma_0 = 0.6$)

可利用神经网络具有逼近任意非线性函数的能力,进行离线神经网络训练,使之能够描述某个机动动作的轨迹。

神经网络的结构多种多样,前馈网络中主要有反向传播(BP)神经网络、径向基神经网络(RBF 神经网络)等。在函数逼近能力、分类能力、学习速度方面,RBF 神经网络均优于 BP 神经网络。因此,选用高斯径向基函数网络

（RBF NN），其拓扑结构如图 3-23 所示，此神经网络为三层结构，其输入层与隐层（也称径向基层）之间不存在可调权值，隐层的节点（称为隐元）由高斯函数构成。

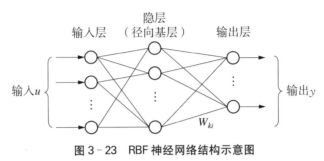

图 3-23　RBF 神经网络结构示意图

对于上升转弯、半滚倒转、半筋斗翻转等机动动作，可以分别使用一个 RBF 神经网络存储其机动动作轨迹。以上升转弯机动为例，对相关问题进行说明。

a. 训练样本的选取。

上升转弯机动的特点之一是航迹偏转角从初始的 χ_0 变化到 $\chi_0 + 180°$（或 $\chi_0 - 180°$），因此以进入的初始高度（H_0）、初始马赫数（Ma_0）和航迹偏转角变化过程中的一些特征点作为训练样本输入。χ 变化范围内选取的特征点的疏密程度视动作过程中其变化剧烈程度而定。表 3-16 列举了部分训练样本。每个样本选取了 20 个 χ 特征点，向左倾斜进行上升转弯，初始 χ_0 为 0°；不同的样本按进入初始高度 1 km 间隔选取，马赫数按 0.1 间隔选取。样本输出包括机动过程各个特征点上的时间、速度、法向过载、航迹倾角、绕速度矢滚转角。由于篇幅所限样本输出值从略。

表 3-16　上升转弯轨迹训练样本示例——样本输入

样本输入	样本 1 输入	样本 2 输入	样本 3 输入	样本 4 输入	样本 5 输入	样本 6 输入	样本 7 输入
H_0/m	5 000.0	5 000.0	5 000.0	5 000.0	6 000.0	6 000.0	6 000.0
Ma_0	0.6	0.7	0.8	0.9	0.7	0.8	0.9
χ_0 /(°)	0.000 0	0.000 0	0.000 0	0.000 0	0.000 0	0.000 0	0.000 0
χ_5 /(°)	4.998 8	5.003 2	5.001 6	5.000 2	5.003 1	5.002 7	5.000 3
χ_{10} /(°)	10.000	10.003	10.002	10.000	9.997 0	10.002	10.003

（续表）

样本输入	样本1输入	样本2输入	样本3输入	样本4输入	样本5输入	样本6输入	样本7输入
χ_{16} /(°)	15.996	15.995	15.997	15.997	16.002	15.998	16.002
χ_{22} /(°)	21.999	21.995	22.001	22.002	22.004	21.997	21.998
χ_{29} /(°)	29.001	28.996	28.997	28.997	28.998	28.998	29.000
χ_{40} /(°)	39.997	40.003	40.001	40.001	39.999	39.996	40.002
χ_{60} /(°)	59.999	60.003	60.001	60.002	60.003	59.999	59.997
χ_{70} /(°)	70.002	70.003	69.996	70.001	70.001	70.000	69.997
χ_{80} /(°)	79.997	80.000	80.000	80.001	79.997	79.998	80.002
χ_{90} /(°)	90.001	90.001	89.998	89.998	89.998	90.000	90.002
χ_{105} /(°)	104.99	105.00	105.00	104.99	105.00	105.00	104.99
χ_{113} /(°)	112.99	113.00	112.99	112.99	113.00	112.99	113.00
χ_{120} /(°)	119.99	119.99	120.00	120.00	120.00	119.99	119.99
χ_{130} /(°)	129.99	129.99	130.00	130.00	130.00	130.00	129.99
χ_{140} /(°)	140.00	140.00	140.00	139.99	140.00	139.99	139.99
χ_{150} /(°)	150.00	149.99	149.99	149.99	149.99	150.00	149.99
χ_{160} /(°)	160.00	159.99	160.00	160.00	160.00	159.99	160.00
χ_{170} /(°)	169.99	169.99	169.99	169.99	169.99	169.99	170.00
χ_{180} /(°)	180.00	180.00	180.00	180.00	180.00	180.00	180.00

b. 训练结果测试。

RBF神经网络是一种有监督的学习网络，除了需要一个训练集用于网络的离线训练和学习之外，需要对网络效果进行测试和评价，在此随机给出一个测试结果如图3-24所示，图中黑色实线为使用神经网络训练的结果曲线，带有实心点的实线为使用三自由度模型计算的曲线。

通过上述训练与测试的结果可看出，使用一个RBF神经网络可以很好地描述和存储上升转弯机动动作轨迹数据，因此，这类机动动作的轨迹可以分别用RBF神经网络进行存储。

对于俯冲机动，由于使用不同的俯冲角、不同的滚转角进行俯冲，轨迹差异较大,很难用一个 RBF 神经网络描述所有的俯冲机动轨迹,类似的机动动作还有跃升、盘旋、盘旋下降等。

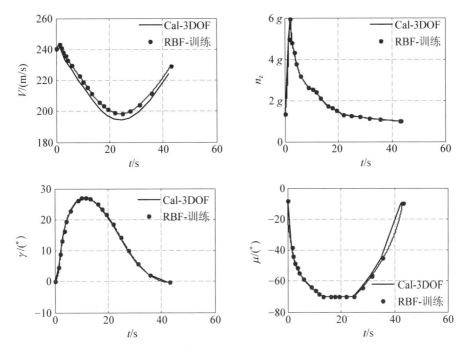

图 3-24　上升转弯机动动作轨迹测试对比曲线($H_0 = 5\,\mathrm{km}$、$Ma_0 = 0.75$)

总体而言,基于机动动作库的机动控制设计方法能够很好地解决机动过程及特点已知的机动动作轨迹指令的生成与跟踪问题。这类似于有人驾驶飞机飞行员对于飞机机动能力的了解和机动飞行的训练和控制。在此基础上,还可以开展带有优化目标的机动动作轨迹生成与控制,不完整机动自由衔接控制等研究和设计。

3.7.4.2　制导与控制一体化设计方法

机动飞行的制导与控制一体化设计方法,也就是机动轨迹生成与跟踪一体化设计方法,一直都是研究和关注的一个重点。

文献[38]中,Issac Kaminer 提出了这样一种直接建立理想机动轨迹与实际飞行轨迹之间的误差动力学模型,设计控制器使误差信号稳定鲁棒收敛到给定范围内的制导与控制一体化设计方法。文献[39]推导了三维条件下飞行器制导控制一体化相对位置模型和视线角模型,研究了自抗扰控制的三维制导控制一体化设计方法。

　　1995 年法国数学家 Michel Fliess 等提出了微分平坦(differential flatness)理论,微分平坦系统可以这样来定义:对于一个给定的非线性系统,若能找到一组与系统输入个数相等的独立变量,使得系统状态和输入能用这组变量及其导数表示,则称该系统是平坦的,并且称这组变量是系统的平坦化输出。微分平坦系统包括可控的线性系统和可反馈线性化的非线性系统。现实生活中,汽车的运动就具有微分平坦特性。对于后轮驱动的小轿车,小轿车后轮在平面内的位置就是该轿车系统的平坦输出,那么小轿车的所有运动轨迹都可由其后轮的特定轨迹来确定。平坦系统的特性取决于其平坦输出,因此利用这一特性可以先在输出空间内进行轨迹规划,然后映射为该系统中对应的系统输入。利用系统的微分平坦特性,可以将系统微分动力学约束转换为代数约束,从而提高解算效率。

　　进行轨迹生成时利用微分平坦性理论的思路与反馈线性化的思路是不同的,反馈线性化是力图将一个非线性系统变换成为一个简单的线性系统;而利用微分平坦理论是为了找到便于准确解算轨迹的变量生成可飞行的轨迹。到目前为止还没有一个通用的方法,对于飞行器而言,寻找或证明微分平坦特性仍非易事。对于寻找或证明非线性系统是否具有微分平坦特性,学者们正在不断研究,例如文献[40]给出了仿射非线性控制系统是否具有微分平坦性的一种较为简单的判断条件。

　　文献[41]给出了倒立摆是具有微分平坦输出的系统,文献[42]作者通过推导证明了未经线性化处理的四旋翼飞行器系统仍是平坦系统,找出了平坦输出,同时给出基于虚拟控制量的轨迹跟踪控制器。

　　总体而言,按照通过飞行器特性来制订一体化设计方法关键问题之一就是系统建模。

　　随着人工智能算法的发展,如何利用人工智能算法来研究和解决机动飞行的制导与控制一体化设计问题也成为一个受到关注的方向。例如,文献[43]通过研究,将无人机机动控制过程,看作是给定任意的无人机初始状态和终止状态(状态由飞机每一时刻位置、速度、姿态所构成的三元组来描述),在飞行包线、法向过载和姿态保护规则的约束下,解算出无人机广义多操纵面指令,使无人机自动以机动方式从初始状态飞行到终止状态,达到在非受控环境中以在线规划方式控制无人机达成大机动意图的目的。采用的方法以强化学习算法为基础,通过对精确飞机模型的大量试错式超实时运行,检验各类指令操纵序列可能产生的机动效果,在海量指令操作序列组合中搜索出能够达成大机动意图的操作序列。该设计方法难度很高,主要在于搜索算法的超大计算量,但近些年飞速发展的高性能计算机和人工智能技术使其成为可能,并取得了一定的进展。

总体而言,机动轨迹生成与跟踪一体化设计方法有两个优点:一是最终轨迹跟踪可以达到零稳态误差,二是强调了制导和控制整个组合系统的稳定性问题。但其缺点也很明显,最显著的就是计算量过大,尤其是在机载计算资源下,该方法离工程化应用还有一段距离,还需要大量的研究和不断的实践。

参考文献

[1] Spitzer C R. The Avionics Handbook[M]. Boca Raton: CRC Press, 2000.

[2] 关世义,宋玮,宋绍梅. 关于飞行任务规划若干名词术语的讨论[J]. 飞航导弹,2005(8): 23 - 25.

[3] Aydin S, Temeltas H. A novel approach to smooth trajectory planning of a mobile robot [C]//7th International Workshop on Advanced Motion Control, Maribor: 2002.

[4] 金长江,范立钦. 飞行动力学——飞机飞行性能计算[M]. 北京:国防工业出版社,1990.

[5] 张汝麟,宋科璞,等. 现代飞机飞行控制系统工程[M]. 上海:上海交通大学出版社,2015.

[6] 那远远的云端. 欧拉角和四元数理解[EB/OL]. (2018 - 03 - 02). https://blog. csdn. net/wwlcsdn000/article/details/79421612.

[7] 技术在路上. 如何形象地理解四元数[EB/OL]. (2015 - 04 - 29). https://blog. csdn. net/xingqingly/article/details/45366275.

[8] McLean D. Automatic Flight Control Systems[M]. Hemel Hempstead: Prentice Hall, 1990.

[9] 孙智伟. 高空长航时无人机多学科设计若干问题研究[D]. 西安:西北工业大学,2016.

[10] 罗健晖. 大展弦比高空长航时飞行器主动控制律设计研究[D]. 西安:西北工业大学,2017.

[11] 中国科学院. 新型飞行器中的关键力学问题[M]. 北京:科学出版社,2018.

[12] Seigler T M. Dynamics and control of morphing aircraft[D]. Blacksburg: Virginia Polytechnic Institute and State University, 2005.

[13] 王冠林,武哲. 垂直起降无人机总体方案分析及控制策略综合研究[J]. 飞机设计,2006 (3):25 - 30.

[14] 路平,肖文健. 倾转机身无人机俯仰角奇异问题研究[J]. 飞行力学,2013,31(5):429 - 432.

[15] 姜超. 尾坐无人机建模与控制[D]. 北京:中国航空研究院,2017.

[16] 拉斐尔·雅诺舍夫斯基. 无人机制导[M]. 牛轶峰,朱华勇,沈林成,等,译. 北京:国防工业出版社,2015.

[17] Chandler P R, Pachter M. Research issues in autonomous control of tactical UAVs [C]//The 1998 American Control Conference, Philadelphia: 1998.

[18] 朱容芳,占正勇. 控制分配策略的设计与仿真[R]. 西安:中国航空工业集团公司西安飞行自动控制研究所,2008.

[19] 郑昌文,严平,丁明跃,等. 飞行器航迹规划[M]. 北京:国防工业出版社,2008.

[20] 肖秦琨,高晓光.一种无人机局部路径重规划算法研究[J].飞行力学,2006,24(1):85 - 88.

[21] 董世友,龙国庆,祝小平.无人机航路规划的研究[J].飞行力学,2004,22(3):21 - 24.

[22] 张永芳,张安,张志禹,等.战术飞行路径规划算法[J].交通运输工程学报,2006,6(4): 84 - 87.

[23] 夏洁,高金源.满足战场需求的实时飞行路径规划[J].北京航空航天大学学报,2004,30 (2):95 - 99.

[24] 唐强,张翔伦,左玲.无人机航迹规划算法的初步研究[J].航空计算技术,2003,33(1): 125 - 128,132.

[25] RTCA. Minimum aviation system performance standards: required navigation performance for area navigation: RTCA DO - 236C[S]. 2013.

[26] SAE Industry Technologies Consortia. Advanced flight management computer system: ARINC702A - 5[S]. 2018.

[27] Moore T E. Space shuttle entry terminal area energy management [R]. National Aeronautics and Space Administration, 1991.

[28] Kluever C A, Horneman K R. Terminal area energy management trajectory planning for an unpowered reusable launch vehicle[C]//AIAA Atmospheric Flight Mechanics Conference and Exhibit,Providence:2004.

[29] 李清,陈小龙.发动机停车空滑返航辅助控制技术研究报告[R].中国航空工业集团公司西安飞行自动控制研究所,2019.

[30] Kluever C A. Unpowered approach and landing guidance using trajectory planning [J]. Journal of Guidance, Control, and Dynamics, 2004,27(6):967 - 974.

[31] 潘泉,康童娜,吕洋,等.无人机感知规避技术发展与挑战[J].无人系统技术,2018,1 (4):51 - 61.

[32] 王杰,田宏安.无人机融入非隔离空域感知与规避技术[J].指挥信息系统与技术,2017, 8(1):27 - 32.

[33] 吕洋,康童娜,潘泉,等.无人机感知与规避:概念、技术与系统[J].中国科学(信息科学),2019,49(5):520 - 537.

[34] 顾天元.基于自主感知的小型无人机控制技术研究与验证[D].北京:中国航空研究院,2013.

[35] 李嘉,陈小龙,张宁,马蓉.基于二维激光雷达的小型无人机实时防撞算法设计[C]// 2016 IEEE中国制导、导航与控制学术会议,南京:2016.

[36] 国防科学技术工业委员会.有人驾驶飞机(固定翼)飞行性能:GJB 34A—2012[S]. 2012.

[37] 《飞机飞行性能计算手册》编写组.飞机飞行性能计算手册[G].西安:飞行力学杂志社,1987.

[38] Kaminer I, Hallberg E, Pascoal A, et al. Trajectory tracking for autonomous vehicles: an integrated approach to guidance and control[J]. Journal of Guidance, Control, and Dynamics, 1998,21(1):29 - 38.

[39] 薛文超,黄朝东,黄一.飞行制导控制一体化设计方法综述[J].控制理论与应用,2013, 30(12):1511 - 1520.

[40] Sato K. Differential flatness of affine nonlinear control systems[C]//SICE Annual Conference, Akita: 2012.

[41] Devasia S. Approximated stable inversion for nonlinear systems with nonhyperbolic internal dynamics[J]. IEEE Transactions on Automatic Control, 1999,44(7):1419-1425.

[42] 李天涯. 四旋翼飞行器姿态控制及轨迹规划的研究[D]. 北京:北京理工大学,2016.

[43] 刘佩,王维嘉,陈向,等. 空战机动飞行轨迹生成与控制[J]. 兵工自动化,2018,37(11):76-80,96.

第4章 系统软件设计

对无人机自主控制系统而言,由于核心的控制与管理计算机主要通过其机载软件来处理传感器数据、管理任务设备、执行控制律解算、实现自主飞行并完成相应任务,因此系统软件是无人机自主控制系统实现的核心要素,也是无人机安全飞行和任务执行的关键。

随着无人机自主控制系统功能复杂性的迅速增加,同时对系统的安全性、可靠性等非功能需求的要求也越来越高,而系统的研发周期却在不断缩减,传统的系统及软件研发模式很难满足新的需求。因此,基于模型的系统工程方法逐渐在无人机自主控制系统及软件的研发过程中得到应用,很好地解决了现有研发过程面临的问题。

本章主要围绕无人机控制与管理系统中核心的飞行控制功能实现,介绍系统的软件设计。首先,以无人机飞行控制需求为基础,介绍系统软件的功能定义与组成。其次,介绍基于模型的系统工程方法及软件开发流程,包括基于模型的系统功能分析、基于模型的软件分析与设计、基于模型的软件测试与验证等内容。然后,介绍系统软件所应用的嵌入式实时操作系统和集成开发环境。最后,展望系统软件技术的发展方向。

4.1 无人机飞行控制软件功能定义与组成

本节以无人机飞行控制软件为例,基于需求分析对系统软件的功能定义与组成进行简要的介绍,以建立相应的基本概念和认识。

4.1.1　无人机飞行控制软件需求

机载飞行控制软件嵌于控制与管理计算机硬件平台中,通过控制与管理计算机的硬件模块与无人机的外围设备、机载传感器及执行机构连接,采集无人机外围设备的状态信息和机载传感器输出的信息,机载软件根据这些信息和任务数据,按照设计的飞行控制方案,实时解算出对外围设备和执行机构的控制量,并通过硬件接口对外围设备和执行机构输出控制,从而实现对无人机从滑跑、起飞、空中飞行直至进场着陆整个飞行过程的姿态控制和轨迹控制。考虑无人机飞行控制的任务特点,无人机飞行控制软件一般需满足以下需求。

1) 功能需求

(1) 采集机载传感器及其他机载设备的数据与状态信息;

(2) 执行控制律解算,实现自动飞行控制;

(3) 控制无人机按照预先装订或在线规划的航路自主飞行;

(4) 对机载传感器、数据链路及其他机载设备的故障检测;

(5) 对地面控制指令与航路数据的实时接收与处理,以及飞行状态数据的实时下传;

(6) 对伺服作动机构及机载设备的控制;

(7) 对飞行过程中的故障状态做出处置以确保飞行安全;

(8) 对地面检测设备维护指令的处理以满足系统维护需求。

2) 性能需求

(1) 实时性。飞行控制软件所有的处理和解算须在固定的运行周期内执行完毕。

(2) 可靠性与安全性。在出现异常的情况下尽可能保证飞机的安全。

(3) 可维护性。软件应采用结构化设计,易维护,集成性好,便于系统功能的维护与扩展。

4.1.2　无人机飞行控制软件功能划分

按照无人机飞行控制软件需求,典型的无人机飞行控制软件通常分为操作系统软件和应用软件两个部分。操作系统软件的作用是管理计算机的硬件资源、合理调度软件任务。应用软件是控制系统功能的集中体现,它用于实现自主控制系统的飞行控制功能、飞行管理功能、系统机内自检测(BIT)功能和余度管理功能等。

图 4-1 为典型无人机飞控系统软件功能图,其中的几个应用软件说明如下。

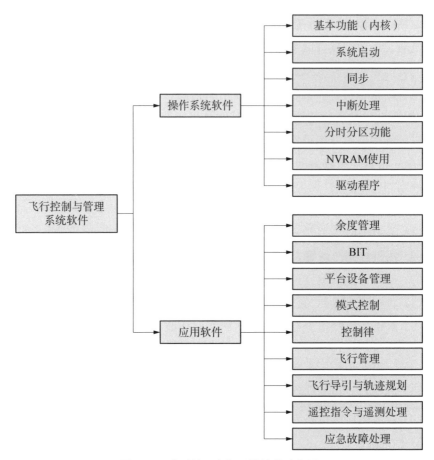

图 4-1 典型的无人机系统软件功能图

（1）操作系统软件对飞行控制与管理计算机硬件资源和飞行控制与管理系统软件任务进行管理，最大限度地发挥硬件平台提供的各项功能，是联系计算机硬件系统与应用软件的纽带和桥梁，为应用软件提供一个协调、安全、高效的运行环境。

（2）余度管理软件对飞行控制与管理系统多余度部件的输入信号、指令输出信号，进行表决、监控和故障自动检测与隔离，并且进行故障综合和故障申报等。

（3）BIT 功能为飞行控制与管理系统的组成设备提供故障检测、定位和隔离的自检测能力。

（4）平台设备管理软件实现对指定设备的管理，包括输入数据采集、转换、工作状态判断、数据输出、设备控制等。

（5）模式控制软件实现无人机控制模态的投入与转换、模态的退出、模态兼容性、模态使用限制条件等功能。

（6）通过无人机的导航制导与程序控制逻辑，实现对无人机的飞行导引和管理，控制无人机根据事先装订的航路数据和确定的导航控制方式自动按预定的航迹飞行，并且通过与控制律交互数据，实现飞机整个飞行过程的安全控制。

（7）遥控遥测处理软件主要是响应地面操作人员通过遥控设备对无人机发出的指令，改变飞机的飞行状态，控制无人机飞行。

（8）应急故障处理软件支持通过改变当前飞行计划等手段，自动处理飞机平台关键系统或设备的部分故障。

4.1.3　无人机飞控系统软件运行方案

系统的软件运行方案可以用图 4-2 的软件运行状态图来进行概要的描述。

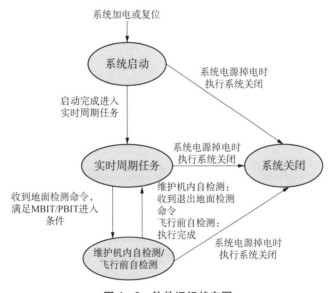

图 4-2　软件运行状态图

系统的启动是在电源接通或计算机复位之后进行的，在完成系统初始化后，可根据飞机当前机轮承载状态判断系统进入的是地面启动还是空中启动。启动主要完成系统初始化设置、端口初始化、上电自检测（power up build in test，PUBIT）、上电同步等任务。当启动任务完成后，系统进入实时周期任务状态。

实时周期任务状态是飞行控制与管理系统软件的主要工作状态。在实时周期任务运行时，飞行控制与管理系统软件周期性地执行信号采集、平台设备管理、余度管理、控制律计算、指令输出、飞行管理、飞行中自检测(in flight build in test, IFBIT)等任务。

维护机内自检测(MBIT)/飞行前自检测(PBIT)状态在地面是由人工启动进入的。操作者可通过综合检测系统或地面站发出进入地面检测命令,并且满足 MBIT/PBIT 状态进入条件,则转入 MBIT/PBIT 状态,在 MBIT/PBIT 状态下依据地面检测指令执行相应的维护机内自检测功能,或执行飞行前检测功能。当 MBIT 执行完相应的任务时,操作者发出退出地面检测命令,转入实时周期任务状态;当 PBIT 执行完成后自动转入实时周期任务状态。

系统处于其他任何状态时,当出现电源掉电的情况时,系统均进入系统关闭状态。在此状态,飞行控制与管理系统软件执行系统关闭模块,记录掉电现场,等待系统下电。

4.2 基于模型系统工程方法论及开发流程

4.2.1 基于模型的方法论概述

随着自主能力要求的不断提升,无人机自主控制系统的功能复杂性正在成倍增加,同时作为安全关键系统,对系统的安全性、可靠性等非功能需求的要求也越来越高。另一方面,系统的研发周期却在不断缩减,这要求开发人员重新审视目前基于文件的系统工程(text-based systems engineering, TSE)。传统基于文件的系统工程方法存在许多难以克服的困难,例如难以有效保证需求的完整性、一致性、可追溯性、复用性等[1]。

基于模型的系统工程(model-based systems engineering, MBSE)能够很好地解决传统基于文件的系统工程所面临的问题。通过需求行为建模和仿真验证,保证需求的正确性和一致性,使需求更直观和完整。此外,MBSE 能够实现需求、系统架构的早期验证,还能保持系统工程各个阶段工作的连续验证,并跨越生命周期,在各个方面支持系统的需求分析、设计、开发、制造和验证。

4.2.2 基于模型的流程介绍

图 4-3 所示的基于传统的 V 模型展示了基于模型的无人机控制与管理系统的开发流程。在 V 模型中,左半部分是自顶向下的设计流程,右半部分则描述自底向上的集成流程。

针对该流程中各部分的简要介绍如下。

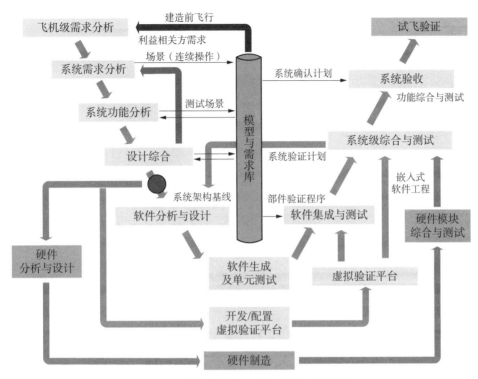

图 4-3 基于模型的无人机系统开发流程

1）飞机级需求分析

飞机级需求分析的主要目的是捕获和分析利益相关方需求。利益相关方需求是反映利益相关方需要的表述。

2）系统需求分析

系统需求分析以初始利益相关方需求为输入，分析完善利益相关方需求，并将其最终转换为系统需求描述。系统需求是针对可观察到的系统特性所进行的精确的、可测试的表述。系统需求与利益相关方需求的不同之处在于前者更加详尽地规定了系统要"做什么"，以及系统必须"做到什么程度"。"做什么"体现的是系统功能，"做到什么程度"体现的是系统的 QoS 指标。

3）系统功能分析

用于将系统的功能性需求转换为一个连贯的系统功能描述，即一系列的操作。系统功能分析是基于系统需求分析阶段产生的系统用例进行的。

4）设计综合

综合设计通过两个流程来完成，即系统架构分析和系统架构设计。

（1）系统架构分析。

这部分工作的重点是对系统功能分析阶段识别的功能需求做权衡分析和研究，从而确定最佳的架构方案。在该阶段主要识别关键的系统功能，针对关键功能定义系统备选解决方案。通过对系统备选方案的分析建立系统架构优化准则，如对系统在性能、安全性、可靠性等方面的要求。这些优化准则称为有效性度量（measure of effectiveness, MOE）准则。在为这些 MOE 分配相对权重后，再针对每个系统备选方案计算各备选方案满足 MOE 的程度，从而选出最佳的系统架构方案。

（2）系统架构设计。

主要在系统架构分析结果的基础上，识别系统中的大型部件、各部件的职责及部件间的逻辑接口。在该阶段中将系统分解为相互独立的子系统，进而支持将子系统分配到各个下游的专业学科。在本阶段主要将功能性需求和非功能性需求分配到架构中的子系统。由于本章主要论述基于模型的系统工程方法在软件领域的应用与实践，因此在图 4-3 中从本阶段开始，将研制简单地分为软件开发与硬件开发，并且在此关注的重点也是软件开发的流程。

在综合设计阶段结束后，需要建立系统架构基线，作为开展后续开发工作的基础。

5）软件分析和设计

该阶段包含软件需求分析、软件架构分析与设计、软件详细设计三个子阶段。软件需求分析阶段对从系统传递下来的系统需求进行进一步分析，将其转变为软件的功能描述。软件架构分析与设计阶段搭建软件架构，对架构进行分析，表述各功能模块、模块接口连接和数据传递的实现。软件详细设计阶段对上一阶段中表述的各模块使用 SCADE 或 Matlab/Simulink 等工具进行建模。

需要说明的是，并不是所有的需求都适合使用基于模型的设计方法，因此图 4-3 缺少对手工编码的相关描述，仅着重描述能够使用基于模型的设计方法进行设计的那些软件需求。

6）软件生成及单元测试

该阶段首先对基于模型设计的软件使用工具进行软件源代码自动生成，若生成工具是经过认证机构认证过的（如 SCADE Suite KCG 6.6 等），则该部分软件可以不进行单元测试。对于手工编制的代码按照传统的测试过程进行静态测试和动态测试[2]。

7）软件集成与测试

该阶段的目标是确保被集成的软件部件能够协调一致，共同完成软件需求所要求的功能及性能指标。软件集成又分为两个部分,首先将软件单元集成为部件,然后将软件部件集成为软件配置项。部件的集成策略通常包括大集成、自上而下集成、自下而上集成、自上而下和自下而上相结合的集成等。

(1) 规模较小的软件通常选择大集成策略,即一次将所有软件部件放在一起来验证它是否能正常工作。

(2) 自上而下集成从顶层调度模块开始逐层向下细化进行集成,未被集成的软件部件使用桩函数替代。

(3) 自下而上集成从底层驱动开始进行集成,按照软件调用树的结构从最底层逐层向上进行集成。

(4) 自上而下和自下而上相结合的集成方式通常每次集成一个分支,这种集成方式无须太多的桩函数和驱动程序。

具体选择哪种集成策略取决于软件体系架构和其他软件特征。建议根据部件的关键程度,以及其对系统的风险评估等级选择合适的集成顺序和集成策略。软件集成测试一般采用动态测试的方法,关键在于保证测试的完整性和充分性。

8) 系统级综合与测试

本阶段主要完成系统的软硬件综合,主要包括系统功能/性能测试与试验、系统可靠性验证、软件优化与完善等工作。

在系统软硬件综合的过程中,一般分层级进行测试验证,将系统中的各个部分逐一进行综合,按照集成计划进行构建,并在每个层面都进行充分的测试从而保证其正确性。通过软硬件综合与测试,验证系统各部分之间的所有边界是否被正确地识别和描述,从而保证系统各部分及系统接口符合其各自的需求,即"正确地构建了系统"。

9) 系统验收

本阶段主要在系统研发单位的台架仿真试验环境中,系统工程师对完成软硬件综合的系统进行试验测试,并且对全系统功能及性能进行确认。完成测试的系统进一步可由用户代表进行验收测试。这些工作完成后,产品将交付主机厂所进行后续的铁鸟试验和机上地面试验。

10) 试飞验证阶段

在该阶段中,控制与管理系统作为整个无人机的一部分接受真实环境中的各种功能、性能验证。

在图 4-3 中还有两个额外的过程:开发/配置虚拟验证平台和基于虚拟验证平台的软件验证。由于常用的货架建模工具产品(如 SCADE、Matlab/

Simulink 等)均专注于硬件平台无关的应用层软件设计与验证工作,所以与平台相关的驱动、操作系统、IO 调度等功能在前期验证工作中缺乏相关的工具支持。为了在硬件尚未研制完成前,对集成了手工代码和模型生成代码的软件进行先期验证,在工程实际中增加了以上两个过程。

在这两个过程中,首先为目标系统开发/配置了一个虚拟的硬件环境,包括中央处理器(CPU)、总线等,从而为开发中的软件提供虚拟验证平台。进而在该平台上可以完成软件的集成、功能相关的测试、初步软硬件综合等,在一定程度上还可以支持系统级的综合与测试。软件最终在该虚拟验证平台测试到什么程度,依赖于实际的需求及对硬件平台的仿真精度。

此外,图 4-3 中模型与需求库是基于模型设计开发流程中的必要元素。它包含开发中系统的所有过程资料、设计资料,如各类模型、条目化需求、追踪性信息、设计文档及测试用例等。在工程实践中,可使用 IBM Rational DOORS 对条目化需求进行存储和管理,使用 IBM Rational ClearCase 对过程资料进行配置管理。一种可行的模型与需求库工具链与库组织形式如图 4-4 所示。

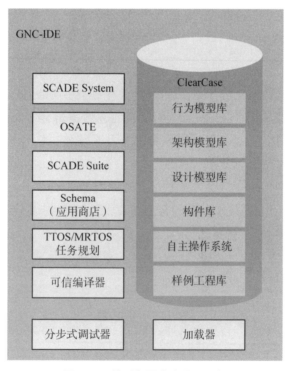

图 4-4　模型与需求库实现示例

4.3　基于模型的系统功能分析

4.3.1　利益相关方需求分析

需求是对必要的或所期望的系统特性、特征、个性化或用法的表述[3]。利益相关方需求是对利益相关方需要的表述。

对于无人机控制与管理系统的实现来说,其利益相关方需求主要来源于主机,通常以《×××项目成品技术协议书》或《×××项目技术要求》的形式提供给无人机控制与管理系统研制单位。

1) 用例

在基于模型的系统工程中,利益相关方需求分析是基于用例及其场景完成的。一组用例就是从用户的角度出发,针对如何使用系统的描述。用例是系统的一组使用场景,是一组相关需求的聚集。

处于目标系统外部与用例交互的人、事物、其他系统等称为参与者,文献[4]将参与者分为主要参与者和次要参与者。主要参与者启动用例,用例接收主要参与者的输入并对此输入做出期望的响应,次要参与者在这个过程中提供辅助信息,帮助完成用例的目标。

每个用例都有一个用例规格说明,通常情况下,用例规格说明的格式如下。

(1) 用例名:一个动词短语,反映该用例能为用户提供什么能力。

(2) 目的:用例对利益相关方的价值描述。

(3) 前置条件:用例开始执行前必须满足的条件。

(4) 主要成功场景:不出现任何错误的场景,即用例执行的一系列步骤。

(5) 可替换序列:出现特殊情况或者在特殊条件下,用来描述主要场景中需要被执行的相关步骤,每个用例可以有多个可替换序列。

(6) 后置条件:用例执行结束后必须为真的条件。

(7) 不变量:执行本用例的基本假设。

用例间存在三种主要关系,即包含、扩展和泛化。包含关系指某个用例执行时,它所包含的用例也会执行;扩展关系指某个用例执行时,其扩展的用例会在特定条件满足时被执行。包含关系和扩展关系的目的是用例的复用,因此仅在多个用例均包含一系列常见行为时,才将这些行为提取为用例供其他用例使用。

由于用例是从黑盒的角度对系统进行分析,因此用例不应该反映系统的内部结构。常见的错误用法是通过用例包含关系对系统内部进行分解。在用例建模时,应时刻谨记用例是用来完成参与者的某个完整的、特定的目标的。

当多个用例拥有共同的参与者,或者这些用例是某个更抽象的概念用例实现方案时,可使用用例的泛化关系来简化用例模型。但通常用例泛化的概念很模糊,很难描述子用例从父用例处继承了什么,因此不建议在用例间使用泛化关系。

好的用例通常具有以下特征。

(1) 同一个用例中的需求是紧密相关的,共同完成主要参与者的某个期望目标。

(2) 用例是相对独立的,用例不需要和其他用例交互而能够独立完成参与者的目的。

(3) 用例的执行结果对参与者来说,是可观测的和有意义的。

(4) 用例的粒度[3]:小型系统(1 万～5 万行代码,用例数为 6～24,用例层数为 1);中型系统(5 万～10 万行代码,高层级用例数为 6～24,用例总数为 12～40,用例层数为 1～2);大型系统(10 万～200 万行代码,高层级用例数为 6～24,用例总数为 30～100,用例层数为 2～3);超大型系统(200 万行以上代码,高层级用例数为 6～24,用例总数为 100～500,用例层数为 3～5)。目前,无人机飞行控制系统软件的规模为 10 万～20 万行代码,因此无疑属于中大型系统。

2) 用例场景建模

用例场景建模的目的是通过对利益相关者用例场景进行建模,来识别遗漏、不正确或不一致的利益相关方需求。

用例场景是执行用例的系统与所在环境中的参与者间的特定交互序列。场景提供了一种需求收集的手段,场景为系统工程师与利益相关方针对需求的深入沟通提供了便利。

在进行场景建模的过程中不断识别并加深对利益相关方需求的理解,暴露和发现之前未考虑到的异常情况,并通过异常情况处理将初始需求中没有描述到的"Rainy Day"在需求中表达出来。对于在建模过程中出现的新需求,或者更新/推导出的新需求,需要更新利益相关方需求文档。

完成用例场景建模后,需要对完善后的利益相关方需求,以及相应的需求模型进行评审并进行基线管理。此部分工作完成后,转入下个阶段,进行系统需求分析的相关工作。

表 4-1 给出了一个简单的例子,用来描述"对飞机俯仰姿态进行控制"这一

利益相关方需求,其用例图如图 4-5 所示,后文均以该简单系统(后文统一称为"演示系统")为例,进行相关说明与介绍。

表 4-1　演示系统利益相关方需求

需求标注	需 求 描 述
Req_01	遥控操纵纵向驾驶杆,通过控制飞机升降舵来改变飞机的俯仰姿态
Req_02	有两种控制模式:直接控制(响应快)和增稳控制(抗扰动)
Req_03	可靠性指标:MTBF≥16 000 h

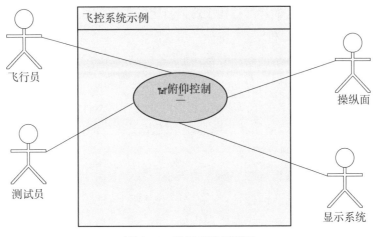

图 4-5　演示系统用例图

4.3.2　系统需求分析

在系统需求分析中,所使用的方法与利益相关方需求分析类似,不同之处在于观察系统的视角,从利益相关方视角转变为系统需求视角,即从关注问题域转变为关注解决方案域。

本阶段需要建立两种追踪关系:一种是建立系统需求和利益相关方需求的追踪关系,另一种是建立系统需求和系统用例之间的追踪关系。通过建立追踪关系,从而可以借助工具来保证所有的利益相关方需求均被系统需求满足,并且所有的系统功能性需求和非功能性需求均被系统用例所覆盖。

需要注意的是,通常一个利益相关方需求都有一个系统用例和其对应,但随着对需求不断的更深入的理解可能会识别出新的用例。

4.3.3　系统功能分析

系统功能分析主要用于分析系统的功能性需求,即系统内部逻辑关系,其任务是把系统功能性需求转换为连贯的系统功能描述。该分析过程是基于系统需求分析阶段所生成的系统用例进行的。

该阶段可为每个系统用例创建一个可执行的模型,通过模型的执行来验证相关系统需求的正确性。例如,在 Harmony 中提供了三种用例分析的方法:基于流的用例分析、基于场景的用例分析和基于状态的用例分析。无论使用哪种方法建模,最终目标都是获得一组场景集合、可执行的状态图、活动图,以及更新后的系统需求。这个阶段的建模可通过 SysML 中的活动图、顺序图和活动来展现。每种图在用例行为的详细描述中扮演特定的角色。

1) 基于流的用例分析

基于流的用例分析从活动图开始,捕获各行动(action)间的流(包括能量、物质等),是一种最常用的用例分析方法。整体功能流确定后,可以此为基础推导出系统场景流,场景流用顺序图表示。在场景分析中,事件、消息、数据和流等被捕获到逻辑接口。最后,使用状态图捕获系统基于状态的行为。

2) 基于场景的用例分析

基于场景的用例分析从顺序图开始入手。顺序图用于说明随着时间推移而发生的行为和时间序列。同样地,在顺序图的基础上,创建系统逻辑接口并构造可执行的状态机模型。在顺序图中识别的功能流要被合并到活动图中。

3) 基于状态的用例分析

基于状态的用例分析方法难度较大,仅在系统工程师熟练掌握状态机相关技术,或者目标系统表现出很明显的基于状态的行为时选用这种分析方法。使用此种分析方法时,有时可以不用创建黑盒活动图。用例场景可以通过状态图的执行路径来推导,进而从顺序图创建系统逻辑接口。

不论使用上述哪种分析方法,对于在分析过程中产生或改变的需求均要进行固化,并为其建立追踪关系,同时要保持各种图的一致性。

对于前文所述的演示系统,其组成关系用模块定义图(block definition diagram, BDD)描述(见图 4-6),其对应的顺序图如图 4-7 所示,活动图建模结果如图 4-8 所示。基于顺序图可建立系统逻辑接口,接收及操作属性可在 BDD 图中显示,系统内部部件间的交联关系用内部模块图(internal block diagram, IBD)表示(见图 4-9)。借助工具我们还可建立数据定义表(见图 4-10)。

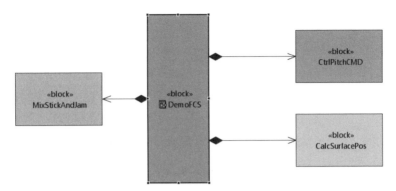

图 4-6　系统主要部件组成

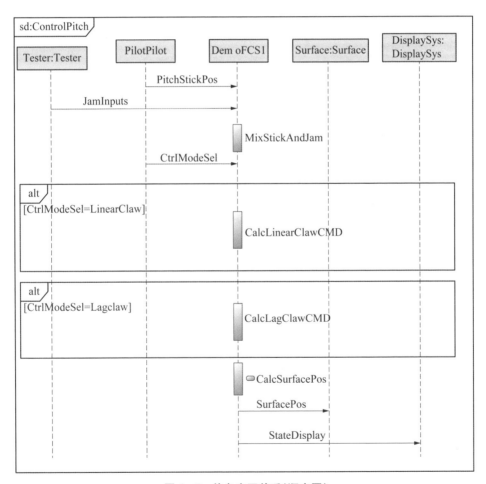

图 4-7　信息交互关系(顺序图)

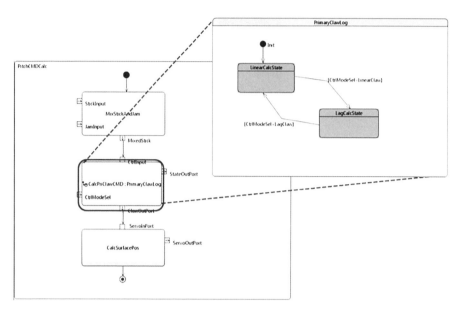

图4-8   控制模式选择

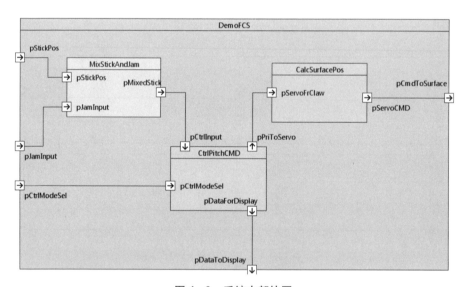

图4-9   系统内部块图

这些信息在后续的模型设计过程中不断得到细化和完善。其中,部件间的数据可为后续部件间的通信负载分析提供基础。

		A	B	C	D
		Owner	Related Data	Direction	Comment
1	pStickPos	DemoFCS	f32_pitch_pos	in	驾驶杆信号端口
2	pJamInput	DemoFCS	st_jam_input	in	扰动信号端口
3	pCtrlModeSel	DemoFCS	uint16_claw_mode	in	控制模式选择信号端口
4	pCmdToSurface	DemoFCS	f32_servo_result	out	舵面控制信号端口
5	pDataToDisplay	DemoFCS	uint16_ctrl_display	out	显示监控信号端口

图4-10 系统内部主要功能间的数据交互关系及外部逻辑接口

4.3.4 设计综合

设计综合阶段要完成的工作是考虑候选系统物理架构,对其进行权衡分析,最终在选定的架构上将需求分解到部件,如图4-11所示。

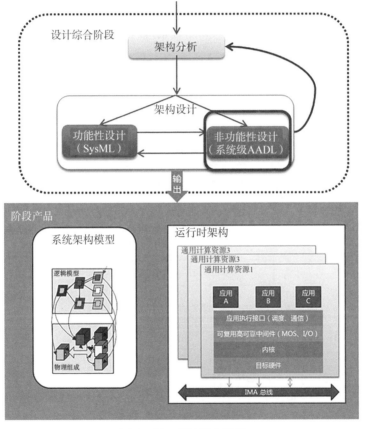

图4-11 设计综合阶段

设计综合主要分为两个子阶段:架构分析和架构设计。

架构分析是针对系统关键功能进行的,所谓关键功能是指这些功能的架构优化能让系统整体性能受益。针对这些关键功能定义系统的备选解决方案,向众多备选解决方案分配 MOE,最终通过计算各备选方案 MOE 的总和,来确定最佳解决方案。

在架构设计子阶段,功能性设计可借助 SysML 语言来完成,非功能性设计可借助体系结构分析和设计语言(AADL)完成。SysML 模型可用来描述系统的组件以及它们的交互关系,设计包括用于表达系统过程的要求、结构、行为和基于方程的参数等。应用 AADL 的重点在于建立物理系统体系结构、软件运行时体系结构与计算机平台之间的交互等。基于这两种语言所建立的系统模型,从不同的关注点对系统架构进行建模,从而保证最终获得的系统架构在功能和性能两个方面均满足相应需求。

本阶段的输出产品为系统架构模型和系统运行时架构。系统架构模型对系统的逻辑模型、物理组成及它们之间的关系进行说明,是系统静态结构的描述。系统运行时架构则着重描述系统的动态结构,包括系统运行状态、时序等。

4.3.4.1 系统架构分析与权衡

基于模型的无人机飞行控制与管理系统架构设计遵循图 4-12 中的流程。

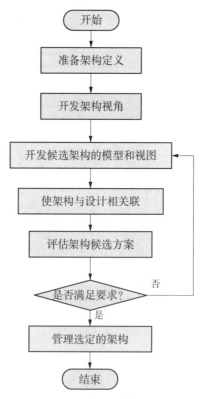

图 4-12　系统架构设计流程

1）准备架构定义

在准备架构定义活动中识别和分析相关市场行业、利益相关方、组织、业务、运行、任务、法律及其他信息；分析系统需求并标记非功能需求；捕获与架构相关的利益相关方的关注点；分析组织资产的复用；建立定义架构的实施途径，捕获评价准则；确保相应使能元素或服务是可用的。

2）开发架构视角

开发架构视角的目的是促进开发者分析和理解系统架构。基于所识别的利益相关方关注点，建立或识别相关的架构视角、用于多类型视角分析和理解的支持模型，以及支持模型和视角开发的相关架构框架。

3）开发候选架构的模型和视图

（1）根据系统需求定义流程，确定系统背景环境（即系统如何适配于外部环境）和边界，包括反应运行场景和期望的系统行为的接口。此任务包括按照拟定的接口控制文件（interface control document, ICD）识别系统及系统的（控制）边界，包括与其他外部诸系统和诸实体之间的预期交互。

（2）确定包括哪些架构实体（如功能、输入/输出流、系统元素、物理接口、架构特征、信息/数据元素、节点、链接、通信资源等），并阐述具有最高优先权的需求（即最重要的利益相关方关注点、关键品质特征及其他关键需要等）。

（3）选择、适应或开发系统的候选架构模型，如逻辑、物理及运行时架构模型等。候选模型需要对关键利益相关方的关注点进行充分的阐述。其中：逻辑模型可包括功能、行为或时间模型；物理模型可包括结构块、质量、布局及其他物理模型；运行时架构模型可包括场景描述、任务流、组织图及信息流等。

（4）针对必须增加的架构实体（如功能、接口）和结构安排（如约束、运行条件），考虑其所诱发而导出的系统需求。

（5）对于组成系统的每个系统元素，考虑分配、对准和区划相对应的需求。

4）使架构与设计相关联

（1）确定反映架构实体的系统元素，将系统需求和架构实体向系统元素区划、对准和分配，建立系统设计和演进的指导原则，在架构定义期间可以使用耦合矩阵（N^2 图），目的是使接口尽可能地保持简单。

（2）使用架构实体的关系在架构实体之间建立分配矩阵。

（3）针对细节层级及架构理解所必需的接口进行定义，该定义包括系统元素之间的内部接口以及与其他系统的外部接口。

（4）确定与系统元素及其架构实体相关的设计特征。

（5）确定增加的架构实体（如功能、接口）和结构安排（如约束、运行条件）所衍生的系统需求。

（6）对于构成系统的每个系统元素，开发与架构实体及系统需求到系统元素相关的分配、对准和区划。

5）评估架构候选方案

使用架构评价准则，通过应用系统分析、测量和风险管理流程来评估候选架构。该过程本质上是基于一系列平衡的优化目标，对系统架构的效果进行比较。例如，可针对每个候选架构方案按照"0～10"的分数进行打分，并按照评价准则的权重系数计算每个方案的加权和，总权重分数最大的方案即为根据设计标准集合所能提供的最优均衡架构解决方案，如表4-2所示。

表4-2　候选架构评价

架构解决方案	评价准则										总权重得分
	架构战略考虑因素1		架构战略考虑因素2		架构战略考虑因素3		架构战略考虑因素4		架构战略考虑因素5		
	权重	得分	权重	得分	权重	得分	权重	得分	权重	得分	
方案1	7	7	5	3	3	6	2	9	1.5	4	106
方案2	7	4	5	8	3	5	2	3	1.5	4	95

优选架构通过应用决策管理流程来完成。如果在本阶段经过评价，发现现有候选架构均不能满足预期要求，需要回到"开发候选架构的模型和视角"阶段探索其他可能的架构。

6）管理选定的架构

（1）保存针对所有候选架构方案进行选择的理由、依据，以及对架构、架构框架、视角、模型种类和架构模型的相关决策。

（2）对架构的维护和演进进行管理，包括架构实体及其特征（如技术的、法律的、经济的、组织的和运行的）、模型和视图等，并且包括架构的协调性、完整性，以及架构在实施和运行中的经验。

（3）建立架构治理的手段，对角色、职责、权限及其他控制功能进行治理。

（4）协调架构的评审以达成利益相关方协议，利益相关方需求和系统需求可作为主要参考。

4.3.4.2　系统架构设计

系统架构设计的主要工作是将系统功能性需求和非功能性需求分配到架构

结构中。分配过程是迭代进行的,基于对系统各项性能、安全性、可靠性等指标进行建模分析的结果,可实现针对不同分配方案的选择。

1) 需求分配

在本阶段首先需要定义系统架构层次化分解的结构部件。基于架构分析的结果,用例被分解成与系统架构相关的部件,可通 SysML 的模块定义图和内部块图来进行描述。

在上述工作的基础上,将系统功能分析阶段所识别出的用例操作分配到各系统结构部件。本活动以黑盒活动图为基础,用泳道对活动图进行分区,每个泳道代表一个部件。分配操作的基本要求是保持活动间最初的连接关系不变。以上过程即是黑盒活动图到白盒活动图的转化。通过不断的迭代、细化,会得到更多的、层次化的部件。

图 4 - 13 是前文所述演示系统细化后的组成图,图 4 - 14 展示了细化后的顶层部件间的数据交联关系,图 4 - 15 是借助工具生成的顶层部件间数据说明矩阵,图 4 - 16 对图 4 - 14 中的主飞控计算机(primary flight control computer, PFCC)部件内部关系进行了进一步的描述。

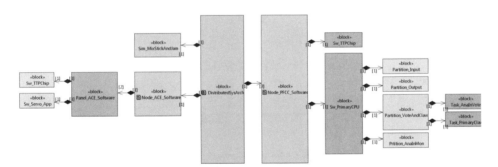

图 4 - 13　细化后的系统组成图

2) AADL 建模

体系结构分析与设计语言(architecture analysis and design language, AADL)由国际自动机工程师学会(Society of Automotive Engineers, SAE)于 2004 年提出,是一种面向性能关键实时系统,用来分析、设计软硬件体系结构的图形与文本相结合的国际标准语言。AADL 能够描述可执行平台组件(包括处理器、内存、通信、与外部环境的设备接口等)的接口和属性,也可以描述应用软件组件间的接口及其属性,如线程、进程和运行时配置等。其元模型表示法如图 4 - 17 所示。

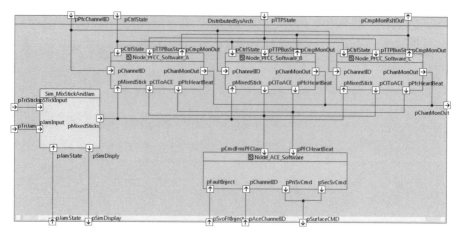

图4-14 细化后的系统 IBD(白盒)

		A	B	C
		功能需求	功能组件	组件说明
1	Alc_ACE_CalcSurfacePos	CalcSurfacePos	Task_Servo_Claw	伺服控制计算（ACE节点）
2	Alc_ACE_Der_Input		Task_ACE_Input	伺服控制信号输入（ACE节点）
3	Alc_ACE_Der_Output		Task_ACE_Output	伺服控制信号输出（ACE节点）
4	Alc_ACE_TTP_Chip		Sw_TTPChipInACE	TTP协议芯片功能（ACE节点）
5	Alc_PFCC_CtrlPitchCMD	CtrlPitchCMD	Task_PrimaryClaw	主控制律（PFC节点）
6	Alc_PFCC_Der_Mon		Prtition_AnaInMon	信号监控（PFC节点）
7	Alc_PFCC_Der_Vote		Task_AnaInVote	信号表决（PFC节点）
8	Alc_PFCC_TTP_Chip		Sw_TTPChipInPFCC	TTP协议芯片功能（PFCC节点）
9	Alc_SIM_MixStickAndJam	MixStickAndJam	Sim_MixStickAndJam	激励注入（仿真实现）

图4-15 部件间数据接口(部分)

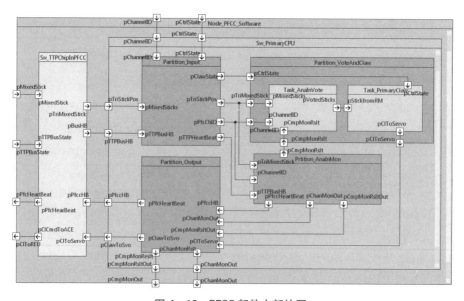

图4-16 PFCC部件内部块图

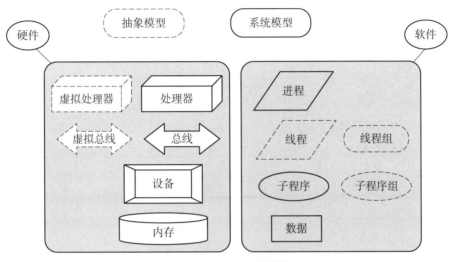

图 4‑17　AADL 元模型

　　基于 AADL 模型可进行多样化的非功能需求分析,为系统及软件的架构设计和实现提供依据。AADL 能够描述性能关键系统的时间需求、故障和错误行为、时间和空间分区、安全性和验证等重要因素。使用这些描述,系统设计师能够分析系统及其部件的可调度性、资源利用率和安全性。AADL 分析能力的概要如图 4‑18 所示。

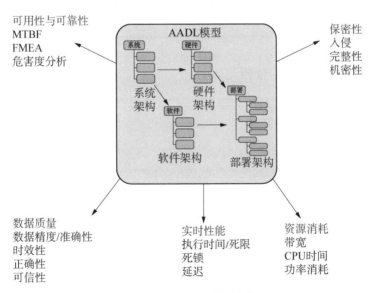

图 4‑18　AADL 分析能力

4.3.5 系统功能分析向软件的交付

基于系统工程的开发流程中,系统功能分析向下交付的最重要交付物是基线化的可执行模型,其次是从模型衍生出来的 HW/SW 需求规格、ICD 等文档。交付的内容和范围根据项目的大小和组织结构而变化。

如果开发中的系统(system under development)完全由软件构成,系统工程的工作可在功能分析阶段完成后交付,交付物为可执行的用例模型。如果从组织架构上分为系统开发和子系统开发,那么系统工程可在第一步分解时交付给子系统开发,交付物为独立可执行的子系统模型。如果系统工程的交付直接面向 HW/SW 开发部门,交付物为独立的 HW/SW 可执行模型。

通常交付物包括以下内容:

(1) 基线化的可执行模型;

(2) 系统操作(operation)的定义,包括对系统功能性和非功能需求的追踪关系;

(3) 端口/接口的定义,ICD 文件等;

(4) 系统/子系统级别的状态行为描述(状态机);

(5) 系统测试用例,从系统级的用例场景推导而来;

(6) 被分配到子系统的功能性/非功能性需求。

系统交付给下游的模型可以通过模型转换工具,转换为适合在下游专业使用的模型,如图 4-19 所示。例如,可以将 Rhapsody 模型转换为 Simulink 或 SCADE 模型,便于软件专业开展基于模型的软件开发工作。

4.4 基于模型的软件分析与设计

4.4.1 软件需求分析

4.4.1.1 概述

软件需求分析为系统实施建立高层次(high-level)的软件需求。通过软件需求分析,可生成相应的软件需求文档(SRD),其中定义了功能性需求、性能需求,以及系统软件的内部接口和外部接口,还包含软件需求文档到系统需求规范(SRS)的追踪信息。

软件需求文档开发过程及主要活动如图 4-20 所示。

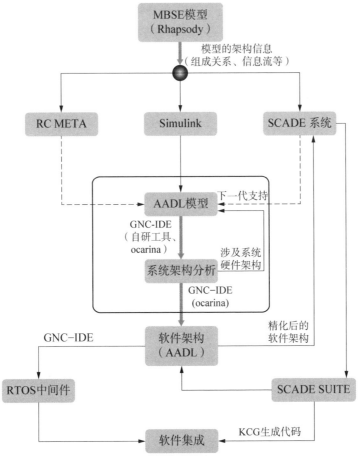

图 4-19　不同模型间的转换关系

4.4.1.2　定义运行方案说明

定义运行方案说明主要有以下两个子活动。

（1）开发运行方案说明：运行方案主要包括功能、性能、维护、保障、处置等相关方案。根据利益相关方的需要、期望和约束，并考虑适当的详细程度，标记和开发相符合的场景，后续预期的产品就在该场景中运行。

（2）定义产品运行环境：定义产品将要运行的环境，包括边界和约束等。例如，定义产品运行环境可包含硬件资源需求（见表 4-3）和软件运行环境需求（见表 4-4）。

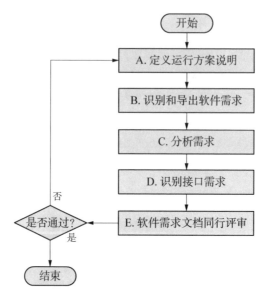

图 4 - 20　软件需求文档(SRD)开发过程

表 4 - 3　计算机处理器模块硬件资源需求(例)

硬件资源配置	指令支路	监控支路
中央处理器	采用 Intel MG80486DX2 - 66 内含 80487 NPX(协处理器) 工作频率:40 MHz;	采用 ATMEL PC755BVEGH300LE 字长:64 bits 工作频率:233 MHz
存储器	ROM:容量 2 048 KB; SRAM:1 MB×8 bit; NVM:128 KB; CACHE:8 KB×8 bit	FLASH ROM:8 MB; SRAM:128 MB×8 bit, NVM:128 KB; 指令和数据 CACHE:各 32 KB× 8 bit
定时器	可编程定时器:3 个	可编程定时器:3 个
中断控制器	非屏蔽中断和矢量中断 优先权可设置、中断源可屏蔽、触 发方式可选择	矢量中断:5 路外部中断源输入,优 先级别固定,可嵌套,上升沿触发
矢量中断源	3 个定时中断	3 个定时中断
可编程串行口	数量:2 路 RS232/RS422 波特率:38.4 KB	数量:2 路 RS232/RS422 波特率:38.4 KB
可编程看门狗电路	看门狗由软件每 20 ms 触发复位	看门狗由软件每 20 ms 触发复位

表4-4　计算机软件运行环境需求表(例)

序号	类型	工具名称	版本	生产厂商	运行平台	主要用途
1	嵌入式操作系统	VXWORKS	V5.5	风河/美国	POWERPC	操作系统

4.4.1.3　识别和导出需求

该活动对《系统需求规格说明》文档中所规定的用户要求,或系统分配给软件的需求,用适合于该软件项目的方法识别和导出软件需求。

可选择的需求分析方法的如下:

(1) 功能分解;

(2) 面向对象的分解;

(3) 折中研究;

(4) 建模。

在识别和导出需求活动中,可使用数据流图来进行功能的分解,并识别出功能接口。通过数据流图直观地表示不同功能间的相互关系(包含层次关系和数据交联关系等)。

例如,某无人机飞行控制系统的启动方式有两种:空中启动和地面启动。因此,对于初始化功能就可划分为空中初始化功能和地面初始化功能两类。通过数据流图模型对上述系统初始化功能进行分解(见图4-21),从而识别出功能

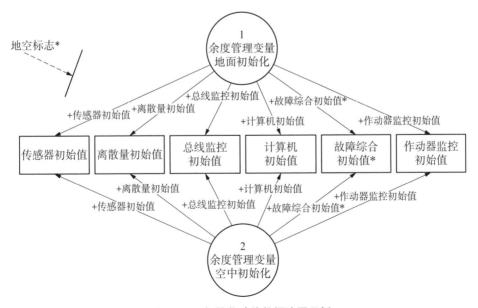

图4-21　初始化功能数据流图示例

间的接口关系。所要初始化的数据包括传感器数据、离散量数据、总线监控数据等。针对不同的初始化功能(空中初始化功能和地面初始化功能),需要设置的初始化值不同,因此需要根据"地空标志"进行相应的判断,确定系统所要执行的功能是空中初始化功能还是地面初始化功能。

4.4.1.4 分析需求

分析需求过程主要涉及以下三个子活动。

(1) 分析软件需求的计算机软件配置项(computer software configuration item, CSCI)能力需求。

定义和记录每个 CSCI 要满足的软件需求,包括所需的状态和方式、能力、外部接口、内部接口、内部数据、适应性、安全性、保密性、环境、计算机资源、质量因素、设计约束、合格性、需求可追踪性等方面,确保满足每项需求所使用的方法,以及软件需求与系统需求之间的可追踪性。

(2) 确定需求的优先顺序和关键程度。

分析对成本、进度、功能、性能有严重影响的关键需求,以确定需求的属性,如优先顺序和关键程度等。

(3) 分析需求以平衡利益相关方的需要和约束。

在进行需求分析的过程中,需要考虑利益相关方需求及各种约束之间的平衡。

4.4.1.5 标记接口需求

标记接口需求主要包括以下两个子活动。

1) 识别产品的外部和内部接口

根据对用户需求的分析,标记确定产品功能之间或对象之间的各种接口。

2) 开发已标记的接口需求

开发已标记接口的需求定义,可使用其信源、信宿、激活源,以及软件的数据特性等来描述。

(1) 首先,根据系统架构和外部连接关系,捕获该系统软件的接口;

(2) 然后,对捕获的软件接口进行标记和定义;

(3) 最后,详细描述各种接口的类型、来源、接收者及所传输的数据块等信息,以定义各接口所传输的数据块的属性。例如,某 429 总线接口的详细描述如表 4-5 所示。

表 4-5　429 总线接口详细描述

接口类名称	接口名称	唯一标记	接口类型	来源	接收者	数据块名称
429 总线	××控制参数	SRD - FC - 429. OUT - IF - 01	实时数据传送	飞控计算机	激光惯导系统	FC - LINS - 001
					光纤惯导系统	FC - FINS - 001

4.4.1.6　软件需求文档评审

通常由项目软件主管组织参与项目的软件人员和利益相关方按照《同行评审规程》对需求分析工作及产品进行同行评审,评审结果记入需求分析同行评审报告,所有问题归零后将工作产品纳入受控库进行配置管理。

4.4.2　软件架构设计

软件架构设计是嵌入式实时系统软件开发过程中的重要阶段,它处于软件需求分析和软件部件设计/详细设计之间。

开展软件架构设计的前提条件如下:

(1) 已完成系统需求开发,并将分配给软件的需求(包含功能需求和非功能需求)传递给软件开发团队;

(2) 软件开发团队已完成软件需求分析工作,识别和确定了待开发软件的需求及基本属性。

软件架构设计的主要目的是基于不同的视角,采用合适的表示方法描述软件架构。

软件架构设计需要考虑以下三个层次的内容:

(1) 软件系统分解层级关系,如子系统、模块或组件等,关注子系统和组件的外部视图、接口及与其他子系统或组件的交联关系;

(2) 软件质量特性应在开发软件架构时考虑;

(3) 软件架构在功能和非功能两个方面都满足软件需求。

软件架构设计主要包括以下三个子活动。

1) 软件体系架构设计

软件体系架构设计需要对整个软件项目进行划分,并组织软件项目组进行软件的体系架构设计,主要包含如下内容:

(1) 对所有软件部件和单元进行唯一标记;

（2）给出系统状态和模式；

（3）部件间的主要接口及产品的外部接口；

（4）说明每个软件部件的用途；

（5）说明 CSCI 计划使用的计算机硬件资源，含处理机能力、内存能力、输入/输出设备能力、辅存能力及通信/网络设备能力等。

2）执行方案设计

通常由项目系统组与项目软件组共同确定软件的执行方案，即 CSCI 运行时软件单元间的相互作用情况，如执行控制流程、动态控制序列、状态转换图、时序图、单元间的优先关系、中断处理、时序/排序关系、例外/异常情况处理、并发执行、动态分配与去除分配、对象/进程/任务的动态创建/删除，以及动态行为的其他各相关方面。

例如，某执行方案设计如图 4-22 所示。

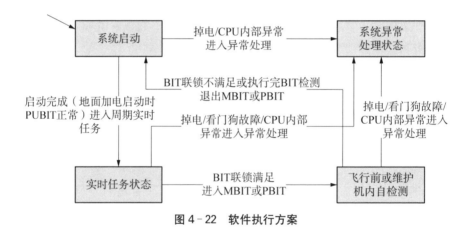

图 4-22　软件执行方案

3）接口设计

由项目系统与项目软件人员合作给出接口标记和接口图，以正确描述接口。通过项目唯一标记符来标记接口，从接口实体角度对每个接口进行说明，包括接口实体类型、接口实体提供的存储/发送/访问/接收的各数据元素特性、接口实体采用的通信方法特性等。

4.4.3　软件可视化建模与集成

4.4.3.1　软件可视化建模

文献[5]在分析了 MBD 方法的优势与劣势后，给出了软件需求是否通过

MBD 方法进行实现的划分原则与建议如下：

（1）偏重于数值计算和逻辑计算的需求可采用 MBD 方式实现，例如信号处理算法、控制律、余度管理算法、故障诊断逻辑等；

（2）非数值与逻辑计算的需求，与硬件资源密切相关的需求建议采用非 MBD 方式实现，例如信号采集、输出信号管理、设备的自检等。

目前，主流基于模型的设计工具包括 Matlab/Simulink 和 SCADE。在采用工具进行模型设计时，应遵循一定的模型设计准则，从而保证模型的可靠性和健壮性。以采用 Matlab/Simulink 进行建模设计为例，建议遵循以下设计准则。

1）命名规则

（1）命名高层需求中带上下标的名字时，建议在上下标前加下划线，下标在上标之前，如 Pressure 命名为 Pressure_S_T。

（2）命名高层需求中带索引的名字时，多数情况无须附加索引，若要加索引，建议索引以小写字母，前面加下划线，如 Level(i, j)命名为 Level_i_j。

（3）建议类型的命名能体现该类型数据的性质，而不应该根据该类型的某个变量进行特殊命名。

（4）建议结构类型的成员标签能反映其在应用领域的真实用途。

（5）建议使用祈使形式命名操作符，以反映其功能。

（6）当一个操作符有多张实现框图时，每张实现框图的命名都应该反映其功能特征，否则编辑器将自动保留其默认名称。

（7）状态机的命名建议为以下几种形式。

a. 系统功能：建议使用祈使形式命名（一拍或固定拍数的）短暂行为，如 ResetAlarms；使用现在进行时或者祈使形式命名任意拍数的行为，如 DisplayingPosition。

b. 系统状态：使用现在进行时命名，如 Loading。

c. 系统等待：使用现在进行时命名，如 WaitingForAuthorization。

d. 如何到达该状态：使用过去式形式命名，如 ActionCompleted。

2）数据类型和数据流结构

（1）处理一组类型或功能用途不同的数据时，建议使用结构。

（2）处理一组类型和功能用途相同的数据时，建议使用数组。

（3）模型的所有输入都必须明确数据类型（例如 float、int32、uint32、Boolean）。

（4）当变量或函数输出只存在 2 个布尔语义的逻辑值时，建议声明为 bool 型，建议类型的命名与数据的真实值相关，如当数据有效时，IsValid 表示 true。

3）可追踪性

Simulink 中的低层需求集合包括实现框图（除架构图外）、状态及状态迁移。架构图没有显性描述设计行为，仅仅组合了设计元素以便其追踪到相关的需求，因此不是低层需求。高层需求和低层需求之间需要建立追踪，因此提出如下建议：

（1）如果某些行为或定义同时与多条高层需求相关，那么建议在不同的实现框图中分别实现这些行为或定义（即将相同的需求部分拆分到各个设计中实现）。

（2）如果一个实现框图中包含了与多条高层需求都相关的公式，那么这些公式的定义应该非常具体，而且每条相关的高层需求都应该在这个实现框图中被完整处理。

4）可读性和复杂性

（1）明确功能实现：即设计要清晰地表达所实现的功能，例如某节点包含计数功能，那么建议调用库节点"counter"，而不是直接在当前节点中构建计数器。

（2）避免凌乱布局：可将操作符内容放在多个实现框图中表述；一个输入在同一实现框图中能出现几次；当实现框图的一部分过于复杂或者框图数量过大时，建议考虑将实现内容封装到操作符中。

（3）功能依赖关系：当前拍的功能依赖关系可以通过上下左右布局体现。

（4）层次约束：建议模型嵌套的层次不要超过 3 层，层次过多会对模型的可读性和可测试性造成较大的影响。

5）混合使用 Simulink 及 Stateflow

选择 Simulink 还是 Stateflow 来对控制算法的一部分建模，要根据算法的特性来决定。

（1）如果主要涉及逻辑操作，应选用 Stateflow。

（2）Stateflow 用来实现模型逻辑：根据当前及之前逻辑条件的组合决定当前控制函数的执行。

（3）如果主要涉及数值操作，应选用 Simulink。

（4）如果主要完成逻辑操作，但也会进行部分数值计算来支持逻辑操作，最好用 Stateflow 活动语言来实现简单的数值函数。

（5）如果主要完成数值计算，但也会进行部分逻辑操作来支持数值计算，最好用 Simulink 实现简单的逻辑运算。

（6）如果主要完成逻辑运算，但会进行一些复杂的数值计算来支持逻辑运算,应该使用 Simulink 子系统来实现数值计算,并在 Stateflow 中通过函数调用引用该子系统。

(7) Simulink 用来实现包含连续值状态的数值表达式,如微分、积分、滤波器等。

4.4.3.2　集成

集成分为软件集成与软硬件集成两个阶段。

软件集成可在全数字集成环境中完成,软硬件集成需在目标环境中完成。

软件集成将 MBD 自动生成的代码和手写代码进行集成,并根据软件需求开展软件功能调试,验证软件设计是否满足需求。软硬件集成将完成软件集成调试的软件导入目标硬件中,验证软件是否满足系统需求。

需要注意的是,集成过程在产品开发过程中是必需的,但是在功能性开发过程中并不是必需的。

4.4.4　基于模型的软件测试与验证

目前,基于模型的软件工程在众多行业特别是航空航天领域已经得到了广泛应用,在飞行控制系统、发动机控制系统及机载航电系统的设计中,都已经开始逐步采用基于模型的设计和验证。

其中,基于模型的测试技术是软件测试领域的一种测试方法,依据形式化规约或模型规定的预期行为来检查被测实现运行结果的正确性[6]。文献[7]对当前基于模型的测试技术的通用模型、测试用例生成方法、测试目标选择方法等进行了综述,并对基于模型的自动化测试工具、应用时间进行了概述。在此重点对基于模型的测试方法的工程应用实践进行介绍。

对应 DO-178C[8] 附件 DO-331[9] 的要求,在采用基于模型的验证过程中,验证的重心转为对模型的验证,并提出一系列新的模型级验证技术,比如模型检查、模型仿真、模型覆盖率分析、形式化验证等。以下分别针对其中三个方面进行阐述。

1) 模型检查

模型检查主要包括两个方面。一方面是模型设计规范性检查,主要是依据模型设计规范,借助工具进行规范符合性检查,主要包括模型设计中涉及的命名规则、数据类型和数据流结构、可追踪性、可读性和复杂性、可重用性、模型设计的健壮性要求等;另一方面是生成代码与模型一致性检查,模型设计完毕后需要利用代码生成器生成源代码,借助工具对生成代码与模型的一致性进行检查。

以上两个方面所用到的工具(或工具组件)均需要进行工具鉴定(或有适航认可的资质包)。

2) 模型仿真

模型仿真对于软件验证来说主要指的是在模型仿真环境下,依据模型设计需求(或称软件高级需求),进行基于需求的模型功能性测试。

模型仿真环境一般都内嵌于模型开发环境(如 SCADE、Matlab)中,能够为模型生成测试驱动(包括模型的输入激励、模型调度)、模型的动态执行及输出结果的记录。验证人员依据软件设计需求,设计模型功能测试所需的输入组合和对应的理论输出,通过模型的动态执行,观察模型的实际输出,并将理论输出与实际输出进行比对,最终判断模型的功能是否达到预期。

若能够采用脚本技术来实现模型输入的注入过程,则可以进一步实现模型测试的自动化执行功能。自动化测试使得模型测试的版本迭代、重执行速度等得到大幅提升,验证人员需要具备测试脚本的开发能力。

3) 模型覆盖率分析

模型覆盖率分析支持在设计模型中检测非预期功能,验证用例对需求的覆盖度。

模型覆盖率分析应使用一个或多个验证技术的输出(用例、规程及结果),这些验证技术包括仿真、测试和(或)其他恰当技术。模型覆盖率分析并不能取代需求和模型间的追溯性分析。根据计划过程的定义,如果追溯性数据能够满足对模型覆盖率分析标准的评估,那么追溯性分析也能支持模型覆盖率分析。

模型覆盖率分析的标准可以通过多种方式定义,但必须与 DO‑178C 的 6.4.2.1 节及 6.4.2.2 节相符。另外,标准必须在计划过程中定义,并且在软件验证计划中指明。表 4‑6 显示了在模型覆盖评估中使用的标准的例子。

表 4‑6　模型覆盖标准示例

典型完成标准	基于模型开发需求的验证用例和理由	基于模型中包含的需求的验证用例和理由
功能中所有特性的覆盖,如看门狗函数触发	推荐	—
对状态机:所有转移的覆盖	推荐	—
对逻辑等式:所有决策的覆盖	推荐	—
对数值运算的所有等价类及边界值	推荐	可选
衍生需求的覆盖	—	推荐

模型覆盖率分析主要分为需求覆盖率分析和结构覆盖率分析。

DO－178C 附表 A－7 第 3 条,软件高级需求(模型设计需求)需达到测试覆盖率。需求覆盖分析要证实:通过基于需求的验证用例,所验证的设计模型覆盖率与已定义的覆盖标准相一致。在模型功能性测试中,模型功能追踪信息及对应的功能测试结果,是模型需求覆盖率分析的主要依据。通过分析模型功能性测试结果,可以确定每条模型设计需求是否被正确实现,若某条模型设计需求未实现,则意味着模型需求覆盖率未达到要求。此外,设计模型中基于衍生需求的验证用例也应该作为模型覆盖率分析的补充。

模型结构覆盖率用以确认模型测试的完整性。模型结构覆盖率统计模型测试用例在模型仿真过程中覆盖的仿真路径数量。若在需求覆盖率已达标的前提下,存在未被覆盖的模型仿真路径,则说明模型实现了设计需求未预期的设计分支。此种情况下,需要对这些分支进行进一步分析。若属于设计错误,则需要提交问题报告并告知软件设计人员;若属于衍生需求,则需要进行相关的测试以确保其实现不会影响其他功能的正确性,并对验证的结果进行记录。所有分析过程的数据均需要进行记录,并作为覆盖率分析阶段评审的内容之一。

总而言之,模型覆盖率分析揭示设计缺陷的可能起因,以及解决这些缺陷的附加活动,包括以下几个方面。

(1) 基于需求的验证用例及规程的不足:应改变验证规程或补充验证用例来弥补覆盖率的缺失,用来执行覆盖分析的方法需要重新评审。

(2) 设计模型开发需求的缺陷及不足:应修改设计模型开发的需求,开发额外的验证用例,执行验证规程。

(3) 设计模型表示的衍生需求:应为衍生需求开发适当的验证用例,并且为弥补遗失的覆盖率而执行验证规程。之前未识别出的衍生需求在此应得到识别、证明并提交给系统过程,系统过程包括系统安全评估过程。

(4) 设计模型表示的失活功能:设计模型表示的失活功能应被证明。对于任何配置下都不应实现的设计模型表示的失活功能,应综合使用分析、仿真和测试等方法证明该种实现已经被阻止、隔离或消除;对于只有特定被认可的配置下可以实现的失活功能,应发布这些需求实现所需的可用配置,并开发为满足覆盖目标要求的额外验证用例和规程。

(5) 设计模型表示的非预期功能:包含错误的非预期功能应从设计模型中剔除。

4) 形式化验证

形式化方法正在逐渐融入软件开发过程的各个阶段,从需求分析、功能描述(规约)、(体系结构/算法)设计、编程、测试直至维护。形式化方法的表达方式一般采用形式化模型,在 DO - 333 的 FM. 1. 6. 1 节中,给出了形式化模型的分类和一些例子,主要包含图形模型、文本模型、抽象模型等,并且指出这些模型是基于数学基础构造和定义的。

面向形式化方法的研究分为形式规约和形式验证两个方面。

形式化方法的一个重要研究内容是形式规约(formal specification,也称形式规范或形式化描述),它是对程序"做什么"的数学描述,是用具有精确语义的形式语言书写的程序功能描述,它是设计和编制程序的出发点,也是验证程序是否正确的依据。对形式规约通常要考察其一致性(自身无矛盾)和完备性(是否完全、无遗漏地刻画所要描述的对象)等性质。

形式规约的方法主要可分为两类:一类是面向模型的方法,也称为系统建模,该方法通过构造系统的计算模型来刻画系统的不同行为特征;另一类是面向性质的方法,也称为性质描述,该方法通过定义系统必须满足的一些性质来描述一个系统。

形式化方法的另一重要研究内容是形式验证(formal verification)。形式验证与形式规约之间具有紧密的联系,形式验证就是验证已有的程序(系统),是否满足其规约的要求,它也是形式化方法所要解决的核心问题。传统的验证方法包括模拟(simulation)和测试(testing),它们都是通过实验的方法对系统进行查错。模拟和测试分别在系统抽象模型和实际系统上进行,一般的方法是在系统的某点给予输入,观察在另一点的输出,这些方法花费很大,而且由于实验所能涵盖的系统行为有限,很难找出所有潜在的错误。因此,早期的形式验证主要研究如何使用数学方法,严格证明一个程序的正确性(即程序验证)。形式化验证原理如图 4 - 23 所示。

运用形式化方法可以完成目标软件的控制流模型分析和数据流模型分析,从而完成功能性和安全性分析及验证。

为了满足 DO - 333 中的目标要求,形式化方法需要重点研究以下内容:

(1) 在计划阶段需要考虑形式化方法如何适应整个软件开发生命周期;

(2) 需要考虑建立形式化方法所需要符合的标准,对形式化方法的约束和条件等进行描述,形成独立的标准;

(3) 可执行代码的验证所涉及的形式化方法,主要是目标码和源代码的一

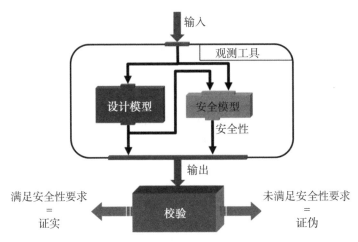

图 4‑23　形式化验证原理示意图

致性验证方法研究；

（4）验证技术方面主要是采用形式化的方法进行模型覆盖率的分析技术研究。

通常，采用形式化方法对模型的有限状态空间进行蛮力搜索，以确认该系统模型是否具有某些性质。未被满足时给出反例，找出系统设计中的细微失误，对于用户排错有极大帮助。

传统测试方法可解决功能性需求验证的问题，但对于安全性需求无法提供完整性测试证据，可通过形式化方法进行有效补充。

目前，常见的形式化验证工具包括 Design Verifier、T‑VEC 等。

Design Verifier(SCADE、Simulink)提取模型关键属性，通过模型分析法确认是否有反例，如进行整数溢出、死逻辑、数组访问越界、被零除及需求违规等缺陷的验证。

通过有效值域边界搜索法，可利用 T‑VEC 补充测试用例，与人工设计测试用例相比，通过形式化建模方法生成的用例全面、客观、准确度高，并且能有效补充人工设计的测试用例。

针对商用工具在测试验证方面的不足，用户还可主动根据领域不同或目标（DO‑178C 中 71 个目标）不同，对商用工具的测试验证功能进行定制化开发，以满足特定的使用需求。

4.5 操作系统和软件集成开发环境

4.5.1 安全关键嵌入式操作系统

1) 嵌入式实时操作系统概述

实时操作系统意味着能对来自外界的作用和信号在限定的时间内做出响应。它强调的是实时性、可靠性和灵活性,与实时应用软件相结合成为一个有机的整体,并起着核心作用,由它来管理和协调各项工作,为应用软件提供良好的运行环境及开发环境。

从实时操作系统的应用特点看,实时操作系统可以分为两种:一般实时操作系统和嵌入式实时操作系统。一般实时操作系统与嵌入式实时操作系统都是具有实时性的操作系统,它们的主要区别在于应用场合和开发过程。一般实时操作系统应用于实时处理系统的上位机和实时查询系统等实时性较弱的实时系统,并且提供了开发、调试、运行一致的环境。嵌入式实时操作系统应用于实时性要求高的实时控制系统,而且应用程序的开发过程是通过交叉开发来完成的,即开发环境与运行环境并不一致。嵌入式实时操作系统具有规模小(一般在几十 KB 内)、可固化使用、实时性强(在毫秒或微秒数量级上)等特点。

2) 高安全高可靠余度嵌入式实时操作系统

高安全高可靠的余度嵌入式实时操作系统(以下简称 MRTOS 操作系统)是安全关键系统,特别是余度系统应用开发的嵌入式实时操作系统。已成功应用于多型电传飞行控制系统、自动驾驶仪系统、控制增稳系统、发动机控制系统等安全关键系统,满足系统对实时性和高可靠性的要求。

MRTOS 操作系统是自主研发的具有自主知识产权的操作系统,它具有如下显著特征:

(1) 采用优先级抢占策略,满足强实时任务调度要求。

(2) 安全可靠的任务间通信机制、任务调度和内存管理的确定性保证了操作系统的安全性和可靠性。

(3) 强实时自适应的多余度同步,保证了余度任务的同步,满足安全关键余度系统应用的开发。

(4) 内核具有高度健壮性、安全性,且其功能精炼。与通用操作系统相比,内存、CPU 资源的开销小,内核调度安全可靠、处理过程透明、有效。任务间通信机制上采用黑板模式,保证任务不会发生优先级逆转。

（5）分层化设计及灵活便利的系统配置管理接口，增强了系统在多种处理器平台和多种总线架构中的可配置性和可移植性。

（6）具有完善的开发、调试工具链支持，以及友好的用户界面，满足安全关键余度系统应用开发。

目前，MRTOS 操作系统支持的处理器包括 X86 系列、PowerPC75X 系列及 PowerPC Book E 系列，未来将支持更多的处理器应用。MRTOS 操作系统短小精悍，基本功能组件不超过 10 KB，任务上下文切换时间、中断响应延迟精简，内核开销不超过总开销的 0.3%。

3）时间触发操作系统

时间触发架构是一种基于分布式的、各计算单元之间通过总线互连的计算机系统架构，时间触发技术是面向安全关键系统、分布式计算机架构操作系统的最佳解决方案之一。时间触发操作系统（TTOS）是航空工业自控所自主研发的面向分布式安全关键冗余系统的新一代嵌入式实时操作系统，其主要架构如图 4 - 24 所示。

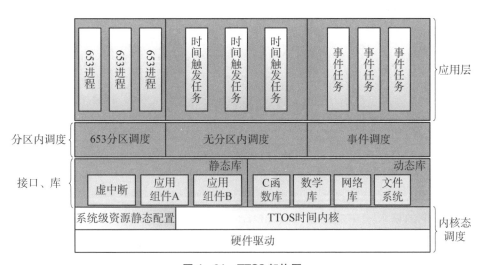

图 4 - 24　TTOS 架构图

TTOS 具有确定的内核调度、可靠运行空间保护和健壮的任务间通信机制，通过构建全局统一的时钟机制，为分布式系统提供分布协同的运行平台。该操作系统适用于新一代航空飞行器管理系统（VMS）、飞行管理系统（FMS）等安全关键分布式系统，以及高铁列控、汽车电子等安全关键领域，可以与时间触发计算机架构（基于 659 总线计算机、TTE/TTP 计算机）一体，形成基于时间触发的计算机体系机构的整体解决方案。

TTOS 使用微内核技术,内核调度在内核态下仅完成必需的基本硬件管理和调度工作,所提供更多的是以库的形式在用户态下提供的服务,以及对真实硬件状态的虚拟抽象。在其上的空间分区中,可以根据安全等级要求,进行不同的二级调度实现,以支撑具体的应用任务。

TTOS 具有以下技术特征:

(1) 应用分区空间的隔离与保护,为应用空间和操作系统内核空间的访问权限提供完备的空间保护;

(2) 基于时间触发的调度,为进程提供确定的分时保护;

(3) 构建全局时钟,任务以时间为触发源,易于实现分布节点的协同控制;

(4) 健壮的分区间通信,为应用分区提供安全、确定的通信机制;

(5) 提供多级健康监控机制,实时监控内核调度,提高系统的鲁棒性和可靠性;

(6) 基于分区隔离的虚拟机和分区内的二级调度,可实现满足时间调度确定性要求的分区内事件型混合调度,在保证系统确定性的前提下,为系统应用的部署提供可扩展服务接口;

(7) 微内核设计,提供 Fat/YaFss 文件系统、嵌入式数据库、网络协议站等可裁剪的公共服务组件;

(8) 具备满足实时 POSIX 接口标准的运行库,以及满足 ARINC653 标准 PART1 的 APEX 接口。

4.5.2　集成开发环境

1) 概述

早期的嵌入式集成开发环境(integrated development environment, IDE)主要由第三方工具公司提供,为不同操作系统的不同处理器版本专门定制,如美国 Microtec Research 公司的嵌入式系统开发环境 Xray 曾为 VRTX、pSOS 等定制。随着用户对嵌入式 IDE 的需求大增,众多 RTOS 供应商开始发展自己系列 RTOS 的 IDE,目前国外较流行的嵌入式 IDE 主要有以下几种:

(1) WindRiver Systems(风河系统)公司的 Tornodo 开发环境;

(2) ISI 公司(已被风河系统公司兼并)的 pRISM+;

(3) Microtec 公司的 Spectra;

(4) Microsoft 公司的 VC++嵌入式 Toolkit;

(5) Metrowerks Inc. 的 CodeWarrior IDE 等。

以上几种典型的嵌入式 IDE 虽然能够解决大部分集成开发调试需求及特定处理器的问题,但是需要与自身厂家操作系统配合使用。例如,风河系统公司的 Tornodo 开发环境,它作为交叉开发环境中运行在主机上的部分,Vxworks 操作系统是其基本运行环境不可或缺的组成部分,并且 Tornodo 开发环境中封闭性的开发工具,使得用户无法根据特定的集成开发需求对 Tornodo 工具进行扩展。其他嵌入式 IDE 也有类似的扩展问题,这种嵌入式集成开发环境的接口设计架构限制了用户对调试开发需求的增长,也不便用户进行高效的软件开发及调试工作。

2) GNC - IDE

GNC - IDE 是航空工业自控所研发的一款面向 GNC 领域的安全关键嵌入式软件研发环境。GNC - IDE 基于 OSGi 开放性框架,为嵌入式开发环境的上位机工具集成提供统一标准的接口,为上位机工具的"USB"式的集成提供框架。

GNC - IDE 具有以下核心功能:

(1) 嵌入式软件开发、调试,支持多项目工程管理,提供安全可靠的编辑/编译/链接,支持 C/C++编程语言。

(2) 多目标机管理,多余度系统的同步调试、多通道加载、固化,支持分布冗余的系统架构,支持多种调试通信链路(网口、串口、1394B 等)。

(3) 安全关键的自主操作系统融合(MRTOS/TTOS)及系统蓝图配置。

(4) 支持 GNC 软件构件集成及配置工具集成。

(5) 支持基于 AADL 建模分析。

(6) 支持 DOORS、SCADE、TESTBED、CC 等商用工具的集成。

4.6 展望

值得一提的是,在面向安全关键的机载软件领域,其他一些先进的技术也逐渐得到推广与应用,如软件使能控制技术、基于特征的软件产品线工程等,特别是 OpenGroup 发布的 FACE(future airborne capability environment)标准,这些新的技术和标准越来越受到航空领域的软件从业者的关注。

4.6.1 软件使能控制

面向分布式控制系统结构的软件技术近些年有了长足的发展,其中的代表性研究是 21 世纪初美国 DARPA、波音公司、加州大学伯克利分校、佐治亚理工学院、麻省理工学院等机构面向下一代先进无人机（如无人作战飞机等）复杂控制所主导的软件使能控制（software-enabled control，SEC）项目[10]。

SEC 项目的目的在于综合考虑未来无人机控制实现中所面临的各种挑战，包括动态环境、非线性时变控制对象、多速率组任务、大规模分布式系统等，主要针对系统主动建模、系统自适应能力、系统鲁棒性，以及混杂系统控制等关键问题进行相关软件技术研究，促使下列控制目标的实现：

（1）可充分利用系统及其所处运行环境的历史、当前和未来预测信息，提供在线的自适应控制能力；

（2）可灵活配置系统可用的传感器能力和作动器权限；

（3）可实现系统复杂控制模态及其之间相互转换的稳定和鲁棒控制；

（4）可实现各控制子系统之间多模型的协调运作；

（5）可支撑实现大规模的分布式实时控制。

SEC 项目的核心成果之一是开放式控制平台（open control platform，OCP）软件体系架构（见图 4-25）。基于嵌入分布式系统的 OCP 技术在结构上于操作系统之上设计有一层中间件，将应用程序接口 API 等可重用部件与操作系统隔离，从而简化了复杂控制系统的集成，提供了快速在线自适应和重配的灵活性，使得 OCP 具备真正的开放式结构和可重新配置能力。

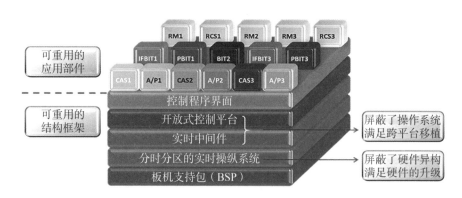

图 4-25　开放式控制平台分层软件架构

4.6.2　基于特征的软件产品线工程

软件产品线工程基于一组共享的核心软件资产，以可管理的特征集为参照，用配置化方法进行软件产品开发，包括文档、模型、代码、算法、参数等，以满足特定项目的个性化需求,是一种大规模软件复用的方法,可显著提高软件研制效率,缩短软件研制周期。基于特征的软件产品线工程包含自动化工具支持的工程化工作产品的配置管理,通过产品反映特征选择的具体形式。

在基于特征的软件产品线工程中,特征是某个在产品线中用于依据其他产品来配置特定产品的独特特性。独特特性(distinguishing characteristic)依赖于组织角色,例如对于某个测试工程师基于一段"是红的还是黑的"需求而言,独特特性可能是启动按钮的颜色,而对于某位公司负责产品战略的副总裁而言,独特特性是未来 3 年公司的哪款汽车会提供自动驾驶功能。

软件产品线工程作为大规模软件复用开发的关键技术与工程方法,已在国外先进企业得到了越来越广泛的应用[11-12],并取得了显著的效果,也成了软件工程技术革新换代的主流技术方向。

4.6.3　未来机载能力环境

FACE 标准[13]是 2010 年由美国海军航空系统司令部发起的,并由开源组织(Open Group)提出的未来机载能力环境策略,2015 年美国空军也开始推广。该标准通过建立开放式的参考架构,制定通用化、标准化的组件互连接口,支持可移植的特定能力软件应用满足军用航空系统,实现满足通用目标、安全和/或保密的可移植组件组成的应用开发。

FACE 构建了一个标准体系,包括业务指南、共享数据模型、技术标准、参考实现指南、符合性策略、库策略及约定指南,覆盖领域工程和产品工程,为标准实施者提供了全方位的指南。FACE 软件架构如图 4 - 26 所示。

FACE 参考架构依据解耦的原则将软件划分为五段:

(1) 输入/输出服务段(IOSS);

(2) 平台相关服务段(PSSS);

(3) 传输服务段(TSS);

(4) 可移植组件段(PCS);

(5) 操作系统段(OSS)。

各段之间采用 FACE 标准规定的标准接口进行通信,从而隔离某一特定部分的变化对其他软件部分的影响,提高软件的复用度。

软件行业的快速发展及相关技术的更新换代,对无人机飞行控制系统软件研制不断提出新的挑战,同时也使无人机飞行控制系统更加智能化,为更好地服务人类提供了有力的支持。

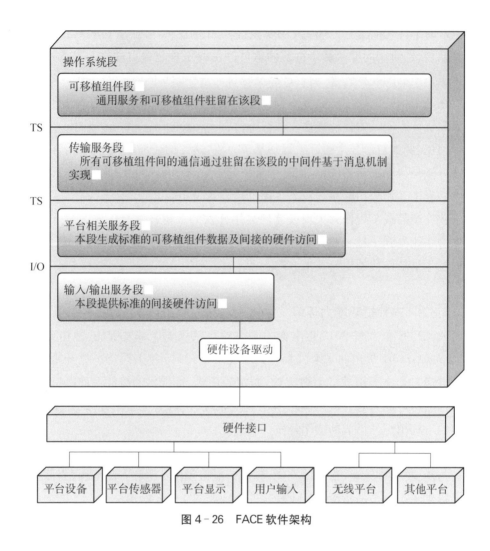

图 4‑26　FACE 软件架构

参考文献

［1］国际系统工程协会(INCOSE).系统工程手册:系统生命周期流程和活动指南[M].张新国,译.北京:机械工业出版社,2013.

［2］张汝麟,宋科璞,等.现代飞机飞行控制系统工程[M].上海:上海交通大学出版社,2015.

［3］Douglass B P.敏捷系统工程[M].张新国,谷炼,译.北京:清华大学出版社,2018.

［4］Gomaa H.软件建模与设计:UML、用例、模式和软件体系结构[M].彭鑫,吴毅坚,赵文耘,等,译.北京:机械工业出版社,2014.

［5］刘富荣.基于模型的商用发动机机载软件开发方法[J].自动化仪表,2013,38(6):26‑30.

［6］ Pretschner A, Prenninger W, Wagner S, et al. One evaluation of model-based testing and its automation［C］//27th International Conference on Software Engineering, St. Louis: 2005.

［7］ 马云云,王金波,张弢,等. 基于模型的方法在软件测试领域的应用与发展[J]. 计算机系统应用,2016,25(6):274 - 278.

［8］ RTCA. Software Consideration in airborne systems and equipment certification: RTCA DO - 178C［S］. 2011.

［9］ RTCA. Model-based development and verification supplement to DO - 178C and DO - 278A: RTCA DO - 331［S］. 2011.

［10］ Samad T, Balas G. Software-Enabled Control: Information Technology for Dynamical Systems［M］. Piscataway: Wiley-IEEE Press, 2003.

［11］ Young B, Clements P. Model based engineering and product line engineering: combining two powerful approaches at Raytheon［J］. INCOSE International Symposium, 2017,27(1): 518 - 532.

［12］ Krueger C, Clements P. Enterprise feature ontology for feature-based product line engineering and operations［C］//The 21st International Systems and Software Product Line Conference, Sevilla: 2017.

［13］ The Open Group. FACE^{TM} (future airborne capability environment) technical standard, edition 3.0［S］. 2017.

第 5 章　无人机导航与定位

　　导航系统作为无人机系统的重要组成之一,对于无人机自主飞行和任务执行十分重要。导航系统的核心任务是要能够实时提供无人机的即时位置、速度、姿态/航向、角速度、加速度等导航参数和运动参数,为无人机的飞行控制和制导功能提供必要的参考信息,以保证能够以要求的精度正确地引导和控制无人机沿着预定的航线飞行,为航路飞行、起飞、着陆及遂行任务等提供重要的支撑保障。

　　本章在介绍无人机对导航系统的需求的基础上,对"全球鹰"无人机导航系统架构进行剖析,分析常见的惯性导航、卫星导航、天文导航等典型的导航技术及相关研制进展,并针对发展趋势进行展望。

5.1　无人机对导航系统的需求

5.1.1　导航概述

　　导航(navigation)作为一种古老的技艺,目前已发展成为一门复杂的、系统的、专门的科学技术门类。《牛津简明英语词典》对导航定义如下:"通过几何学、天文学、无线电信号等任何手段确定或规划载体的位置及航线的方法。"上述定义包含了两个概念,首先是确定载体相对已知参考系的位置和速度,其次是由一个地方到另一个地方航线的规划与保持、回避障碍并避免碰撞。"现在在哪里,运动状态怎样,如何按计划到达目的地?"则是导航系统所要回答的问题,其中"现在"是时间的概念,"哪里"是空间的概念[1]。

　　定位(positioning)指能够参照标准大地测量系统(如世界大地测量系统1984,简称 WGS84),以二维/三维的方式确定载体的位置,是导航的子集;此外,定位包含勘测、绘图、基于位置的服务等多种应用,而导航是其中的一种。按不同的分类方式,定位可分为实时定位和事后定位、静态定位和动态定位以及自定位和远程定位等。随着卫星导航系统的出现,导航与定位的界限变得越来越模糊。

导航系统是用于确定运动载体的位置和速度,并引导载体安全、准确地沿着预定的路线或轨迹,准时到达目的地的装置;同时,导航系统也向载体控制系统及相应的任务载荷提供其所需的加速度、角速度、航向、姿态等载体运动信息,是各类载体不可或缺的重要中心信息源之一。

导航系统的核心任务是准确、即时、全面地提供载体的运动参数和导航参数,而定位是导航的基础,根据载体的位置和姿态/航向信息,就可以计算出到达目标点的距离、航向、目标点方位等导航参数。

所有的导航、定位技术都基于直接定位与航位推算两类基本技术,其中直接定位采用可识别的外部信息直接确定位置。这里的外部信息可以是信号或环境特征,航位推算根据初始位置、初始速度和初始姿态来测量和计算当前的位置、速度和姿态。

根据实现技术途径的不同,导航可以分为无线电导航、惯性导航、卫星导航、天文导航等,以及在此基础上衍生出的组合导航、综合导航和飞行管理技术等。

飞行器由于在空中具有较快的运动速度、有限的留空时间、事故后果严重等特点,因此对导航提出了高精度、高可靠性等要求;同时,飞行器所能容纳的载荷与体积较小,使得导航设备的选择受到较大的限制。自无线电导航技术广泛应用以来,导航已从通过观测地形地物、天体运动及灯光电磁现象改变为主要依靠电磁波的传播特性来实现,部分摆脱了天气、季节、能见度和环境的制约及精度低下等状况。

按照不同飞行阶段划分,导航技术可分为支持航路的导航技术和终端区进近引导技术。其中,支持航路的导航技术主要包括惯性导航系统、陆基无线电导航系统和星基导航系统[典型代表为 GPS 及其广域增强系统(WAAS)和机载增强系统(ABAS)];终端区进近引导技术主要包括仪表着陆系统(ILS)、助航灯光系统(NIS)、局域卫星增强系统(LAAS)。在军事应用中,为了保证导航的自主性和卫星导航拒止环境下的高精度导航能力,地形辅助导航、天文导航、视觉导航、基于战术网络的相对导航技术等也获得快速发展。

随着科技的进步和时代的发展,精确导航越来越受到人们的重视。日益繁忙的航空业务和航空技术的迅速发展,凸显对高精度导航及其实现方法的迫切需求。无论是在商业运输、普通飞行、休闲度假还是在军事行动中,导航不仅仅是保证从 A 地到 B 地的手段,而且也是实现燃料高效利用,保证航班紧凑有序运行,以及避免发生空难的重要手段。在管制空域内飞行,军事飞行必须与民事飞行一样遵守相同的导航规则。在战区内的管制空域内,导航精度将由作战平台的任务需求、武器系统和可能携带的武器来决定。任务导航要求进行航线的优选以躲避地对空导弹和防空炮火的威胁,航线选择还要求具有最大限度隐蔽性的特点。因此,军用飞机除采用所有必要措施以便能够适应在拥挤的空间内与民用飞机一起安全飞行外,还需要降低任务管理功能的复杂程度。

5.1.2 需求分析

机载导航系统是引导载机安全起飞、空中飞行/防撞、着陆/着舰,以及完成威胁回避、武器远距投放等各项预定作战任务所需安全导航功能的不可或缺的关键设备,全程为自动驾驶仪、侦察/火力打击等任务设备提供可靠、准确、实时的位置、速度和姿态/航向等导航参数,导航系统正日益从飞行保障基本系统演变为战斗力的组成部分,在现代飞机航电系统中占有重要的地位。

随着现代战争向信息化战争形态和一体化联合作战模式的逐步演变,机载导航系统不但需要为载机提供在各种复杂环境中进行安全航行的导航保障、支持各种任务要求的导航能力和导航精度,还需要支撑载机作为体系化作战中的节点角色,能够提供一定准确性和空域范围的战场态势感知及指挥引导信息(见图 5 - 1)。

图 5 - 1 导航信息的主要用途(导航、定向、态势感知)[2]

不同的导航应用,其需求也相差甚远,主要体现在精度、数据更新率、可靠性、成本、尺寸、重量等方面,以及在位置和速度之外,是否还需要姿态信息;在军用领域,导航系统应具有隐蔽性,并且能够在电磁对抗环境中满足精度要求。随着科学技术的发展和时代的进步,各类载体对导航定位的要求也越来越高,诸如自主性强、服务区域广、全天候全天时、长航时、定位定姿精度高、实时性好、连续定位、协同定位、导航定位授时一体化等。不同载体对导航系统要求的对比如表 5-1 所示。

表 5-1　不同载体对导航系统要求的对比

项目	先进战斗机	长航时无人机	大型预警机	大型运输机	武装直升机
自主导航能力	高	最高	高	中等	中等
长航时导航能力	中等	最高	高	高	低
导航精度	中等	最高	高	中等	中等
体积/重量/成本	中等	最高	低	低	中等

对于大中型无人机而言,稳定的导航系统是其成功运行的重要保证。在典型情况下,大中型无人机具有航程远、航时长、任务要求精度高,以及可运行于电磁对抗环境下等特点,其特殊的任务使命和运行环境决定了对导航系统的特殊需求。概括地讲,应满足以下几点基本性能要求[3]。

(1) 精确。因为无人机是依靠飞行控制系统来实现自动飞行的,而飞行控制系统的反馈输入主要来自导航解算结果;同时,机载光学/电子摄像等侦察任务设备在实时精确识别或测定目标的具体位置时,对平台的实时位置、姿态/航向、速度和姿态分辨率等也提出了极高的要求,只有在保证"空中平台"精度的基础上才能保证机载侦察任务设备信息的性能,导航系统精度若不能符合设计指标也就在一定程度上意味着任务的失败。因此,导航系统的精度直接关系到无人机的飞行安全和任务效能,要求具备较高的精度。目前,"全球鹰"雷达用导航系统的定位精度可达 4 m,速度精度为 $0.003\sim0.01$ m/s,速度分辨率优于 0.0005 m/s,姿态角精度为 $36''$,姿态角分辨率优于 $1''$,航向精度为 $1'$,航向分辨率优于 $1''$。

(2) 可靠。大中型无人机在执行任务时需要长时间自主飞行,在复杂的电磁对抗环境中,要保证自身的生存和较高的任务成功率,这就要求无人机有极高的自我生存能力。由于无人机高度依赖于数据链接和卫星导航,随着反无人机技术的发展,各种干扰、压制、欺骗甚至接管无人机核心导航系统的技术层出不穷,已对无人机的安全造成了严重的威胁。因此,要求无人机导航系统具有极高的可靠性和自主性,能够根据外部环境和载机资源配置,自主改变导航模式或导航算法,自动获得最优导航参数,以保证在不同条件下满足导航精度要求,并且尽可能保持静默,以使自己被发现、被攻击的可能性最小。

（3）长航时。大中型无人机的运行时间长、活动区域大、运行环境不确定性大，以上的特殊性要求所配备的导航系统具有高度稳定性，一些可用于短程无人机的缓慢发散的导航方法并不适用。因此，在导航系统传感器的选取及系统方案的设计中，需要重点关注长航时的要求。

（4）环境适应性。大中型无人机一般需要长时间飞行在敏感区域的高空，持续对感兴趣军事目标或地理特征进行侦察或勘测，其特殊的任务使命与运行环境决定了导航系统必须具备较强的环境适应能力，能够根据不同的任务目标、任务阶段、任务威胁环境、设备可用性等方面的因素，动态自动选择全部可用的导航信息源，提供一个高质量的导航解。

目前，无人机导航系统主要依赖于惯性导航/卫星导航组合技术，能够较好地满足无人机对导航的实时、连续、高精度等方面要求。在强调自主性的应用场合，系统以惯性导航为主、卫星导航为辅；而在优先考虑成本的应用场合，则以卫星导航为主、低成本惯性导航为辅。表5-2给出了典型无人机的导航配置。

表5-2　典型无人机的导航配置

无人机型号	国家/地区	主要用途	导航设备	设备制造商
全球鹰	美国	高空长航时战略侦察	KN-4072	Kearfott
捕食者	美国	中空长航时多用途	LN-100G	Northrop Grumman
火力侦察兵	美国	察打一体	KN-4073C	Kearfott
猎人	美国	侦察、监视和目标截获	LN-251	Northrop Grumman
X-47B	美国	察打一体	H-764G	Honeywell
神经元	欧洲	侦察、监视、攻击	LCR-100	Northrop Grumman
雕/雪鸮	法国	战场侦察	Sigma 95L	Sagem
猎人B	俄罗斯	侦察监视和打击	—	Sukhoi
苍鹭	以色列	监控与侦察	—	Israeli Aircraft Industries Malat Division

（5）防欺骗抗干扰能力。长期处于和平环境下，以及卫星导航的高精度、使用的便捷性越来越模糊了军用和民用的界限，使人们往往忽视了卫星导航的脆弱性，以及由此引发的导航防欺骗抗干扰问题。2011年伊朗俘获美国RQ-170

"哨兵"无人机事件(见图 5-2),凸显了导航防欺骗抗干扰的重要性。伊方声称之所以能够几乎完整地俘获这架无人机,主要得益于利用了卫星导航的脆弱性,各国技术人员分析认为该事件也主要归因于无人机的卫星导航接收机受到宽频谱电子干扰和 GPS 欺骗干扰。虽然事实真相还有待考察,但此事件给科研人员以极大的启示和警示,无人机在充满电磁对抗环境下工作,其导航设备和遥控设备必须具备强大的抗干扰能力。诸如利用纯惯的精度保持能力及通过惯性辅助提高卫星接收机的动态性能和抗干扰能力,可能将是今后一段时间内解决导航防欺骗抗干扰问题的重要技术手段。

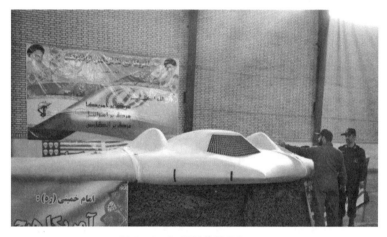

图 5-2　伊朗俘获的 RQ-170

　　(6) 节点间相对运动信息的精确感知能力。传统意义上,机载惯导系统的基本功能是导航,即提供飞机的位置、速度、姿态、加速度、角速度等导航信息和运动信息。目前,机载中等精度惯导系统的精度是 0.8 n mile/h,能够保证航线导航所需的导航精度要求;同时,惯导还在为机载侦察设备、探测设备、武器攻击和投放设备等分系统提供必要的位置、速度、姿态等基准信息,并要求能适应大机动、高动态的环境条件。因此,对惯导系统的精度要求主要将由机载任务设备所需信息的精度来决定。在现代一些高精度探测、精确控制、多传感器任务协同等典型应用场景中,更关注应用对象之间的相对导航信息而不是绝对导航信息,所需的精度是厘米级甚至是毫米级而不是传统的海里级。如在 INS/GPS 超紧组合中,需要精确确定主惯导和 GPS 天线之间的相对运动,这样使得 GPS 的处理过程会更精确且对外部干扰不敏感,从而提高系统的精度和抗干扰能力;在 ESM 应用中,为了对 EM 辐射源精确定位,需要精确知道天线对之间的相对运动;由于运动误差会导致相位误差,进而影响成像质量,因此在高分辨率机载 SAR 的运动补偿中,对天线相位中心的高频运动误差和低频运动误差均有着严格的要求。上述能力对于实现精密探测、目标定位、武器投放等任务具有重要意义。而飞机是一个弹性体,在飞行过程中受气流、载荷变化、发动机噪声等因素的影响,机体会发生结构变形,特别是由气流、机动所导致的机体挠曲变形呈现时变特征,会对高精度时空基准的建立造成严重影响。

在传感器处放置低成本小型化的 IMU,并通过数据总线与主惯形成关联,以相对惯性系统形式获得节点间相对运动信息的精确感知能力的分布式导航系统(见图 5-3)也是未来一种重要的技术实现途径。

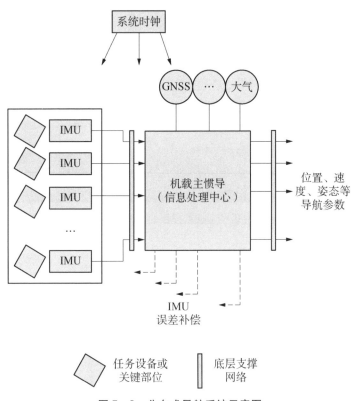

图 5-3　分布式导航系统示意图

5.2　"全球鹰"无人机导航系统架构剖析

以美军方对无人机采取一种分级体系为例,第Ⅰ级用于执行低空长航时任务,第Ⅱ级用于执行中空长航时任务,第Ⅲ级用于执行高空长航时任务。"全球鹰"无人机属于第Ⅲ级,主要用于需要远程部署和执行广域监视目标区的任务。"全球鹰"无人机系统执行任务过程如图 5-4 所示。

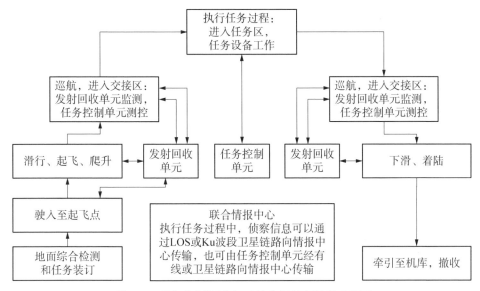

图 5-4 "全球鹰"无人机系统执行任务过程示意图

"全球鹰"无人机作为高空长航时无人机的典范,同时也是航空、航天、材料、电子和信息等技术产业的集大成者,能够在强对抗和对称性作战条件下完成作战任务。其中,稳定的导航系统是保证"全球鹰"生存和成功执行任务的重要保证[4]。针对"全球鹰"的运行环境、任务类型等方面的需求,配置的导航系统的组成和连接关系如图 5-5 所示。

"全球鹰"导航系统主要由设备硬件和机载软件组成,其中硬件包括Kearfott 公司的 KN4072 INS/GPS、大气数据系统和 Vista 公司的综合任务管理计算机,有两套硬件以形成系统冗余;机载软件包括嵌入导航计算机内部的故障检测隔离算法、惯性解算及信息融合算法等。在系统构型和功能方面,导航系统不仅提供了飞行控制所需的导航参数,而且针对 EO/IR 等任务设备的特殊需求,单独为任务设备配备了 Litton 公司的 LN-100G,为任务设备提供连续、实时、准确的导航信息和运动信息,以提升载机的任务效能。在传感器管理方面,综合任务管理计算机采用了开放的结构,通过相应的通信手段连接多个导航传感器,并可根据不同的任务场景和外部环境随时进行设备的切换和重新配置。

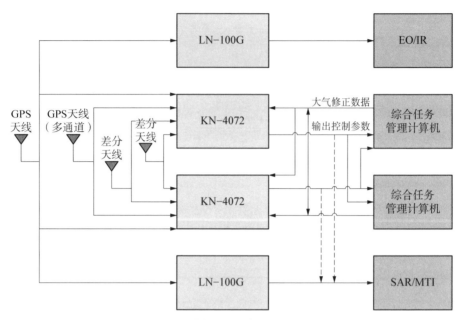

图 5-5　"全球鹰"导航系统的组成和连接关系

在综合任务管理计算机中装备的飞行管理软件完成对导航、飞行控制系统的管理,并可通过 I/O 接口与无人机其他部件进行数据通信。上述应用方式增强了导航系统的容错性和可靠性,保证了"全球鹰"能够有效应对复杂飞行环境和恶劣任务环境的考验。导航系统布局及分析如表 5-3 所示。

表 5-3　导航系统布局及分析

单元	安装位置	功能	套数	应用特点
KN-4072 INS/GPS	串列安装在前电子设备舱中部飞机对称轴线附近	精确测量无人机的姿态和航向等参数	2	基于无人机结构平台,敏感无人机本体的姿态、位置、速度、角速度和加速度等信息
LN-100G	安装在 EO/IR 传感器接收单元上部	为后置处理的精度计算、图形校正等提供姿态等信息	1	随传感器一起运动,直接敏感 EO/IR 传感器的姿态参数
LN-100G	安装在前电子设备舱机身底板上,距离雷达天线较近	为雷达运动成像、精度计算和图形校正等数据处理提供精确的修正参数	1	随传感器一起运动,直接敏感雷达的运动参数

（续表）

单元	安装位置	功能	套数	应用特点
GPS 天线	安装在发动机舱顶部	前部为 C/A 码天线,为 LN-100G 提供位置、高度和速度等参数;后部为多通道天线,为 KN-4072 INS/GPS 提供参数	2	两个天线功能相互独立
DGPS 天线	安装在发动机舱左右两侧		2	相互备份

"全球鹰"无人机导航系统方案具有如下的特点:

(1) 采用两套 KN-4072 INS/GPS、两套大气数据系统、两套综合任务管理计算机的冗余系统架构;

(2) 惯性/卫星组合系统作为主要导航系统;

(3) 具备 INS/GPS/ADS 的组合导航系统结构;

(4) 每套任务设备都有专用的导航系统对其进行辅助;

(5) 多种措施保障系统整体的故障检测、隔离与重构能力。

"全球鹰"无人机导航系统主要功能:

(1) 输出无人机的位置、速度、姿态/航向、角速度、加速度等导航参数,用于飞行控制及导航;

(2) 接收 GPS 及差分位置信息,用于组合导航解算和差分导航解算,并将结果输出至综合任务管理计算机用于综合处理;

(3) 提供 INS/GPS 组合、纯 INS、纯 GPS 等 3 种导航解;

(4) 对综合任务管理计算机输出的大气参数进行分析和修正。

2000 年 1 月,"全球鹰"进行了导航系统的升级,用 KN-4072 INS/GPS 取代 LN-211G INS/GPS 作为主导航设备,为综合任务管理计算机提供飞行控制所需的参数,主要原因在于 KN-4072 INS/GPS 的精度更高,而且具有更好的抗干扰能力,尤其是具有较好的抗声学干扰能力,能使导航系统性能更加稳定;选用 LN-100G 作为 EO/IR 设备和 SAR/MTI 雷达的局部基准,主要是 LN-100G 具有较高的数据更新率和大范围的角度测量能力;采用 OmniSTAR 广域差分 GPS,主要是便于实现异地着陆。KN-4072 惯性导航单元主要参数如表 5-4 所示。

表 5-4　KN-4072 惯性导航单元主要参数

项目		指标
纯惯 (10 min)	位置精度/m, CEP	250
	速度精度/(m/s), 1σ	3
	姿态精度/mrad, 1σ	1
	航向精度/mrad, 1σ	5
INS/GPS	位置精度/m, CEP	10
	速度精度/(m/s), 1σ	0.1
	姿态精度/mrad, 1σ	0.5
	航向精度/mrad, 1σ	<2
INS/DGPS	位置精度/m, CEP	0.4~0.6
	速度精度/(m/s), 1σ	0.05
	姿态精度/mrad, 1σ	0.5
	航向精度/mrad, 1σ	<2
尺寸/cm		$23.1\times13.7\times15.2$
质量/kg		5
供电电压		28 V(DC)

"全球鹰"采用的分而治之策略,没有使用主导航设备来辅助任务设备,每一套任务设备都有自己的导航设备对其进行辅助,保证了任务设备所获得的导航信息和运动信息的实时性和可靠性。当主导航设备发生故障不能工作时,任务设备及其自身的导航设备也能起到导航作用,从而进一步构成了导航系统的冗余设计,提高了导航系统的容错性。

从以上对"全球鹰"导航系统的分析中,可以看出国外对不同任务设备的不同导航和运动参数的需求、机体不同部位具有不同状态的认识程度;同时,由于"全球鹰"的高价值和机舱空间大的特殊性,使得其在为任务设备选用局部基准时对体积、成本方面要求并不严格,如作为主导航设备 KN-4072 质量为 5 kg,尺寸为 23.1 cm×13.7 cm×15.2 cm,而作为局部任务设备基准的 LN-100G 质量达到 9.8 kg,尺寸为 27.9 cm×17.8 cm×17.8 cm;此外,推测是出于对 KN-4072 和 LN-100G 优异性能的信任,在文献中并未看到两者间互为备份或数据融合的功能说明。

5.3 典型的导航技术

无人机导航系统的基本任务是控制无人机按照预定的任务航路飞行,而实现导航的基本条件是必须能够实时确定无人机的位置、速度和姿态等相关参数。无人机飞行控制系统控制的目的是使姿态和航迹参数满足期望的要求,通常控制无人机的运动首先是控制角运动,然后控制其重心轨迹运动。其中,飞行控制系统的内回路是基于姿态角信号反馈为基础构成的飞行姿态稳定与控制回路,内回路同时是实现飞行高度、航向、轨迹等外回路控制的基础,而自主导航飞行则是在飞行导航回路的基础上,通过引入侧偏距反馈构成航迹控制外回路实现的。可见,导航是无人机系统的关键组成环节,性能的优劣直接影响着无人机的使用效能和飞行安全。

按照导航信息的获取方式,可将导航系统分为以下三类。

(1)自主导航设备:由机载装置独立提供完整导航信息或部分导航信息的系统称为自主导航设备,如惯性导航系统、大气数据系统、雷达高度表、磁罗盘、多普勒导航系统等。

(2)卫星导航系统:依靠地面监控设备、空间卫星和用户设备协同工作产生导航信息的系统称为卫星导航系统,本质上也是一种无线电导航系统,典型的如全球定位系统(GPS)、Glonass、BD等。

(3)陆基无线电导航系统:通过电磁波覆盖,依靠地面导航台和用户设备协同工作产生导航信息的系统称为陆基无线电导航系统,如甚高频全向信标(VOR)/测距仪(DME)、仪表着陆系统(ILS)及微波着陆系统(MLS)等。

对无人机导航而言,需要以要求的精度,在指定的时间内将其引导到指定的目标区域,早期的无人机导航系统主要依赖无线电遥控或向其输入程序指令实现自主导航飞行。考虑到大中型无人机的任务使命,可能需要长期在可控空域外及强电磁对抗环境中执行任务。因此,发展不依赖气象条件、全天候自主工作、具备低截获概率的导航方式已成为无人机导航系统发展运用的必然趋势和要求。

5.3.1 惯性导航

5.3.1.1 概述

通过惯性测量获得飞行器的角速度和加速度矢量信息,结合给定的初始条件(位置、速度、姿态和航向)和已知数据(重力、时间),解算及提供导航参数的导航方式称为惯性导航,由惯性测量装置及配套计算装置构成的导航系统称为惯性导航系统。

现阶段,美国作为惯性技术的引领者,其技术和产品一直受到世界各国的广泛重视。为统一航空惯导系统在军用飞机上的使用和便于招标,美空军曾制定了挠性陀螺平台式航空标准惯导系统规范 ENAC77 - 1 和中等精度惯性导航装置规范 SUN84 - 1,对产品的外形、适应性、性能和功能进行了统一规定,并详细描述了惯导装置的机械接口、电气接口和信号接口,用于限定对惯导装置的具体要求,以使在不同载体上由不同厂商设计和生产的硬件产品[外场可更换部件(LRU)]均可互换。满足上述规范要求的称为中等精度航空惯导系统。目前,世界上有惯性技术实力的国家基本都按此标准研制航空惯导系统,也就是说,航空惯导系统只有满足了上述要求,才能作为现代高性能军用飞机的主导航设备。

如表 5 - 5 所示,机载惯导系统于 20 世纪 60 年代初开始装备军用飞机,在 20 世纪 80 年代中期以前所使用的基本都是平台惯导系统。随着计算机技术的进步和激光陀螺的逐步成熟,从 20 世纪 80 年代以后国外发达国家所有军机和民用飞机在改装或更换惯导设备时,几乎都选择了激光捷联惯导系统。目前,美国的绝大部分主战飞机都换装了以激光陀螺为核心的第三代标准惯导系统,入选美空军的主要产品是 Northrop Grumman 导航系统部的 LN - 100G(见图 5 - 6)和 Honeywell 的 H - 764G(见图 5 - 7)[5]。

表 5 - 5　美国空军军用三代标准惯导系统

第一代	第二代		第三代	
LN - 39	LN - 93	H - 423	LN - 100G	H - 764G
动调陀螺平台系统 1980 年初服役	激光陀螺捷联系统 1985 年底服役 陀螺:LG - 9028	激光陀螺捷联系统 1985 年 8 月服役 陀螺:GG1342	惯性/GPS 组合系统 (EGI) 1991 年中服役 陀螺:S - 18 零闭锁激光陀螺 加速度计:A - 4 三位一体加速度计 嵌入式 GPS 接收机	惯性/GPS 组合系统 (EGI) 1991 年中服役 陀螺:GG1320 AN 数字式环形激光陀螺 加速度计:QA - 2000 加速度计 嵌入式 GPS 接收机

图 5-6　LN-100G

图 5-7　H-764G

LN-100G 采用了零闭锁激光陀螺,并结合最新的 GPS 接收机技术,代表了当今最高水平的 INS/GPS 组合。LN-100G 最优地结合了 INS 与 GPS 的特性,通过紧组合方式,提供了更高性能的位置、速度、姿态和指向等导航信息,也改善了 GPS 信号捕获和抗干扰能力;同时,提供 INS/GPS 组合导航、纯惯性、GPS 三种导航输出;具备 14 400 h 的高可靠性及系统余度和容错设计。同时,相比于一般的抖动激光陀螺,LN-100G 所采用的零闭锁激光陀螺由于没有机械和声学噪声影响,也是 SAR、EO/IR 等传感器稳定的理想选择。LN-100G 的主要技术指标如表 5-6 所示。

表 5-6　LN-100G 的主要技术指标

项　目	纯惯性	INS/GPS 组合*
4 min 正常罗经对准	0.8 n mile/h	10 m(CEP)
(4+4 min)增强中断对准	0.5 n mile/h	10 m(CEP)
GPS 丢失后	—	120 m/20 min
速度	0.76 m/s(RMS)	0.015 m/s(RMS)
姿态和航向	0.05°(RMS)	0.02°(RMS)
尺寸	27.9 cm × 17.8 cm × 17.8 cm	
质量	9.8 kg	
MTBF	14 400 h	

注: * 采用 P 码进行 INS/GPS 组合。

在航空领域,随着航空电子综合化水平的提高,惯导与用于侦察、控制、火力打击等设备之间的信息耦合程度进一步加深,惯性信息已成为现代侦察-控制-打击环节中重要的组成部分,从传统单一的导航设备逐步演变为机载参考信息源。因此,现代飞机对惯性信息的依赖性更强,惯性信息在完成传统导航的基础上,还可用来进行外环飞行控制(如地形跟随/地形回避)、传感器引导和运动补偿、精确目标定位、武器初始化等功能,上述功能对于保证飞行安全、提升任务系统的效能具有重要作用。国外在总结不同战术应用特点的基础上,给出了支持典型应用的惯性设备等级及精度要求(见表5-7)。

表5-7　典型战术应用性能需求

应用方式	性能需求	惯性设备
导航*	0.8 n mile/h(CEP),容错能力	惯导系统(INS)
三余度飞控系统*	姿态、速率、加速度、双故障运行(fail-operate)功能,惯性传感器导致的每次飞行失控概率小于5×10^{-8}	航姿参考系统(AHRS)
任务传感器对准**	跟踪前视红外雷达(target FLIR)、激光目标指示器/测距仪(LTD/R):0.25 mrad*** 雷达:0.5 mrad*** 导航前视红外雷达(Nav FLIR)、红外搜索跟踪系统(IRST):0.5 mrad*** 平视显示器(HUD):0.7 mrad***	高精度 IMU
任务传感器对准**	头盔显示器(HMD):1 mrad 雷达告警接收机(RWR):1.5 mrad*** 激光告警接收机(LWR)、战术导弹告警接收机(MWR):1.5 mrad***	中精度 IMU
舱位对准**	响尾蛇导弹:2 mrad*** 小牛导弹:2 mrad***	中精度 IMU 或直接挠曲传感器

注:* 表示飞机重心状态估计(需要导航更新进行目标指示、获取及武器投放)。
　* * 表示局部状态估计(定义了该需求进行传感器稳定、协调、运动补偿、武器初始化及交接)。
　* * * 表示传感器/武器体坐标轴和飞机刚性机体坐标轴间的对准精度,飞机刚体轴由参考惯导定义。

惯性导航系统包含平台式惯导系统和捷联式惯导系统两大类。平台式惯导系统中存在一个实体物理平台,并利用陀螺和加速度计的输出控制平台,使平台坐标系始终跟踪所需要的导航系,载体机体与平台之间几何关系反映了载体的姿态和航向,可以直接测量出来。该平台系统可以有效隔离载体的运动,为其上安装的加速度计提供安装基准和测量基准,因此加速度计能直接测得载体沿平台坐标系(导航坐标系)各轴的加速度,从而解算导航定位信息,而陀螺则是稳定平台得以有效运行的核心部件。

捷联式惯导系统是将陀螺和加速度计构成的惯性测量单元(IMU)直接与

载体固连,其中陀螺测量的是绕载体系各轴的角运动信息,加速度计测量的是沿载体系各轴的线运动信息,导航计算机根据陀螺和加速度计的测量信息进行解算,得到载体的位置、速度、姿态和航向。与平台式惯导系统不同,捷联式惯导系统中不再有实体物理平台,姿态矩阵解算相当于建立起数学平台。经过数学平台的转换后,加速度计的输出转换到导航坐标系上,导航计算机就可按平台式惯导系统解算原理进行计算。可见,虽然在具体实现上存在明显差异,但捷联式惯导系统与平台式惯导系统在本质上是相同的[6]。捷联式惯导系统原理如图 5-8 所示。

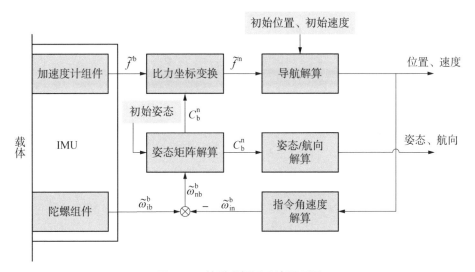

图 5-8　捷联式惯导系统原理图

尽管在惯性器件、误差补偿、计算量等方面,捷联式惯导系统远比平台式惯导系统要求苛刻,但由于其取消了结构复杂的机电平台,具有结构简单、体积小、重量轻、成本低等优点,而且大大提高了系统可靠性和可维护性,还可通过余度技术提高容错能力。随着激光陀螺、光纤陀螺等固态惯性器件的出现以及相关电子技术和计算理论的快速发展,捷联式惯导的优势日渐突出。

目前,平台式惯导系统主要用于长时间高精度需求的特定场合,其制造精密且价格昂贵;而在中低精度的应用领域,捷联式惯导的应用越来越广泛,大有取代平台式惯导系统的趋势。后文所述的惯导均指捷联式惯导系统。

5.3.1.2　惯导力学编排

从运动学角度看,惯导的主要功能就是通过测量比力和角速度,通过一定的力学编排,提供时间参数,位移和角位移等空间参数,速度、角速度和加速度等时空参数。

作为一种自主式的导航装置,在提供了电源、启动和状态命令、初始化数据和气压高度数据后,捷联式惯导系统应能提供位置、速度、姿态/航向、加速度、角速度、姿态速率和时间等参数输出,由一套完整的惯导力学编排实现。

为了方便和准确,陀螺的三个轴向、加速度计的三个轴向通常相互垂直,且陀螺和加速度计的对应轴向相互平行。固连在载体上的三轴陀螺组件和三轴加速度计组件可以测量载体相对惯性空间的角速率 $\boldsymbol{\omega}_{ib}^{b}$ 和比力 f^{b},连续形式的捷联式惯导力学编排方程如下:

姿态微分方程: $\dot{\boldsymbol{C}}_{b}^{n} = \boldsymbol{C}_{b}^{n}[\boldsymbol{\omega}_{ib}^{b} \times^{①}] - [(\boldsymbol{\omega}_{ie}^{n} + \boldsymbol{\omega}_{en}^{n}) \times]\boldsymbol{C}_{b}^{n}$ (5-1)

速度微分方程: $\dot{\boldsymbol{V}}^{n} = \boldsymbol{C}_{b}^{n}f^{b} - [(2\boldsymbol{\omega}_{ie}^{n} + \boldsymbol{\omega}_{en}^{n}) \times]\boldsymbol{V}^{n} + \boldsymbol{g}^{n}$ (5-2)

位置微分方程: $\dot{\boldsymbol{P}}^{n} = \begin{bmatrix} 0 & \dfrac{1}{R_{M}+h} & 0 \\ \dfrac{1}{(R_{N}+h)\cos L} & 0 & 0 \\ 0 & 0 & 1 \end{bmatrix} \boldsymbol{V}^{n}$ (5-3)

式中: $\boldsymbol{C}_{b}^{n}$ 为姿态矩阵; $\boldsymbol{\omega}_{ib}^{b}$ 为陀螺测得的载体系相对于惯性系的转动角速度; f^{b} 为加速度计测得的载体系相对于惯性系的比力; $\boldsymbol{V}^{n} = [V_{E} \quad V_{N} \quad V_{U}]^{T}$ 为载体在 n 系下的速度; R_{M}、R_{N} 分别为子午圈和卯酉圈曲率半径。$\boldsymbol{\omega}_{ie}^{n}$ 为地球坐标系(e 系)相对惯性坐标系(i 系)的转动角速度,可由当地纬度计算得到。$\boldsymbol{\omega}_{en}^{n}$ 为导航坐标系(n 系)相对地球坐标系(e 系)的转动角速度,由载体速度引起,也称位置速率。$\boldsymbol{g}^{n} = [0 \quad 0 \quad -g]^{T}$ 为重力加速度在导航坐标系(n 系)下的投影,其中,g 为当地重力加速度的幅值,是当地纬度和高度的函数。

载体的俯仰角 θ 定义为载体纵轴与水平面的夹角,横滚角 γ 为载体绕纵轴的转角,航向角 ψ 为载体纵轴在水平面上的投影与地理子午线间的夹角。俯仰角 θ、横滚角 γ 和航向角 ψ 实质上是一组欧拉角,表述了载体坐标轴相对地理坐标系的角位置关系。载体坐标系(b 系)可看作导航坐标系(n 系)绕 $-z_{b}$ 轴旋转航向角 ψ,绕 x_{b} 轴旋转俯仰角 θ,绕 y_{b} 轴旋转横滚角 γ 的结果,b 系和 n 系之间的姿态矩阵为

---

① "×"为叉乘运算符。

$$\boldsymbol{C}_{\mathrm{n}}^{\mathrm{b}} = \begin{bmatrix} \cos\gamma\cos\psi + \sin\gamma\sin\theta\sin\psi & -\cos\gamma\sin\psi + \sin\gamma\sin\theta\cos\psi & -\sin\gamma\cos\theta \\ \cos\theta\sin\psi & \cos\theta\cos\psi & \sin\theta \\ \sin\gamma\cos\psi - \cos\gamma\sin\theta\sin\psi & -\sin\gamma\sin\psi - \cos\gamma\sin\theta\cos\psi & \cos\gamma\cos\theta \end{bmatrix}$$

$$(5-4)$$

由于陀螺和加速度计测量的是惯性坐标系下的角速度和比力，为了确定载体的位置、速度、姿态/航向等导航参数，还需计算地球自转角速率在 n 系投影 $\boldsymbol{\omega}_{\mathrm{ie}}^{\mathrm{n}}$、载体相对地球运动在 n 系投影 $\boldsymbol{\omega}_{\mathrm{en}}^{\mathrm{n}}$、n 系相对 i 系的运动角速率 $\boldsymbol{\omega}_{\mathrm{in}}^{\mathrm{n}}$。

$$\boldsymbol{\omega}_{\mathrm{ie}}^{\mathrm{n}} = \begin{bmatrix} 0 & \omega_{\mathrm{ie}}\cos L & \omega_{\mathrm{ie}}\sin L \end{bmatrix}^{\mathrm{T}} \qquad (5-5)$$

$$\boldsymbol{\omega}_{\mathrm{en}}^{\mathrm{n}} = \begin{bmatrix} -\dfrac{V_{\mathrm{N}}}{R_{\mathrm{M}}+h} & \dfrac{V_{\mathrm{E}}}{R_{\mathrm{N}}+h} & \dfrac{V_{\mathrm{E}}}{R_{\mathrm{N}}+h}\tan L \end{bmatrix}^{\mathrm{T}} \qquad (5-6)$$

$$\boldsymbol{\omega}_{\mathrm{in}}^{\mathrm{n}} = \boldsymbol{\omega}_{\mathrm{ie}}^{\mathrm{n}} + \boldsymbol{\omega}_{\mathrm{en}}^{\mathrm{n}} = \begin{bmatrix} -\dfrac{V_{\mathrm{N}}}{R_{\mathrm{M}}+h} & \omega_{\mathrm{ie}}\cos L + \dfrac{V_{\mathrm{E}}}{R_{\mathrm{N}}+h} & \omega_{\mathrm{ie}}\sin L + \dfrac{V_{\mathrm{E}}}{R_{\mathrm{N}}+h}\tan L \end{bmatrix}^{\mathrm{T}}$$

$$(5-7)$$

从比力方程 $\dot{\boldsymbol{V}}^{\mathrm{n}} = \boldsymbol{C}_{\mathrm{b}}^{\mathrm{n}} f^{\mathrm{b}} - [(2\boldsymbol{\omega}_{\mathrm{ie}}^{\mathrm{n}} + \boldsymbol{\omega}_{\mathrm{en}}^{\mathrm{n}}) \times] \boldsymbol{V}^{\mathrm{n}} + \boldsymbol{g}^{\mathrm{n}}$ 可以看出，f^{b} 是加速度计的测量值，只有在清除掉有害加速度之后，才能积分得到地速。其中：有害加速度 $2\boldsymbol{\omega}_{\mathrm{ie}}^{\mathrm{n}} \times \boldsymbol{V}^{\mathrm{n}}$ 为科氏加速度，由载体相对地球运动和地球旋转引起；有害加速度 $\boldsymbol{\omega}_{\mathrm{en}}^{\mathrm{n}} \times \boldsymbol{V}^{\mathrm{n}}$ 是载体保持在地球表面运动引起的对地向心加速度；重力加速度 $\boldsymbol{g}^{\mathrm{n}}$ 是有害加速度的第三部分。

在给定初始导航参数的情况下，加速度计测量的比力通过姿态矩阵 $\boldsymbol{C}_{\mathrm{b}}^{\mathrm{n}}$ 变换到导航坐标系，经过有害加速度补偿后，再通过积分运算得到速度 $\boldsymbol{V}^{\mathrm{n}}$。速度信息一方面用于导航参数输出，另一方面用于计算位置速率 $\boldsymbol{\omega}_{\mathrm{en}}^{\mathrm{n}}$，并通过位置微分方程更新位置信息。位置速率与地球自转角速率的叠加构成了指令角速率 $\boldsymbol{\omega}_{\mathrm{in}}^{\mathrm{n}}$，它与陀螺输出角速率一起，用于实时更新姿态矩阵。可见，在捷联式惯导系统中，姿态矩阵一方面起到了"数学平台"的作用，将机体系物理量投影到导航坐标系，另一方面可以从中解算出姿态角参数，即俯仰角、横滚角和航向角。

图 5-9 所示为捷联式惯导系统基本计算流程。由图 5-9 可以看出，捷联式惯导系统是以与载体固连的陀螺和加速度计的输出信息作为输入信息的，在给定初始位置、初始速度和初始姿态的条件下，通过姿态更新算法、速度更新算法和位置更新算法进行数值积分，获得载体的姿态、速度和位置等导航参数，姿态、速度和位置间相互耦合、相互影响。在高动态环境下，高精度捷联式惯导系

统对导航算法的精度要求非常苛刻,而姿态更新算法则是惯导算法的核心,对捷
联式惯导系统精度的影响最严重。现阶段,由于使用等效旋转矢量计算姿态变
化量不存在任何原理上的误差,因此高精度的捷联式惯导系统一般多采用优
化的多子样等效旋转算法进行姿态更新计算,以尽量减小或避免不可交换性
误差的影响。

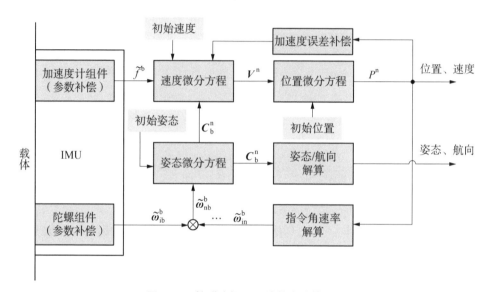

图 5 - 9 　捷联式惯导系统基本计算流程

5.3.1.3 　系统性能提升的相关措施

对于中大型无人机,如果仅考虑惯导产品的应用,国内外多采用高精度激光
捷联式惯导系统,主要原因在于该类惯导系统具有高精度、高可靠性、高自主性
的特点,并且也相对成熟。目前,国内现有无人机配套的惯导系统,大多将中高
精度激光捷联式惯导系统作为主惯导系统,将中低精度光纤航姿系统作为备份
导航系统,并辅以卫星导航系统,将惯性/卫星组合导航作为主导航模式。

根据目前国内现有无人机导航系统架构,其方案的改进主要是在提升导航
信息解算能力、精度的同时,优化导航系统可靠性、安全性设计。导航系统可靠
性、安全性设计改进主要包括导航性能提升、余度方案设计、故障检测技术等
方面。

1) 导航性能提升

考虑到任务系统、飞控系统对导航系统的需求,主要关注于导航信息的实时
性、准确性等导航系统性能的提升。第一应考虑提升传感器精度,第二应考虑导

航核心算法优化,第三应考虑采用导航信息综合方式。

2)系统余度设计

由于无人机对于导航系统可靠性、安全性要求较高,必须考虑对导航系统采用余度配置方案。通常方法仍以惯导系统为主要余度配置方式,辅以外置式大气数据计算机、卫星导航设备及微波着陆引导设备。

3)故障检测技术

无人机导航系统故障检测技术的完善是无人机安全性的关键保障条件之一,涵盖了各导航系统部件的故障检测及卫星完好性监测技术。现有无人机导航系统各部件虽然有独立的故障检测能力,但还无法实现全面检测及故障预警、实时导航性能评估等功能,其改进思路可考虑以下几方面:

(1)根据无人机飞行特性,利用姿态、航向、航迹、速度等匹配性进行检测;

(2)利用导航系统余度配置方案,采用信息交互方式,完善数据合理性检测、系统故障预警及性能预估能力;

(3)针对无人机对卫星导航定位的依赖性、完善的卫星完好性监测能力,利用惯性/卫星深组合技术,提升惯导辅助卫星完好性检测能力;

(4)考虑在导航系统各部件内部增加部分硬件线路,使其具备对关键回路进行余度检测的能力。

5.3.2　卫星导航

5.3.2.1　背景

惯性导航系统(INS)具有自主性高、隐蔽性强、信息完备等优点,在飞机、舰船、地面车辆、导弹、卫星中得到了广泛应用,几乎成为军用和商用导航领域必备的标准配置。由于 INS 采用基于积分计算的航位推算原理,惯性器件、重力模型和算法等存在误差,会导致 INS 定位误差随时间累积。要实现长航时精确导航,通过研制更高精度的惯性器件、进行精确的误差建模和重力异常补偿、引入复杂的系统算法等措施,虽然可以提高系统的长航时导航精度,但必将带来系统研制成本和产品价格的指数级增长,图 5 - 10 给出了惯性器件性能与成本的关系。因此,借助卫星导航系统等不随时间增长的外界导航信息对 INS 进行周期性校正,抑制 INS 误差随时间的增长,几乎成为导航技术研究人员和导航产品应用人员的共识,也促进了其他导航系统的发展[7]。

卫星导航系统包括美国的 GPS、俄罗斯的 GLONASS、欧洲的 GALLIEO、中国的北斗(BDS)等,这些系统导航原理基本一致,与惯性导航系统组合所采用

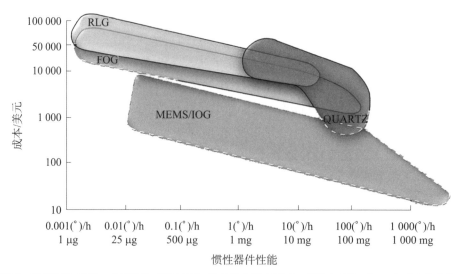

RLG—激光陀螺;FOG—光纤陀螺;QUARTZ—石英传感器;MEMS—微机电系统;IOG—集成光学陀螺。

图 5 - 10 惯性器件性能与成本的关系

的技术途径基本类同。目前,GPS 在世界范围的应用最为广泛,BDS 近年来发展迅速,特别是 BDS 全球化系统的建成使用,在国内的应用层面向 GPS 发起了挑战。在本书讨论中,除特殊说明外不再对卫星导航系统进行分类,以普遍认知的 GNSS 代替卫星导航系统进行阐述。

GNSS 采用几何绝对定位法,定位精度取决于当前时刻的测量信息精度,因此,GNSS 具有导航精度高、误差与时间不相关、成本低等优点。但是,由于 GNSS 本质上基于无线电测距、测速的导航原理,存在导航信息噪声大、数据更新慢、动态范围窄、信号易受干扰等不足。与 INS 短期精度高、长时间误差发散、数据更新率快、数据信息全且不受干扰相比,INS 和 GNSS 是两种优劣完全互补的导航系统,两者的组合可以充分实现优势互补。因此,INS/GNSS 组合导航系统被导航界公认为理想的"黄金搭档"[8]。

传统的组合导航一般采用择优法、频率滤波法或经典控制理论的自适应法。卡尔曼滤波技术和数字计算机技术的出现,为组合导航注入了新的活力。卡尔曼滤波器将每个导航子系统的输出作为误差量测值,并利用误差的最优估计值对 INS 进行反馈校正,以获得最优导航解。从误差估计和信息融合的角度来看,卡尔曼滤波后的组合精度要高于任一子系统的精度,即可以实现"1+1>2"的组合目标。因此,卡尔曼滤波技术为 INS/GNSS 组合导航提供了现代滤波的理论基础和数学方法,数字计算机技术则奠定了 INS/GNSS 组合导航实现的可能性。

5.3.2.2　INS/GNSS 组合的构型

根据 INS 与 GNSS 硬件耦合的程度和信息融合的深度,INS/GNSS 组合的架构一般可分为松组合、紧组合和深组合三种方式,不同的技术人员对 INS/GNSS 组合方式会有不同的定义和划分[9]。

1) 松组合

将相互独立的 INS 和 GNSS 通过数字接口交联,利用卡尔曼滤波器对两个导航子系统输出的位置、速度进行数据融合,是一种最简单、最常用的组合方式,称为松组合,其结构流程如图 5 – 11 所示。

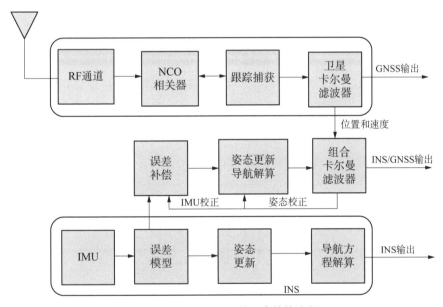

图 5 – 11　INS/GNSS 松组合结构流程

在松组合导航方案中,INS 与 GNSS 各自独立进行导航解算。由于 INS 的导航信息连续、实时且以低频变化为主,同时 GNSS 的导航信息精确、离散且以高频噪声为主,两者的导航信息本质上完全互补,利用卡尔曼滤波器技术可以构建高效的数字滤波器,通过将两者的位置、速度进行滤波估计和信息融合,能够有效地弥补 INS 和 GNSS 的不足。即利用 GNSS 的高精度,定期对 INS 的输出进行重置,遏制 INS 随时间的误差发散;利用 INS 连续、慢变特性,可以弥补 GNSS 的非连续性和抑制 GNSS 的噪声。卡尔曼滤波器还具有对传感器误差和姿态误差的在线估计功能,当 GNSS 可见星不足 4 颗而无法独立定位时,组合导航系统依据修正的误差模型进行纯惯性导航,能够保证 INS 在一定时间内具有相对于无 GNSS 辅助时更高的导航精度。松组合方式的输出信息具有冗余度,能够分别提供 INS/GNSS、INS 和 GNSS 三路导航输出,有利于监控组合导航的完整性,协助滤波故障的恢复。

理论上,卡尔曼滤波器的组合效果与 INS 和 GNSS 输出信息的误差方差、量测噪声存在相关性,而 GNSS 的误差方差具有不确定性;INS 误差方差和量测噪声又是时变的,很难被精确估计或测定,这将影响到卡尔曼滤波器模型的准确性,甚至会造成组合导航的发散。因此,松组合并非最佳的组合方案。

2)紧组合

将 GNSS 的伪距、载波相位和多普勒频移等测距信息作为量测值,利用卡尔曼滤波对 INS 进行修正,并利用 INS 的位置、速度、加速度信息辅助 GNSS 的信号捕获和环路跟踪,称为紧组合方式,其结构流程如图 5‑12 所示。

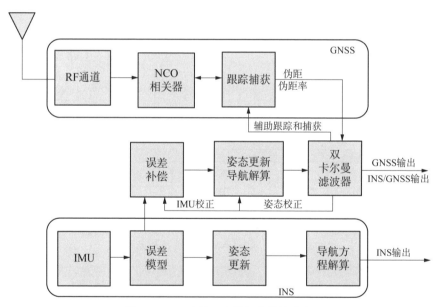

图 5‑12　INS/GNSS 紧组合结构流程

在紧组合导航方案中,由 INS 向 GNSS 提供载体的运动参考轨迹,替换松组合方案中 GNSS 基于自身的载体运动状态方程对运载体运动轨迹的递推预测,消除了 GNSS 测量值随时间的相关性,GNSS 解算的位置、速度更准确,保证组合导航的性能最佳化;同时,INS 辅助 GNSS 的信号捕获和环路跟踪,可提高 GNSS 接收机的动态性能、抗干扰能力,缩短 GNSS 的捕获时间;利用 INS 辅助

GNSS 信号检测,可提高组合导航的完好性检测和卫星信息的可用性。紧组合方案是目前最常用的组合方案,INS/GNSS 嵌入 GNSS 的惯性导航系统技术(EGI)就属于紧组合的典型应用。

由于紧组合系统中惯导辅助 GNSS 接收机环路跟踪的带宽变窄,当惯导系统性能降低或无法工作时,GNSS 在动态条件下可能无法完成信号捕获和信号跟踪。因此,对系统误差方差矩阵和量测噪声矩阵的建模准确性要求较高,有时会限制低精度 INS 的组合应用。

3) 深组合

深组合是将 GNSS 的环路跟踪、INS 导航解算和组合卡尔曼滤波共用硬件资源,卡尔曼滤波器对 GNSS 相关器 I/Q 支路和 IMU(惯性测量组合)的原始测量信息直接进行数据融合,融合后的数据又反馈给数字控振荡器(NCO),以满足相关器的自适应信号检测,形成完整的闭合回路,如图 5 - 13 所示。因此,深组合也称为超紧耦合。

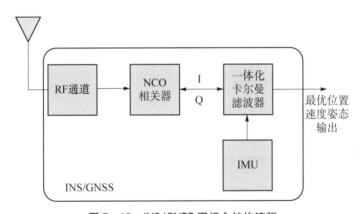

图 5 - 13　INS/GNSS 深组合结构流程

在深组合导航系统中,已看不到传统意义上独立的 INS 和 GNSS 子系统,通过硬件的一体化设计,共用时钟、计算机和卡尔曼滤波器,可以消除 INS 和 GNSS 的不同步误差,提高测量的精度;卡尔曼滤波器基于假定的动态模型、量测模型和噪声模型进行递推和非线性滤波,其多维状态矢量的每个分量都寻求最优解(最小方差);由于误差协方差传播由量测结果直接驱动,并采用递归算法对状态矢量和误差协方差矩阵进行实时在线估计,利用全相关器对相关信号滤波器增益噪声功率自适应,大大提高了 GNSS 的抗干扰和动态能力,可确保组合导航信息的连续性、可用性和高精度的统一。另外,深组合技术可以降低对惯性传感器的性能要求,将低精度 INS 与 GNSS 组合使实现高精度导航成为可能,也使组合导航具有了真正意义上的鲁棒性。

5.3.2.3 卫星导航的抗干扰和防欺骗

1) 军事斗争中的导航战

卫星导航干扰可分为对卫星星座的干扰,包括反卫星导弹、反卫星激光武器和核辐射粒子束攻击;对运行与控制段的干扰,包括摧毁主控战、监视战、地面天线和将它们联系起来的保密通信网;对用户段的电磁干扰。前两种干扰将使卫星系统被摧毁,导致全球大范围内卫星导航失效。

由于卫星导航在军民两方面的重要地位,这种攻击将产生极为严重的后果并可能挑起世界范围的争端,因此,除非特殊情况,对于这种攻击式干扰的使用需要非常慎重。在常规战争中,绝大多数干扰来自第三类干扰。其干扰方式分为压制式干扰与欺骗式干扰两大类。压制式干扰通过发射一定电平的干扰信号将卫星接收机前端的卫星信号压制住,使接收机接收不到卫星信号。欺骗式干扰分为产生式欺骗和转发式欺骗两种。

产生式欺骗干扰系统不依赖卫星系统,由干扰系统自主产生高保真的卫星信号,并通过空间辐射到用户接收机,使接收机锁定在干扰信号上而给出错误的伪距和定位信息,达到欺骗的目的。从战术应用的层面看,产生式干扰具有良好的可操作性,但是产生式欺骗干扰必须完全掌握卫星信号结构,包括码结构、导航电文格式等。民用码的码结构和导航电文的格式是公开的,因此对民用码产生式欺骗干扰是很容易实现的。但对于军用码来说,其码结构和导航电文格式均是通过加密处理的,而且军用码的结构是变化的,短时间内破解难度很大,因此很难实现对军用码的产生式干扰。

转发式欺骗干扰通过干扰接收机将接收到的卫星导航信号的频谱进行精确复制,经过延时放大后直接发射出去。转发式干扰利用信号的自然延时,因此干扰信号与导航信号完全相同。只是延时不同,卫星接收机也很容易被欺骗。

随着军事对抗强度的日益加大和卫星导航本身的脆弱性,使电磁干扰成为无人机安全和性能导航的巨大现实威胁。卫星导航作为重大的军事信息系统,随着全球四大卫星导航系统的研制、部署和应用,卫星导航系统间的对抗与反对抗、利用与反利用技术也是同时产生和发展的,并成为导航领域受到高度关注的研究方向。而航空平台特别是无人机特殊的使用方式,使得对卫星导航的反干扰反控制技术成为保证战时性能的核心技术。

据报道,俄罗斯研制的一种 GPS 便携式干扰机,干扰功率为 4 W,对 GPS 民用接收机干扰距离可超过 200 km;8 W 的宽带噪声调制干扰机,在跟踪军用码时干扰距离可超过 40 km,音频调制干扰机距离可超过 80 km。

2003 年,美国洛斯阿拉莫斯国家实验室的一个"GPS 脆弱性评估小组"的研究成果表明,一个功率很强的信号可以非常容易地压制微弱的 GPS 信号,在报告中说:"一种更严重的攻击涉及向 GPS 接收机发送虚假的 GPS 信号,使其误认为它已经达到了设定的时空位置,而实际上它没有达到。在更高级的欺骗攻击中,敌人发送虚假信号会报告移动目标的真实位置,然后逐渐将目标引向一个错误的位置。"

2011 年 12 月,伊朗军方宣布成功俘获美国中央情报局操纵的用于搜集关于伊朗核设施情报的隐形无人侦察机"RQ‐170",伊朗工程师解释就是采用欺骗攻击手段实现对无人机的俘获。

2018 年 4 月,对于美国全国广播公司援引 4 名美国官员的说法,在叙利亚空域执行侦察任务的美国军用无人机受到俄罗斯军方的干扰而停飞,美军采用卫星导航干扰反制手段和保护措施确保了 RQ‐1"掠夺者"和 MQ‐9"死神"无人机在俄罗斯实施卫星导航干扰环境中不受影响。由以上公开资料可以看出,卫星导航的脆弱性能够被敌方利用从而干扰相关导航功能。在现代战争中,对卫星导航的利用与反利用、阻止与保护构成了所谓的"导航战"。

2) 卫星导航的抗干扰防欺骗技术

在抑制压制干扰技术方面,目前采用的方法有自适应阵列天线空间调零、自适应滤波、惯性辅助跟踪等技术措施。但是,采取以上措施后,阵列互耦、通道不一致、自适应算法会对测量和定位结果产生影响并造成误差,进而会对有些欺骗干扰识别方法产生影响(如双天线伪距双差、载波相位双差技术等)。因此,在对硬件和算法的抗压制干扰指标考虑的同时,还需要考虑对欺骗干扰识别的影响。在采取抗压制干扰措施后,有许多因素会导致测量误差增大,进而影响对欺骗干扰识别的性能,必须结合实际工程中可做到的条件进行合理分配,防止对某一部分提出过高的要求,因不可能实现或难以批量生产而影响实际应用。

分析目前卫星导航军事应用过程中可能存在的自然界影响、无意干扰和有意干扰三大类卫星导航样式及其特点,总结出目前国内外欺骗检测技术 13 种,如表 5‐8 所示,欺骗抑制技术 3 种如表 5‐9 所示。

表 5-8 卫星导航欺骗检测技术

抗欺骗方法	欺骗信号特点	实现复杂度	有效性	接收机软硬件需求	欺骗环境适用性
载噪比 C/N0 检测	高 C/N0	低	中	C/N0 检测	中
信号绝对能量检测	能量高幅值	低	中	信号绝对能量检测	高
信号能量变化与接收机运动一致性检测	高的能量变化率	低	低	天线移动、C/N0 检测	低
L1/L2 信号能量对比	欺骗信号无 L2	中	低	L2 信号检测能量	低
信号到达方向一致性	欺骗信号来自相同方向	高	高	多天线	高
虚拟天线阵列相关检测	欺骗信号来自相同方向	低	高	测量相关系数	高
到达时间(TOA)检测	欺骗信号具有延时	中	中	TOA 分析	低
信号质量检测	欺骗信号偏离真实信号波峰	中	中	多个相关器	低
相关器输出分布分析	欺骗信号和真实信号相互作用引起信号幅值分布扰动	低	中	相关器输出分析	中
与其他导航解的一致性	导航解的不一致性	高	高	不同导航传感器	高
信号加密认证	非认证信号	高	高	信号认证	高
码与相位变化率一致性	码与相位变化率不匹配	低	低	——	低
GPS 时钟一致性	欺骗信号与 GPS 时钟不一致	低	中	——	中

表 5-9 卫星导航欺骗抑制技术

抗欺骗方法	欺骗信号特点	实现复杂度	有效性	接收机软硬件需求	欺骗环境适用性
前向信号搜索	真实信号存在并可被检测	高	中	多通道	中
多天线调零	欺骗信号来自同一方向	中	高	多天线	高
接收自主完整性检测(RAIM)	欺骗信号测量残差大	中	中	——	中

3）卫星导航的抗干扰防欺骗能力

理想的导航系统应具备全自主、高精度、信息完备的特点,即追求导航系统的性能、可用性及连续性。在不考虑干扰威胁时,INS/GPS 可望提供优于 5 m (CEP)的导航精度,然而,很多因素可能对 GPS 正常工作产生影响,如无线电设备、雷达信号的混频,树木、建筑物的遮挡,天线指向的限制等都可能造成 GPS 信号的衰减和信噪比的下降。

人为的故意干扰对 GPS 工作的危害度更大,如图 5－14 所示,距接收机 80 km 外、1 W 功率的干扰机能阻止 C/A 码的捕获,功率 10 W 的干扰机能阻止 P 码捕获[10]。

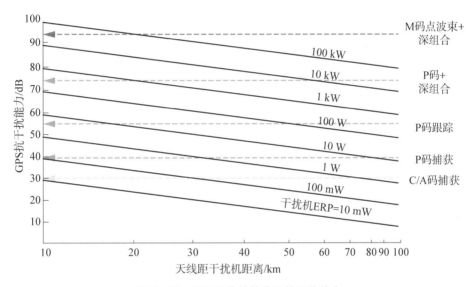

图 5－14　不同结构的接收机抗干扰能力

深组合技术可以有效提高 GPS 的抗干扰能力,在 60 km 外阻断常规 GPS 的 P 码跟踪,需要的干扰机功率约为 100 W,若要阻断深组合 GPS 的 P 码跟踪,则需要 10 kW 以上的干扰机,干扰机功率需要提高 100 倍。而采用 M 码点波束的深组合方式,即使干扰机功率达到 100 kW,其阻断距离必然小于 20 km。

另外,为了提高 GPS 的防欺骗、抗干扰能力,除深组合外,还引入了电子战概念,即采用更先进的导航滤波算法和空间-时间自适应天线。

表 5－10 概括了在导航电子战中有效的 GPS 电子对抗技术(ECCM)。

表 5-10　GPS 电子对抗技术

技术措施	技术途径
改善 GPS 空间信号	增加 $L1_c$ 信号、$L2_c$ 信号、L5 信号 M 码和 M 波束 其他性能提高措施
接收机改进	GPS/INS 深组合 反欺骗技术 高抗干扰技术
P(Y)码直捕、射前锁定	改进交互界面 微型片上精密时钟(原子钟) 多重相关器
自适应天线	数字波束成形 现代算法结构

为了提高 GPS 的反欺骗、抗干扰能力,INS/GPS 采用深组合是关键。国外许多公司成立了 INS/GPS 深组合研究小组,均制定了 INS/GPS 深组合技术的发展路线图。

Honeywell 公司和 Rockwell Collins 公司联合投资项目——"组合制导系统"深组合系列化产品 IGS-200,在 MEMS-IMU 基础上,增加深组合技术功能和两通道调零天线,体积只有 $0.27\,\text{dm}^3$,质量约为 $567\,\text{g}$,可承受炮弹领域的大过载应用环境,具备 80~90 dB 的抗干扰能力。

DARPA 自 20 世纪 90 年代开始,资助了近 10 个 INS/GPS 深组合研究项目,仅重大的 MEMS-INS/GPS 深组合研究项目就有 5 个,如图 5-15 所示。从图中可知,随着时间的推移和研究的深入,MEMS-INS/GPS 紧组合和深组合产品技术不断发展,体积逐渐减小,成本逐渐降低,性能逐渐提升[11-12]。

5.3.3　天文导航

5.3.3.1　基本概念

天文导航系统利用天空中的星体作为导航系统的信息源,是一种古老而又新颖的导航方式。它能提供精确的、不随时间漂移的位置和航向信息辅助。在航空应用中,将惯性导航系统与天文导航系统组合,利用天体信息修正惯导的惯性姿态误差、陀螺漂移等误差,可大大提高导航系统的精度[13]。

1995—1997 年

ERGM Demo INS/GPS
6 个单轴 MEMS 传感器
陀螺:500(°)/h
加速度计:20 mg
体积:2 065 cm³
功耗:24 W
发射冲击:6 500g

C/A 及 P(Y)码
GPS 紧组合

1996—2000 年

CMATD INS/GPS
6 个单轴 MEMS 传感器
陀螺:50(°)/h
加速度计:1 mg
体积:215 cm³
功耗:10 W
发射冲击:125 000g

P(Y)码直接重捕获
GPS 紧组合
MCM/ASIC 技术

2000—2002 年

MMIMU
2 个三轴 MEMS 传感器
陀螺:1(°)/h
加速度计:0.1 mg
体积:131 cm³
功耗:<3 W

P(Y)码
GPS 深组合
BGA/MCM/ASIC 技术

2002—2004 年

LCGEU INS/GPS
2 个三轴 MEMS 传感器
陀螺:300~500(°)/h
加速度计:10 mg
体积:328 cm³
功耗:12 W
发射冲击:>10 000g

P(Y)码直接重捕获
GPS 深组合
BGA/MCM/ASIC 技术

2002—2009 年

CGIMU
6 个单轴 MEMS 传感器
陀螺:0.3(°)/h
加速度计:0.1 mg
体积:33 cm³
功耗:<5 W
发射冲击:>20 000g

P(Y)码直接重捕获
GPS 深组合
SAASM GPS
ASIC 技术

图 5 - 15　DARPA 支持的主要 MEMS - INS/GPS 制导项目

　　航空应用的惯性/天文组合导航系统一般采用惯性导航系统与单星小视场框架式星体跟踪器一体化设计的深耦合方式。惯导根据导航解算向星体跟踪器提供星体计算指向矢量,星体跟踪器根据此指令对指向天区的星体进行搜索、识别与测量,从而向惯性导航系统反馈计算指向矢量的偏差量,惯性导航系统根据此量测信息修正惯导误差。

　　天文导航具备的优点如下:

　　(1) 自主性和隐蔽性。天文导航系统以被动探测方式进行天体观测,不需要设立陆基台站或向空间发射轨道运行体,不向外发射电磁波,也不受外界电磁波的干扰和破坏。因此,其自主性是卫星导航无法比拟的。

　　(2) 精度仅取决于实时观测,无时间累积误差。

　　(3) 在现行的运载体姿态测量系统中,天文导航的航向精度最高。

　　美军导航技术发展政策制定委员会认为,现代军事导航必须有两种独立、可靠的导航手段,除惯性导航之外,惯性/天文组合导航是一种独立的、不受制于人的、全球范围的自主式导航系统。美国已把惯性/天文组合导航技术明确地列入《发展中的科学技术清单》[14]中,并且要在未来保证美国在此项关键技术领域内的优势地位。法军认为,惯性/天文组合导航在战时是一种可靠的导航手段,应当作为 GPS 的备用手段使用。由此可见,惯性/天文组合导航的重要地位已为世界各军事大国所认同。

5.3.3.2　基本原理

　　天体按人类难以干预的恒定规律运动,人们通过长期地观测与计算,掌握了自然天体的运动规律,给出了按年度出版的反映自然天体运动规律的天文年历。天文年历给出了千百颗基本恒星在一年内不同时刻相对于不同参考系的精确位置。在固定时间、固定位置,某颗星体在天空中的位置(星体相对于地平的高低角与航向)是可以通过天体运动规律准确确定的。

　　由天文定位、定向原理[15]可知:因为观测星体离地球距离很远,所以星光呈平行光照射在地球上,当观测者通过光学系统与外部水平参考测量星体高度角(星体相对于水平面的仰角),就可以在地球上确定一个圆圈。在这个圆上的观测者所看的星体相对于地平的仰角都是一样的,仅是方位不同而已,所以称为等高圆,如图 5-16 所示。

　　如果观测者同时观测两颗星体,即可得到两个等高圆,这两个等高圆的两个交点中必有一个位置是观测者的位置。如果再观测第三颗星,则得到三个等高圆,那么可唯一确定观测者的位置,如图 5-17 所示。

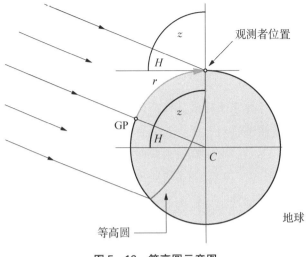

图 5-16　等高圆示意图

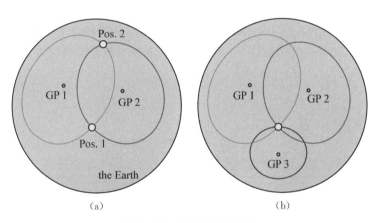

（a）　　　　　　　　　　　（b）

图 5-17　天文定位示意图

　　当位置确定,可根据天文规律确定观测星体相对于北向的夹角,即可得到观测者的航向。

　　显而易见,该方法的主要误差来自外部提供的水平基准误差及天文设备的测量误差。当今的光学系统的测量误差可达到很高的精度(10″以内),其主要导航误差源还是来自水平基准误差,1′的姿态误差对应 1 n mile 的定位误差。

　　由惯性/天文组合原理[16]可知:与上述天文导航原理类似,外部水平面基准由惯导的地理姿态给出,因为惯导的地理姿态误差呈有界振荡趋势,且不随时间累积,所以组合系统的导航误差也呈有界振荡,且不随时间累积。另外一种先进的组合方法是通过天文量测的惯性姿态可以校准惯导的陀螺漂移,从而得到更高的地理姿态精度及组合精度。

5.3.3.3　国内外研制与应用情况

1) 国外研究现状

惯性/天文组合导航系统凭借其极高精度的自主定位定向的优势,在航空远程战略自主导航、情报侦察与监视等领域有着广泛的应用,例如美军的战略战术轰炸机 B-52、B-1B、B-2A,高空侦察机 U-2、SR-71,以及俄罗斯的 TU-95、TU-160 轰炸机等。目前,随着机载惯性/天文组合系统产品的更新换代及性能持续提升,美军多型现役飞机的装备需求已经日益增长,如 B-52 与 B-2 的现代化升级机型、"全球鹰"无人侦察机、EP-8 侦察与反潜机均将装备最新一代的惯性/天文组合导航系统。

20 世纪 80 年代,美国 Northrop 公司在已有的 NAS 系列惯性/天文组合导航系统基础上成功研制出经典的 NAS-27 惯性/天文组合导航系统[17](见图 5-18),并装备在 B-1 及 B-2 系列轰炸机上。该系统适合于亚声速飞机与超声速飞机,它由可见光星敏感器、两自由度跟踪环架与三轴惯性平台构成,工作范围覆盖全球。

图 5-18　NAS-27 惯性/天文组合导航系统及其在 B-2A 上的装备

NAS-27 的天文星敏感器可根据所观测星体的亮度及周围天空背景亮度的不同自动调整扫描率,以此来提高星体识别概率和星体测量精度。组合算法采用误差状态修正的方法,其组合滤波器可根据视差角测量估计陀螺漂移并给予精确补偿,因此可在组合和组合后断开的情况下都具备高精度导航能力,为武器投放提供高精度的航向、速度及姿态信息。有天文校正时,10 h 导航位置误差(CEP)不大于 328 m,无天文校正时为 0.2 n mile/h(CEP)。由于采用了高精度的惯性/天文组合导航系统,使得 B-2 飞行员对后来为导航系统再加装 GPS 接收机而感到多余。

20 世纪 90 年代,美国 Northrop 公司公开了新一代捷联式惯性/天文组合导航系统 SAIN[18](见图 5-19)方案,它采用激光陀螺,宽视场红外星体测量部件,衍射全息观测窗口,具备白天在海平面上+5.0 等星的测星能力。

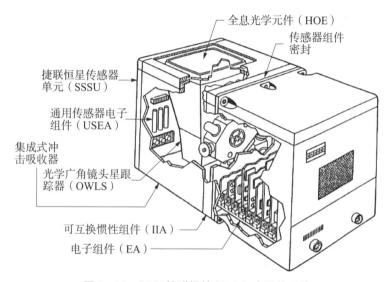

图 5-19　SAIN 捷联惯性/天文组合导航系统

SAIN 采用星敏感器捷联安装,随着载体的运动,在星体检测时就会遇到星象稳定问题。同时,由于飞行器的运动,必须对星象进行高速扫描以防止星象模糊。此系统借助惯性信息辅助将星体成像转换到稳定的坐标系上(这类似于平台式组合系统中的平台稳定作用)。为了精确估算星象质心,星敏感器采用大焦平面阵列,并借助质心提取算法将星目标指向精度提高到 0.1 个像素。但是,目前尚未见到该系统实物及其具体应用的报道。

2006 年 11 月,Northrop 公司导航系统部(原 Litton 公司)完成了 LN-20 惯性/天文组合导航系统(见图 5-20)的现代化改进[19],将原 LN-20 中的液浮陀螺改换为 ZLGTM 激光陀螺;用 A4 光电加速度计代替了之前的 A-200D 加速度计,并进行了相应的计算机系统升级,使系统可靠性与精度得到大幅提高,其航向精度为世界最高(达到 20″),满足了战略侦察任务的高精度航向需求。美国军方于 2006 年已采购 30 套来替换空军 RC-135 战略侦察机的 LN-20 系统。

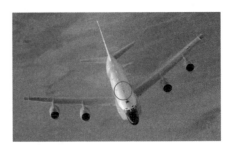

图 5-20 LN-120G 惯性/天文组合导航系统及其在 RC-135 上的装备

总结国外产品的技术特点如下：

（1）长航时导航要求天文星敏感器具备昼夜测星能力，以保证天文量测在整个导航阶段具有一定的可用性。

（2）采用天文星敏感器与惯性测量部件共基准一体化的结构。由于采用天文与惯性传感器共基准结构，使得两系统的测量是基于同一基准的姿态信息，从而保证了对惯性传感器及惯导系统误差的精确补偿。

展望未来，国外机载惯性/天文组合导航技术与装备发展趋势如下：

（1）研制新型的探测传感器，使其具有更高的测星能力与测星精度，从而提高组合导航的可用性和精度。

（2）平台惯导与小视场天文星敏感器的环架式构型向捷联惯导与多孔径、大视场星敏感器的全固态构型发展，以提高组合系统的可靠性。

2）国内研究现状

近 30 年来，国内舰载与弹载领域天文导航技术发展迅猛，已经形成小视场星体跟踪器、大视场星体敏感器和射电天文导航系统等系列产品。

机载应用对星敏感器的使用条件、测星能力、系统体积重量、环境适应性方面与舰载、弹载应用不同；在系统技术方面，工作方式、组合策略、组合系统构型也均与弹载、舰载领域有所不同，因此需要开展专项研究。

5.3.4 地形辅助导航

地形辅助导航是指利用地形和地物特征进行导航的总称，它可以提供飞行器精确的水平位置、高度信息、周围的地形信息及视距信息等，并且具有高自主性、抗干扰、高精度等优点，是当今一种重要的军事导航技术，已在飞机、巡航导弹等上得到广泛应用[20]。

5.3.4.1　地形匹配原理

按照工作原理,地形辅助导航可分为地形高度数据匹配系统(简称地形匹配)和景象匹配系统。

狭义的地形辅助导航技术特指地形高程匹配,有时也称为地形参考导航或地形匹配。

地形匹配是指载体利用气压高度表、无线电高度表(或其他测量设备)测量获得的地形剖面,与事先存储的基准地形剖面按照一定的准则进行相关,获得最佳匹配的基准地形剖面,从而精确估计载体位置的一种导航技术。本质上,它是把不同传感器对同一区域的观测数据在空间上进行对准,从而确定出两组数据之间相对位移的过程[21]。地形辅助导航系统如图 5-21 所示。

图 5-21　地形辅助导航系统示意图

通常情况下,仅根据一个位置点上的测量值,还不能够获得明确的定位结果。因此,需要在载体运动过程中,利用载体上的高度测量设备测量载体下方地形的一系列高程数据,并形成一个地形剖面。再采用航位推算确定地形剖面上采样点的相对位置,使上述测量值结合为位置特征,与数字高程图进行比较,以获得最优定位结果。地形匹配原理如图 5-22 所示。

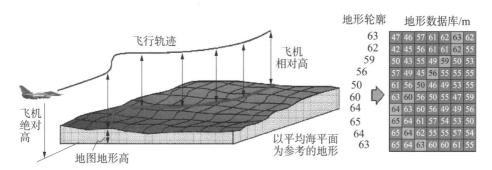

图 5-22　地形匹配原理示意图

地形匹配主要应用方式如下:

(1) 在地形特征明显的区域利用地形匹配获得高精度的定位结果;

（2）通过匹配定位结果修正导航系统的积累误差；

（3）两次匹配区域之间利用惯导的连续性和精度保持能力,保证导航精度满足飞行器的飞行安全和任务需求。

飞行器上的无线电高度表、气压高度表的组合能自主地测量地面的地形高程,极少受外界干扰;地表的地形起伏基本上不受时间的影响,人为的地貌改变也不是经常发生的。因此,地形匹配是一种自主的、抗干扰的、全天候的定位系统。同时,地形匹配系统基本上是一种软件功能,与其他组合导航系统相比,并没有增加太多的硬件,而导航精度却能提高近一个数量级。作为一种高精度自主导航方式,地形匹配可以较好地满足复杂电磁对抗环境中的导航需求,因此在现代导航领域一直占有重要的地位。

5.3.4.2　国外研制进展

地形辅助导航的研究始于 20 世纪 50 年代,并于 70—80 年代取得重大突破,国外目前已在战机、巡航导弹和其他武器系统中广泛投入使用。世界上研制地形辅助导航的公司主要有美国 Sandia 国家实验室、E - System 公司、英国 BAE 系统公司、法国 SAGEM 公司、德国 Dornier 公司等。

1958 年,美国就开始研究地形匹配技术在航空导航中的应用。1960 年,美国空军就与研制部门签订了合同,结果构想出了许多地形轮廓匹配系统方案。美国空军 20 世纪 60 年代资助了几项研究计划,以研究这些技术在弹道导弹上的应用。20 世纪 70 年代初,美国空军与研制部门签订了一份将这类系统装上低空飞行的无人驾驶飞机的合同。后来通过研究证实了在战略巡航导弹上将地形比较法用于对惯导进行辅助的可行性,从此,大大增强了将地形辅助导航系统用于飞机和导弹的信心。到目前为止,美国较有代表性的地形辅助导航系统主要有两种:一种是 E - System 公司于 20 世纪 70 年代开始研制的 TERCOM (terrain contour matching)系统;另一种是 Sandia 公司于 20 世纪 80 年代开始研制的 SITAN(Sandia inertial terrain aided navigation)系统。

英国研制地形辅助导航系统是从 20 世纪 70 年代末开始的,它研制的地形辅助导航系统不仅使英国有兴趣,而且美军对其也很感兴趣。经过飞行鉴定,英国空军已于 1995 年左右用它更新飓风式飞机的导航设备。相比之下,法国和德国起步较晚,由于吸取了美、英两国的研制经验,其工作进展较快,它们的系统各有特色。国外地形匹配制导研制进展如 5 - 23 所示,典型系统应用如表 5 - 11 所示。

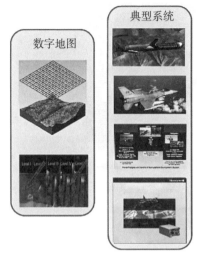

图 5 - 23　国外地形匹配制导研制进展

表 5 - 11　典型系统应用

典型系统	研制厂商	应用对象	技术指标	技术特征
TERCOM	E‑System、波音、麦道	战斧和多种型号的空射巡航导弹	30～100 m	批处理
SITAN	桑迪亚实验室	有人驾驶、无人驾驶的低空飞行的飞机	47～75 m	顺序处理
TERPROM	BAE	F‑16、幻影 2000、台风、阵风、鹞式、美洲虎、A‑10、C130、C‑17、暴风阴影巡航导弹等	30 m	搜索模式＋跟踪模式
PTAN	Honeywell	战斧	30 000 ft 高度，精度 100 ft；5 000 ft 高度，精度 10 ft	InSAR、3 m 分辨率的数字高程图

英国 BAE 系统公司开发的地形剖面匹配系统 TERPROM 是世界上应用最广泛的一种地形辅助导航系统，总装机量超过 5 000 架，在运输机、轰炸机和直升机等多个机型上获得广泛应用，取得了极大的经济效益和军事效益（见图 5 - 24）。TERPROM 的主要功能如下[22]：

（1）地形匹配导航（terrain referenced navigation，TRN）；

（2）预测地形防撞（predictive ground collision avoidance system，PGCAS）；

（3）先进地形回避提示（advanced terrain avoidance cueing，ATAC）；

美空军现役F-16批次40/50
丹麦，诺威，荷兰，比利时，
F-16中期升级，约3 000架，1994年

空军预备队F-16，125架，1991年
F-16 Block 60，80架，2004年

英国皇家空军美洲虎，
75架，1995年
阿曼美洲虎，50架，1997年

台风，650架，1998年

英国皇家空
军鹞式T10，
1996年

5 000余架

幻影2000，
50架，1996年

英国皇家空军
狂风，130架，
1997年

美国空军C-17，
120架，1999年

空军预备队A-10，
350架，2000年

鹰AJT，28架，2005年

图 5-24　TERPROM 产品应用情况

(4) 障碍物、电线告警和提示(obstruction & wires warning and cueing,
OWWC)；

(5) 空地测距(air to ground ranging functions)；

(6) 地形感知及显示(terrain awareness display, TAD)。

其中，地形匹配导航(TRN)是核心功能。在获得准确的定位结果后，可使用数字地图来完成其他功能，以提供保障飞行安全和战术运用方面的相关能力。

后续发展计划主要包括以下内容：

(1) 数据加载/记录能力。

(2) 直升机电源管理能力：支持高原应用。

(3) 低能见度下的着陆能力：提升临时地点着陆能力。

(4) 协同导航能力(数据链)：信息共享和性能提升。

Honeywell 开发的精密地形辅助导航系统(precision terrain aided navigation
system, PTAN)，利用天线之间的视角差，通过 SAR 图像干涉得到干涉相位，进而根据地形高度与干涉相位之间的关系获取高精度的地形高度信息，再辅以 Level 4 高精度数字高程图。据 Honeywell 网站报道，其性能指标如下[23]：

(1) 30 000 ft 高度，精度 100 ft；

(2) 5 000 ft 高度，精度 10 ft。

PTAN 是一种具有完全自主导航能力的系统，能够提供其全天候以及不依赖 GPS 的途中和末段导航的能力，可补充现有的 GPS 和数字景象匹配与区域相关器 DSMAC,并可取代现有雷达高度表,包括为地形跟踪提供对地高度。同时,PTAN 的使用方式又极其灵活,能够适应多种地形匹配算法和不同等级的数字高程图,具有极大的推广应用价值。

随着相关技术的发展,如激光雷达具有毫弧度的波束宽度,测绘部门逐步可提供米级分辨率的数字高程图,InSAR 可实时获得不同高度下的高精度地形高程信息,现代数字信号处理技术、实时计算能力、存储技术等,都在有力推动着地形匹配技术的不断发展,现有某些技术的发展已经突破了传统地形匹配系统的适用性约束。

5.3.4.3　地形匹配系统组成

地形匹配系统(见图 5 - 25)主要由以下三部分组成,其中各部分的应用发展水平决定了地形匹配系统的技术可行性及其精度。

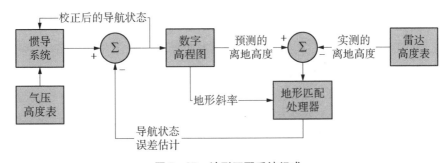

图 5 - 25　地形匹配系统组成

(1) 地形特征传感设备(现用设备是气压高度表和无线电高度表,后续发展包括激光雷达、InSAR 等);

(2) 主导航设备(惯导系统);

(3) 地形匹配处理器(数字高程图存储模块、地形匹配模块和通信接口等)。

1) 惯导系统

惯导系统是地形匹配系统最终修正的对象,同时也是地形匹配制导系统的重要组成部分及正常工作的前提。在实际应用中,惯导提供一个粗略的初始位置和误差范围,地形匹配系统据此确定在数据库中的搜索范围,不同的搜索范围包含着不同的地形特征区域,而搜索区的大小又在一定程度上决定了定位概率和定位精度;同时,在匹配过程中还需要用惯导的位置和速度来描述地形剖面的走向,控制测量地形剖面的采样并完成匹配定位。因此,惯导系统的精度对于匹配精度和可靠性有着重要的影响。

2）高度表

高度表的测量精度与地形起伏程度一样,都是影响系统精度和可靠性的重要因素。

（1）无线电高度表。

无线电高度表是机上常用的测高设备,利用电磁波的反射特性来测量飞机相对于地面（或水面）的高度。按发射信号特性不同,可分为发射窄脉冲的脉冲雷达高度表和发射调频连续波的调频连续波高度表[24]。

脉冲雷达高度表利用回波前沿相对于发射脉冲前沿的时间延迟来确定载体离地的高度。在复杂地形剖面场合下通常使用脉冲雷达高度表,以实现地形匹配的功能。国外脉冲体制雷达高度表以 Honeywell 公司 AN/APN 系列为代表,从 20 世纪 60 年代至 80 年代中期,用于军用飞机和导弹的雷达高度表从 AN/APN - 131、141 系列发展至 AN/APN - 194、198 系列。AN/APN - 194C 用于"战斧"巡航导弹,该表利用脉冲前沿跟踪技术,具有良好的地形轮廓线测量特性,采用宽波束天线,测高特性对载体姿态角要求不严,因此在复杂地形下的地形匹配中得到广泛应用。

调频连续波高度表发射调频连续波,利用回波频率和发射信号频率的差频来计算回波延迟时间,以确定载体离地的高度。通常使用在地形剖面较平坦的场合（如水面）,因此在反舰导弹中得到广泛的应用。

由于无线电高度表的波束有一定的角宽度,飞行器飞行高度越高,波束覆盖范围越大,其测量在原理上会对地形高度产生平滑效果;同时,由于覆盖范围的增大,覆盖区内地形的变化也就越复杂,因此高度测量误差也越大。此外,当飞行器非水平时,发射波束不会到达飞行器正下方的地面。上述因素均会对匹配精度和可靠性产生重要的影响。

（2）InSAR。

另一个重要发展方向是 InSAR,它是利用两副或多副雷达天线接收同一位置地面回波的相位差获得实时的高精度数字高程图。

测高原理（见图 5 - 26）:如果已知载机飞行高度是 H,两副天线 A、B 连线之间的距离是 l,与水平方向的夹角是 α,它们到目标的距离为 r_1 和 r_2,h 为待求的地表目标点的高程[25]。

从干涉图上读出的相位即为干涉相位为

$$\phi = -\frac{4\pi}{\lambda}(r_2 - r_1) \qquad (5-8)$$

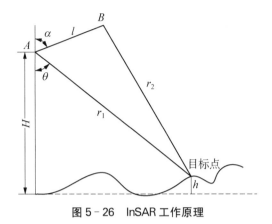

图 5-26　InSAR 工作原理

由 InSAR 成像的几何投影关系可得目标的高度为

$$h = H - r_1\cos\theta \tag{5-9}$$

其中：

$$\theta = \alpha - \arcsin\left(\frac{r_2^2 - l^2 - r_2^2}{2lr_1}\right), \quad r_2 = \frac{\phi\lambda}{4\pi} + r_1 \tag{5-10}$$

上面的式揭示了干涉相位差 ϕ 与高程 h 之间的数学关系，即通过 ϕ、l、λ、α、H，就可以得到目标点的高程 h。

（3）气压高度表（大气数据系统）。

气压高度表是根据标准气压高度设计和制造的，通过测量飞行器所在高度的大气压力，间接测量出飞行高度。在标准大气条件下，它以标准气压平面101.32 kPa 等压面为基准（即零高度），所指示的高度是相对于标准海平面而言的，称为"标准气压高度"或"重力势高度"。需要注意的是，虽然标准气压高度和海拔高度具有相同的基准面，但两者并不一致。随着高度的增加，两者的差值会增大。

气压高度表不受地形地貌的限制，也不需地球表面或其他装置的配合，可靠性高，广泛应用于飞行器的高程测量。在保证飞行器安全飞行间距及航空管制等应用中，也都是依据气压高度，主要归因于此类应用高度测量的一致性要比准确性更重要。

气压高度表测量的主要误差来自温度和压力的真实值与模型值的差异。对于独立气压测量，高度误差能达几百米。

地形匹配系统中主要利用的是地形高程的变化量，而对高度表常值测量误差不敏感,因此常规的气压高度表一般能满足应用需求。

3) 数字高程图

数字高程图是通过对地形高度的离散采样并量化后得到的,其水平采样距离称为格网距离,数字地图采用二维平面坐标,通常采用 WGS - 84 坐标系。

数字高程图的性能一般由地图大小、水平和垂直参考坐标系、格网尺寸、圆误差 CEP(circular error)和线误差 LEP(linear error)等指标决定(见图 5 - 27)。其中,CEP 代表了数字高程图地形平面位置的精度,LEP 代表了数字高程地图地形垂直方向的精度[26]。

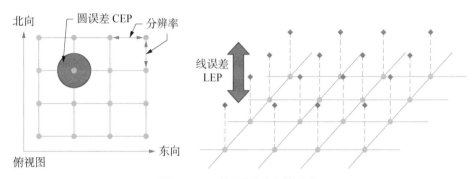

图 5 - 27　地图圆误差和线误差

为了在匹配精度与数据存储量间达到最佳折中,数字高程图的分辨率应与无线电高度表的测量精度相匹配。需要注意的是,数字高程图中的高度一般表示的是地壳表面的高程,不包括地壳上的建筑物和植被等信息。在高精度的地形辅助导航系统中,可根据实际需要,利用不同地区的建筑物信息和随季节变化的植被信息对数据库进行修正。数字高程图类别如图 5 - 28 所示。

5.3.4.4　地形匹配典型算法

尽管地形匹配的基本原理很简单,但因为在实测地形剖面数据和基准地形数据两者中都存在着一定程度的噪声,所以匹配过程并不简单,尤其是那些能够达到实际工程应用水平的过程。据资料,E - System 公司也是通过十余年的实验与分析才掌握了该项技术。目前,国内外可查的资料基本上集中在地形匹配算法或匹配区选择的研究上,相对而言具有很大的局限性。

(1) 单项地形匹配算法的精度很高,但是受高度测量误差、惯导误差传播特性等应用条件的限制,实际工程应用价值较差。

(2) 地形匹配的定位精度和匹配概率不仅与匹配算法有关,而且与匹配区

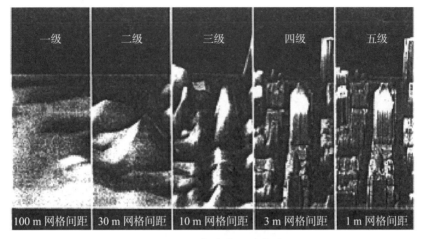

图 5-28　数字高程图类别

的选择和机载设备的性能有很大关系。

（3）一般的研究仅限于分析地形统计特征对地形匹配性能的影响，而忽略了系统初始误差、惯导精度、气压高度表和无线电高度表的测量精度及匹配序列长度等因素的影响，从而降低了工程可行性。

对于地形匹配来讲，正确定位的可信度比系统精度更为重要。因此，地形匹配系统在设计初期，就需要仔细考虑飞行器的实际使用需求、实际使用工作条件等因素，这样才能保证系统方案的合理性、可行性、系统精度和可靠性。概括起来，匹配精度和匹配概率主要取决于以下方面。

（1）所选地形的特征：即地形的起伏变化程度及其方向性。

（2）高度表的测量精度：即对地形起伏变化的辨识程度，由气压高度表和无线电高度表的测量值联合获得。高度表的测量精度与地形起伏程度一样，都是影响系统精度和可靠性的重要因素。

（3）惯导系统精度。

（4）数字高程图的精度。

（5）地形匹配算法。

地形匹配本质上是利用地形高程信息来获得飞行器的水平位置，其系统性能受地形特征、高度方向测量误差、惯导性能及初始位置误差等诸多因素的影响。如何在上述多种因素的共同作用下获得可信的匹配定位结果，一直是影响地形匹配技术应用的重要原因。因此，如何针对飞行器飞行方式灵活的应用特点，设计合理可行的地形匹配系统方案，其难点和关键如下：如何在具有较大的水平初始位置误差、高度测量存在一定的误差、惯导具有一定的漂移率的情况下,尽可能多地提供定位坐标,同时还要有很强的防止虚假定位的能力。

目前,最典型的两种地形匹配方法是地形轮廓匹配(terrain contour matching, TERCOM)算法和桑迪亚惯性地形辅助导航(Sandia inertial aided navigation, SITAN)算法,它们分别在巡航导弹和战机上获得应用,其中 TERCOM 算法是基于相关分析原理,SITAN 算法是基于扩展卡尔曼滤波原理。

1) TERCOM 算法

TERCOM 算法常用计算公式有以下三种:

(1) 交叉相关(cross correlation, COR)算法。

$$J_{\text{COR}} = \frac{1}{L} \sum_{i=1}^{L} T_A(i) T_s(x + i\tau_x, \, y + i\tau_y) \tag{5-11}$$

(2) 平均绝对差(mean absolute difference, MAD)算法。

$$J_{\text{MAD}} = \frac{1}{L} \sum_{i=1}^{L} |T_A(i) - T_s(x + i\tau_x, \, y + i\tau_y)| \tag{5-12}$$

(3) 均方差(mean square difference, MSD)算法。

$$J_{\text{MSD}} = \frac{1}{L} \sum_{i=1}^{L} |T_A(i) - T_s(x + i\tau_x, \, y + i\tau_y)|^2 \tag{5-13}$$

式中: L 为参与计算的数据点数,与需要进行相关处理的地形轮廓长度有关; $T_A(i)$ 为计算获得的第 i 个地形高度, $i = 1, 2, \cdots, L$; $T_s(x + i\tau_x, \, y + i\tau_y)$ 为对应的第 i 个数字地图高程; x 、 y 为所选进行匹配的网格中心坐标; τ_x 、 τ_y 为飞行器在相邻两次采样之间飞行器在两个坐标轴上飞过的距离。

最优路径的计算是使 J_{COR} 最大、 J_{MAD} 和 J_{MSD} 最小。

MAD、MSD 和 COR 都属于统计决策法中的最基本匹配算法。其中:MAD 和 MSD 属于距离决策,它们表达两种模式间的匹配性,是通过模式间的欧氏空间距离来度量的,即认为两种模式空间距离越近,两种模式越匹配;而 COR 算法属于形状决策,它认为各模式的元素呈现一随机过程且能按照某种顺序排列时,根据样本的"形状"进行度量。在没有测量误差的情况下,这两类算法理所当然地会定位于同一位置。

这里给出一种适合工程应用的地形匹配算法:根据任务系统的规划,结合事先确定的惯导系统精度和误差特性、气压高度表和无线电高度表的误差特性、数字高程基准图的制备误差,确定合理的地形匹配区,进而通过地形匹配系统与机载控制系统的相互配合,完成地形匹配。其中,为确保第 1 个匹配点的正确匹配:采用 MSD 算法和 COR 算法融合表决机制;采用多数表决决策机制作为提高定位概率的技术措施;采用修正的 MSD 算法和 COR 算法消除气压高度表和无线电高度表测量中的系统偏差,以提高匹配精度和匹配概率;根据定位结果和惯导输出进行位置预测,并利用预测位置和最新的匹配结果进行加权平均,以加权平均值作为定位输出。

改进的 COR 算法如下:

$$J_{\text{COR}} = \frac{1}{L} \sum_{i=1}^{L} \left[T_{\text{A}}(i) - \bar{T}_{\text{A}} \right] \cdot \left[T_s(x + i\tau_x, y + i\tau_y) - \bar{T}_{\text{S}} \right] \quad (5 - 14)$$

改进的 MSD 算法如下:

$$J_{\text{MSD}} = \frac{1}{L} \sum_{i=1}^{L} \left| \left[T_{\text{A}}(i) - \bar{T}_{\text{A}} \right] - \left[T_s(x + i\tau_x, y + i\tau_y) - \bar{T}_{\text{S}} \right] \right|^2$$

$$(5 - 15)$$

式中:T_{A} 表示计算获得的 L 个地形高度的均值,T_{S} 表示 L 个数字地图高程的均值。

在 MSD 算法和 COR 算法融合表决机制中,若 MSD 算法和 COR 算法定位结果位于同一网格内或位于相邻网格内,则判定定位可靠,以 MSD 定位结果为定位位置,并转入连续匹配模式;在多数表决机制中,选用 MSD 算法进行多数表决,如果定位位置的间隔小于或等于 6 个网格,则表决通过。具体实现中:第一次表决用第一次匹配定位结果和第二次匹配定位结果进行表决;第二次表决用第三次匹配定位结果与第一次匹配定位结果和第二次匹配定位结果进行表决;第三次表决用第四次匹配定位结果与第二次匹配定位结果和第三次匹配定位结果进行表决。两次定位之间的间隔为 24 个网格。使用 1、2、…、64 点进行第一次定位;使用 25、26、…、88 进行第二次定位;使用 49、50、…、112 进行第三次定位;使用 73、74、…、136 进行第四次定位。

2) SITAN 算法

SITAN 算法在满足定位准则时,就能给出离散点上的定位信息,而不需要事先进行航路规划,较好地满足了机载应用需求和解决了机载环境适应性问题[27]。

在定位准则设计时,一方面考查匹配优势,另一方面根据正确滤波器的连续稳定特性考察最佳滤波器是否就是正确滤波器,并引入辅助条件避免可能带来的虚假定位。对于地形起伏较大区域,优势检测明显,辅以连续稳定性判断,以避免虚假定位;对于地形起伏平坦区域,则重点考核稳定性。

(1) 主要模块(见表5-12)。

表5-12　SITAN算法的主要模块

名称	主要任务	核心技术
捕获模式	快速、可靠地捕获初始位置	并行滤波器技术
跟踪模式	防止滤波发散,提高可用性	地形随机线性化技术和递推滤波技术
丢失模式	传感器故障检测和搜索区合理性判别	导航性能评估和垂直通道偏差检测技术
模式转换控制	控制系统工作在适当的模式下,降低虚假定位率	模式控制和虚假定位检测技术

a. 捕获模式。

捕获模式的核心任务是快速、可靠地捕获初始位置,找到正确滤波器,大幅度地减小惯导的初始位置误差。

技术难点是要直接面对海里级的初始位置误差,快速、可靠地获得正确滤波器的位置(尽可能地避免虚假定位),为后续的地形随机线性化提供良好的技术保障。

通过设计密集的滤波器阵列,基于测量、滤波修正高度通道误差,记录并跟踪每一时刻的最佳匹配滤波器,并通过设计完备的定位准则,主要包括匹配优越性准则和连续性准则,实时判定并找到正确的滤波器,就能获得小于100 m的定位精度。

b. 跟踪模式。

跟踪模式的核心部分是地形随机线性化和递推滤波算法,以及在较平坦的地形上如何防止滤波发散。

c. 丢失模式。

丢失模式是一个特殊的处理模式,主要包括真丢失和假丢失。

真丢失是指惯导误差很大,指示位置与真实位置间的距离超过了搜索范围。主要原因是惯导、高度表等硬件故障,处理方法是先检测并修复硬件故障,再启动捕获模式。

假丢失即虚假定位,主要是由于算法中判据不完善、地形平坦或重复等因素的影响,造成定位结果与真实位置间有较大的误差。以此为初始条件贸然进入跟踪模式,有可能造成滤波发散,在设计中采用的处理方法是重新启动捕获模式。

d. 模式转换控制。

模式转换控制的主要任务是控制系统工作在适当模式下,并降低虚假定位率。核心部分是实时监控系统正常运行的必要条件,并监控修正误差的变化趋势,适时控制模式切换,保证系统可靠运行。

监控的状态包括惯导状态、无线电高度表失锁状态、气压高度表故障状态、数字地图数据读取校验状态、飞机俯仰角、横滚角状态。

(2) SITAN 算法。

a. 垂直通道偏差的衡量方法。

在机载地形匹配系统实现中,采用变化缓慢的一维垂直通道偏差作为系统状态,该偏差是由气压高度表偏差、无线电高度表偏差及数字高程图偏差引起的。采用一维系统状态方法的主要优点在于各滤波器状态没有平面位置,各滤波器位置会随惯导位置的更新而更新,具有滤波稳定的优点。需要重点强调的是,在地形匹配系统运行过程中,上述各个偏差没有一个能被单独观测到,但是,由各个偏差综合而成的偏差却是能够被观测到的。因此,需要采用综合处理的方式进行垂直通道偏差的衡量。

按照布朗运动建立垂直通道偏差模型,该模型的方差随时间而增加。根据卡尔曼滤波原理构成的系统状态方程:

$$x_n = x_{n-1} + w_n \qquad (5-16)$$

式中:w_n 为零均值的白噪声序列,$E\{w_n\}=0$,$E\{w_n^2\}=\boldsymbol{Q}T_n$,$\boldsymbol{Q}$ 为系统噪声方差阵,T_n 为系统采样间隔。$\boldsymbol{Q}$ 的值是关于垂直通道偏差可变性的先验假设,它考虑了所有偏差源缓慢变化及模型建立不当的情况。

系统量测方程:

$$z_n = z_{n-1} + v_n \qquad (5-17)$$

式中:v_n 为零均值的白噪声序列,$E\{v_n\}=0$,$E\{v_n^2\}=\boldsymbol{R}$,$\boldsymbol{R}$ 是测量噪声方差阵。$\boldsymbol{R}$ 的值是关于测量噪声数据特性的先验假设,考虑了建筑物或树木等造成的不相关的测高误差、不相关的传感器误差等情况。

某个滤波器最接近飞机真实位置时,此时根据该滤波器位置上的地形高程数据所计算出的地形高程和载机测量到的地形高程之差几乎等于偏差,因为该滤波器最符合先验偏差模型。

b. SWRS 的计算。

单状态滤波器未建立东向误差和北向误差的模型,因此需在算法中对最新残差加大权重以间接地计入惯导的漂移,以便更好地确定飞机的实时真实位置。一方面,平滑加权残差平方(smoothed weighted residual squared, SWRS)能够提供单个滤波器与先验垂直通道偏差模型匹配程度的量度,SWRS 越小,匹配程度越好;另一方面,SWRS 的计算过程也容易引入指数衰减的权重,很方便地计入惯导的漂移。因此,可通过 SWRS 来增强较新匹配信息的作用强度,通过控制衰减因子以适应不同精度等级的惯导应用。综合考虑,采用 SWRS 作为控制变量用于衡量滤波器与先验模型的匹配程度。SWRS 的计算过程如下:

定义残差:

$$r_{jn} = z_{jn} - \hat{x}_{jn} \tag{5-18}$$

j 为滤波器指示变量,$j = 1, 2, \cdots, m$,$m = \mathrm{ceil}\left[\mathrm{abs}\left(\dfrac{6\sigma}{100}\right)\right] \cdot \mathrm{ceil}\left[\mathrm{abs}\left(\dfrac{6\sigma}{100}\right)\right]$

式中:σ 为惯导系统的位置精度;abs 为绝对值函数;ceil 为向 $+\infty$ 方向取整数;r_{jn} 为残差;z_{jn} 为实测的垂直通道偏差;$\hat{x}_{jn}$ 为估计的垂直通道偏差。

计算加权残差平方(weighted residual squared, WRS):

$$J_{\mathrm{WRS}jn} = \frac{r_{jn}^2}{p_{jn} + R} = \frac{(z_{jn} - \hat{x}_{jn})^2}{p_{jn} + R} \tag{5-19}$$

式中:p_{jn} 为估计误差方差;$J_{\mathrm{WRS}_{jn}}$ 为加权残差平方。

计算 SWRS:

$$J_{\mathrm{SWRS}jn} = \alpha J_{\mathrm{WRS}_{jn}} + (1 - \alpha) J_{\mathrm{WRS}_{j(n-1)}} \tag{5-20}$$

式中:$J_{\mathrm{SWRS}_{j0}} = 1.0$,$0 < \alpha < 1.0$($\alpha$ 为平滑系数)。

$J_{\mathrm{SWRS}_{jn}}$ 即为平滑后的加权残差平方。

c. 基于密集并行滤波器的搜索模式设计技术。

在系统方案中,采用一组单状态滤波器,每个滤波器中建模的单一状态就是惯导的垂直通道误差。在具体设计中,以采样点时刻惯导指示的位置为中心,采用 3σ 原则将子滤波器相对惯导的指示位置设置为规则化的网格形状,并且在整个搜索过程中,滤波器整体上将一直保持规则的网格结构的并行滤波器阵列,阵列中子滤波器之间的相对方位和相对距离均保持不变,子滤波器间距取为数字高程地图的网格间距。在实际应用中,滤波器阵列的规模取决于系统中实际惯导的精度等级以及计算能力的限制。

由于地形分布是随机的,不可避免地存在局部地形相似以及高度测量误差等因素的影响,在不同修正时刻,最优匹配滤波器(与先验垂直通道模型匹配程度最好的子滤波器)可能是位置分布相距较远的两个或两个以上子滤波器中的一个,而正确滤波器(水平位置估值最接近飞机真实位置的子滤波器)在不同修正时刻只能是与位置邻近的几个子滤波器中的一个。显然地,寻找正确滤波器才是地形匹配搜索模式的真正目标。由于惯导具有缓慢、连续漂移的误差特性,从相对运动的角度看,正确滤波器只能存在于接近飞机真实位置的几个滤波器中,而不能在不同时刻在大位置跨度的子滤波器间跳动。综合上述分析,正确滤波器将固定于某一子滤波器或仅在位置相邻的子滤波器间变化。因此,通过测量、修正惯导垂直通道误差,并以网格间距对搜索区内每一个可能的路径进行遍历搜索,记录并跟踪每一时刻最优匹配滤波器,并通过相应的定位准则,实时判断并找到当前的正确滤波器,以正确滤波器的当前位置作为飞机的真实位置的估值,就能获得定位误差小于网格间距的定位精度,这就是基于密集并行滤波器的搜索模式设计技术实现快速、可靠地捕获飞机真实初始位置的基本原理。

上述技术方案不需要地形线性化技术,因而从原理上消除了地形随机线性化误差,提高了在平坦地形上搜索定位的可靠性和定位精度;不对惯导的东向、北向位置误差建模修正,避免直接使用可观性弱的状态修正,使地形粗糙度对修正精度的定性影响间接体现在利用定位准则来搜索、辨识正确滤波器的难易程度和可靠程度上;通过设计密集并行滤波器阵列、可靠搜索和辨识正确滤波器的技术,实现对惯导初始位置误差一步到位式的高精度修正;并行滤波器组设计成随惯导即时位置平动的规则阵列,极大方便了全面量化正确滤波器的双重特性(匹配优越性和缓变连续性)。

d. 联合定位准则设计技术。

地形匹配系统作为一种自主、高精度的导航方式,在现代导航领域占有重要的地位。如何实时对匹配定位结果进行合理、可信的评估,一直是制约地形匹配系统成功应用的关键和难点所在。地形匹配本质上是利用地形高程信息来获得载机的水平位置,其系统性能受地形特征、高度方向测量误差、惯导性能及初始位置误差等诸多因素的影响,如何对在上述多种因素共同作用下的匹配定位结果进行合理、可信的评估,一直是制约地形匹配技术应用的重要原因。

弹载典型应用如 TERCOM 技术,发射前在地面完成了大量的工作,如通过搜集和分析任务区域的情报,并根据获得的威胁信息,采用有效的方法进行航路规划和优化,得到全局最优的参考飞行路径。在此基础上,通过地形特征分析,确定合理的地形匹配区,在起飞前向地形匹配存储器加载本次任务的数字高程基准图和任务参数,按预先装订的控制方案控制导弹沿预定弹道程序飞行。这样做的好处是大大降低了导弹实时处理的性能要求,容易评估导航效果和打击效果,但容易贻误战机并且严重损害了导弹的生存能力。上述技术方案对于飞行方式灵活、机动性要求比较高的机载应用来讲显然是不合适的,因此需要开发一种适合机载应用的实时递归算法,能够实时提供定位坐标。

受地形特征、传感器测量误差、数字高程图的精度、定位准则、匹配算法等因素的影响,地形匹配存在一定程度的虚假定位。如何降低虚假定位率,提高系统运行的鲁棒性,是机载地形匹配系统方案所要解决的核心问题。为此,设计了具有快速鲁棒特征的联合定位准则,从不同层次、不同维度对载机实时的传感器使用情况和飞越的地形进行全面的描述,提高了系统方案的环境适应性,并且具有很强的防虚假定位能力。

a) 绝对匹配程度检验条件:

要求最优匹配滤波器的实时计算值小于设定的门限值。

$$J_{\mathrm{SWRS_{min}}} < 1.4 \tag{5-21}$$

式中:$J_{\mathrm{SWRS_{min}}}$ 代表最优匹配滤波器的 SWRS,绝对匹配程度检验条件主要用于避免发生滤波器组总体不匹配而造成的 SWRS 异常偏离现象下的匹配定位,如惯导位置误差大于滤波器组的半径、无线电高度表或气压高度表发生故障等。

b) 相对匹配程度检验和连续稳定计数条件:

为了使地形匹配系统方案具有更好的环境适应性,针对不同的地形特征设计了不同的相对匹配程度检验条件。

针对地形起伏明显区域的检验:

$$\frac{J_{\mathrm{SWRS,\,min^*}} - J_{\mathrm{SWRS,\,min}}}{J_{\mathrm{SWRS,\,min}}} > 0.35, \text{且 } N_1 > 10 \tag{5-22}$$

针对平坦地形区域的检验:

$$\frac{J_{\mathrm{SWRS,\,min^*}} - J_{\mathrm{SWRS,\,min}}}{J_{\mathrm{SWRS,\,min}}} > 0.10, \text{且 } N_2 > 25 \tag{5-23}$$

式中：J_{SWRS, min^*} 为当前滤波器阵列中除去 $J_{SWRS, min}$ 及其周围 8 个位置滤波器之外的所有滤波器中的最小 SWRS，即次优匹配滤波器对应的 SWRS；$J_{SWRS, min}$ 为当前最优匹配滤波器对应的 SWRS；N_1、N_2 为计数器，记录了最优匹配滤波器在连续更新过程中稳定于某一个子滤波器或相邻滤波器的实际次数。

　　针对不同特征的地形：通过设计相应的匹配优越性门限和连续稳定计数器门限，完成正确滤波器的判定；通过不同的匹配相对优势门限和连续稳定计数器门限的设置，可以在地形起伏区域能够快速判定正确滤波器，而在地形较平坦地形区域，则需要靠连续稳定计数器来判定正确滤波器；同时，上述匹配相对优势门限和连续稳定计数器门限的联合使用，进一步增强了系统的防止虚假定位能力。

　　c）地形反差条件：

　　通过衡量同一时刻的搜索覆盖范围内地形的差异，要求在该时刻各子滤波器所处的地形有一定的起伏，以防止在过于平坦的地形上实施匹配修正。

$$J_{SWRS, max} - J_{SWRS, min} > 0.5 \qquad (5-24)$$

　　d）防止虚假定位条件：

　　当搜索次数大于 128 次仍不能满足初始定位条件时，则强制进入假丢失模式检验，通过后重新启动进入搜索模式。此条件是为了防止在地形特征重复相似或地形特征不明显，导致匹配长时间不能满足匹配优势准则或连续稳定性准则而设定的。显然，上述地形情况不适合地形匹配，容易产生虚假定位，需要谨慎应对此类应用场景。

　　从上述联合定位准则设计可以看出，该联合定位准则既包含了绝对匹配程度的检验，又包括了相对匹配优势检验和连续稳定性检验，对不同情况描述得很全面，并且具有很强的防虚假定位能力，因此能很好地满足机载的应用需求。

　　e. 基于多模型自适应估计的位置估值技术。

　　批处理和多模型自适应估计技术是在惯导初始位置误差很大的情况下，用来提供高精度定位坐标的两种常用方法。其中，多模型自适应估计技术是由一组卡尔曼滤波器及来自滤波器的信息而产生位置估值的方法组成的，而且只要在测量数据可用时就能对其进行递归处理，无须等待就能获得位置估值，因此本项目在设计中采用多模型自适应估计技术。

　　地形匹配系统中的位置估值是在处理每个新测量数据之后，用来自滤波器组的 SWRS 计算的。理论上，SWRS 越低，该滤波器与先验垂直通道偏差模型和测量模型匹配得越好。但是,由于惯导存在漂移,最接近真实位置的滤波器往往与 $J_{SWRS,\,min}$ 滤波器相邻,这是由于计算 SWRS 的时间常数是根据 3×3 个滤波器禁区选择的。因此,在计算过程中,$J_{SWRS,\,min}$ 滤波器将滞后于飞行器的真实位置。为了消除这种影响,在设计中以 $J_{SWRS,\,min}$ 滤波器为中心排列的 3×3 个滤波器方块的 9 个滤波器的 SWRS 来计算位置估值。具体处理过程如下。

计算 3×3 个滤波器组中每一个滤波器的归一化加权残差平方。

归一化主要是解决由于建立测量方差模型的不当而造成的 $J_{SWRS,\,min}$ 与其期望值差异的问题,通过归一化处理使其成比例的增减。

$$J_{NWRS,\,i} = \frac{J_{SWRS,\,i}}{J_{SWRS,\,min}} \tag{5-25}$$

式中:i 为滤波器指示变量,$1\leqslant i\leqslant 9$;$J_{NWRS,\,i}$ 为归一化加权残差平方。

计算 9 个滤波器中每一个滤波器的概率:

$$\begin{cases} \sum P = \sum_{i=1}^{9} \exp\left\{-\frac{1}{2}J_{NWRS,\,i}\right\} \\ P_i = \dfrac{\exp\left\{-\dfrac{1}{2}J_{NWRS,\,i}\right\}}{\sum P}, \quad 1\leqslant i\leqslant 9 \end{cases} \tag{5-26}$$

式中:exp 为指数函数;$\sum P$ 为对应 9 个滤波器的 $\exp\left\{-\dfrac{1}{2}J_{NWRS,\,i}\right\}$ 值之和;P_i 为 9 个滤波器中,与每一个滤波器位置相关联的概率。

计算位置估计值:

$$\begin{cases} O_{easting,\,M} = \sum_{i=1}^{9} O_{easting,\,i} \cdot P_i \\ O_{northing,\,M} = \sum_{i=1}^{9} O_{northing,\,i} \cdot P_i \end{cases} \tag{5-27}$$

式中:$O_{easting,\,M}$ 为第 M 次地形匹配定位的经度坐标;$O_{easting,\,i}$ 为第 i 个滤波器对应的经度坐标;$O_{northing,\,M}$ 为第 M 次地形匹配定位的纬度坐标;$O_{northing,\,i}$ 为第 i 个滤波器对应的纬度坐标。

上述位置估值的计算方法实质上就是多模型自适应估计技术,其主要思想就是用同一组状态估计器的估值来进行加权组合,实现最优估计,该方法也是解决参数不确定的一种重要措施。

f. 实时系统性能监控技术。

机载地形匹配系统应具有很高的定位精度,才能保证载机相应的任务需求和飞行安全需求。正常情况下,地形匹配应保持很高的位置修正精度,最优位置估值处应与高度通道误差模型匹配得很好,因此实时监控最优匹配滤波器与垂直通道误差模型的匹配程度,可以有效保证位置修正精度以及防止滤波发散;此外,在跟踪模式中,初始位置误差越大滤波越易发散,因此需实时监控位置估计误差,一旦超过门限值则重新搜索以阻止发散蔓延;同时,在修正次数过多的情况下,跟踪模式的位置修正精度有可能发散,因此,还需对最大修正次数进行限制。

a) 实时监控最优滤波器的位置误差:

$$\max(\sigma_x, \sigma_y) < 150\,\mathrm{m} \qquad (5-28)$$

使用过大的拟合平面,会引入大的线性化误差和相关线性化噪声,破坏匹配系统成立的条件。因此,在匹配修正过程中,需要连续不断地检验跟踪滤波器的水平位置误差协方差,以防止跟踪滤波器使用过大的拟合平面,以便在平坦地形上空长时间飞行后仍能进行高精度的位置修正。

b) 实时监控匹配滤波器的匹配程度:

$$\mathrm{SWRS}(\hat{x}, \hat{y}) < 1.3 \qquad (5-29)$$

正常情况下,地形匹配具有高精度的位置修正能力,跟踪滤波器的垂直通道的匹配程度应很好,因此引入 SWRS 作为跟踪滤波器的垂直通道的匹配程度检验,可以利用其值及时发现不可信的滤波残差,当有多个连续修正时刻跟踪滤波器的 SWRS 都大于门限值,则当前位置估值不可信,需重新进行搜索。

c) 实时监控最大量测修正次数: $N < 250$。

实时监控最大量测修正次数,用于防止长时间修正,以及位置修正精度不能满足精度要求现象的发生。

5.3.4.5　导航系统垂直通道完好性监控

1) 设计思路

由于地形匹配具有高自主性,换一种思维方式,可将其应用于导航系统垂直通道完好性监控:若已知惯导/卫星组合导航的定位结果,将机载设备的实时测量高度与定位结果处的机载数字高程图进行比较,则可以得到当前两者的高度差。上述高度差为载机是否处于预期航路提供了一种决策依据,可有效提升无人机防欺骗能力和导航完好性监控水平[28]。图 5-29 为飞行时测量高度示意图。

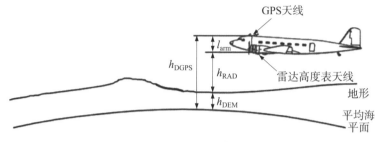

图 5-29　飞行时测量高度示意图

由导航系统获得的地形高度为

$$h_{\text{NAV}}(t_i) = h_{\text{GPS}}(t_i) - h_{\text{RAD}}(t_i) - l_{\text{arm}} \qquad (5-30)$$

式中：$h_{\text{GPS}}(t_i)$ 为 t_i 时 GPS 测得的绝对海平面高度；$h_{\text{RAD}}(t_i)$ 为无线电高度表测得的高度；l_{arm} 为 GPS 天线与飞机机腹之间的垂直距离。

通过 $h_{\text{NAV}}(t_i)$ 减去地形数据库中的地形高度 $h_{\text{DEM}}(t_i)$ 得到在 t_i 时的偏差值：

$$p(t_i) = h_{\text{NAV}}(t_i) - h_{\text{DEM}}(t_i) \qquad (5-31)$$

理想状态下高度差值为 0，即 $p(t_i)$ 为 0，然而由于系统测量误差和地形数据库误差，会产生一个服从正态分布的偏移量。表 5-13 给出了各子系统误差的标准差。

表 5-13　子系统误差的标准差

高度组件	真实值+误差	误差分布	标准差/m
h_{DGPS}	$h_{\text{WAAS}} = h_{\text{MSL}} + \varepsilon_{\text{WAAS}}$	$\varepsilon_{\text{WAAS}} \sim N(0, \sigma_{\text{WAAS}}^2)$	$\sigma_{\text{WAAS}} \approx 2$
	$h_{\text{LAAS}} = h_{\text{MSL}} + \varepsilon_{\text{LAAS}}$	$\varepsilon_{\text{LAAS}} \sim N(0, \sigma_{\text{LAAS}}^2)$	$\sigma_{\text{LAAS}} \approx 0.8$
	$h_{\text{DGPS}} = h_{\text{MSL}} + \varepsilon_{\text{KGPS}}$	$\varepsilon_{\text{KGPS}} \sim N(0, \sigma_{\text{KGPS}}^2)$	$\sigma_{\text{DGPS}} \approx 0.2$
h_{RAD}	$h_{\text{RAD}} = h_{\text{AGL}} + \varepsilon_{\text{RAD}} + \varepsilon_{\text{GC}}$ **	$\varepsilon_{\text{RAD}}^* \sim N(0, \sigma_{\text{KGPS}}^2)$ $\varepsilon_{\text{GC}} \sim N(0, \sigma_{\text{GC}}^2)$	$\sigma_{\text{RAD}}^* \approx 1.8$ $\sigma_{\text{GC}} \approx 4.6$
h_{DEM}	$h_{\text{DEM}} = h_{\text{MSL}} - h_{\text{AGL}} - l_{\text{arm}} + \varepsilon_{\text{V}}$	$\varepsilon_{\text{V}} \sim N(0, \sigma_{\text{V}}^2)$	σ_{V} 由 DEM 决定

注：* 表示在 1 s 时基于均匀无线电高度表的测量值。
　　** 指由地面覆盖物引入的误差。

将表 5-15 中的关系式代入 $P(t_i) = h_{\text{NAV}}(t_i) - h_{\text{DEM}}(t_i)$ 有

$$P = \varepsilon_{DGPS} - \varepsilon_{RAD} - \varepsilon_{GC} - \varepsilon_V \tag{5-32}$$

P 的概率密度函数与各个组件误差分布直接相关,即

$$P \sim N(0, \sigma_{DEM}^2) \otimes N(0, \sigma_{DGPS}^2) \otimes N(0, \sigma_{RAD}^2) \otimes N(0, \sigma_{GC}^2) \tag{5-33}$$

$$P \sim N(0, \sigma_{DEM}^2 + \sigma_{DGPS}^2 + \sigma_{RAD}^2 + \sigma_{GC}^2) = N(0, \sigma_P^2) \tag{5-34}$$

定义如下假设:

H_0 为正常状态,$P \sim N(0, \sigma_P^2)$;

H_1 为故障状态,$P \sim N(\mu_B, \sigma_P^2)$,

其中,μ_B 是以偏移量表示的当前故障。

高度校验可以基于上述假设按如下方法进行判决:对于某个检验统计量 T,如果它的值超过门限值 T_D,则认为故障发生,进而产生告警信息。而这种判决方法会产生下列 4 种事件。

(1) Normal Operation(NOP):正常状态,没有检测到故障。

(2) Fault Detected(FD):故障状态,检测到故障。

(3) Fault-free Detection(FFD):虚警,正常状态,检测到故障。

(4) Missed Detection(MD):漏警,故障状态,没有检测到故障。

图 5-30 以事件树的形式给出了检测结果。

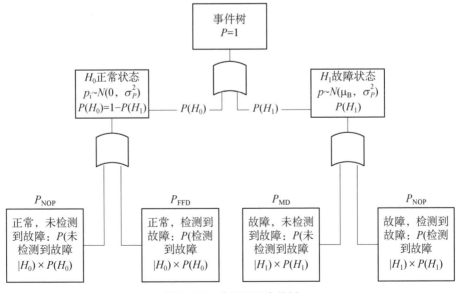

图 5-30 检测结果事件树

系统设计时需要指定 P_{FFD}、P_{MD} 和告警时间,其中:

$$P_{FFD} = P(检测到故障 \mid H_0) \times P(H_0) \qquad (5-35)$$

$$P_{MD} = P(未检测到故障 \mid H_1) \times P(H_1) \qquad (5-36)$$

其中,$P(H_1)$ 是未先验的地形数据库失效概率,$P(H_0) = 1 - P(H_1)$。

2)实现过程

垂直通道完好性监控流程如图 5-31 所示,包括 5 个主要步骤。

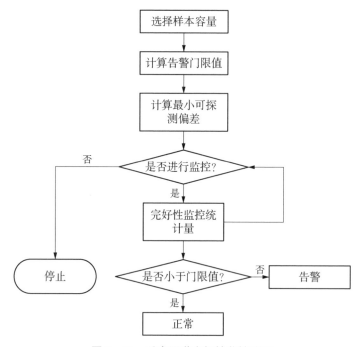

图 5-31 垂直通道完好性监控流程

(1)选择一次监控统计量计算的样本容量。

根据系统设计中对监控告警时间的要求选择一次监控统计量计算的样本容量 N。在满足监控告警时间的要求情况下,N 取值一般在 25～75 内。

其中,实际监控告警时间为 $t_{\text{time-to-ale}} = N/f_{\text{sample}}$,$f_{\text{sample}}$ 为样本中每个值的采样频率(单位 Hz),实际告警时间 $t_{\text{time-to-ale}}$(单位 s)需要小于系统要求的最长告警时间。

(2)计算告警门限值 T_D。

在时刻 t_i 地形参考信息为 $\psi_{\text{reference}}(t_i)$,机载传感器实测的相应地形信息为

$\psi(t_i)$，则两者偏差值 $P(t_i)$ 为 $P(t_i) = \psi_{\text{reference}}(t_i) - \psi(t_i)$。

对于含有 $P(t_i)$ 的检验统计量 $T[P(t_i)]$，如果它的值超过设定门限值 T_D 则认为产生危险误导信息，需要对地形信息进行告警。

已知样本容量 N、系统正常工作的概率 $P(H_0)$ 和系统设计要求的错误告警概率 P_{FFD}，$f_{H_0}(T, N)$ 是自由度为 N 卡方分布的密度函数，即

$$f_{H_0}(T, N) = \frac{T^{\frac{N}{2}-1}}{2^{\frac{N}{2}} \Gamma\left(\frac{N}{2}\right)} e^{\frac{T}{2}} \tag{5-37}$$

$$\Gamma(\alpha) = \int_0^\infty y^{\alpha-1} e^{-y} \mathrm{d}y \tag{5-38}$$

则可以根据以下等式计算出 T_D：

$$P_{\text{FFD}} = P(H_0) \cdot \int_{T_D}^\infty f_{H_0}(T, N) \mathrm{d}T \tag{5-39}$$

（3）计算最小可探测偏差 $\mu_{\text{B, min}}$。

$\mu_{\text{B, min}}$ 代表可实现完好性告警的地形数据库数据和机载传感器探测到的地形高程数据差异的最小均值：当 $P(t_i)$ 的均值大于 $\mu_{\text{B, min}}$ 时，表示监控统计量超过告警门限值 T_D 的概率小于完好性等级 P_{MD}；当 $P(t_i)$ 的均值小于或等于 $\mu_{\text{B, min}}$ 时，表示监控统计量超过告警门限值 T_D 的概率大于等于完好性等级 P_{MD}。具体计算方法如下：

已知告警门限值 T_D、系统故障的概率 $P(H_1) = 1 - P(H_0)$ 和系统设计要求的完好性等级 P_{MD}，$f_{H_1}(T, N, \lambda)$ 是自由度为 N、非中心参数为 λ 的非中心卡方分布的密度函数，即

$$T_{H_1} \sim f_{H_1}(T, N, \lambda) = \frac{1}{2}\left(\frac{T}{\lambda}\right)^{\frac{(N-2)}{4}} e^{-\frac{1}{2}(T+\lambda)} I_{\frac{N}{2}-1}(\sqrt{\lambda T}) \tag{5-40}$$

其中，$I_r(u)$ 是第一类修正 r 阶 Bessel 函数：

$$I_r(u) = \frac{\left(\frac{1}{2u}\right)^r}{\sqrt{\pi}\,\Gamma\left(r+\frac{1}{2}\right)} \int_0^\pi e^{u\cos\theta}(\sin\theta)^{2r} \mathrm{d}\theta \tag{5-41}$$

则可根据下式获得非中心参数 λ：

$$P_{\mathrm{MD}} = P(H_1) \cdot \int_0^{T_{\mathrm{D}}} f_{H_1}(T, N, \lambda)\mathrm{d}T \qquad (5-42)$$

再根据下式可求得 $\mu_{\mathrm{B, min}}$：

$$\lambda = \frac{N}{\sigma_P^2}\mu_{\mathrm{B, min}}^2 \qquad (5-43)$$

（4）实时计算完好性监控统计量。

选取归一化均方差 MSD 算法作为完好性监控统计量，通过综合处理机载传感器获得的地形高程数据与机载地形数据库中的数据，完成归一化均方差 MSD 算法的实现，其中归一化均方差 MSD 计算方法如下。

由机载传感器获得的地形高程为

$$h_{\mathrm{NAV}}(t_i) = h_{\mathrm{GPS}}(t_i) - h_{\mathrm{RAD}}(t_i) - l_{\mathrm{arm}} \qquad (5-44)$$

式中：$h_{\mathrm{GPS}}(t_i)$ 为 t_i 时 GPS 测得的海拔高度；$h_{\mathrm{RAD}}(t_i)$ 为无线电高度表测得的相对高度；l_{arm} 为 GPS 天线与飞机机腹之间的垂直距离。

利用得到的 $h_{\mathrm{NAV}}(t_i)$ 减去地形数据库中的地形高度 $h_{\mathrm{DEM}}(t_i)$，得到 t_i 时的高度偏差值：

$$P(t_i) = h_{\mathrm{NAV}}(t_i) - h_{\mathrm{DEM}}(t_i) \qquad (5-45)$$

选取归一化均方差 MSD 算法作为统计量：

$$T = \frac{N}{\sigma_P^2}J_{\mathrm{MSD}} = \frac{1}{\sigma_P^2}\sum_{i=1}^{N-1}P^2(t_i) \qquad (5-46)$$

式中：σ_P 为 $P(t_i)$ 的标准差。

（5）判断是否产生危险误导信息告警。

P_{MD} 和 P_{FFD} 可以表示为图中的阴影部分（见图 5-32）。最小可探测偏差 MDB 定义为偏差值大于 MDB 未被探测概率等于 P_{MD} 的偏差值，即偏差值 μ_{B} 超过 MDB 的被探测到的概率大于 $(1 - P_{\mathrm{MD}})$。

根据计算得到归一化均方差 MSD 算法的结果与门限值 T_{D} 进行比较，超过 T_{D} 则产生危险误导信息告警。

从前述分析可以看出，将地形匹配和垂直通道完好性监控两种思想进行结合，可以实现导航系统水平通道的完好性监控，即通过比较机载数字高程图数据和机载传感器实测地形高程数据的一致性，实现导航系统水平通道完好性监控。与导航系统垂直通道完好性监控类似，按照系统所需性能配置和计算完好性监控的各项参数，以载机当前指示位置为中心，以一定范围在机载数字高程图中平

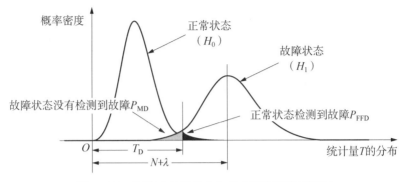

图 5-32 统计量 T 的分布与各个事件概率示意图

移当前航迹,采用了归一化均方差 MSD 作为监控统计量,实时计算整个平移区域内的统计量,由此绘制水平通道完好性监控状态图,并实时计算导航系统地形估计位置和地形水平偏差。若实际航迹上的统计量超限,则提供危险误导告警信息,从而可以实时为机载导航系统提供所需的完好性等级监控。

5.3.4.6 发展趋势与展望

地形辅助导航作为一种自主、隐蔽、全天候、导航定位精度与航程无关的导航技术,受到国际导航界的广泛重视,目前已成为巡航导弹、飞机的重要导航手段。随着技术研究的不断深入及应用领域的拓展,海底地形匹配导航技术也已成为潜艇导航的一个重要发展方向。广义上来讲,所有利用地形或者地物特征进行导航的方式,都可以称为地形辅助导航。因此,现代低空突防系统所关注的地形跟随、地形回避、威胁回避等技术,也是地形辅助导航的重点发展方向。

此外,根据实际应用需求并结合地形辅助导航标准体系建设方面的考虑,还需要建立各种专用的传感器标准(设备类标准,如无线电高度表标准)及数字高程图标准等,以逐步形成该技术领域内必须遵循的通用性标准,推进地形辅助导航技术和产品的规范化。

5.3.5 相对导航

相对导航指无人机通过处理或共享单个或多个协同任务平台(如其他编队无人机、空中加油机、舰船等)的导航传感器测量值,形成相对测量信息,通过相对导航算法,解算协同任务平台间的相对位置、相对速度和相对姿态信息[29]。与绝对导航不同之处在于,相对导航不需要计算平台在地理系下的导航信息,而只需要计算平台间的相对空间矢量。绝对导航与相对导航的对比如图 5-33 所示。

图 5‑33　绝对导航与相对导航的对比

实现高品质自主编队飞行、空中自主加油和全自动着舰,需要实时准确地控制和维持无人机与协同任务平台间的相对距离、方位和速度等运动变量,如图 5‑34 所示。因此,协同任务平台间高精度的相对导航信息计算,是实现编队飞行、空中加油和自动着舰等相关任务的基础和前提,也是支撑体系化协同作战能力的关键技术。

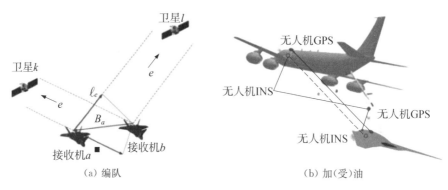

（a）编队　　　　　　　　　　　　（b）加（受）油

（c）着舰（陆）

图 5‑34　相对导航的典型应用示例

5.3.5.1　系统组成

如图 5-35 所示,典型的相对导航系统由协同平台端和无人机端组成,协同平台端的导航源生成导航测量信息并通过数据链发送至无人机端。无人机端的相对导航算法模块接收协同平台及本机的导航源测量信息,利用相对导航算法完成相对导航计算及输出。常见的导航源包括惯性、卫星、JIDS、视觉及精密跟踪雷达,其中利用视觉和精密跟踪雷达进行相对导航计算时,只需要本机测量信息即可完成相对导航解算;在相对导航算法方面,可通过多级滤波方法,实现基于多导航源信息融合的相对导航解算。

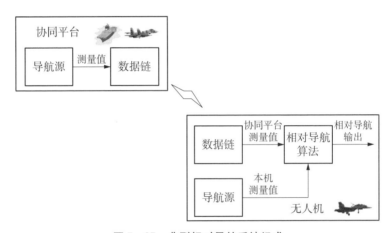

图 5-35　典型相对导航系统组成

5.3.5.2　差分卫星相对导航

卫星导航具备定位精度高、误差不随时间累积、应用成本低等优点,被广泛应用于机载导航领域。不过 GPS 标准定位服务的单点定位(即绝对定位)在水平与垂直方向上的定位精度在 95% 的时间内能分别达到 13 m 和 22 m,远未达到密级编队、空中加油、自动着舰等典型航空应用的分米级甚至厘米级相对定位精度的要求。

卫星星历误差、电离层延时和对流层延时等误差成分存在空间相关性,差分卫星相对定位通过对测量值的线性组合可消除测量值的公共误差,获得更高的相对定位精度,因此被应用于高精度机载相对导航。其主要思想如下:一个协同任务平台上的接收机作为基准站,直接播发其卫星测量值;另一个协同任务平台的接收机作为用户端,将基准站测量值与其自身对卫星的测量值经差分运算组合起来,最后利用组合后的测量值求解出基线矢量而完成相对定位。

　　根据差分校正的目标参量不同,差分卫星可主要分为位置差分、伪距差分、载波相位平滑后的伪距差分、载波相位差分四种。由于载波相位测量值的精度比伪距测量值的精度要高出几个数量级,因而基于载波相位差分的系统具有最高的定位精度,可以用来实现高精度的相对导航定位。一般来说,基于伪距的差分系统可获得分米级的定位精度,而基于载波相位的差分系统定位精度最高能达毫米级。

　　1) 卫星载波相位双差相对导航

　　载波相位是卫星接收机从卫星获得的一个非常重要的基本测量值,由于载波波长较短,测量精度较高,利用载波相位的定位算法可以获得厘米级的相对定位精度。基于载波相位双差定位的基本思想是接收机在同一历元分别测量接收机和卫星处的相位值,计算两者之间的相位差作为输出的载波相位测量值。获得载波相位测量值后,再利用双差消除电离层延时,卫星及接收机钟差等公共误差,并求解出基线矢量,完成相对定位。在获得载波相位测量值的过程中,核心技术是如何快速准确地进行整周模糊度解算。卫星载波相位双差相对导航如图 5 - 36 所示。

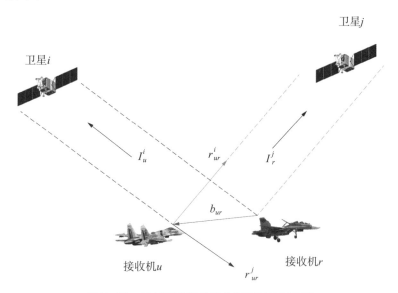

图 5 - 36　卫星载波相位双差相对导航示意图

　　在同一测量历元,将两个接收机对同一颗卫星的载波相位观测值取差值,就可以得到单差观测值,经过单差处理可以消除卫星钟差,在短基线的情况下,也可以消除大气延时误差。对两颗卫星的单差观测之间再进行差分,即在站间和星间各求一次差分,就得到双差载波相位测量值。双差载波相位测量值可以进一步消除接收机钟差,具体过程如下。

设接收机 u 和接收机 r 同时跟踪卫星 i,根据载波相位原始测量方程,可以得到如下测量方程:

$$\lambda\Phi_r^i = r_r^i + d\rho^i + c(\delta t^i - \delta T_r) + d_{\text{ion}}^i + d_{\text{trop}}^i + \varepsilon_r^i - \lambda N_r^i \qquad (5-47)$$

$$\lambda\Phi_u^i = r_u^i + d\rho^i + c(\delta t^i - \delta T_u) + d_{\text{ion}}^i + d_{\text{trop}}^i + \varepsilon_u^i - \lambda N_u^i \qquad (5-48)$$

将上述两个方程相减,可以得到载波相位单差测量方程:

$$\Delta\Phi_{ur}^i = \lambda^{-1} r_{ur}^i + f\delta T_{ur} + N_{ur}^i + \varepsilon_{ur}^i \qquad (5-49)$$

式中:$\Delta\Phi_{ur}^i = \Phi_u^i - \Phi_r^i$ 为单差载波相位;$\delta T_{ur} = \delta T_u - \delta T_r$ 为接收机 u 和接收机 r 的钟差;$N_{ur}^i = -(N_u^i - N_r^i)$ 为单差整周模糊度;$\varepsilon_{ur}^i = \lambda^{-1}(\varepsilon_u^i - \varepsilon_r^i)$ 为单差载波相位测量误差;$f = c/\lambda$ 为载波频率;$r_{ur}^i = r_u^i - r_r^i$ 为卫星 i 分别到接收机 u 和接收机 r 的距离差。

设卫星 i、接收机 u 和接收机 r 在地球系中位置分别为 $\boldsymbol{X}^i$、$\boldsymbol{X}_u$ 和 $\boldsymbol{X}_r$,那么

$$r_{ur}^i = r_u^i - r_r^i = |\boldsymbol{X}^i - \boldsymbol{X}_u| - |\boldsymbol{X}^i - \boldsymbol{X}_r| \qquad (5-50)$$

对于短基线的情况,由于卫星轨道误差、电离层延时和对流层延时对接收机 u 和接收机 r 的载波相位测量的影响基本相同,在单差处理时它们的作用将被基本消除。由于相对定位的最终目的是求解由接收机 u 和接收机 r 所在位置构成的基线矢量 $\boldsymbol{b}_{ur} = \boldsymbol{X}_u - \boldsymbol{X}_r$,因此建立单差载波相位测量方程与基线矢量 $\boldsymbol{b}_{ur}$ 之间的联系。

在基线距离比较短的情况下,由于卫星距接收机的距离远远大于基线长度,因而在两个平台处的接收机对同一卫星的观测向量可以认为是相互平行的。由几何关系可得

$$r_{ur}^i = -\boldsymbol{b}_{ur} \cdot \boldsymbol{I}_r^i \qquad (5-51)$$

式中:$\boldsymbol{I}_r^i$ 是基准站 r 对卫星 i 的观测方向矢量。

同理,对于卫星 j 可得

$$r_{ur}^j = -\boldsymbol{b}_{ur} \cdot \boldsymbol{I}_r^j \qquad (5-52)$$

式中:$\boldsymbol{I}_r^j$ 是基准站 r 对卫星 j 的观测方向矢量。

在建立载波相位单差测量方程的基础上,利用两颗不同的卫星 i 和卫星 j

的单差载波相位测量模型,可以得到双差载波相位测量方程如下:

$$\boldsymbol{\Phi}_{ur}^{ij} = \Delta\Phi_{ur}^{i} - \Delta\Phi_{ur}^{j} = \lambda^{-1}r_{ur}^{ij} + N_{ur}^{ij} + \varepsilon_{ur}^{ij} \tag{5-53}$$

式中:$\boldsymbol{\Phi}_{ur}^{ij} = \Delta\Phi_{ur}^{i} - \Delta\Phi_{ur}^{j}$ 为双差载波相位;$r_{ur}^{ij} = r_{ur}^{i} - r_{ur}^{j}$,$N_{ur}^{ij} = N_{ur}^{i} - N_{ur}^{j}$ 为双差整周模糊度;$\varepsilon_{ur}^{ij} = \varepsilon_{ur}^{i} - \varepsilon_{ur}^{j}$ 为双差载波相位测量噪声。

整理可得双差载波相位的相对定位方程:

$$\boldsymbol{\Phi}_{ur}^{ij} = -\lambda^{-1}(\boldsymbol{I}_{r}^{i} - \boldsymbol{I}_{r}^{j}) \cdot \boldsymbol{b}_{ur} + N_{ur}^{ij} + \varepsilon_{ur}^{ij} \tag{5-54}$$

载波相位经过双差处理之后,残余误差中含有卫星位置误差、电离层延迟、对流层延迟、多径效应和观测噪声。对短基线而言,其中卫星位置误差、电离层延迟和对流层延迟经差分已几乎被全部消除,多径效应和观测噪声是其主要的误差来源;但对于中长基线,它们的残余误差还与基线长度密切相关,基线越长,残余误差越大,残余误差是中长基线定位的主要误差来源。

假设接收机 u 和接收机 r 的公共可见星数目为 m 颗,通过组合不同公共可见卫星的载波相位测量可以获得多个载波相位双差观测方程,进而可以联立求解出基线矢量 $\boldsymbol{b}_{ur}$。双差载波相位定位方程表示为如下形式:

$$\begin{bmatrix} \varphi_{ur}^{21} \\ \vdots \\ \varphi_{ur}^{m1} \end{bmatrix} = \lambda^{-1} \begin{bmatrix} -(\boldsymbol{I}_{r}^{2} - \boldsymbol{I}_{r}^{1})^{\mathrm{T}} \\ \vdots \\ -(\boldsymbol{I}_{r}^{m} - \boldsymbol{I}_{r}^{1})^{\mathrm{T}} \end{bmatrix} \begin{bmatrix} b_{ur}^{x} \\ b_{ur}^{y} \\ b_{ur}^{z} \end{bmatrix} + \begin{bmatrix} N_{ur}^{21} \\ \vdots \\ N_{ur}^{m1} \end{bmatrix} \tag{5-55}$$

式中:φ_{ur}^{21},$\cdots$,φ_{ur}^{m1} 为双差载波相位测量值;λ 是载波信号的波长;$\boldsymbol{I}_{r}^{i}$ 是第 i 颗可见星相对于参考点的单位观测矢量;$\boldsymbol{b}_{ur} = \begin{bmatrix} b_{ur}^{x} & b_{ur}^{y} & b_{ur}^{z} \end{bmatrix}^{\mathrm{T}}$ 是基线矢量,即相对位置矢量;N_{ur}^{21},$\cdots$,N_{ur}^{m1} 是双差整周模糊度,其中忽略双差噪声矢量 ε_{ur}^{ij}。

2) 惯性/差分卫星组合相对导航

由于卫星导航信号可能发生短暂的中断和失锁,造成相对导航输出结果的不连续和短时间不可用。为解决此问题,国外一般采用惯性/差分卫星组合的方式,借助惯性导航系统连续性、实时性及短期精度高、稳定性好等优点,实现协同任务中多平台间的相对导航。

美军海基联合精密进近着陆系统(SB - JPALS)[30-31]就是一种惯性/差分卫星组合相对导航系统,如图 5 - 37 所示。SB - JPALS 利用分别安装于航母和舰载机上的两台 GPS 接收机,采用载波相位测量和差分计算的方法,解算出两台 GPS 接收机之间的相对位置,即得到航母和舰载机的相对位置。由于采用惯性/差分卫星组合工作机制,SB‑JPALS能够综合利用GPS高精度载波相位差分和惯性导航系统自主、高速率、输出连续的优点,保证了系统的高精度、高完好性和连续性。

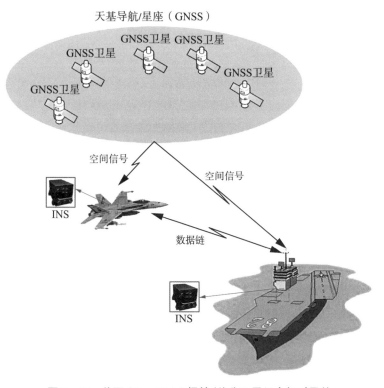

图5‑37 美军SB‑JPALS惯性/差分卫星组合相对导航

图5‑38所示为惯性/差分卫星组合相对导航的算法框架,涉及加速度坐标系变换、相对运动积分、卫星双差量测预测、卫星双差量测更新、滤波计算以及误差反馈校正等。

5.3.5.3 JIDS相对导航

联合战术信息分发系统(JIDS)是一种以时分多址为基础,以保密数字通信为主,兼顾导航和识别功能的综合化扩频通信系统,具有极强的抗干扰和生存能力。由于卫星导航易受干扰,而JIDS具备抗干扰/抗毁伤能力、保密性好的特点,因此在军用应用场合,JIDS导航功能具有不可或缺的作用和地位。

对于执行作战任务的网络成员,JIDS相对导航主要用于卫星拒止区域的导航定位。如图5‑39所示,深入作战区域的作战单位在卫星拒止区域,利用JIDS

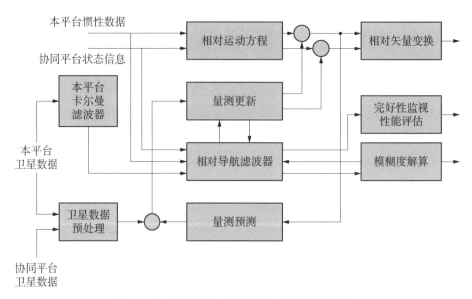

图5-38 惯性/差分卫星组合相对导航算法框架

数据链保密和抗干扰通信的特点,接收网络成员(如航母、预警机等其他支援型作战单位)的精确成员定位和识别(PPLI),并测得数据链无线电传输延迟或到达时间(TOA)和往返计时(RTT),经过与作战单位自身的惯性导航系统组合后,可有效地减小惯性导航系统误差,提高作战单位自身及相对导航精度,达到任务载荷的使用条件后,完成对目标的侦察、定位和攻击。

图5-39 基于JIDS的相对导航定位

1) JIDS 相对导航原理

JIDS 相对导航系统工作于时分多址通信体系下,基于精确时间同步和到达时间(TOA)测量技术,通过精密测距和相互位置数据交换,利用多边定位原理实现自身位置评估,如图 5-40 所示。JIDS 相对导航系统运行时,首先指定时间基准(NTR)和导航控制器(NC),产生系统时和相对定位基准,用户再根据此基准进行时间同步和相对坐标截获。其中:NTR 以指定的一个成员的时钟为基准,其他成员的时钟与之同步,形成统一的系统时;NC 称为导航控制者,是系统中指定的一个成员,由其给定相对导航坐标系。在 TDMA 通信体系下,每个成员在自身时隙内向网络广播精确参与定位与识别(PPLI)消息,包括自身的位置信息、导航精度等数据,播发消息的成员作为网络的导航信号源为其他成员提供导航定位信息。而在其他时隙该成员又成为用户,接收其他成员广播的 PPLI消息。所有成员在保持精同步的条件下能够利用导航控制器和其他成员所发出的 PPLI 消息到达时间(TOA),精确地测量两者之间的距离。从而根据测距定位原理,利用至少三条测距信息,完成定位解算,得到自己在相对导航坐标系中的位置,从而实现相对导航功能。

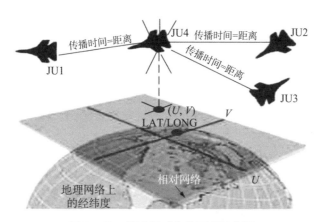

图 5-40　JIDS 相对定位原理示意图

针对 JIDS 组合导航系统的定位原理和特性,需要注意以下几方面问题。

一方面,任意成员接收来自不同成员或同一成员不同时刻的 PPLI 消息,如图 5-41 所示。然而,源的位置和时间精度各不相同,且源的几何构型不佳会造成 GDOP 偏大,将影响定位解算的精度。因此,需要进行源选取,综合考虑PPLI 消息中源定位精度和"终端—源"的分布情况,优先选取分布最佳、定位精度最高的源进行定位解算。

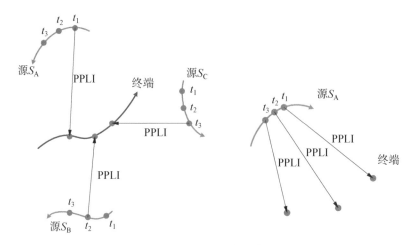

图 5-41　PPLI 接收示意图

另一方面,由于 JIDS 采用 TDMA 通信机制,与一般测距系统(如卫星导航系统)不同的是,各 PPLI 消息不是被同时接收到的,而是在时间上顺次错开被接收的。考虑到广播和接收 PPLI 消息的成员都可能处于移动之中,因此不能完全用 GPS 那样的三个半径等于各 TOA 的球面来交点、来定位。为实现定位,需通过滤波器把不同时间产生的 TOA 连接起来,以收到的 TOA 导出的用户位置误差作为"新息",不断地估计出用户的位置。

2) 惯性/JIDS 组合相对导航

将 TOA 与惯导信息结合,实现惯性/JIDS 组合相对导航是解决 JIDS 定位信息不连续的有效途径。由于惯导的误差模型在短期内具备一定精度,能使组合系统保持较高的精度,降低了对 TOA 连续性的要求,使得组合导航系统在用户数量较少或几何位置分布不好时,还能使导航精度在一段时间内保持;同时,惯导的输出数据更新率较高,能跟踪用户平台的机动,降低了对 TOA 频度的要求;此外,惯导误差模型的参数不仅包括位置、速度和时间,还包含航向、姿态角组差,组合的结果因而能提供能多的导航信息。

典型惯性/JIDS 组合相对导航流程如图 5-42 所示,JIDS 接收到 PPLI 数据后进行处理,提取源位置信息和 TOA 测距信息。根据 PPLI 数据中的精度品质和源相对本用户的方位角进行源选择,尽量选取定位精度高且分布均匀的源提供给相对导航滤波器。惯性/JIDS 相对导航滤波器以惯性数据为基准,利用 JIDS 测量作为滤波器量测修正惯导误差,实现高精度、高更新率的相对导航。最后,将本用户相对导航结果在 PPLI 消息中打包发送到网络中。

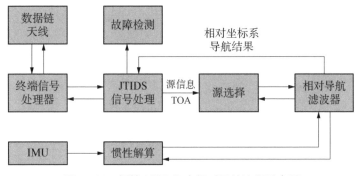

图 5‑42　惯性/JIDS 组合相对导航流程示意图

惯性/JIDS 组合源选择的过程包括以下内容：

（1）最小距离考核：当源距离本用户较近时，测距误差与距离的比值较大，可能使卡尔曼滤波器线性假设条件不成立。

（2）品质筛选：将本用户收到的 PPLI 消息中原位置精度品质和时间精度品质与本用户进行比较，只选择位置品质和时间品质均比本用户高的源。

（3）几何级别考核：观测量的价值不仅仅与位置和时间品质相关，与源的方位也有很大的关系。本用户的水平位置误差一般是椭圆分布，如果源的几何方位在本用户误差椭圆的长轴方向上，对减小本用户误差的作用将比短轴方向上的源更大。几个处于同一方位的高品质源对滤波器产生的效果基本一致，因此只需要使用一个即可。

JIDS 系统可以使用两种坐标系：地理坐标系和平面相对坐标系。平面相对坐标系由导航控制器（NC）定义，随 NC 定位误差的漂移而漂移。只有在精确定位的用户（位置基准，PR）生成的坐标系中，JIDS 用户才能够实现准确的绝对导航，一般情况下 JIDS 主要使用平面相对坐标系在卫星失效情况下进行相对导航。在非 PR 生成的平面相对坐标系下，各用户的绝对导航结果随 NC 定位误差漂移，但是能够准确掌握自身在相对坐标系的位置，可以实现精确的相对导航。

惯导在地理系中进行绝对导航解算，相对导航组合滤波器需要将 JIDS 相对测量与惯导绝对导航统一在相同坐标中进行计算。在 JIDS 定义的平面相对坐标系中有 $P_R = P_G - P_O$，其中：P_R 是相对位置矢量，P_G 是地理系位置矢量，P_O 是平面相对坐标系原点的位置矢量。

因为平面相对坐标系原点在地理系中定义，且惯导在地理系下解算，因此惯性/JIDS 组合滤波器在地理系下进行滤波计算。将 JIDS 平面相对坐标系下数据转换到地理系,相对导航组合滤波器(见图 5-43)状态包括惯导地理系位置误差、惯导地理系速度误差、惯导地理系平台失准角、惯导陀螺漂移、惯导加速度计零位、平面坐标原点位置误差、平面坐标原点速度误差、平面坐标方位偏差、用户时钟钟差、用户时钟频差。

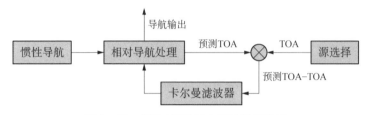

图 5-43   惯性/JIDS 组合滤波器示意图

惯性/JIDS 相对导航组合滤波器根据惯导推算的位置和 PPLI 消息中所载的源位置信息推算出用户与源之间的距离。由于惯导系统误差,该推算结果存在误差,因此称为预测 TOA。惯性/JIDS 组合滤波器利用 JIDS 系统测量 TOA 与预测 TOA 之间的差值,对惯导误差进行修正,使 INS/JIDS 保持较高精度。滤波器量测的 Z_ρ 为

$$Z_\rho = \rho_{\text{INS}} - \rho_{\text{JIDS}} \tag{5-56}$$

式中:ρ_{INS} 是由惯导位置和 PPLI 消息中源位置计算出的预测 TOA;ρ_{IDS} 是 JIDS 测量的 TOA。

$$\rho_{\text{INS}} = \sqrt{(X_{\text{端机}} - X_{\text{源}})^2 + (Y_{\text{端机}} - X_{\text{源}})^2 + (Z_{\text{端机}} - Z_{\text{源}})^2} \tag{5-57}$$

JIDS 误差主要包括源定位误差和测距误差。源定位误差等级由 PPLI 数据包中的精度品质因数给出;测距误差由 TOA 测量精度、时钟漂移、处理精度、通道时延修正误差、校时模型等诸多因素共同产生。在惯性/JIDS 相对导航组合滤波器中需要对 JIDS 误差建模。对于测距误差中的随机项以白噪声形式建立在量测模型中,而时钟漂移等与时间相关的误差在滤波器状态方程中建立为马尔可夫过程模型。

进行惯性/JIDS 组合需要将用户惯导数据、源惯导数据和 TOA 测量同步到同一时刻。在 JIDS 系统中各用户已经完成了授时且时间精度可以达到纳秒级,因此 PPLI 中源位置所对应时刻和 TOA 测量时刻的 JIDS 网络时间是明确的,用户需要记录自身惯导数据,接收到 PPLI 消息后根据网络时标查询对应的惯

导值,实现量测的时间同步。

5.3.5.4　雷达相对导航

目前,基于精密跟踪雷达的着舰引导系统是全自动着舰技术中最为成熟的方案,20世纪70年代以后,"全天候自动着舰系统"(ACLS)[32]率先在美国海军投入装备使用。其中,舰载精密跟踪雷达用于测量舰载机相对于着舰点的斜距、方位角和仰角,实现航母与舰载机之间的相对导航。

1)精密跟踪雷达相对导航

精密跟踪雷达是工作在Ka波段的圆锥扫描雷达精密导引雷达,作用距离为0.1~18 km。雷达指向方向的角度传感器为角增量编码器,当雷达天线的平台沿着方位和仰角轴转动时,角增量编码器输出一串脉冲,并在各自的缓存脉冲计数器内累加,以产生绝对方位角和仰角。目标的距离是通过测量雷达的发射脉冲与接收脉冲间的时间延迟,用高分辨力的高速计数器获得。目标捕获后,则由跟踪传动机构对雷达天线进行控制,连续跟踪飞机并测量飞机的位置,得到方位角、仰角和距离数据。精密跟踪雷达测量舰载机相对航母的斜距、方位角和仰角原始数据是以雷达天线为原点的球坐标上,经过坐标转换与运动补偿,得到了舰载机在以着舰点为原点的水平甲板坐标系下舰载机相对航母的位置。精密跟踪雷达相对导航如图5-44所示。

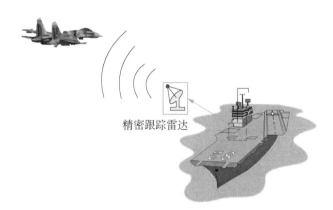

精密跟踪雷达

图5-44　精密跟踪雷达相对导航示意图

2)惯性/雷达组合相对导航

由于工作环境恶劣,在实际目标跟踪过程中,受外来因素的干扰,如雾雨杂波和海杂波反射干扰,会导致实测数据与舰载机真实轨迹出现偏差,特别是当着舰导引雷达电磁环境复杂时,有些雷达测量数据偏离其他数据,形成野值。同时,雷达测量中不可避免地含有一定的噪声,一方面是由于雷达回波在噪声扰动背景中出现闪烁和起伏,另一方面受雷达系统的设计方案、电路质量和制造工艺的影响,也会产生一定的噪声。因此,为了提高雷达导引数据的精确性,需要将惯性测量与雷达测量融合,提高相对测量数据品质。将雷达测量结果(相对定位)与舰船运动数据一同通过数据链提供给舰载机,即可利用精密跟踪雷达与舰、机惯导数据进行数据融合。

惯性/雷达组合相对导航逻辑框架如图 5-45 所示。在舰载机端利用飞机惯导数据和舰船惯导数据进行相对惯性解算,构造相对惯性解;再使用雷达测量进行惯性/雷达组合滤波,修正相对惯性解算误差。由于舰船运动数据传输延迟,导致惯性/雷达组合解存在滞后,因此必须结合舰船运动结果对惯性/雷达组合导航解进行时间延迟补偿,输出实时的"舰-机"相对导航解。

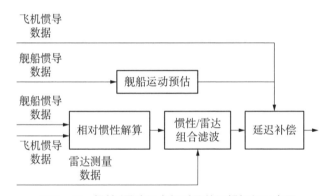

图 5-45　惯性/雷达组合相对导航逻辑框架示意图

5.3.5.5　视觉相对导航

无人机视觉相对导航,是利用视觉测量传感器精确度量无人机与协同平台间的相对位置和相对姿态。在无人机任务流程中,视觉相对导航可支持起飞前辅助惯导快速对准、巡航过程景象匹配、无人机空中加油及无人机自动着陆/舰。

惯性/视觉组合相对导航系统由摄像测量设备、机载惯导、机载合作标志、图像处理算法模块、位姿估计与解算算法模块及外围辅助标定设备等组成。

该系统的基本原理如图 5-46 所示,在进入视觉相对导航模式前,无人机主要依靠惯导飞行,惯导须引导无人机进入视觉参考基准区域,保证视觉参考基准在摄像测量设备的视场内可见;视觉参考基准进入摄像测量设备视场后,相机拍摄参考基准图片;获取参考基准的图片后,进入算法处理模块,算法处理模块包含图像处理算法与位姿估计算法两部分主体内容,图像处理算法完成对图像的解读,检测并识别参考基准信息,获取其在图像上的像素坐标,位姿估计算法以参考基准像素坐标与实际坐标为输入量,求解得到相机与视觉参考基准之间的相对位姿关系;将摄像测量测量系统得到的位姿关系经坐标转换后与惯导系统实现坐标统一,经惯性/视觉组合滤波后得到最终相对定位结果。

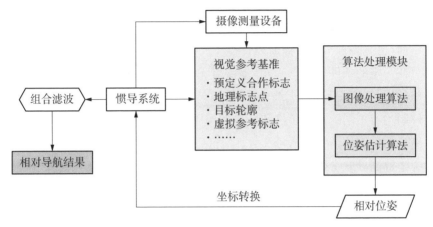

图 5‑46　视觉导航原理

视觉参考基准根据不同的应用场景分为参考基准是预定义的合作标志、地理标志点、待检测目标的轮廓及根据使用环境自定义的虚拟参考标志等。在视觉辅助惯导对准时,参考基准通常为预先布置在机体上和合作标志阵列;在进行景象匹配导航时,参考基准为经纬度已知的地理标志点;在自主加油场景下,参考基准是锥套轮廓或自定义的虚拟参考标志;在自主着陆/舰场景下,参考基准以预先布置在机场地面或舰面上的合作标志点。可识别且坐标已知的参考基准是视觉导航的前提条件,根据不同的应用场景,可灵活地定义和布置参考基准,保证视觉测量的准确性,实现相对导航的目的。

5.3.6　导航信息融合

5.3.6.1　概述

无人机为完成从起飞、航路、任务区、进场到着陆全过程的全天候、长航时、高安全性的使命,而且有可能工作于复杂电磁对抗环境及长时间境外飞行,这对导航系统的自主导航能力、长航时导航精度、抗干扰防欺骗等方面均提出了很高的要求。此外,随着机载任务设备性能的不断提升及惯性导航等导航技术的进步,目前中等精度的惯导系统或惯导/卫星组合导航系统均能提供远超载机所需的导航精度,对机载导航系统的精度要求主要将由任务设备、武器投放等方面所需的信息精度来决定,这些信息包括水平速度、垂直速度、俯仰角、横滚角、航向角,甚至多飞行平台之间、载机任务设备之间高精度的相对位置和相对姿态等。相对于有人机,无人机对导航系统的依赖性和要求更高,上述任务生存能力需求对机载导航系统提出了新的挑战。显然地,在复杂的应用条件下,没有任何一种单一的导航系统能够适用于所有环境。

目前,已有多种类型的导航设备在无人机平台上获得成功应用,每种导航设备都可在一定的条件下独立工作,提供对无人机某方面的测量信息。由于可用于导航的惯导、卫星导航、无线电导航、地球物理场导航和天文导航等传感器或导航体制均有不同的使用条件和各自的局限性,而载机导航参数的确定取决于输入信号的可用性、精度、信号参数、飞行区域、飞行阶段及信号完好性等诸多因素。为了提高导航参数的观测精度、扩大导航系统使用时机及突破天气限制等不利影响,需要对机载多导航传感器采用信息融合的综合处理方式,为载机提供连续、可靠的定位、导航和时间基准服务,将成为提升导航精度及可靠性的重要手段和趋势。表 5 - 14 所示为美军用于导航的主要机载类设备概述。

表 5 - 14　美军用于导航的主要机载类设备概述

序号	设备名称	输出信息或功能
1	惯导	提供位置、速度、姿态/航向、角速度和加速度等多种导航参数和运动参数
2	GPS 接收机	提供三维位置、三维速度(或伪距、伪距率)和时间信息
3	多普勒雷达	提供地速和偏流角
4	大气数据系统	提供空速、气压高度、大气温度、压力等参数
5	无线电高度表	提供飞行器与地面间的相对高度
6	地形匹配系统(SITAN)	主要提供高精度的定位信息(几十米至几百米量级)
7	塔康机载设备	由机载设备与配套的地面台组成极坐标式近程无线电导航系统,可以连续自动地测定飞机相对地面台的方位角和距离
8	自动定向机	确定辐射源的方位角
9	罗兰 C 机载接收机	通过测量主、副台脉冲信号的时间差和相位差,根据两条双曲线的交点确定飞行器的位置
10	电子支援措施(ESM)	可对雷达、通信等无线电频谱范围内的辐射源进行探测、定位

（续表）

序号	设备名称	输出信息或功能
11	有源电子扫描阵雷达（AESA）	提供有源和无源目标定位的功能
12	电子战系统（EW）	实现对辐射源的全方位搜索，并对检测到的信号提供测向功能
13	仪表着陆系统接收机	ICAO 规定的标准着陆引导系统，为着陆飞行器在进场过程中提供航向、下滑和距离信息
14	微波着陆系统接收机	提供飞行器相对跑道终点的方位角、俯仰角和相对跑道的距离信息
15	JTIDS 数据链	在时分多址通信功能的基础上，通过精密测距、相互交换位置数据及数据处理，使飞行器具有相对定位能力（RELNAV）
16	IFDL 数据链	为编队内部提供了一种隐蔽性很强的抗干扰高速通信手段，可快速交换瞬间态势、友机状态及武器控制参数等信息
17	光电探测系统	承担着目标探测、跟踪、识别、火力引导攻击的作战使命，典型产品如 Litening 吊舱、狙击手吊舱
18	敌我识别（IFF）系统	完成目标方位的精确显示和可靠的敌我识别
19	通信、导航和识别（CNI）系统	完成通信、导航、识别和数据链等功能
20	综合化的通信、导航和识别（ICNI）系统	完成通信、导航、识别和数据链等功能
21	飞行管理系统（FMS）	可完成飞行计划管理、导航、水平和垂直引导、性能计算和轨迹预测等功能，实现飞行器性能的自动最优化

导航信息融合技术（见图 5-47）是指综合利用多种导航信息源，结合任务计划和导航环境，通过多源信息融合处理、导航态势及导航指引显示、导航告警等手段为引导载机飞行和作战任务提供最优的、统一的、可用的、可靠的载机运动参数和导航信息，保证载机在不同任务阶段及复杂环境下最大限度地发挥平台和武器的作战效能。同时，还可有效降低对各个分系统的性能要求。

导航信息融合系统是构建在传感器和载机任务管理系统之间的一级导航功能层。自上向下，导航信息融合系统能够对机载导航传感器进行控制和管理，对传感器数据进行实时的故障检测和性能评估；自下向上，导航信息融合系统能够向载机任务系统提供最优的、统一的飞行参数、传感器异常状态告警及实时性能评估等信息，保障飞行安全和任务效能。

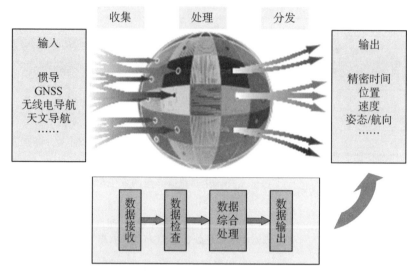

图 5-47　导航信息融合技术处理过程示意图

导航信息融合的基本原理是利用多个传感器信息,将多个传感器在空间或者时间上的冗余或互补信息依据某种准则进行组合,以获得被测对象的一致性解释或者描述,其目的是通过数据信息组合,推导出更多的信息,得到最佳协同作用的结果。

5.3.6.2　导航信息融合的内涵分析

大中型无人机的安全飞行和执行任务过程中均需要精确、高可靠的导航信息作为基础支撑。仅使用一种导航资源,当其失效可能会导致灾难性后果或隐藏巨大隐患;另一种更严重的情况是当导航系统指示在正常工作状态,而事实上其提供的是错误信息时问题更大。

因此,大中型无人机一般需要配置多种导航设备,以构成冗余的系统体系结构。在导航设备的选型上,和平时期高精度、使用便捷的 GNSS 及其他外部参考源,在战时可能被干扰而不可靠,因此需要通过安装惯导等设备,为载机保留一种完全自主的导航能力,采用单惯导系统或双惯导系统是一种合理的选择;同时,将多种不同工作机制的异质导航传感器有机组合起来,利用其之间的非相似性和互补性,充分挖掘不同传感器信息间的关联特性,产生任何单一传感器所无法表征的新的有意义的信息,并通过自适应融合的方法形成多源异构信息自适应融合导航系统,并对惯导系统进行确定性的适时修正,这也是提高载机导航性能的有效途径。

导航设备应能有效地综合上述部分传感器而并非需要它们的全部。在多种传感器可利用的情况下,导航信息融合的目的就是给出导航过程中有效传感器的选择方法以及载机位置、速度、姿态/航向等导航参数和运动参数最优估计值的获取方法及算法。具体来讲,按满足实际要求的一个特定的优先级顺序(如相对精度)进行导航数据源的选择,或是在所有可用的导航数据源的基础上再进行一次全局优化(如联邦滤波),则代表了两种典型的信息处理设计思路。

在复杂对抗环境下,有些传感器在不同的应用环境中提供的导航信息时有时无、时好时坏。多传感器导航系统的性能取决于特定时间所使用传感器或传感器的组合,而载机经常会处于复杂的运行环境,且用于导航功能的传感器数目众多,难免在飞行中出现传感器故障。如何保证机载导航系统良好的工作特性,满足载机所规定的精度和可靠性等方面的性能要求,就显得尤为重要。

性能是系统性质与效用的度量,也是系统优劣的标志。下面以无线电导航系统的性能指标为例,对导航系统性能进行必要的说明,以增强对导航系统设计时需要考量的技术指标的理解。国际民航组织(ICAO)在发展新航行系统时提出了所需导航性能(RNP)、所需通信性能(RCP)和所需监视性能(RSP)三个"所需性能"的概念。其中,RNP是目前发展最完善、应用最广泛的技术,主要采用精度、完好性、连续性和可用性四个参数进行定量描述。目前,这种定义和要求也逐步推广到所有的导航系统,即需要评判这四个参数是否满足某一运行阶段的指标要求。此外,还有可靠性、可维修性、作用距离、覆盖范围、信息更新率、信息的维数、信息的多值性、系统容量等其他性能指标要求[33]。导航系统性能指标如表 5-15 所示。

表 5-15　导航系统性能指标

名称	定　义	备　注
精度	指在规定的使用条件下,导航系统为飞行器提供的导航参数的误差不超过给定值的能力	RNP 性能指标
完好性	指当导航系统发生故障或误差变化超过了允许的范围,导航系统能够及时发出告警的能力	RNP 性能指标
连续性	指导航系统在特定的运行阶段,能够提供规定的功能而不发生中断的能力	RNP 性能指标
可用性	指在规定的运行时间内,导航系统为飞行器提供满足规定精度、完好性和连续性要求的导航参数的时间与该规定的运行时间的比	RNP 性能指标

（续表）

名　称	定　　　　义	备　注
可靠性	指在规定使用条件下,在规定时间内导航系统以规定性能完成规定功能的概率	通常用可靠度和平均故障间隔时间来度量
可维修性	指按照预先规定的程序和方法进行导航系统的维护和维修时,在一定的时间内,使之满足规定的技术指标而正常工作的概率	通常用平均修复时间来度量
作用距离	指在保证导航系统指定导航参数精度的前提下,飞行器和导航台之间的最大距离	—
覆盖范围	指一个平面或立体空间的导航信号能使导航用户以规定的精度获得相应的导航参数	—
信息更新率	指导航系统在单位时间内可为飞行器提供导航参数的次数	对信息更新率的要求与飞行器的速度及飞行阶段有关
信息的维数	指导航系统为用户提供一维、二维或三维的空间位置信息	现已逐步发展到实时三维位置＋时间信息的四维导航
信息的多值性	指有些无线电导航系统所给出的定位数据对应着多个可能的位置点/位置线/位置面	需采用辅助手段解决
系统容量	指在导航系统覆盖范围内,系统可同时提供导航服务的用户的最大数量	取决于导航系统的工作方式

导航信息融合设计的出发点是从整体上提高导航系统的精度和可靠性,传感器或系统故障精准的实时检测、隔离和稳定的系统重构方案是导航信息融合的主要目标,而对故障系统(部件)的快速、准确判断则是导航信息融合所要解决的关键问题,并需要确保系统中冗余信息的有效使用,以便获得最佳的导航性能。

从前述分析可以看出:导航系统性能主要体现在精度、可用性、可靠性、信息更新率、智能化程度、自主性、覆盖区域等方面,其中自主性和覆盖区域等方面与所选择的导航系统的导航原理有关,一般不易改进;而系统精度、可靠性和智能化程度等方面,则可以利用先进的信息处理技术加以提高[34]。表 5 - 16 所示为导航信息融合的优势分析。

表 5‑16　导航信息融合的优势分析

序号	主要优势	技 术 途 径
1	高精度	通过最优地使用所有可用的导航源信息,获得比任一可用的子系统更精确的导航信息
2	高可靠性	利用多传感器导航系统信息冗余的优势,当一个子系统发生故障时,利用冗余导航信息可自动切换到其他合理的导航模式
3	环境适应性强	多传感器导航系统可提供不同环境下、不同覆盖范围的传感器信息,而性能优化过程不依赖于任何一个导航信息源的可用性,因此具有很强的独立性和环境适应性
4	高效使用所有可用的信息	在滤波器中,对所有可用的子系统的误差模型的统计特性均进行了建模,并通过自适应滤波算法,最佳地、充分地利用所有可用的导航源信息
5	故障子系统隔离	通过精度校验和超差检测等技术,判断子系统是否有故障并及时加以隔离
6	设备标定	通过滤波估计元器件及设备误差,实现子系统及其组成部件的在线标定
7	自动化程度高	信息处理流程的自动化、子系统的自动校验、导航模式的自动切换等,实现了导航系统管理和决策辅助的智能化,显著降低机组的工作负担

以下通过分析系统设计目标、性能优化的方式及约束条件,加深对导航信息融合内涵的进一步理解与认识。

1) 系统设计目标

导航信息融合属于系统运行质量特性的研究范畴,主要是从导航系统功能完成的角度,衡量存在冗余导航信息及故障发生的情况下,导航系统功能的恢复能力(这里功能也包含有对应精度的要求),这与通过增加系统的冗余度以提升系统的可靠性有着本质差异。

从系统设计层面看,导航信息融合主要是通过认知模型和智能化信息处理技术,提高系统对故障的自主处理能力及信息的全局优化能力,达到提高载机任务效能和环境适应性的目的。

2) 导航信息融合的方式

导航信息融合本质上描述的是导航系统进行自主故障处理及信息处理的最大潜力,包括改变系统构型(对应于硬件的调整)和改变系统算法(参数或类型的调整）。在系统硬件整体构型不变的前提下，通过改变系统算法的方式，尽可能充分地利用系统既有的冗余资源；同时，假定多传感器设备中使用的每种传感器性能都已经过验证，符合相应的设计标准或所需的性能。显然地，此种处理方式更适用于载机航行阶段，但系统性能受限于系统的固定构型。

导航信息融合目标的选取受系统硬件构型、载机运行环境和载机任务需求等多种因素的影响且并不唯一，需要综合多种因素才能最终确定。基于导航功能的完成程度，可将导航信息融合目标分为正常使用（要求系统在没有任何性能下降的前提下，完成既定功能）、降级使用（系统性能有所下降，完成部分既定功能）以及有限条件使用（在确保系统仍然运行于一定安全范围的前提下，可继续降级使用，完成部分既定功能）三类。

评价导航信息融合的效果，首先需要明确系统必须满足的硬约束和相应的软约束，以此为依据制订符合实际情况的性能优化目标。

3）约束条件

导航信息融合的过程同时涵盖空间和时间两个维度，其中：在空间维度上，它与导航系统的硬件构型、资源配置及故障程度等空间因素密切相关；在时间维度上，受诊断时长、性能优化时延及任务窗口等各种时间因素影响，否则就没有实际意义。

4）辅助信息类别

在多传感器导航系统性能优化的框架下，系统设计所需实现的具体功能主要包括系统误差的最优估计、系统的重置及元器件/设备的标定三方面的内容。从总体分析，多传感器导航系统性能优化主要包含子系统信息可用性的实时判别（主要对应故障检测技术）、局部优化（如卡尔曼滤波技术，对应局部测量信息的最优化）和全局优化（如联邦卡尔曼滤波技术，对应系统重构及所有测量信息的最优化）三个技术层级。当然，在具体实现中，三个层级之间有一定的交叉、耦合，界限并不是完全清晰的。辅助信息类别如图 5 - 48 所示。

由于惯导同时具备自主性、隐蔽性和能获取载机完备运动信息的独特优点，以及具备可以同时获得绝对导航信息和相对导航信息的特点，实际上是机载各传感器间连接的关键纽带，因此一般将其作为载机导航系统的中心信息源；同时，惯导综合其他辅助传感器的输出信息，提供载机完成导航、执行任务所需的各种导航参数。根据辅助传感器提供信息的级别，一般可把辅助导航系统分为位置辅助、速度辅助和姿态/航向辅助三类[35]。有的辅助源本身可提供两级数据信息，例如 GNSS 可同时提供位置和速度辅助。多传感器导航系统性能优化

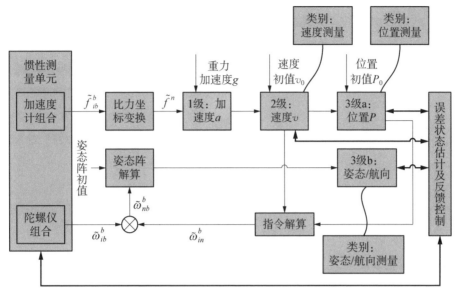

图 5 - 48　辅助信息类别示意图

就是利用多种传感器提供的数据信息,实现对惯导系统误差的最优估计和补偿,获得最优的导航参数。

5.3.6.3　国内外研究现状

为满足现代军用载机高精度、高可靠性和高自主性等方面的性能需求,机载导航系统向着以惯性导航为核心的多导航传感器综合化的方向发展。

1) 国外研究现状

美国和北约国家的军用载机大量装备的就是以惯性导航为核心的综合导航系统,并且美国已确定把具有多模式、多用途、高可靠性的多传感器惯性综合导航系统作为下一代飞行器的标准导航模式。

F - 22 综合航空电子系统具有综合传感器融合能力,包含电子战和雷达及通信、导航和识别能力。F/A - 22 通用集成处理器(CIP),主要是处理整个载机的电子信号,CIP 作为 F/A - 22 的"大脑",使用光纤和高速集成电路技术将数据融合并转换为清晰且简明的战场情况图像,极大减少飞行的工作载荷,使飞行员全力集中执行指定任务并保证他们能从战场安全返回。

F - 35 联合攻击战斗机也采用了数据融合技术,目前已成功进行了数据融合试验,该试验称为"F - 35 数据融合降低风险飞行试验",其目的是降低 F - 35 数据融合功能开发时的风险。F - 35 的数据融合功能是把机载和机外的各种传感器获得的信息加以综合并确定优先顺序。

因为俄罗斯载机上的传感器或单项设备性能普遍不高,所以其特别强调对系统综合能力的研究。通过综合利用现有传感器的信息以构成综合导航系统,这是俄罗斯在现役军用飞机上广泛采用的一种做法。

(1) B-2导航系统。

B-2的导航系统是一种精密、复杂的多传感器组合导航系统(见图5-49)[36],可为载机雷达系统、地形跟随系统和武器投放系统提供精确的导航信息,并能很好地适应载机高高度、长航时的巡航要求。其主要硬件包括一套高精度惯导系统、一套惯性/天文组合系统、具有21种工作模式的相控阵雷达及机载授时单元;此外,还采用了重力补偿算法,进一步提高了导航系统的性能。从Block20那一批开始,提高了GPS导航能力,可提供等于或优于惯性/天文装置的精度。

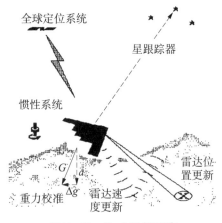

图5-49 B-2导航系统

(2) 自适应战术导航系统。

自适应战术导航(adaptive tactical navigation, ATN)系统[37]是美国空军怀特实验室自1986年至1990年在一个计算机模拟环境中设计、研发和论证的项目,其设计目的在于管理未来多传感器导航组件,即根据任务目标、任务阶段、威胁环境、设备健康状况、设备可用性和战斗损伤等方面的因素,动态选择可用的导航信息源,提供最佳的导航参数,同时减少飞行员/机组人员的解释和转换方面的要求,从而提高战术飞机的作战能力及执行任务的有效性。图5-50为ATN系统功能结构示意图。

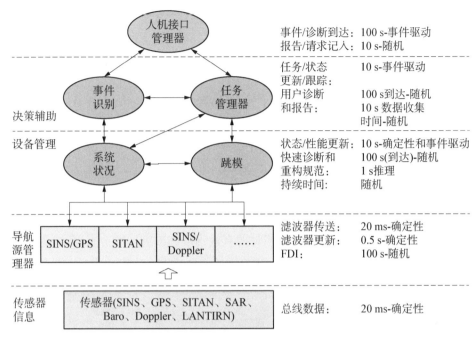

图 5-50　ATN 系统功能结构示意图

ATN 系统主要由基本导航系统和专家导航系统两部分组成,其中基本导航系统提供传感器组合和导航计算结果,专家导航系统提供设备管理和决策辅助。在具体实现中,按满足实际要求的一个特定顺序对系统进行了分类,专家导航系统对预期精度、置信度和任务段的需求进行比较,从中选择最合适的系统。ATN 导航模式如表 5-17 所示。

表 5-17　ATN 导航模式

符号	传感器
S0	SINS、GPS4
S1	GPS4
S2	SINS、GPS3
S3	SINS、SITAN
S4	SINS、Doppler、SAR/LANTIRN
S5	GPS3、Doppler、Baro
S6	GPS3、Baro

（续表）

符号	传感器
S7	SINS、Doppler
S8	SINS、SAR LANTIRN
S9	SINS
S10	Doppler、LANTIRN

注：GPS4 表示 4 个 GPS 信号可用，GPS3 表示 3 个 GPS 信号可用。

ATN 系统是基于知识系统的一个实验室样机，通过人工智能技术和先进的导航算法，实现了对多传感器导航组件的有效管理和决策辅助功能，其结构如图 5-51 所示。在设定的任务场景下，试验结果表明 ATN 系统相对于传统系统的优势所在，为后续相关技术的工程应用提供了理论依据和技术支撑。

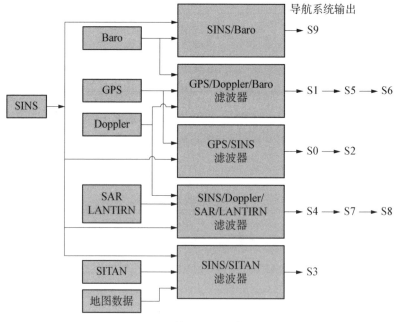

图 5-51　基本导航系统的结构

（3）直升机组合导航系统。

霍尼韦尔于 20 世纪 80 年代为加拿大国防部研制的直升机组合导航系统（helicopter integrated navigation system，HINS），是一种用于反潜、搜救等任务的高性能容错导航系统,包含机内检测(BIT)、直接合理性检测、子系统输出相关性检测、量测残差检测和间接合理性检测五级故障检测、隔离与重构机制[38],其设计理念很好地反映了子系统信息可用性的实时判别,具有较高的参考价值。

图 5-52 所示的故障检测、隔离与重构机制,从不同层次、不同维度对多传感器导航系统信息的实时可用性进行了全面、精细、合理的甄别,以期保证各个子系统的性能符合适用的设计标准或性能要求,为进一步的性能优化提供必要的依据和支撑。

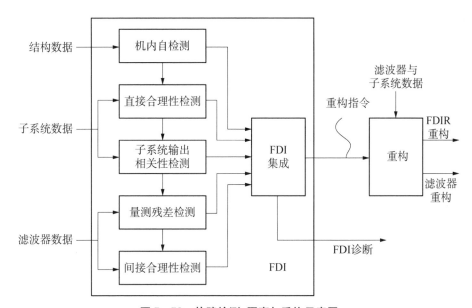

图 5-52　故障检测、隔离与重构示意图

(4) 美国航母和编队导航系统。

美国海军航母和编队中其他主战舰艇的导航系统均是以惯导为主,以GPS、多普勒计程仪、回声测深仪及电磁计程仪等导航系统为辅的组合导航系统。上述导航信息源通过舰载导航系统的核心部件导航传感器系统接口(navigation sensor system interface, NAVSSI)进行综合与处理,形成统一的、最优的导航数据和时间数据等实现定位、导航、授时和舰载机惯导系统对准等主要功能,并实时按需分发相关信息,满足舰艇导航和作战等对导航信息的需求[39],其主要功能分析如表 5-18 所示。

表 5-18　NAVSSI 的主要功能分析

序号	功能	技　术　途　径
1	定位	目标:建立全舰统一的基准位置数据 技术途径:在舰船上挑选一个本舰参考点,作为所有舰载系统的参考点 通过相对本舰参考点的杆臂向量,建立多个参考基点 实施效果:简化了本舰参考点定位、导航与授时数据与其他终端用户之间的转换
2	导航	目标:向舰船武器与作战系统提供位置与时间等信息 技术途径:对导航数据源进行完好性监控,并采用优先级的方式进行导航数据源选择 实施效果:可向用户提供有效的导航数据
3	授时	目标:满足载体对高可靠、精确的时间需求 技术途径:开发了一种精确授时装置,包括频率调整模块、铷振荡器及缓冲输出设备 实施效果:能在 GPS 无法使用的情况下,在 5.5 个月的时间里满足用户 1 ms 的时间精度需求
4	舰载机惯导对准	目标:满足舰载机惯导起飞前的对准需求 技术途径:由于 NAVSSI 能获得 GPS 数据,实现了数字化,可以利用 LINK-4A 数据链方便地实现对准 实施效果:可向 100 架飞机发送所需的对准信息

　　NAVSSI 的设计非常灵活,可方便地实现不同输出数据的选择、辅助信息源的选择、数据合理性的监视选择等。同时,NAVSSI 采用了开放式架构,可方便植入新的技术。该系统另一个比较值得关注的技术是在舰船上挑选了一个独立的点,作为所有舰载系统的参考点,并通过相关技术建立了船体存在变形情况下统一的基准位置数据,这也简化了本舰参考点定位、导航与授时数据与其他终端用户之间的转换(见图 5-53)。

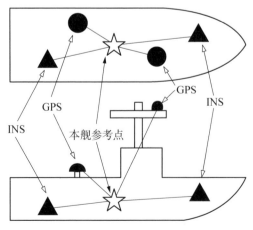

图 5-53　本舰参考点杆臂向量

（5）全源导航。

为解决 GPS 固有弱点的制约,DARPA 于 2010 年开始力推"全源导航"(all source positioning and navigation, ASPN)技术研究,计划分 3 个阶段进行,涵盖导航算法与软件架构、系统集成与方案测试及演示验证等方面,旨在提供无 GPS 服务条件下的精确定位、导航与授时能力,以期在未来对抗条件下的军事行动中保持、占据精确 PNT 能力的优势[40]。

如图 5-54 所示,ASPN 的研制设想是利用先进的算法和系统架构,根据不同的任务和外界环境,通过高效的多传感器信息融合,为用户提供无 GPS 服务条件下的低成本、高精度定位、导航与授时能力,满足不断变化的任务需求与环境变化的要求。

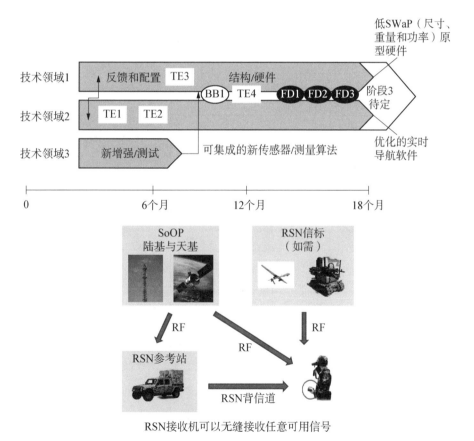

图 5-54　ASPN 计划及随机信号导航

值得注意的是,ASPN 并不是要全面取代或替代卫星导航系统,而是在无法使用卫星导航系统的情况下,提供一种解决方案,弥补因卫星导航系统固有脆弱性产生的服务或能力不足。

2) 国内研究现状

20世纪90年代初,南京航空航天大学、西北工业大学、中国科学院等研究院校开始针对导航系统中的信息融合开展广泛研究,出现了许多理论研究成果,但当时的机载航电系统仍以三代机联合式航电系统为主。随着综合式航电系统(以"宝石柱"计划、F-22航电系统为代表)和先进综合航电系统(以"宝石台"计划、JAST计划、F-35航电系统为代表)的发展,机载多导航源信息融合需求日益迫切。

5.3.6.4　导航信息融合系统的组成

导航信息融合系统的组成如图5-55所示,导航信息融合系通过机载总线,从机载传感设备获取导航和态势信息,从载机任务系统获取控制指令。完成信息融合处理后,向载机任务系统输出其所需的相关信息。

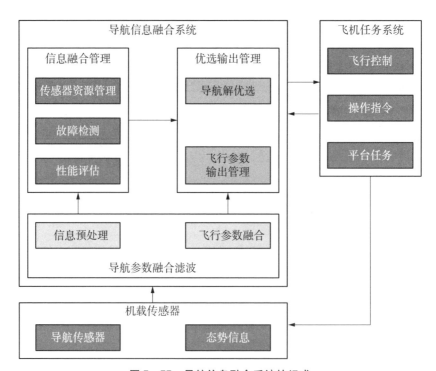

图5-55　导航信息融合系统的组成

在导航信息融合系统内,主要包括以下模块:

（1）导航参数融合滤波模块。

首先，对输入的各类数据进行预处理。预处理包括对数据的连续性、有效性及可用性进行判断，对不同传感器的数据进行时间同步和杆臂补偿。

其次，利用惯性导航数据和包括卫星、无线电、数据链、地形匹配等在内的辅助导航源数据进行融合滤波计算，利用卡尔曼滤波器对惯性导航数据的误差进行估计和修正，得到融合后的位置、速度等飞行参数。

（2）信息融合管理模块。

首先，根据操作指令以及传感器数据本身有效性标志等，对机上导航传感器进行综合管理，确定各导航传感器数据是否能够使用。

其次，利用导航参数融合滤波器提供的参数，对各传感器的数据进行故障检测和隔离，并在检出故障后对导航解进行重构。

最后，对导航参数融合滤波性能进行包络分析，通过误差椭圆的方法对导航性能实时评估结果进行矢量化描述，完成导航性能评估和完好性保护门限值计算，同时使能完好性告警功能。

（3）优选输出管理模块。

首先，根据故障检测和性能评估的结果，在各路并行滤波的滤波器中，优选一个作为系统输出。

其次，计算导航信息融合系统对外输出的信号，主要包括经滤波修正后的位置、速度等导航参数，以及基于位置、速度等进行二次计算得到的相关导航参数。

5.3.6.5　应用卡尔曼滤波的导航信息融合技术

机载导航系统本质上是一个多信息源的导航信息优化处理系统，是以计算机为中心，将各个导航传感器的信息加以综合和最优化处理。导航任务是系统的应用目标，系统目标则是对冗余导航资源进行管理，使其能协调工作以保证导航任务的完成。而导航信息融合技术的关键是采用何种最优估计方法来融合各导航子系统输出的不同类型的信息，以获得精度、可靠性和容错等方面的综合优势。目前，已经发展的最优估计方法包括最小二乘、极大似然估计、贝叶斯估计、卡尔曼滤波等多种方法，其中最成功、应用最广泛的信息融合技术就是卡尔曼滤波。

1）卡尔曼滤波

卡尔曼滤波是一种最优估计技术。在工程技术问题中，为了达到对工程对象进行控制的目的，或了解工程对象的各个物理量的数值，必须利用测量手段对系统的各个状态进行测量。但是，量测值可能仅是系统的部分状态或是部分状态的线性组合,且量测值中有量测噪声,最优估计就是针对上述问题的一种解决方法。它能将仅与部分状态有关的量测值进行处理,得出从某种统计意义上讲估计误差最小的更多状态的估值。估计误差最小的标准称为估计准则。卡尔曼滤波是一种递推线性最小方差估计,利用状态方程和线性量测方程来描述系统和量测值,因此它主要适用于线性动态系统[41]。

卡尔曼滤波的主要特点是将现代控制理论中状态空间的概念引入滤波技术,将所要估计的信号作为状态,用状态方程来描述系统,因而能够解决以前难以处理的多维非平稳随机过程的估计问题。就其实现形式而言,卡尔曼滤波器实质上是一套由数字计算机实现的递推算法,每个递推周期包含对被估计量的时间更新和量测更新两个过程。时间更新由上一步的量测更新结果和设计卡尔曼滤波器时的先验知识确定,量测更新则是在时间更新的基础上根据实时获得的量测值确定。

卡尔曼滤波由于采用了递推计算的方法,不需要了解过去时刻的量测值,只需根据当前时刻的测量值和前一时刻的估计值,即可递推计算出所需状态当前时刻的估计值,具有数据存储量小、实时性强等优点,非常便于实际的工程应用。因此,它很快在各种工程控制领域中得到推广应用,组合导航系统的设计就是其最成功的应用领域之一。

设 k 时刻的被估计状态 $X(k)$ 受系统噪声序列 $w(k-1)$ 驱动,系统的状态方程和量测方程如下:

$$X(k) = \boldsymbol{\Phi}(k, k-1)X(k-1) + \boldsymbol{\Gamma}(k-1)w(k-1) \tag{5-58}$$

$$Z(k) = H(k)X(k) + v(k) \tag{5-59}$$

式中:$X(k)$ 为导航系统的误差状态;$\boldsymbol{\Phi}(k, k-1) \in \mathbf{R}^{n \times n}$ 为一步状态转移阵;$\boldsymbol{\Gamma}(k-1) \in \mathbf{R}^{n \times r}$ 为系统的噪声阵;$w(k) \in \mathbf{R}^r$ 和 $v(k) \in \mathbf{R}^m$ 为相互独立的高斯白噪声序列。以上变量存在以下关系:

$$E\{w(k)\} = 0, \ E\{w(k)w^{\mathrm{T}}(j)\} = Q(k)\delta_{kj} \tag{5-60}$$

$$E\{v(k)\} = 0, \ E\{v(k)v^{\mathrm{T}}(j)\} = R(k)\delta_{kj} \tag{5-61}$$

$$E\{w(k)v^{\mathrm{T}}(j)\} = 0 \tag{5-62}$$

式中:$Q(k)$ 为系统噪声方差,为非负定阵;$R(k)$ 为量测噪声方差,为正定阵。

滤波的求解过程如下:

状态一步预测

$$\hat{\boldsymbol{X}}(k, k-1) = \boldsymbol{\Phi}(k, k-1)\hat{\boldsymbol{X}}(k-1) \tag{5-63}$$

状态估计

$$\hat{\boldsymbol{X}}(k) = \hat{\boldsymbol{X}}(k, k-1) + \boldsymbol{K}(k)\big[\boldsymbol{Z}(k) - \boldsymbol{H}(k)\hat{\boldsymbol{X}}(k, k-1)\big] \tag{5-64}$$

滤波增益

$$\boldsymbol{K}(k) = \boldsymbol{P}(k, k-1)\boldsymbol{H}^{\mathrm{T}}(k)\big[\boldsymbol{H}(k)\boldsymbol{P}(k, k-1)\boldsymbol{H}^{\mathrm{T}}(k) + \boldsymbol{R}(k)\big]^{-1}$$

$$\tag{5-65}$$

一步预测均方误差

$$\boldsymbol{P}(k, k-1) = \boldsymbol{\Phi}(k, k-1)\boldsymbol{P}(k-1)\boldsymbol{\Phi}^{\mathrm{T}}(k, k-1) +$$
$$\boldsymbol{\Gamma}(k-1)\boldsymbol{Q}(k-1)\boldsymbol{\Gamma}^{\mathrm{T}}(k-1) \tag{5-66}$$

估计均方误差

$$\boldsymbol{P}(k) = \big[\boldsymbol{I} - \boldsymbol{K}(k)\boldsymbol{H}(k)\big]\boldsymbol{P}(k, k-1) \tag{5-67}$$

以上过程方程就是离散型卡尔曼滤波基本方程。可以看出,只要给定初值 $\boldsymbol{X}(0)$ 和 $\boldsymbol{P}(0)$,根据 k 时刻的量测值 $\boldsymbol{Z}(k)$,就可递推得到 k 时刻的状态估计 $\hat{\boldsymbol{X}}(k)$。

以上算法也可用图 5-56 来表示。从图中可以明显看出卡尔曼滤波具有两个计算回路,即增益计算回路和滤波计算回路。其中,增益计算回路是独立的计算回路,而滤波计算回路依赖于增益计算回路。

在一个滤波周期内,从卡尔曼滤波在使用系统信息和量测信息的先后次序来看,卡尔曼具有两个明显的信息更新过程:时间更新过程和量测更新过程。状态一步预测方程说明了根据 $k-1$ 时刻的状态估计预测 k 时刻状态估计的方法,一步预测均方误差方程对这种预测的质量优劣进行了定量描述。该两式的计算中仅使用了与系统动态特性有关的信息,如一步转移阵、噪声驱动阵、驱动噪声的方差阵。从时间的推移过程来看,该两式将时间从 $k-1$ 时刻推进到 k 时刻。因此,该两式描述了卡尔曼滤波的时间更新过程。其余的公式用来计算对时间更新值的修正量,该修正量由时间更新的质量优劣 $\boldsymbol{P}(k, k-1)$、量测信息的质量优劣 $\boldsymbol{R}(k)$、量测与状态的关系 $\boldsymbol{H}(k)$ 及具体的量测值 $\boldsymbol{Z}(k)$ 所确定。所有这些方程围绕一个目的,即正确、合理地利用量测 $\boldsymbol{Z}(k)$,因而这一过程描述了卡尔曼滤波的量测更新过程。

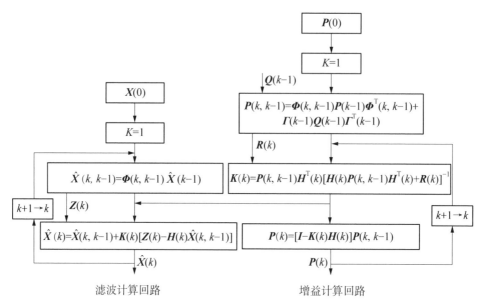

图 5-56　卡尔曼滤波计算流程

卡尔曼滤波的应用特点归纳如下：

（1）量测信息 $Z(k)$ 是卡尔曼滤波的主要输入，对于时变系统而言，系统结构参数 $\boldsymbol{\Phi}(k, k-1)$、$\boldsymbol{\Gamma}(k-1)$、$\boldsymbol{H}(k)$ 及噪声中 $\boldsymbol{Q}(k)$、$\boldsymbol{R}(k)$ 的全部或部分是时变的，也可视为滤波算法的输入，需实时更新。

（2）状态估计 $\hat{\boldsymbol{X}}(k)$ 和状态估计均方误差 $\boldsymbol{P}(k)$ 是卡尔曼滤波的输出，其中 $\boldsymbol{P}(k)$ 就是统计意义上衡量估计精度的直接依据。

（3）当前状态估计 $\hat{\boldsymbol{X}}(k)$ 是前一时刻状态估计 $\hat{\boldsymbol{X}}(k-1)$ 和当前量测 $\boldsymbol{Z}(k)$ 的加权估计，并且综合考虑了状态方程结构参数 $\boldsymbol{\Phi}(k, k-1)$ 和量测方程结构参数 $\boldsymbol{H}(k)$ 的影响。

（4）滤波计算回路和增益计算回路之间唯一联系是增益矩阵 $\boldsymbol{K}(k)$，其取值满足状态估计误差达到最小。

（5）卡尔曼滤波能根据状态噪声和量测噪声的大小，自动调节状态方程信息和量测方程信息的利用率，从而对当前状态做出最合理的估计。

在实际工程实践中，量测信息并不总是存在的，因此卡尔曼滤波过程分为两种情况：如果有量测信息，就先进行时间更新，得到时间更新值，再利用量测值进行量测更新，对时间更新值进行修正；如果没有量测信息，就只能进行时间更新。后一种情况通常称为卡尔曼预测过程。

通过卡尔曼滤波可以完成两个任务,从而达到有效利用辅助信息的目的:一是确定具有最小方差意义下惯导误差等状态的最优估计,完成这个任务需要各种误差源合理的数学模型;二是完成系统误差的校正。

2) 故障检测、隔离和系统重构技术

故障是指系统出现不希望特性的任何异常现象,或动态系统中部分元器件功能失效而导致整个系统性能恶化的情况或事件。故障诱因有内、外因两方面,内因是指系统本身的因素,包括设计、结构、测试方法的缺陷;外因是指所在环境对系统可靠性、稳定性和维护水平的影响。

系统的故障形式一般按其性质的严重程度可分为硬故障和软故障两类。硬故障是指某个系统部件局部或全部损坏而使系统无法工作,是影响系统控制性能的故障,它可以通过机内检测发现;而软故障是指系统的某些部件工作性能变差,造成系统性能下降的故障,这种故障较难检测和诊断。由于导航系统的特殊性,再加之野值故障、突变故障和缓变故障这几种不同的故障类型,因此对于导航系统故障检测、隔离仍需要进行深入的研究。

所谓故障诊断,就是在一定的检测策略的指导下,实施对被诊断系统的自动检测,通过检测获取对象的故障模式,提取故障特征,并在此基础上,根据预定的推理原则,对故障信息做出综合评估,并向系统操纵者或控制者提示所要采取的措施。当系统发生故障时,系统中的各种量(可测的或不可测的)或它们的一部分表现出与正常状态不同的特性,这种差异就包含了丰富的故障信息,如何找到这种故障的特征描述,并利用它来进行故障检测与隔离就是故障诊断的任务。

故障诊断包括故障建模、故障检测、故障的分离与估计、故障的评价与决策四个方面的内容。

(1) 故障建模。

按照先验信息和输入输出关系,建立系统故障的数学模型,作为故障检测与诊断的依据。

(2) 故障检测。

从可测或不可测的估计变量中,判断运行的系统是否发生故障,一旦系统发生意外变化,应发出报警。就组合导航系统而言,故障检测仅发现故障并找出有故障的导航传感器,服务于系统重构。

(3) 故障的分离与估计。

如果系统发生了故障,给出故障源的位置,区分故障原因。故障估计是在弄清故障性质的同时,计算故障的程度、大小及故障发生的时间等参数。

(4) 故障的评价与决策。

判断故障的严重程度,以及故障对系统的影响和发展趋势,根据故障分离与估计的结论对故障的危害及严重程度做出评价,进而做出是否停止任务进程及是否需要维修更换的决策。

容错设计是提高导航系统任务可靠性的重要途径,其基本原则是冗余,以硬件冗余为基础,通过信息冗余、软件冗余等为辅助手段,达到从整体上提高导航系统可靠性的目标。其基本思路是使导航系统自身具有监控功能,实时地诊断故障并进行故障隔离和系统重构,以消除和减弱部件故障的影响,从而使系统在有故障情况下仍能安全地工作。可见,实时、稳定的系统重构是导航信息融合的主要目标,而对故障系统(部件)的快速、准确判断则是导航信息融合所要解决的关键问题。

导航系统的故障检测通常采用基于卡尔曼滤波器的设计方法,如 Mehra 提出的特性检验法,Brumaback 提出的状态残差 χ^2 检验法及 Da 对该方法提出的改进算法等,其检测性能主要取决于残差对故障的敏感度。目前,导航系统的故障检测方法主要采用 χ^2 检验法,它是一种通过检验所构造的 n 维高斯分布随机矢量的均值和方差阵是否与假设值相符而判断是否发生故障的统计假设检验法。根据所构造的随机矢量的不同而有不同的 χ^2 检验法,其故障检测性能也有所不同。但它们有一个共同的特点,那就是不必分辨造成系统故障的特定原因,而只需要实时地确定一个滤波器输出的有效性,因而十分适用于系统级的故障检测与隔离。此外,针对惯性/卫星组合导航系统中可见的多颗卫星应用的特殊场合,采用多解分离法对组合系统进行完好性监测,也是实现故障检测、隔离和系统重构的一种有效技术途径。

从本质上看,故障检测、隔离和系统重构需要解决的是导航子系统的实时可用性问题,即导航子系统随时可被用户使用的特性。故障检测、隔离的结果将直接影响导航系统的控制逻辑和导航输出结果。由于导航系统通常运行在高动态复杂环境中,具有时变线性误差模型等特殊性,一般意义上的动态系统故障检测、隔离算法不能直接应用于导航系统的在线故障检测与隔离。因此,尽管动态系统故障诊断算法多种多样,但目前可应用于导航系统在线故障诊断的核心算法还是状态 χ^2 检测法和残差 χ^2 检测法。

所谓"故障"是指系统所处的一种状态,由于故障系统的性能明显低于其正常水平,因此此时系统难以完成预期功能。可见,系统故障取决于决策门限,而

故障响应机制决定了系统的工作状态。在容错综合导航系统技术方面,主要需要解决以下问题:

(1) 选择导航系统的在线故障检测、隔离和系统重构方法;

(2) 建立导航系统的冗余管理功能;

(3) 确定导航系统结构的设计参数值,如故障检测门限值等。

由于导航领域的故障检测有别于其他系统故障检测的特点,如果某导航传感器发生故障时报警、切换不是很及时,仅仅引起导航定位精度的下降,一般情况下不会引起严重事故,而如果频繁切换导航传感器,反而会影响导航系统的正常工作;此外,导航传感器可能因某种原因误差瞬时增大,过后又恢复正常,引起的估计误差显著增大的持续时间都很短,这种情况下就没有切换导航传感器的必要,真正发生故障需要切换时估计误差增加的持续时间较长。

考虑带故障的离散系统动态模型:

$$\boldsymbol{X}(k) = \boldsymbol{\Phi}(k, k-1)\boldsymbol{X}(k-1) + \boldsymbol{\Gamma}(k-1)\boldsymbol{w}(k-1) \tag{5-68}$$

$$\boldsymbol{Z}(k) = \boldsymbol{H}(k)\boldsymbol{X}(k) + \boldsymbol{v}(k) + \boldsymbol{\gamma} f(k, t_f) \tag{5-69}$$

式中:$\boldsymbol{X}(k) \in \boldsymbol{R}^n$ 为系统状态;$\boldsymbol{\Phi}(k, k-1) \in \boldsymbol{R}^{n \times n}$ 为一步状态转移阵;$\boldsymbol{\Gamma}(k-1) \in \boldsymbol{R}^{n \times r}$ 为系统的噪声阵;$w(k) \in \boldsymbol{R}^r$ 和 $v(k) \in \boldsymbol{R}^m$ 为相互独立的高斯白噪声序列。

设 δ_{kj} 为克罗内克 δ 函数,则有

$$\delta_{kj} = \begin{cases} 0, & k \neq j \\ 1, & k = j \end{cases} \tag{5-70}$$

$$E\{w(k)\} = 0, \ E\{w(k)w^{\mathrm{T}}(j)\} = \boldsymbol{Q}(k)\delta_{kj} \tag{5-71}$$

$$E\{v(k)\} = 0, \ E\{v(k)v^{\mathrm{T}}(j)\} = \boldsymbol{R}(k)\delta_{kj} \tag{5-72}$$

式中:$\boldsymbol{Q}(k)$ 为系统噪声方差,为非负定阵;$\boldsymbol{R}(k)$ 为量测噪声方差,为正定阵。

$\boldsymbol{\gamma}$ 是表示故障大小的随机矢量,t_f 是故障发生的时间,$f(k, t_f)$ 是分段函数,即

$$f(k, t_f) = \begin{cases} 1, & k \geqslant t_f \\ 0, & k < t_f \end{cases} \tag{5-73}$$

(1) 状态 χ^2 检验法。

状态 χ^2 检验法利用两个状态估计的差异:$\hat{\boldsymbol{X}}(k)$ 是由量测值 $\boldsymbol{Z}(k)$ 经卡尔

曼滤波得到的;$\hat{\boldsymbol{X}}_k^s$ 则是由"状态递推器"用先验信息递推计算而得。前者与测量信息有关,因而会受到系统故障的影响,而后者与测量信息无关,因而不受故障的影响。利用两者之间的这种差异便可以对故障进行检测和隔离。两个状态估计 $\hat{\boldsymbol{X}}(k)$ 和 $\hat{\boldsymbol{X}}_s(k)$ 可用下列公式计算:

$\hat{\boldsymbol{X}}(k)$ 采用标准卡尔曼滤波器计算,而 $\hat{\boldsymbol{X}}_s(k)$ 由所谓的"状态递推器"利用先验信息计算得到,即

$$\hat{\boldsymbol{X}}_s(k) = \boldsymbol{\Phi}(k, k-1)\hat{\boldsymbol{X}}_s(k-1) \tag{5-74}$$

$$\boldsymbol{P}_s(k) = \boldsymbol{\Phi}(k, k-1)\boldsymbol{P}_s(k-1)\boldsymbol{\Phi}^{\mathrm{T}}(k, k-1) + \boldsymbol{\Gamma}_{k-1}\boldsymbol{Q}_{k-1}\boldsymbol{\Gamma}_{k-1}^{\mathrm{T}} \tag{5-75}$$

由于初始状态 $\boldsymbol{X}_0$ 为高斯随机矢量,故 $\boldsymbol{X}(k)$,$\hat{\boldsymbol{X}}(k)$,$\hat{\boldsymbol{X}}_s(k)$ 均为高斯随机矢量。定义估计误差:

$$e_k^K = \boldsymbol{X}(k) - \hat{\boldsymbol{X}}(k), \quad e_k^s = \boldsymbol{X}(k) - \hat{\boldsymbol{X}}_s(k) \tag{5-76}$$

$$\boldsymbol{\beta}_k = e_k^K - e_k^s = \hat{\boldsymbol{X}}_s(k) - \hat{\boldsymbol{X}}(k) \tag{5-77}$$

则 $\boldsymbol{\beta}_k$ 的方差为

$$\boldsymbol{T}_k = \boldsymbol{E}\{\boldsymbol{\beta}_k\boldsymbol{\beta}_k^{\mathrm{T}}\} = \boldsymbol{E}\{e_k^K(e_k^K)^{\mathrm{T}} - e_k^K(e_k^s)^{\mathrm{T}} - e_k^s(e_k^K)^{\mathrm{T}} + e_k^s(e_k^s)^{\mathrm{T}}\} \tag{5-78}$$

$$\boldsymbol{T}_k = \boldsymbol{P}(k) + \boldsymbol{P}_s(k) - \boldsymbol{P}_{ks}(k) - [\boldsymbol{P}_{ks}(k)]^{\mathrm{T}} \tag{5-79}$$

由于 $\boldsymbol{\beta}_k$ 是高斯随机矢量 e_k^K 和 e_k^s 的线性组合,所以它是均值为零、方差为 $\boldsymbol{T}_k$ 的高斯随机矢量。当取 $\boldsymbol{P}(0) = \boldsymbol{P}_{ks}(0) = \boldsymbol{P}_0$ 时,$\boldsymbol{P}(k) = \boldsymbol{P}_{ks}(k)$,则 $\boldsymbol{T}_k = \boldsymbol{P}_s(k) - \boldsymbol{P}(k)$。根据 $\boldsymbol{\beta}_k$ 和 $\boldsymbol{T}_k$,构造故障检测函数:

$$\lambda_k = \boldsymbol{\beta}_k^{\mathrm{T}}\boldsymbol{T}_k^{-1}\boldsymbol{\beta}_k \tag{5-80}$$

则 $\lambda_k \sim \chi^2(n)$,n 为状态估计 $\boldsymbol{X}(k)$ 的维数。

故障判定准则为:若 $\lambda_k > T_{\mathrm{D}}$,判定有故障;若 $\lambda_k \leqslant T_{\mathrm{D}}$,判定无故障。

T_{D} 为预先设置的门限值,可由误警率确定。由奈曼-皮尔逊准则,当 $P_{\mathrm{f}} = \alpha$ 时,可由下式计算:

$$P_{\mathrm{f}} = P[\lambda_k > T_{\mathrm{D}} \mid 系统无故障] = \alpha \tag{5-81}$$

状态 χ^2 检验法的表达式表明了两种可能性。第一种可能性是 $\boldsymbol{\beta}_k$ 太大[因为估计传感器和系统误差的状态矢量 $\boldsymbol{X}(k)$ 太大],这就意味着传感器故障;第

二种可能性是估计协方差 $\boldsymbol{T}_k$ 太小,这就意味着设计或软件故障。因此,状态 χ^2 检验法既可以检测硬故障又可以检验软故障。

上述使用一个状态递推器的方法存在以下不足:对于卡尔曼滤波器来说,估计精度随着滤波的进行而提高,初值影响及模型噪声将由于测量更新而得到抑制,估计误差方差逐渐减小。但是,在状态递推器里,初值及模型噪声严重影响其滤波精度,估计误差方差随着滤波的进行逐渐增大。因此,P 与 P_s 的差值已越来越大,其直接结果是降低了检测灵敏性。一般来说,卡尔曼滤波器的估计精度要比状态递推器高许多,所以可考虑周期性地用卡尔曼滤波器的估计结果来重置状态递推器。然而,故障从发生到被检测出来通常存在一段时间间隔,因此就存在这样的可能:当故障已经发生却又未被检测出来时,状态递推器由于卡尔曼滤波器的重置就会受到污染。为避免用一个已受污染的状态递推器作为故障检测的参考系统,可以采用两个状态递推器,它们交替地作为卡尔曼滤波器的数据(包括状态估值和协方差阵)重置,交替地作为故障检测参考系统。

(2) 残差 χ^2 检验法。

残差 χ^2 检验法的基本思路如下:若 $k-1$ 步以前(包括 $k-1$ 步)系统无故障,则经过卡尔曼滤波得到的第 $k-1$ 步的估计值 $\hat{\boldsymbol{X}}(k-1)$ 应是正确的。由系统的状态方程可得到第 k 时刻系统状态的递推值 $\hat{\boldsymbol{X}}(k,k-1)$:

$$\hat{\boldsymbol{X}}(k,k-1)=\boldsymbol{\Phi}(k,k-1)\hat{\boldsymbol{X}}(k-1) \tag{5-82}$$

由此可得 k 时刻系统量测的预测值 $\hat{\boldsymbol{Z}}(k,k-1)$:

$$\hat{\boldsymbol{Z}}(k,k-1)=\boldsymbol{H}(k)\hat{\boldsymbol{X}}(k,k-1) \tag{5-83}$$

残差(即卡尔曼滤波中的新息)通过下式计算:

$$\boldsymbol{r}(k)=\boldsymbol{Z}(k)-\boldsymbol{H}(k)\hat{\boldsymbol{X}}(k,k-1) \tag{5-84}$$

由卡尔曼滤波器的性质可知:当系统无故障时,残差 $\boldsymbol{r}(k)$ 为零均值高斯白噪声;当系统发生故障时 $\boldsymbol{r}(k)$ 不再是零均值白噪声。因此,根据残差 $\boldsymbol{r}(k)$ 的白噪声特性即可进行故障检测。根据二元假设理论,对残差做以下二元假设。

H0:系统无故障,$E[\boldsymbol{r}(k)]=0$,$E[\boldsymbol{r}(k)\boldsymbol{r}^{\mathrm{T}}(k)]=\boldsymbol{S}(k)$ $\tag{5-85}$

H1:系统有故障,$E[\boldsymbol{r}(k)]=\mu$,$E[\boldsymbol{r}(k)\boldsymbol{r}^{\mathrm{T}}(k)]=\boldsymbol{S}(k)$ $\tag{5-86}$

根据极大似然比检验原理,构造如下故障检测函数:

$$\lambda_z(k)=\boldsymbol{r}^{\mathrm{T}}(k)\boldsymbol{S}^{-1}(k)\boldsymbol{r}(k) \tag{5-87}$$

式中：$\lambda_z(k)$ 为服从自由度为 m 的 χ^2 分布，即 $\lambda_z(k) \sim \chi^2(m)$，$m$ 为 $Z(k)$ 的维数。

故障判决准则为：若 $\lambda_z(k) > T_z$，判定有故障；若 $\lambda_z(k) \leqslant T_z$，判定无故障。其中，$T_z$ 为预先设置的门限值，可由误警率确定。

状态 χ^2 检验法要求计算两个状态估计 $\hat{\boldsymbol{X}}(k)$、$\hat{\boldsymbol{X}}_s(k)$，尤其是在使用双状态递推器的情况下，计算量大，增加了机载计算机的负担，还需要存储方差阵而占用了内存。残差 χ^2 检验法不增加滤波过程的计算量，可直接从卡尔曼滤波过程中获得，实现方便，计算量小。残差 χ^2 检验法对硬故障检测效果比较好，但对于变化缓慢的软故障不容易检测出来。因为软故障开始很小，不易检测出来，有故障的输出将影响预报值 $\hat{\boldsymbol{X}}(k, k-1)$，使它"跟踪"故障输出，残差一直保持得比较小，因此难以发现软故障。

3) 联邦卡尔曼滤波

利用卡尔曼滤波技术对综合导航系统进行最优组合有两种途径：一种是集中式卡尔曼滤波，另一种是分散化的卡尔曼滤波。集中式卡尔曼滤波是利用一个卡尔曼滤波器来集中地处理所有导航子系统的信息，它虽然在理论上可以给出误差状态的最优估计，但存在以下两个致命的缺点：一是集中式卡尔曼滤波器的状态维数高，计算量以滤波器维数的三次方递增，因而计算负担重，不利于滤波的实时运行；二是子系统的增加使系统故障率随之增加，只要其中一个子系统失效，整个系统就会被污染。

并行处理技术、对于系统容错能力的重视及多种类传感器的研制成功促进了分布式卡尔曼滤波技术的发展。分散化滤波是解决大系统的状态估计、降低计算量、防止由于系统阶次很高时所带来的数值计算困难的最有效方法之一。所谓分散化滤波，就是将一个高阶系统的状态估计问题，分解为若干子系统的局部状态估计问题，通过设计一组局部卡尔曼滤波器以获得各子系统的局部状态估计，并依据一定的准则获得系统的整体状态估计。1971 年，Pearson 提出了动态分解的概念和状态估计的两级结构，随后 Speyer、Willsky、Bierman、Kerr 和 Carlson 等都对分散化滤波做出了贡献。目前，分散化卡尔曼滤波方法是在导航界最受重视的数据融合算法。

在众多的分散化滤波方法中，Carlson 提出了联邦滤波算法，其实质是基于局部估计误差不相关，用加权最小二乘法导出多传感器按矩阵加权线性最小方差最优的信息融合算法。对于实际系统相关性问题，采用了"方差上界技术"去相关，从而可以实现全局最优信息融合估计。由于设计的灵活性、计算量小、容错性能好而受到国内外导航界的重视。

　　联邦滤波算法是一种两级数据处理技术,如图 5 - 57 所示。

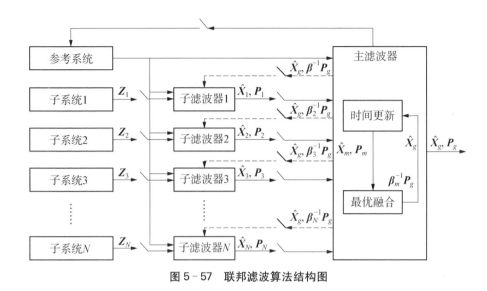

图 5 - 57　联邦滤波算法结构图

　　其实质上是一种特殊的分散化滤波算法,致力于解决以下几个问题:

　　(1) 滤波器的容错性能要好。当一个或几个导航子系统出现故障时,要能容易地检测和分离故障,并能很快地将剩下的正常工作的导航子系统重新组合起来,以继续给出所需的滤波解。

　　(2) 滤波的精度要高。

　　(3) 由局部滤波到全局滤波的合成算法要简单,计算量小,数据通信少,以利于算法的实时执行。

　　在联邦滤波器中,一般取惯导系统作为公共参考系统,它的输出 X_k,一方面直接输出给主滤波器,另一方面可以输出给各子滤波器(局部滤波器)作为量测值(各子系统的输出只能给相应的子滤波器)。各子滤波器的局部估计值 $\hat{X}_i$(公共状态)及其估计误差方差阵 P_i 被送入主滤波器,和主滤波器的估计值一起进行融合以得到全局最优估计。从图 5 - 57 中可以看出,由子滤波器与主滤波器合成的全局估计值 $\hat{X}_g$ 及其相应的估计误差方差阵 P_g 被放大为 $\beta_g^{-1} P_g (\beta_i \leqslant 1)$ 后再反馈到子滤波器,以重置子滤波器的估计值,即

$$\hat{X}_i = \hat{X}_g, \quad P_{ii} = \beta_i^{-1} P_g \tag{5 - 88}$$

　　同时,主滤波器的估计误差方差阵也可重置为全局估计误差方差阵的 β_m^{-1}

倍,即 $\beta_{\mathrm{m}}^{-1}\boldsymbol{P}_{\mathrm{g}}(\beta_{\mathrm{m}}\leqslant 1)$。 这种反馈结构是联邦滤波区别于一般分散化滤波器的特点。$\beta_i(i=1,\cdots,m)$ 称为信息分配系数,是根据信息分配原则来确定的,不同的 β_i 值可以获得不同联邦滤波器的不同结构和不同特性(容错性、精度和计算量)。

在联邦滤波器中,主滤波器和各个子滤波器并行工作,分别根据各自的卡尔曼滤波方程得到局部估计 $\hat{\boldsymbol{X}}_i(k)$ 和方差 $\boldsymbol{P}_i(k)$,再由全局滤波器融合所有的子滤波器和主滤波器输出,得到全局最优估计 $\hat{\boldsymbol{X}}_{\mathrm{g}}(k)$ 和方差 $\boldsymbol{P}_{\mathrm{g}}(k)$。 然后,根据信息分配原则,利用全局估计和方差重置各个子滤波器和主滤波器。联邦滤波器可由下列四个典型过程描述。

(1) 信息分配。

将过程噪声总的信息量 $\boldsymbol{Q}^{-1}(k-1)$ 和状态信息 $\boldsymbol{P}_{\mathrm{g}}^{-1}(k-1)$ 在各局部滤波器和主滤波器之间进行分配:

$$\boldsymbol{P}_i^{-1}(k-1)=\beta_i\boldsymbol{P}_{\mathrm{g}}^{-1}(k-1),\ \boldsymbol{Q}_i^{-1}(k-1)=\beta_i\boldsymbol{Q}^{-1}(k-1) \qquad (5-89)$$

$$\hat{\boldsymbol{X}}_i(k-1)=\hat{\boldsymbol{X}}_{\mathrm{g}}(k-1) \qquad (5-90)$$

式中:信息分配系数 $\beta_i(i=1,\cdots,m)$ 满足信息守恒原理,即

$$\sum_{i=1}^{N}\beta_i+\beta_{\mathrm{m}}=1 \qquad (5-91)$$

下标 m 和 g 分别表示主滤波器和全局融合结果。

(2) 局部时间更新。

更新过程在各子滤波器和主滤波器之间独立进行,即

$$\hat{\boldsymbol{X}}_i(k,k-1)=\boldsymbol{\Phi}_i(k,k-1)\hat{\boldsymbol{X}}_i(k-1) \qquad (5-92)$$

$$\boldsymbol{P}_i(k,k-1)=\boldsymbol{\Phi}_i(k,k-1)\boldsymbol{P}_i(k-1)\boldsymbol{\Phi}_i^{\mathrm{T}}(k,k-1)+$$
$$\boldsymbol{\Gamma}_i(k,k-1)\boldsymbol{Q}_i(k-1)\boldsymbol{\Gamma}_i^{\mathrm{T}}(k,k-1) \qquad (5-93)$$

(3) 局部量测更新。

由于主滤波器没有量测,量测更新只在各局部滤波器中进行,更新过程为

$$\boldsymbol{P}_i^{-1}(k)=\boldsymbol{P}_i^{-1}(k,k-1)+\boldsymbol{H}_i^{\mathrm{T}}(k)\boldsymbol{R}_i^{-1}(k)\boldsymbol{H}_i(k) \qquad (5-94)$$

$$\boldsymbol{P}_i^{-1}(k)\hat{\boldsymbol{X}}_i(k)=\boldsymbol{P}_i^{-1}(k,k-1)\hat{\boldsymbol{X}}_i(k,k-1)+\boldsymbol{H}_i^{\mathrm{T}}(k)\boldsymbol{R}_i^{-1}(k)\boldsymbol{Z}_i(k)$$
$$(5-95)$$

（4）全局融合。

主滤波器和各子滤波器的输出结果按照最优融合原理进行融合，即

$$\hat{\pmb{X}}_{g}(k)=\pmb{P}_{g}(k)\Big[\sum_{i=1}^{N}\pmb{P}_{i}^{-1}(k)\hat{\pmb{X}}_{i}(k)+\pmb{P}_{m}^{-1}(k)\hat{\pmb{X}}_{m}(k)\Big] \tag{5-96}$$

$$\pmb{P}_{g}^{-1}(k)=\sum_{i=1}^{N}\pmb{P}_{i}^{-1}(k)+\pmb{P}_{m}^{-1}(k) \tag{5-97}$$

根据以上四个过程，局部估计之间的相关性由"信息分配"消除，从而可以使各局部独立地进行标准卡尔曼滤波计算。

4）实际导航性能计算

随着机载设备能力的提高以及卫星导航等先进技术的发展，国际民航组织（ICAO）提出了"基于性能的导航（performance based navigation, PBN）"概念（见图 5-58），体现了航行方式从基于传感器导航到基于性能导航的转变，也是未来全球导航技术的主要发展方向[42]。

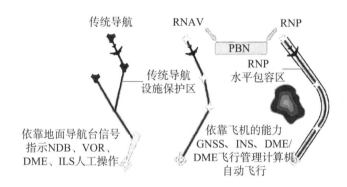

图 5-58　PBN 概念示意图

导航规范作为 PBN 运行的三大基础要素之一，是在确定的空域范围内对飞行器和机组提出的一系列要求，定义了实施 PBN 所需要的性能及具体要求，同时也确定了导航源和设备的选择方式。借鉴 PBN 的相关理念（见表 5-19），可为无人机导航系统设计提供一定程度的参考价值。

表 5-19　不同 PBN 规范下航空器所需的 CNS 能力

导航规范	导航精度/n mile	主用导航源	地面导航设施	通信/监视
RNAV-10 (RNP-10)	10	GNSS, INS/IRS	不可用	未指定

(续表)

导航规范	导航精度 /n mile	主用导航源	地面导航设施	通信/监视
RNAV-5	5	GNSS, DME/DME, VOR/DME, INS/IRS	VOR, DME	话音/雷达
RNAV-1/2	1/2	GNSS, DME/DME, INS/IRS	DME	话音/雷达
RNP-4	4	GNSS	不可用	话音(或 CPDLC)/ ADS-C
RNP-1	4	GNSS	DME	未指定
RNP APCH	0.3	GNSS	VOR, DME, NDB(用于复飞)	未指定
RNP AR APCH	≤0.3	GNSS	不可用	未指定

注:CNS是指通信、导航和监视。

在战场复杂电磁对抗环境下,"位置决定生死,时间就是生命"即是对导航功效的最好描述。RNP 要求飞行器在某一空域飞行时,其导航系统精度在总飞行时间的至少 95% 的概率内不会出现偏离预期航迹的距离超过某一特定数值的情况。因此,在实际应用中,机载导航系统需要对其导航定位的置信度进行计算,以确定实际导航性能(ANP),并与航路所需的 RNP 要求相比较后考量是否满足使用要求或发出相应警告,这一点在军机的任务规划和航路规划中也很关键。

导航系统的位置不确定度(estimated position uncertainty, EPU)包括水平不确定度和垂直不确定度,这里重点研究水平不确定度。通常,导航系统位置估计的水平随机误差服从二元高斯过程,它是以估计的位置为中心的 95% 不确定度的一个半径。但在实际导航计算中,由于飞行器经纬度误差的不同,水平位置估计误差是一个误差椭圆,并随参考坐标系旋转。因此,在求解 EPU 时,必须将椭圆转换为圆。

导航性能的计算受机载导航系统所采用的导航方法的影响。一般来讲,机载导航采用基于模式的导航(使用一种导航源进行位置估计,其他导航源辅助)或混合系统导航(使用可用的导航源进行位置估计)两种方法。下面首先讨论组合导航模式下位置不确定度的计算方法。

机载组合导航系统通常采用卡尔曼滤波器实现各种不同的导航系统的组合,其中的协方差矩阵代表了导航系统的随机误差估计值。基于协方差矩阵和误差概率模型(假设为正态分布),可以计算出所需的 95% 概率下的 EPU[43]。

根据多元高斯特性,可以利用卡尔曼滤波的协方差矩阵获得位置估计误差矩阵。

$$\boldsymbol{E}_{\mathrm{pos}}=\begin{bmatrix}\delta\varphi & \delta\lambda\end{bmatrix} \tag{5-98}$$

$$\boldsymbol{P}_{\mathrm{pos}}=\mathrm{cov}(\boldsymbol{E}_{\mathrm{pos}})=\begin{bmatrix}\sigma_{\varphi}^{2} & \sigma_{\varphi\lambda}^{2}\\ \sigma_{\varphi\lambda}^{2} & \sigma_{\lambda}^{2}\end{bmatrix} \tag{5-99}$$

组合导航系统的位置估计误差在水平面内,包括经度误差和纬度误差,为非水平面误差,而 RNP 用海里(n mile)表示,因此需要将其转化为水平面内的直角坐标内的误差 (x,y):

$$\begin{cases}x=\delta\lambda \cdot R\cos\varphi\\ y=\delta\varphi \cdot R\end{cases} \tag{5-100}$$

式中: x 为直角坐标内的经度误差; y 为直角坐标内的纬度误差; $\delta\lambda$ 为经度误差; $\delta\varphi$ 为纬度误差; R 为地球半径; φ 为载机所在纬度。

由此,从协方差矩阵获得位置误差的协方差,用来确定 1σ 椭圆的长、短半轴。

$$\boldsymbol{E}_{\mathrm{pos}}=\begin{bmatrix}x & y\end{bmatrix} \tag{5-101}$$

$$\boldsymbol{P}_{\mathrm{pos}}=\begin{bmatrix}\sigma_{x}^{2} & \sigma_{xy}^{2}\\ \sigma_{xy}^{2} & \sigma_{y}^{2}\end{bmatrix}=R^{2}\begin{bmatrix}\cos^{2}\varphi \cdot \sigma_{\varphi}^{2} & \cos\varphi \cdot \sigma_{\varphi\lambda}^{2}\\ \cos\varphi \cdot \sigma_{\varphi\lambda}^{2} & \sigma_{\lambda}^{2}\end{bmatrix} \tag{5-102}$$

位置估计 $\boldsymbol{E}_{\mathrm{pos}}$ 的二元正态分布概率密度函数为

$$f(x,y)=\frac{1}{2\pi\sqrt{\det(\boldsymbol{P}_{\mathrm{pos}})}}\exp\left[\frac{-1}{2(\boldsymbol{E}_{\mathrm{pos}}^{\mathrm{T}}\boldsymbol{P}_{\mathrm{pos}}^{-1}\boldsymbol{E}_{\mathrm{pos}})}\right]=\frac{1}{2\pi\sigma_{x}\sigma_{y}\sqrt{1-\rho^{2}}}\exp\left(\frac{-a_{\mathrm{pos}}}{2}\right) \tag{5-103}$$

式中: E 代表密度函数的独立变量; $\rho=\dfrac{\sigma_{xy}^{2}}{\sigma_{x}\sigma_{y}}$;对应不同的 (x,y),概率密度函数 $f(x,y)$ 是一个常量。

椭圆长半轴与 x 轴之间的夹角为 θ(见图 5-59):

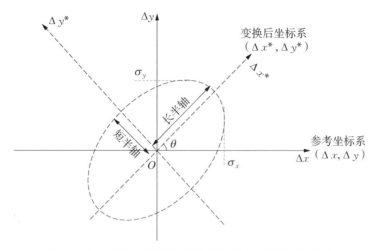

图 5-59 原参考系和转换后的参考系中的误差椭圆关系

$$\theta = \frac{1}{2}\arctan\left(\frac{2\rho\sigma_x\sigma_y}{\sigma_x^2 - \sigma_y^2}\right) \tag{5-104}$$

协方差矩阵的两个特征值对应误差椭圆长半轴和短半轴的平方,具体计算方法如下:

$$\lambda_{1,2} = \frac{(\sigma_x^2 + \sigma_y^2) \pm \sqrt{(\sigma_x^2 - \sigma_y^2)^2 + 4\sigma_{xy}^4}}{2} \tag{5-105}$$

$$"1\sigma"\text{axis}_{\text{major}} = \max(+\sqrt{\lambda_1}, +\sqrt{\lambda_2}) \tag{5-106}$$

$$"1\sigma"\text{axis}_{\text{minor}} = \min(+\sqrt{\lambda_1}, +\sqrt{\lambda_2}) \tag{5-107}$$

为得到 95% 的误差椭圆,通常需用一个误差椭圆到误差圆的转换因子 k 来表示椭圆长半轴 σ_{major} 和位置不确定度 EPU 间的关系。利用概率密度在 $k\sigma_x$ 和 $k\sigma_y$ 确定的椭圆上积分计算期望的概率 p。

$$p = \iint_{\left\{x,\,y:\frac{x^2}{(k\sigma_x)^2} + \frac{y^2}{(k\sigma_y)^2} < 1\right\}} \frac{1}{2\pi\sigma_x\sigma_y} e^{-\left(\frac{x^2}{2\sigma_x^2} + \frac{y^2}{2\sigma_y^2}\right)} \, \mathrm{d}x\,\mathrm{d}y \tag{5-108}$$

令 $u = \dfrac{x}{\sigma_x}$,$v = \dfrac{y}{\sigma_y}$,则有

$$p = \iint_{\{u,\,v:u^2+v^2<k^2\}} \frac{1}{2\pi} e^{-\left(\frac{u^2}{2} + \frac{v^2}{2}\right)} \, \mathrm{d}u\,\mathrm{d}v \tag{5-109}$$

令 $u = r\cos\theta$，$v = r\sin\theta$，则有

$$p = \int_0^k \int_0^{2\pi} \frac{1}{2\pi} e^{-(\frac{r^2}{2})} r \, \mathrm{d}\theta \mathrm{d}r = 1 - e^{-\frac{k^2}{2}} \tag{5-110}$$

将概率 P 代入，即可得到期望的转换因子 k：

$$k = \sqrt{-2\ln(1-P)} \tag{5-111}$$

如果 $p = 95\%$，则 $k = 2.4477$。

对于特定的概率要求（$P = 95\%$），随着长短半轴比率 $\sigma_{\text{major}}/\sigma_{\text{minor}}$ 的不同，转换因子 k 的取值会发生变化，随着 $\sigma_{\text{major}}/\sigma_{\text{minor}}$ 的增加，k 逐渐减小，最大为 2.4477，最小接近 1.9625。

$$k = \frac{(2.4477 - 1.9625)}{(\sigma_{\text{major}}/\sigma_{\text{minor}})^3} + 1.9625 = \frac{0.4852}{(\sigma_{\text{major}}/\sigma_{\text{minor}})^3} + 1.9625 \tag{5-112}$$

由式（5-112），可得到 95% 概率条件下的位置不确定度圆的半径为 $R = k \cdot \sigma_{\text{major}}$。

考虑到最坏的情况，一般选取椭圆的外切圆（半径等于长半轴）计算实际导航性能 R_{ANP}，即

$$R_{\text{ANP}} = 2.45 \times a_{\text{xis, major}} \tag{5-113}$$

式中：$a_{\text{xis, major}}$ 为 1σ 椭圆长半轴。

对于纯惯系统来讲，当性能等级（主要是陀螺和加速度计的误差特性）确定后，可根据相应的惯导系统误差方程计算定位误差。如对于精度为 $1\,\text{n mile/h}$（CEP）的惯导系统，纯惯模式下的 ANP 估计如下（以波音 777 的导航系统为例）。

$0 \sim 0.5\,\text{h}$：ADIRU 95% 误差 $-8.0T\,\text{n mile/h}$。

$0.5 \sim 1.5\,\text{h}$：ADIRU 95% 误差 $-4.0T\,\text{n mile/h}$。

$1.5 \sim 2.0\,\text{h}$：ADIRU 95% 误差 $[-4.0(T-1.5)+4.0]\,\text{n mile/h}$。

$2.0 \sim 3.0\,\text{h}$：ADIRU 95% 误差 $-6.0T\,\text{n mile/h}$。

$3.0 \sim 10.0\,\text{h}$：ADIRU 95% 误差 $[-2.0(T-3.0)+6.0]\,\text{n mile/h}$。

$10.0\,\text{h}$ 以上：ADIRU 95% 误差 $-20.0\,\text{n mile}$。

5）分布式惯性基准

在航空领域，随着航空电子综合化水平的提高，惯性信息已从传统的导航/制导应用逐步扩展到姿态稳定/瞄准/控制等领域，需要向载机雷达、光电等多个

分系统提供连续、实时、高精度的导航信息和运动信息,以满足联合作战模式下多平台数据融合、任务协同等方面的应用需求。相对而言,传统惯导的应用要求一般集中在载机中长期位置和速度精度,而目标定位、武器投放、精确瞄准等现代应用则集中于对任务节点运动感知及任务节点间相对运动感知的要求,且对长期和短期误差均有很高要求。而飞机是一个弹性体,在飞行过程中受气流、载荷变化、发动机噪声等因素的影响,机体会发生结构变形,特别是由气流、机动所导致的机体挠曲变形呈现时变特征,会对高精度时空基准的建立造成严重影响[44]。显然地,上述要求对于机载导航系统来讲,是一项严峻的技术挑战。图 5-60 为动态相对位置关系示意图。

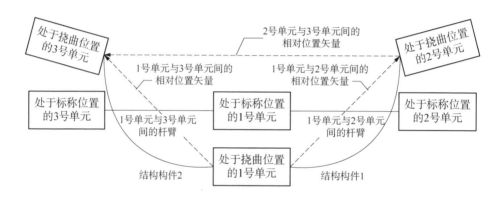

图 5-60　动态相对位置关系示意图

分布式惯性基准(惯性传感器网络)是随着新型传感器、网络化、模块化、信息化技术的发展而出现的新概念,是将惯性测量单元与高精度惯导(或组合导航系统)构成网格化关联的分布式系统,通过共享惯性网络节点信息、精确的局部状态估计和全局性能优化技术,提升任务节点的局部基准精度,并提供机体全局形变信息,支持对机体结构健康诊断。

在时间方面,采用 IEEE1588 标准或时间触发协议 TTP 等通信方式,提高系统通信的时间确定性。

在空间信息处理方面,核心信息处理过程也可采用卡尔曼滤波和联邦滤波等相关技术,通过传递对准→动态杆臂校正→其他节点的信息→全局滤波等不同层次的信息处理方式,逐步引入节点间的相对几何关系、机体结构的连续性、运动的连续性等作为约束,达到提升系统整体性能的目的。从系统层面看,分布式惯性基准也是一种典型的采用信息融合技术的信息处理系统(见图 5-61)。

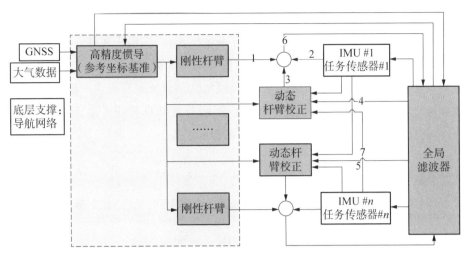

图 5‑61　分布式惯性基准信息处理示意图

5.3.6.6　发展趋势与展望

作为一种需要为用户(包括各类载体、行人等)提供导航定位和时间基准服务的设备或设施,导航系统应该具备能够即时为用户提供满足应用需求的显著特征(这里强调精度和可靠性,尤其是军用电磁对抗环境条件下),在保障用户顺利、高效地完成任务过程中隐性地体现自身的价值,导航系统属性将逐步模糊,而在功能或信息层级上与飞控、火控等系统深度交联耦合;同时,其利用去中心化和信息共享能力,使信息能够在不同用户间高效地流动,以形成必要的态势信息。可以看出,未来的导航系统应更关注于如何满足用户的需求,核心目标是为用户提供成本合理、获取便利的服务。

精确、可靠的导航需求对机载导航系统来讲是一项非常严格的要求,特别是在战场复杂电磁对抗环境下,作战飞机的导航正逐步从飞行保障演变为战斗力的重要组成部分。随着高精度探测、精确控制及任务协同等任务要求的不断提高,对建立载机统一的高精度时空基准、对载机本体运动的精确感知等方面都提出了迫切的需求,这就需要进一步挖掘载机所装备的惯导与其他传感器信息深度融合的潜力;更进一步地,载机作为战场的一个节点,需要与其他飞行平台交换信息,并且感知战场态势,因此需具备完成数据链及其他平台信息支持下的异构信息融合。这些发展趋势及需求对多传感器信息融合技术提出了更高要求。

目前,导航信息融合技术的一个重要发展趋势是追求深层次组合,强调快速集成、快速重新配置异构传感器的全源导航能力和综合定位、导航与授时

(PNT)能力,目的是针对不同任务环境(典型如卫星信号拒止)和不同任务要求,能够提供满足起飞模式、航路模式、任务区模式、终端模式和进近模式等不同需求的导航解决方案。如何结合载机的任务需求和硬件配置,在充分考虑运行环境及安全时间等实际限制条件下,对导航信息融合技术开展进一步的研究,明确系统研制的指导思想和具体技术实现途径,并使其具有开放性、动态性、灵活性、智能化等技术特征,将成为一项重要的研究工作。

参考文献

[1] 练军想,唐康华,潘献飞,等. GNSS 与惯性及多传感器组合导航系统原理[M]. 2 版. 北京:国防工业出版社,2015.

[2] Eren M, Davison S, Schmidt G, et al. Basic guide to advanced navigation[R]. The North Atlantic Treaty Organization and Research Technology Organization, 2003.

[3] 张楠. 高空长航时无人机组合导航系统研究[D]. 西安:西北工业大学,2006.

[4] 季晓光,李屹东. 美国高空长航时无人机——RQ - 4"全球鹰"[M]. 北京:航空工业出版社,2011.

[5] 雷宏杰,张亚崇. 机载惯性导航技术综述[J]. 航空精密制造技术,2016,52(1):7 - 12.

[6] 张宗麟. 惯性导航与组合导航[M]. 北京:航空工业出版社,2000.

[7] Schmidt G T, Phillips R E. INS/GPS technology trends[R]. Defense Technical Information Center, 2011.

[8] Groves P D. Principles of GNSS, Inertial and Multisensor Integrated Navigation Systems[M]. Norwood: Artech House, 2008.

[9] Schmidt G T, Phillips R E. INS/GPS integration architecture[R]. Defense Technical Information Center, 2011.

[10] Schmidt G T, Phillips R E. INS/GPS integration architecture performance comparisons [R]. Defense Technical Information Center, 2011.

[11] McDonald J, Kendrick J. Benefits of tightly coupled GPS/IRS for RNP operations in terrain challenged airports [C]//2008 IEEE/ION Position, Location and Navigation Symposium, Monterey: 2008.

[12] Urban, indoor and subterranean navigation sensors and systems[R]. Defense Technical Information Center, 2010.

[13] Bangert J. Celestial augmentation of inertial navigation systems: a robust navigation alternative[R]. U. S. Naval Observatory, 2001.

[14] Wick R V. The developing science and technologies list (DSTL)[R]. Institute for Defense Analyses, 2006.

[15] Umland H. A short guide to celestial navigation[G]. 2003.

[16] 岳亚洲,田宇,张晓冬. 机载惯性/天文组合导航研究[J]. 光学与光电技术,2008,6(2):1 - 5.

[17] Atkinson D, Agnew J, Miller M. The B - 2 navigation system[C]//The IEEE 1993 National Aerospace and Electronics Conference, Dayton: 1993.

[18] Levine S, Dennis R, Bachman K L. Strapdown astro-inertial navigation utilizing the optical wide-angle lens startracker[J]. Journal of the Institute of Navigation, 1990, 37 (4):347-362.

[19] LN-120G stellar-inertial navigation system[R]. Northnop Grumman Corporation, 2006.

[20] 刘徐德. 地形辅助导航系统技术[M]. 北京:电子工业出版社,1994.

[21] 张亚崇,岳亚洲,王涛,等. 机载地形匹配系统技术研究[J]. 弹箭与制导学报,2012,32 (5):9-13.

[22] Cowie M, Wilkinson N, Powlesland R. Latest development of the TERPROM ® digital terrain system (DTS)[C]//2008 IEEE/ION Position, Location and Navigation Symposium, Monterey: 2008.

[23] Honeywell International Inc. Methods and systems for enhancing accuracy of terrain aided navigation systems: US7409293B2[P]. 2004-06-03.

[24] 戴逸俊,方辉,宋玉彬. 调频连续波高度表在复杂地形下使用的可能性[J]. 制导与引信, 2007,28(3):1-6,30.

[25] 麻丽香. 干涉测高技术在地形匹配制导中的应用研究[J]. 制导与引信,2009,30(4): 28-32.

[26] 冯庆堂. 地形匹配新方法及其环境适应性研究[D]. 长沙:国防科学技术大学,2004.

[27] Hollowell J. Heli/SITAN: a terrain referenced navigation algorithm for helicopters [C]//IEEE Symposium on Position Location and Navigation. Las Vegas: 2002.

[28] Gray R A. In-flight detection of errors for enhanced aircraft flight safety and vertical accuracy improvement using digital terrain elevation data with and inertial navigation system, global positioning system and radar altimeter[D]. Athens: Ohio University, 1999.

[29] 樊建文,雷创. 飞机编队相对导航技术研究[J]. 现代导航,2016,7(3):161-165.

[30] Sea based joint precision approach and landing system (JPALS) requirements document (version 2.0)[R]. Department of the Navy, 2004.

[31] 邹海宁,王海涛. 美国海军 JPALS 系统现状及发展路线图[J]. 飞机设计,2012,32(5): 66-70.

[32] 彭秀艳,赵希人. 舰载机起降指导技术研究现状及发展趋势[J]. 机电设备,2006,23(2): 12-16.

[33] 程农,李四海. 民机导航系统[M]. 上海:上海交通大学出版社,2015.

[34] 张亚崇. 多传感器导航系统性能优化的内涵与相关研究进展[C]//2018 IEEE/CSAA GNCC 制导、导航与控制学术会议,厦门:2018.

[35] Unger F G, Ott N,虞秀玉. 惯性导航系统中冗余信息的最佳应用[J]. 国外导弹与航天运载技术,1991(2):20-40.

[36] 许国祯. B-2 战略轰炸机导航系统[J]. 国际航空,1993(12):52-53.

[37] Berning S L, Howe P G, Glasson D P. Adaptive tactical navigation denouement[C]// IEEE Conference on Aerospace and Electronics, Dayton: 1990.

[38] West-Vukovich G, Zywiel J, Scherzinger B, et al. The Honeywell/DND helicopter integrated navigation system (HINS)[C]//IEEE Position Location and Navigation

Symposium, Orlando: 1988.

[39] 宿勇,郭隆华.美国海军航母及编队导航系统分析[J].舰船科学技术,2012,34(8)：131-136.

[40] All source positioning and navigation (ASPN) phase 2[R]. Defense Advanced Research Projects Agency, 2012.

[41] 秦永元,张洪钺,汪叔华.卡尔曼滤波与组合导航原理[M].西安:西北工业大学出版社,1998.

[42] 中国民航 PBN 实施路线图[R].中国民用航空局,2009.

[43] Chamlou R. TIS-B: calculation of navigation accuracy category for position and velocity parameters[C]//The 23rd Digital Avionics Systems Conference, Salt Lake City: 2004.

[44] 张亚崇.惯性技术之窗:机载分布式导航技术概述[J].海陆空天惯性世界,2019(1)：150-151.

第6章 基于开放式总线架构的模块化计算机设计

6.1 无人机飞行器控制与管理计算机的现状与趋势

不同的无人机,特别是不同尺寸和用途的无人机,对无人机飞行器控制与管理计算机的重量、尺寸、性能、可靠性等有着不同的要求。本节将无人机按起飞重量和大小分为微小型、中型和大型无人机,并根据该无人机分类阐述相应机载计算机的技术特点和发展历程。

6.1.1 微小型无人机

用于微小型无人机的计算机通常采用导航控制一体化集成设计,并且绝大多数为单余度配置,发挥传感器信号采集、航线管理、控制律解算及控制信号生成的作用,输出信号多为 PWM 脉宽调制信号。2010 年之前,早期的典型代表性产品是加拿大 MicroPilot 的 MP2028/2128 系列、美国 Cloud Cap 的 Piccolo系列、瑞士 WeControl 的 Wepilot 系列等,售价高昂。随着开源项目 Ardupilot的兴起,基于单片机的 Ardupilot 和后续的 PixHawk 逐渐占领了市场,可控制的对象也由早期的固定翼扩展到多旋翼、直升机。国内货架产品方面,深圳大疆公司先后推出了面向小型直升机的悟空系列、面向多旋翼的哪吒系列等有影响力的产品。

Ardupilot 最早出现于 DIYDrones 社区,由 Jordi 和 Chris 创立的 3D Robotics 公司开发。其早期型号为 APM 系列,基于 mega2560 单片机开发,板载 MEMS 惯性传感器、大气传感器,并且可以外接 GPS 接收机。后苏黎世联邦理工学院发布的 Pixhawk 采用 STM32F4 单片机,主频达到 168 MHz,并且配备了双余度陀螺仪和加速度计。作为应用广泛的开源解决方案,Pixhawk 有全球

图 6-1 Pixhawk 的不同版本

多个供应商,产生了多种衍生型号,价格低廉(不到 1 000 元),配套的软件完整,硬件驱动丰富,地面站软件界面功能完备,为全球开源飞控的发展和应用起了关键推动作用,广泛用于小型固定翼、多旋翼飞机中。图 6-1 所示为 Pixhawk 的不同版本。

6.1.2 中小型无人机

用于中小型无人机的计算机主要采用多余度配置,包括供电余度、计算余度,部分为导航控制一体化计算机,同样担负机载系统传感器信号采集、通信、航线管理、控制律解算以及舵机信号输出等功能,通常配置嵌入式实时操作系统。计算机具有一定的通用化特征,国内的设计和生产厂家有航空工业、航天科工、航天科技的院所,成都纵横自动化等。其中,纵横自动化自 2010 年开始推出了一系列单、多余度配置的产品,如用于固定翼的 AP-101(见图 6-2)、AP-201、AP-202,用于无人直升机的 MP-201H,以及用于多旋翼的 MP-201M 等。其中,AP-101 为单余度设计,采用 MPC5200 处理器,集成 MEMS 惯性传感器、900 MHz 数传电台,具备 GPS 和惯性组合能力,控制回路更新频率为 200 Hz,采用矩形航空连接器,并且可以采集遥控接收机的信号,质量为 390 g,尺寸为 119 mm×85 mm×35 mm。

图 6-2 AP-101 外形图

6.1.3 中大型无人机

用于中大型无人机的飞行器控制与管理计算机一般为多余度计算机,与传统的有人机机载计算机类似,广泛采用冗余技术以提升系统可靠性,多为双余度、三余度、3×2 余度或四余度配置,部分采用了非相似余度容错设计。中大型无人机通常成本更高,采用性能、可靠性更高的 AFDX 总线、1553B 总线、ARINC 659 背板总线等,部分采用 OpenVPX 架构提升整体计算性能,同时遵循更严格的适航审定流程,计算机的质量为 5~20 kg,功耗为 200 W 左右。国外厂商包括 Collins Aerospace、Curtiss-Wright、Mercury 等,国内的主要的设计和生产厂家中航工业西安飞行自动控制研究所、中航工业西安航空计算技术研究所等。

6.1.4　发展趋势

随着无人机对机载系统性能需求的不断提升,无人机飞行器控制与管理计算机逐渐成为一种与有人机飞行器控制、飞行器管理计算机不同的计算机类别。得益于航空电子技术的发展,无人机飞行器控制与管理计算机存在如下的发展趋势。

1) 容错能力提升

随着长航时无人机的广泛应用,以及未来无人机的城市飞行、与有人机的空域融合等飞行场景的拓展,无人机飞行器控制与管理计算机对安全性的要求越来越高。但受限于成本、技术复杂度的制约,无人机飞行器控制与管理计算机必须在成本可负担的情况下实现较强的安全性。为了实现该目标,可采用的手段如下:采用新型的带有自监控能力的运算器件,采用 ARINC 659 容错串行背板总线、TTE 总线等保证节点的容错通信,通过模块化设计增强技术和设计的复用,采用分时分区[1]的处理方式以在有限的资源下最大限度地实现各种处理和管理功能并实现故障的隔离。

2) 运算能力提升

随着对无人机智能化程度要求的不断提升,有人无人协同、自主空中格斗等使用场景需要在机载计算机中实现目标识别、策略寻优、航迹规划等算法,这些算法需要计算能力更高的飞行器控制与管理计算机以保证实时性能。因此,多核计算、神经网络加速、运算与逻辑一体化等技术不断得以使用,并且借助运算器件的不断发展,包括多核 CPU、通用图形处理器(general-purpose computing on graphics processing units,GPGPU)、神经网络处理单元(neural processing unit,NPU)的应用,使得在控制功耗、散热等的前提下,提升单板、计算机整体的运算能力,成为可能满足新型应用对于运算能力的需求。

3) 功能综合化

传统有人飞机的飞行控制计算机和飞行器控制与管理计算机为分立式计算机,主要考虑飞行控制计算机为飞行器确保飞行安全最关键的计算机,所要求的安全性和认证等级较高,分立式的设计有利于提升整体可靠性,降低认证难度。由于航点选择、指令响应、飞行阶段转换等无人机的飞行器管理功能与飞行安全相关程度亦较高,与飞行控制律等结合更为紧密,因此无人机的任务管理、飞行器管理、飞行控制等功能往往融合于一台计算机,即飞行器控制与管理计算机(VCMC)。部分飞行器控制与管理计算机还集成了目标感知、任务规划、导航解算等功能,实现了感知、认知、决策与控制功能一体化设计,在降低成本的同时,提升了性能,但随之带来了出厂检验困难程度提升、安全性降低、单机故障率提升、故障隔离困难[1]等问题。因此,近年来,将目标感知、飞行控制计算、导航解算等进行物理分离的系统设计选择仍然存在。

6.2　无人机飞行器控制与管理计算机的关键技术

6.2.1　计算机基本架构

作为无人机机载系统的重要组成部分,无人机飞行器控制与管理计算机主要由以下几个关键模块构成[2]。

1) 中央处理模块

中央处理模块包含中央处理器芯片(CPU、SoC、DSP 等)及外围电路,即内存 RAM、NOR Flash、NAND Flash、看门狗、逻辑门器件(如 FPGA)等。随着存算一体技术的发展,处理芯片逐渐整合,SoC 芯片可同时包含处理和逻辑、处理和存储的功能。

2) 接口模块

接口模块包含了三种功能:模拟量采集与输出、离散量输入和输出、总线通信功能。

模拟量采集功能主要针对部分直接连接飞行器控制与管理计算机的传感器,如迎角、侧滑角传感器,机械位移传感器,温度传感器等。模拟量输出功能应用较少,可根据实际需求进行设计。

离散量采集功能主要形式有 28 V/开、地/开接口,主要获取外部设备采用离散电压形式表示的状态信号,在起落架状态检测、舱门状态检测等设备中应用较多。离散量输出功能主要形式为 28 V/开、地/开接口,主要控制部分开关设备、阀门等。离散量采集和输出实现了内部电路和外部电路的电气隔离和转换,在实现控制的同时,保护了内部电路。

总线通信功能实现 RS232、RS422、RS485、CAN、I2C、MIL-STD-1553B、ARINC 429、AFDX、FC(fibre channel)、Ethernet 等外部互联数据总线的功能,包括电压转换、PHY 芯片集成、MAC 等。部分通信协议的协议栈在中央处

理模块中实现,接口模块主要承载与协议相关的外围芯片和电路。

3) 电源模块

电源模块主要功能为将机上电源提供给飞行器控制与管理计算机的供电,进行稳压、浪涌抑制以后转换为计算机内部不同电压与功率要求的供电。计算机内部所要求的电压有 5 V、3.3 V 等不同类型。为了在机上电源掉电后为计算机提供一定的退出时间,电源模块一般留有顶电电容等装置。

一般按所需实现的功能来划分无人机飞行器控制与管理计算机的线路板模块,例如一台计算机(见图 6-3)中可以设计为由处理器板(CPU)、多路总线接口板(MBI)、离散量输入输出板(DIO)、传感器模拟量信息输入板(AIN)以及电源板(PS)构成。各个线路板功能相对独立且都以插接在专门设计的计算机背板(back plane)上,并通过背板进行信号交互。

图 6-3　计算机及其线路板模块

6.2.2　计算机余度配置

新型高性能无人机系统的发展对飞行器控制与管理计算机的功能、可靠性的要求提升,除了采用高可靠的器件和电路外,为了满足安全性指标,设计中通常采用多余度的方法来提高飞行和任务可靠性。

余度式飞行器控制与管理计算机的技术发展主要分为两个方面:非相似余度技术及解析余度技术。其中,非相似余度技术又分为软件和硬件,通过软件和硬件的不同组合可以使系统获得更高的可靠性,这种非相似余度技术主要应用在民机中。相对于有人机,无人机为了降低成本,往往采用相似余度设计,由于余度数与系统可靠性并不成正比,随着余度数的增加,可靠性并不能得到显著提升,反而给系统设计带来更高的复杂度和成本,同时考虑到无人机对机载设备体积小、重量轻和成本低的要求,余度配置通常不会超过三余度。

6.2.2.1　双余度设计

双余度设计多用于小型无人机,限于体积和成本等因素,飞控系统所使用舵机或电机通常本身并不自带仲裁机构,因此必须由飞控计算机在输出前实现仲裁切换功能[3]。

常用的双余度系统有三种架构,分别为通道化自检架构(channelized self-checking, CSC),如图 6-4 所示;全交叉总线式自检架构(fully cross-strapped bussed self-checking, FCSBSC),如图 6-5 所示;全交叉自检架构(fully cross-strapped self-checking, FCSSC),如图 6-6 所示。

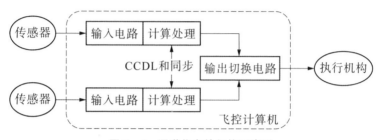

图 6-4　通道化自检架构示意图

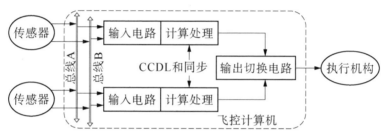

图 6-5　全交叉总线式自检架构示意图

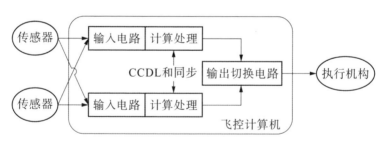

图 6-6　全交叉自检架构示意图

　　NASA 曾对这三种架构进行了可靠性框图(reliability block diagram, RBD)建模和分析[4],其中,FCSSC 的可靠性最高,FCSBSC 略低,CSC 可靠性最低,并且 FCSSC 和 FCSBSC 的可靠性远高于 CSC[3]。因为 CSC 架构中传感器与通道串联绑定,任何一部分子系统的失效都会导致某个余度的失效,所以其可靠性最低。在 FCSBSC 架构中,需要将所有传感器输入转换为某种总线接口,如 CAN、FlexRay[5]等,需要定制专用的接口电路,从而造成系统复杂性增加。

而 FCSSC 架构则可充分利用处理器丰富的外设接口,一般仅需要增加较少的电路设计即可完成复杂的系统设计,因此具有更高的可靠性。

双余度系统的关键难题在于由于无法实现信号表决监控,即双余度系统中如果出现 1∶1 奇异信号,系统无法通过信号表决判断故障信号,从而无法实现余度管理功能。因此,需要采用具有自监测功能的双余度系统,这对外部传感器和飞控计算机的自监测能力和检测覆盖率提出了更高要求。

航空工业自控所雷志荣等提出了基于自监控能力处理器的一种双余度飞控计算机结构。该处理器内含两个同步执行运算的 CPU,它的双核锁步架构会逐个周期对两个 CPU 的指令和输出进行纯硬件方式比对,只需要 2～3 个周期就可以检测到处理器出错,其内部专门的处理器自检模块和可编程存储器检测单元可以采用硬件方式完成 CPU 和 RAM 自检,诊断覆盖率大于 95%。FLASH 和 RAM 存储器都带有 ECC 校验,可以完成 1 位纠错、2 位报错的功能,保护从 CPU 与存储器间总线上数据传输的正确性。片内具有时钟和电源监视模块,双时钟比较器,负责检测是否有电源和时钟出现失效。利用这些已确定的安全模块可对片上其他部分进行诊断,从而覆盖整个处理器的安全诊断。该处理器的错误信号模块(error signaling module, ESM)负责接收其内部各个部分发出的错误信号,根据出错对系统影响的重要程度进行相应的处理,如产生可屏蔽中断或不可屏蔽中断,并且 ESM 模块有专门的 NERROR 引脚可以输出错误指示信号,表明当前处理器有错误产生。同时,考虑到安全性,ESM 同样具有自检功能。

形成的双余度飞控系统连接关系如图 6 - 7 所示。系统包含 GPS、AHRS、大气等传感器。飞控系统属于 FCSSC 架构,采用主备式热备份模式,两个系统间使用 DIO 接口进行同步,使用 CAN 接口实现 CCDL 数据传输,交换两个通道的传感器和状态信息。系统除了软硬件重复配置外,还具备故障或误差的发现、故障隔离或故障效应的软化、系统重构、故障申报和现场保存的功能。

该计算机的通道故障逻辑在飞控系统出现通道故障时,能够确保系统输出的正确性和连续性,如图 6 - 8 所示(图中未画出 PSV 和 WDV,即电源有效和看门狗有效信号)。飞控计算机在上电的 PUBIT 正常结束后,使能 CH_ST_A,主通道控制所有输出信号。实时任务时,备通道监控主通道的 EN_A 和 NERROR_A,当其有变时且自身 NERROR_B 为 1 时,使能 CH_ST_B,接管所有输出。而主通道通过看门狗或遥控复位正常运行后,仍可使能 CH_ST_A 接管输出。

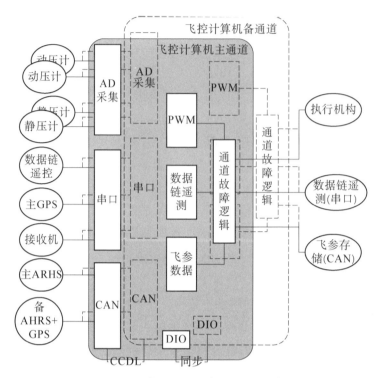

图 6-7 双余度飞控系统连接关系示意图

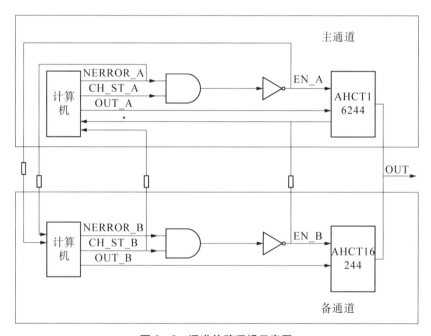

图 6-8 通道故障逻辑示意图

6.2.2.2　三余度设计

三余度架构主要应用于对安全等级、可靠性要求更高的大型长航时无人机中,美国的 MQ‑9B 高空长航时无人机、MQ‑1B 捕食者中空长航时无人机、以色列的苍鹭中空长航时无人侦察机均采用三余度设计。

三余度配置根据功能的不同划分可对计算、接口、电源等进行独立设计板卡或 LRU,可进行不同的余度组合,各独立板卡可通过内部总线连接,LRU 之间可通过外部板卡连接。备份的方式分为热备份和冷备份,热备份是指各余度均接收相同的输入,并独立进行算法的解算。在不同的余度之间,还存在主从备份、主主备份两种形式,其中主从备份只有当前的主余度能够与外界进行通信,从余度仅接收外界信息,通过通道控制信号在主从余度之间进行角色切换。而主主备份在各余度均可以独立与外界通信,外界通过故障判断机制确定工作信号的选择。常见的形式为主从余度热备份。

某型无人机飞行器控制与管理管理计算机采用以 ARINC 659 串行背板总线为核心的体系结构,以资源配置的方式,实现 CPU 三余度和接口三余度的配置。机箱内部包含 3 块处理器板(CPU 插件板)、3 块接口插件板(MIO 板)、2 块电源模块板(PS 板)、2 块背板(BP 板),功能相同的插件板、模块可以实现互换。各组件的功能划分如下。

1) 处理器板(CPU 板)

CPU 板是飞机管理系统的计算和管理核心,其基本工作过程是对各种传感器的信号(离散量、数字量等)进行余度管理,再利用其表决结果进行控制算法计算,然后输出指令信号,由外围 I/O 接口模块完成相应控制动作。

2) 多路总线板(MIO 板)

MIO 板主要提供离散量输入、离散量输出、RS422、RS485 接口,并将这些外部接口的信息通过 ARINC 659 总线与 CPU 板进行交互。

3) 电源模块(PS 模块)

PS 模块实现机上输入 28 V 电源与 +15 V DC 二次电源之间的转换,从而向各功能板供电。

4) 背板(BP 板)

BP 板实现各功能板之间的信号交联,以及功能板与外部接插件间的信号交联,同时,还为 ARINC 659 背板总线提供数据传输通路。

飞行管理计算机内部的 3 块 CPU 板、3 块 MIO 板数据流向如图 6‑9 所示。由于采用 ARINC 659 串行背板总线,使得挂接在总线上的功能板形成一个互联的数据通信网,通过合理规划总线时间调度表,能够实现在预定的时刻各功能板之间的数据互传。

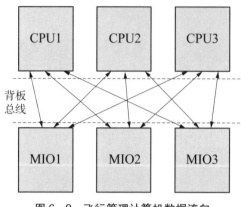

图6‐9　飞行管理计算机数据流向

6.2.3　计算机处理核心

传统的机载计算机需兼顾计算和接口的需求,往往采用 DSP＋FPGA 的芯片组合形式,但随着基于 SoC 的技术的不断成熟,赛灵思(Xilinx)、英特尔(Intel)等芯片公司推出了一系列将 ARM、x86 运算内核和 FPGA 结合的 SoC。这些 SoC 合并了过去分布于 CPU 与外围器件的功能,提升了单芯片的运算能力,降低了板上芯片的数量,缩小了产品体积,降低了通信干扰可能带来的问题。

赛灵思所推出的 Zynq‐7000 系列芯片的 ZCU706 评估板(见图6‐10)是目前广泛使用的一款应用处理核心(APU)‐可编程逻辑(PL)一体化的 SoC。该 SoC 的应用处理核心,又称 PS 端,为 ARM Cortex‐A9,CPU 主频根据型号的不同分为 667 MHz、766 MHz、866 MHz、1 GHz,核数有单核、双核,具有 3 个看门狗计时器,256 KB 片载 RAM。该芯片支持 16 bit 或 32 bit 的 DDR3,并支持 16 bit 的 ECC,支持 1 GB 内存寻址,支持 NOR、NAND Flash 连接。该芯片的 APU 自带 2 个千兆以太网控制器,支持 GMII、RGMII 和 SGMII 接口,有 2 个 USB 2.0 OTG 外部接口、2 个 CAN 2.0B 接口、2 个支持 SD/SDIO 2.0/MMC 3.31 协议的存储器接口、2 个高速 UART 接口,以及 4 个 32 bit 宽度的 GPIO,其中 54 个 bit 宽度的 GPIO 可以由 PS I/O 直接驱动,剩下 2 个 32 bit 宽度的 GPIO 由可编程逻辑 PL 驱动。Zynq 的可编程驱动部分根据型号的不同有不同数量的资源,包括 2.3 万～44.4 万个可编程逻辑单元(programmable logic

cells)、1.4万～27.7万个查找表(LUTs)、2.8万～55.48万个Flip-Flops,以及
1.8MB～26.5MB的块RAM(block RAM)。由于Zynq－7000系列具备一定
的计算能力和可编程逻辑器件重新配置的能力,并且有工业档器件可供选择,因
此满足低成本的机载飞行器控制与管理计算机对于计算能力和多种接口逻辑实
现的需求,有效降低了板面积,可配置的接口也增加了设计的灵活性。

图6－10　搭载Zynq－7000系列芯片的ZCU706评估板[6]

异构计算概念的广泛普及,使得嵌入式芯片的计算能力不断提升,实现了
并行计算、神经网络计算在机载设备上的使用。例如英伟达推出的面向边缘
计算的Jetson系列最高可以达到275TOPS,而用于量产自动驾驶车平台的
Drive Hyperion可以达到254TOPS,并提供了丰富的硬件接口和经过认证的
传感器算法的兼容包。国内,典型的异构多核架构处理器是航宇微公司的系
列芯片,其中Yulong 810A芯片[7](见图6－11)主处理器是四核ARM
Cortex－A9,包含H.265编解码器、8个NNA神经网络加速核,支持

Tensorflow、Caffe等深度学习软件框架的无缝
对接,并且包含了CameraLink、MIPI等外设接
口,实现图像采集,并且具有工业级、军用级、宇
航级芯片,可应用于无人机深度学习的相关计
算,如目标识别、深度强化学习等。瑞芯微的
RK3588,景嘉微的JH920,华为海思Hi3559、华
为昇腾310等也得到了广泛的应用。但相比于
国外先进技术,国内芯片计算能力和技术支持
方面仍存在显著的差距。

图6－11　Yulong 810A芯片外观

6.2.4　计算机外部互联数据总线

飞行器控制与管理计算机外部互联数据总线是指计算机之间或者飞行器控制与管理计算机与传感器、作动器控制电子及其他机载分系统之间进行数据通信的总线。

随着机载数字化信息传递量的增加,考虑到重量、成本,维护复杂度等因素,传统的总线直连方式不能满足要求,因而机载系统中引入了接口单元、主干网络的概念,提升了机载航电对部分网络传输速率的要求。因此,目前机载航电系统中,RS232、RS422、RS485、CAN、ARINC 429、MIL‑STD‑1553B等传统外部互联总线与光纤通道(fiber channel)、航空电子全双工交换式以太网(AFDX)、SpaceWire、TTP(time-triggered protocol)和 TTE(time-triggered ethernet)等新一代总线技术并行使用。新一代总线技术更强调高传输速率、低延迟和余度备份,在满足可靠性的同时满足机载系统对于高速率传输的需求。

传统的外部互联数据总线通常具有如下特点:

(1) 支持带宽总体较低,主流数据带宽为 1 Mbit/s;

(2) 结构相对简单,实现相对容易;

(3) 采用传统的总线式结构,架构相对固定;

(4) 技术成熟度高,可靠性高。

新型的外部互联数据总线具有如下特点:

(1) 带宽提高了数倍,满足新一代航空电子系统对总线带宽的设计需求;

(2) 结构相对复杂,实现难度增加;

(3) 多采用交换网络结构,架构相对开放;

(4) 容错机制更加灵活和安全;

(5) 兼容性更强,易于扩展;

(6) 传输介质由电缆开始向光纤过渡。

不同机载信号有不同的传输需求,考虑技术成熟度、成本等因素,部分传统外部互联数据总线仍然得到广泛应用,新型总线主要用于机载系统间的主干互联。下面对工程上目前应用仍然较多的外部互联数据总线做简要的介绍。

6.2.4.1　RS232/RS422/RS485 总线

RS232、RS422 和 RS485 均为比较传统的串行数据总线,这种传统的串行传输总线在国内航空领域有着非常广泛的应用,是最为成熟的总线技术之一,此处不做过多赘述。需要说明的是,严格来说 RS485 与其他总线并不能并列,因为 RS485 总线仅仅是一种电气标准,没有规定上层协议。通用串行口、TTP 总线、MIL-STD-1553B 总线等协议都可依托 RS485 总线的电气标准实现。目前，RS485 总线芯片的通信速率可以高达 20 Mbit/s，但总线所能达到的通信速率与总线长度、节点个数、拓扑结构有关，一般最高在 1 Mbit/s 到 5 Mbit/s 之间。某些项目中采用通用异步串行口结合 RS485 电平的方式进行组网。这种组网方式成本低，但是缺乏同步能力和高效的余度管理能力，这种单套总线的通信方式，在可靠性、可用性、可扩展性等方面与其他总线还有差距。

6.2.4.2　CAN 总线

CAN 总线是由德国 Robert Bosch 公司 1986 年 2 月在 SAE(汽车工程协会)大会上首次提出的，1993 年 CAN 总线的国际标准 ISO11898 正式发布。该总线研发之初主要用于车辆的数据传输，目前在航空和航天都有应用。CAN 总线采用环路结构，利用仲裁机制实现整个 CAN 总线网络的数据通信，最高传输速率支持 1 Mbit/s，CAN 网络最多可挂接 110 个网络节点。CAN 总线作为广泛使用的多主站方式的串行通信总线，其成本较低，适配设备多的特点，其抗电磁干扰性较好，可以长距离传输，有一定的数据传输速率，并且可以基于邮箱机制对接收信息进行过滤，有检错和错误处理机制。当节点异常时，CAN 总线具备自我切断的功能。总线简单，可靠性高，开发成本低。

CAN 总线采用的是载波侦听多路仲裁(CSMA)的方案，CAN 节点监听并根据它们所发送消息的优先级仲裁对通信介质的访问，每个 CAN 数据帧的帧头都有一个全局分配的唯一消息标志符，仲裁不会对高优先级的消息造成破坏。低优先级的节点会立即重新配置并接收高优先级的消息。虽然可以使用适当的消息优先级分配方式使消息传播的最差时间行为能够得到分析，但是随着网络负载的增加，CAN 网络的确定性会完全崩溃。同时，可预测性和可组合性也随着节点和消息的增加或者剔除而降级。

在容错能力方面，CAN 协议包括许多节点本地的自监控策略，比如要求节点如果检测到错误条件或者错误的计数就退出网络。但是，CAN 没有提供任何独立的容错能力，因此一旦故障节点不遵守协议就会破坏通信的可用性。此外，因为 CAN 总线的数据链路层不是直流均衡的，所以不能直接使用电气隔离组件。

在通信完整性方面，CAN 协议没有提供任何保护策略。在 CAN 总线网络上，任何节点都可以发送任何消息，因此对伪造消息的免疫性是脆弱的。

研究者对增强 CAN 总线可靠性做了不少工作，包括总线保护、物理层隔离、重配置等，还有通过高层协议的设计(TT-CAN、FT-CAN)增加 CAN 总线的故障容忍能力和确定性。但是，这些策略都是基于 CAN 的核心协议之上的,因此需要考虑成本、开销、实现的复杂性等。

ARINC825 规范在普通 CAN 总线基础上扩展部分数据通信服务内容以适用航空应用,数据通信层设计要求如下:

(1) 本地通信通道(LCC)与其他通信层隔离,以更加容易地接收特殊数据,LCC 在帧标记中拥有最高的优先级,具体 LCC 设计详见 ARINC 825 规范。

(2) 节点标志符(NID)用于点对点通信寻址,包括功能标志符(FID 功能标志)和服务标志符(SID), NID 的使用详见 ARINC 825 规范。

(3) 周期健康状态消息(PHSM)是 ARINC 825 引入的监控总线健康状况的机制,用于故障检测参数分析和标记错误节点便于维护,PHSM 需要在较低优先级发送。

(4) 为满足航空应用需求,ARINC 825 规范支持使用多余度,选择一个余度的数据,将其他余度用于监控本通道数据,如果发生错误时,选择第 2 余度或第 3 余度数据。

(5) 余度通道标志(RCI)区域用来指示余度信息源,CAN 总线可以提供至少两位的 RCI, 2 bit 可以最多表征 4 个余度,如果需要更多余度,可以扩展 RCI 的位数。RCI 可以用来管理余度数据,发送数据时每一个节点要将它的 RCI 值发给总线上接收数据的节点,便于区分不同余度通道上的数据。

(6) CAN 总线有数据块传输服务,在 ARINC 825 规范的节点服务通道(NSC)中描述,需要通过一个握手协议初始化,利用特殊的超时数据传输来运行和完成。

(7) CAN 总线通信系统需要高效的消息管理,在多主或者有网关的系统中,消息管理尤其重要,负载管理包括数据吞吐量、带宽管理、消息优化、时序规划等。

(8) 如果检测到一个节点发送了错误的帧,所有接收该错误帧的节点丢弃收到的错误帧,该节点将会立刻重发至少一次数据帧,确保数据的一致性。

(9) CAN 总线的每一个节点都具有发送错误计数器(TEC)和接收错误计数器(REC),用来管理故障节点,当 TEC 大于或等于 255 时,该节点将会关闭,与总线断开。

6.2.4.3 ARINC 429 总线

ARINC 429 总线主要用于商业飞机的数据总线,采用点对点的单向传输方式,支持 12.5 Kbit/s 或 100 Kbit/s 的传输速率,由于只允许一个发送器,发送速率低,分系统之间连接复杂时,机载电缆的数量快速增加,但其结构简单、可靠性高,且允许配置 20 个终端,在一些场合下仍有使用。该协议标准于 1977 年正式发布,到现在已经有 40 多年的历史,该总线在波音 727 - 767, A 310 - 340, Bell

直升机等机型上广泛采用,目前国内对该总线技术掌握成熟,理解深入。

ARINC 429 总线在飞行控制系统中一般用于与外部传感器等设备的数据交换,包括惯性导航系统、大气数据系统、飞行控制面板等。ARINC 429 总线采用差分信号传输,使用双绞屏蔽线完成发送和接收设备间的信息传输,电缆线的两端和所有断开点都应该屏蔽接地。ARINC 429 总线采用双极型归零三态码,通信速率有两种:高速工作的速率为 100 Kbit/s,低速工作的速率为 12.5 Kbit/s。ARINC 429 总线标准对应国内的航空工业标准 HB 6096。

ARINC 429 总线接口的实现方案有两种:一种为 PLD+总线驱动器+保护电路实现,一种为协议芯片+驱动器+保护电路实现。鉴于目前国内 ARINC 429 总线 IP 使用已经非常成熟,优先建议使用 PLD+总线驱动器+保护电路的方案,其中保护电路是可选的,有特定要求时要加入保护电路设计,如防雷击设计等,驱动器完成信号电平驱动与转换,PLD 完成数据编解码、收发控制、协议控制等功能。

以 ARINC 429 总线构成的数据传输系统可以说是一个单信息源、多接收器的数据传输系统。设备之间的双向通信需要双向的数据传输链路,增加一个设备或者由于改进而增加传输,则需要增加相应的链路。因此,ARINC 429 目前的应用已经较为局限。

6.2.4.4　MIL-STD-1553B 总线

MIL-STD-1553B 总线是用于军用机型的双向时分命令响应型总线,采用传统总线结构和电压器耦合连接方式,支持 1 Mbit/s 传输速率,一条总线一般最多挂接 31 个终端,1553B 总线实时性较高,并且需要总线控制器进行总线的统一调度,较适用于分系统之间控制指令的传输,不适合分系统间大数据量的传输。目前,MIL-STD-1553 共分为 A/B 两个版本,MIL-STD-1553A 于 1975 年正式对外发布,MIL-STD-1553B 于 1978 年正式对外发布,已经有 30 多年的应用历史,1980 年以后的航电系统设计均采用标准 MIL-STD-1553B。MIL-STD-1553B 总线在军机上广泛应用,如 F16、AH-64A 阿帕奇直升机等。MIL-STD-1553B 总线在国内型号研制上也有着广泛和成熟的应用。

MIL-STD-1553B 总线采用变压器耦合的方式,可靠性高,但是 MIL-STD-1553B 总线是需要主控节点(总线控制器 BC)的总线,降低了总线故障容忍的能力,增加了余度管理的难度。MIL-STD-1553B 总线为半双工,主控节点负责指令总线上的系统信息传输,信息的传输为指令/响应的异步操作。以 MIL-STD-1553B 总线协议为基础概念,也衍生了基于其他链路传输方式新型传输协议,提升了传输速度。

6.2.4.5　IEEE‑1394 总线

IEEE‑1394 总线在 F‑35 联合攻击战斗机上被选为骨干网络,主要是因为它具有很高的带宽。而 IEEE‑1394 最初被设计用来满足消费电子的需求,因此保证优良故障容忍能力是很大的挑战。值得肯定的是,IEEE‑1394 树形结构的点对点连接可以保证物理介质的故障不会蔓延,而且 IEEE‑1394 链路层协议可以检测并在检测到连接故障或者复位后重新配置物理层连接。但是,IEEE‑1394 的缺点是核心协议复位或者重新配置的能力缺失,降低了可用性。而其后续标准 IEEE‑1394B 对错误的总线复位或连接问题没有有效的防护措施。此外,单个节点上的物理层掉电可能会导致整个系统的复位,为了满足一定水平的可靠性必须对电源进行特殊的设计。IEEE‑1394B 协议流程由软件(或 FPGA 逻辑)确定,对于软件/逻辑的设计故障是很脆弱的。IEEE‑1394B 总线虽然采用中继的拓扑结构,但是在中继上并不提供任何消息传输的认证机制,仅仅使用 CRC 校验很难能够捕获所有的错误。

SAE AS5643 总线接口协议以 IEEE‑1394、IEEE‑1394A、IEEE‑1394B 为基础,通过在高层协议中引入心跳和消息序列域减小了完整性失效的可能性。SAE AS5643 协议在 IEEE‑1394 异步数据传输机制的基础上实现了一个有主的 TDMA 协议,从而解决了部分 IEEE‑1394 时间不确定的问题。

AS5643 总线接口协议进行了以下扩展与限定以适应军用要求。

1) 有源变压器耦合连接

采用有源变压器耦合连接,有效地实现各节点的电气隔离,同时将总线在 400 Mbit/s 速率下的传输距离从 4.5 m 扩展到 20 m 以上。

2) 以帧起始包(STOF 包)同步的异步流包传输

采用异步流包为基本数据包,对不同的功能节点预先分配固定的通道号以保证传输的确定性。控制计算机(CC)节点在每个控制周期发起帧起始包(选用 31 通道数据表征),远程节点在收到有效的帧起始包后按照预先分配给本节点的发送、接收时间偏移(相对于帧起始包)进行传输。每个节点都会在确定的时间用确定的通道号占用确定的带宽发送数据。

3) 垂直校验与心跳字

AS5643 总线采用循环冗余校验(CRC)能够保证传输链路的可靠传输。但是,考虑到应用中 RAM 存取故障出现时无法保证数据的完整性,CRC 校验也不能发现该故障模式。因此,在数据包加入"垂直奇偶校验字",当链路层获取的数据包与应用层递交的不一致时,就可以有效地发现垂直奇偶校验,避免错误的数据包被接收方应用层使用。"心跳字"由发送节点的应用层在产生新数据时累加,接收节点收到数据包时比较本次的计数值与上一次的计数值,通过比较计数值可以确定数据的新鲜度。通过 CRC 校验、垂直奇偶校验和心跳字机制共同保证了数据传输、缓冲区数据搬家与数据应用的可靠性。

　　4)健康管理

　　增加"健康状态字",CC 节点通过该状态字检测所有远程节点的健康状况以产生相应的故障逻辑。远程节点同时检测 CC 的健康状况,以确定工作流程。

　　6.2.4.6　FC 总线

　　光纤通道 FC 是由美国标准化委员会(ANSI)X3T11 小组于 1988 年提出的高速串行传输总线[8],1994 年正式制定了 ANSI 的核心标准,FC 解决了并行总线 SCSI 遇到的技术瓶颈,并在统一大的协议平台框架下可以映射更多 FC-4 上层协议,包括 FC-IP、FC-SCSI、FC-AE-1553、FC-AE-ASM、FC-AV 及 ARINC 818 协议[9]。FC 具备通道和网络双重优势,具备高带宽、高可靠性、高稳定性,以及抵抗电磁干扰,能够提供非常稳定可靠的光纤连接,容易构建大型的数据传输和通信网络,目前支持 1 倍、2 倍、4 倍和 8 倍的带宽连接速率。随着技术的不断发展,该带宽还在不断进行扩展,以满足更高带宽数据传输的技术性能要求。

　　FC 系统中设备的连接有三种拓扑方式:点对点方式(point to point)、交换方式(fabric)、仲裁环方式(arbitrated loop)。

　　FC 协议栈模型包含 5 个层次(见图 6-12)[10],编号从 FC-0 至 FC-4,其中:FC-0 层为物理层,FC-1 层为编解码层,FC-2 层是帧协议层,FC-3 层为共用服务层,FC-4 层的协议映射层[8]。

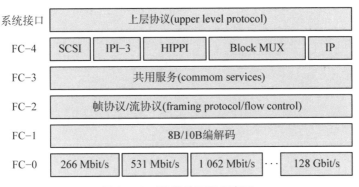

图 6-12　FC 协议五层示意图

（1）FC-0层：物理层描述媒介的物理特性，包括光纤、发射机和接收机及其接口的光学和电气特性参数。

（2）FC-1层：编解码层描述了8 bit/10 bit 的编码规则，构成字节的8个比特在发送端被编码为10个比特在介质上传输，并在接收端重新转为8个比特。该方式可实现传输的DC-均衡，达到更好的传输密度，便于时钟恢复和字符层面的错误检测。

（3）FC-2层：帧协议层定义了信号协议，包括帧和字节结构，即拆分长帧的方法、流量控制、32-bit CRC 校验计算等。FC 协议的帧是变长度的，最长2 148个字节，由4个字节的帧起始位、24个字节的帧头、0～2 112个字节的数据载荷、4个字节的CRC 校验仪机4个字节的帧尾构成。FC 协议支持3种类型的服务：类型1保证帧的传输顺序并有接收反馈；类型2是非保序不基于连接的传输并有接收反馈；类型3与类型2相似，但无接收反馈。

（4）FC-3层：共用服务层规定了同一节点不同端口所需要提供的共用服务，包含了基本连接服务和扩展连接服务的一系列协议。

（5）FC-4层：协议映射层定义了ULP 接口（包括 SCSI、IP 和 IPI）到底层FC 的映射。

FC 在航电上的应用主要包括 FC-AE、基于 FC-AV 协议的 ARINC 818 协议的两个大分支。在国内个别型号上，FC 总线已得到成功应用。

FC-AE(fibre channel avionics environment)是在航空电子领域中应用光纤通道协议的标准化协议工作组开发的一种协议版本[8]。其增强了原有协议的实时性，在继承了原有协议的高带宽、低时延性能的基础上，满足了航电应用所必需的可靠性要求。

基于 FC-AV 的 ARINC 818 主要面向视频传输应用[8]，采用单向点对点传输的方式，是一种对于 FC-AV 的剪裁和修改。相比于原协议，ARINC 818 不使用FC-3层，不需要实现 FC-2 层链路协议，无流量控制策略，具有高速、高可靠、低延迟和应用灵活的特点。

FC 和 AFDX 协议均基于交换机，开发成本、产品成本都比较高，系统功耗比较大。

6.2.4.7　AFDX 总线

航空电子全双工交换式以太网(avionics full-duplex switched ethernet, AFDX)通过采用电信标准的异步传输模式(ATM)概念来解决以太网的存在延时和冲突的缺陷，该项技术起源于空客公司对 A380 的通信骨干线设计，是集成模块化航电概念应用的基础。AFDX 是航电领域吸收其他领域现有成熟技术的成功案例,在 21 世纪初面向主干网高速率的传输要求,通过引入虚拟链路的概念并对交换协议进行改进,再加上冗余的传输网络,保证了数据传输的实时性和可靠性。国内目前在军民机项目上均有选用 AFDX 作为通信协议。

AFDX 在标准交换式以太网的基础上在交换机中增加了消息速率限制和源认证,在端系统中增加了消息流量整形和余度管理。但是,AFDX 的数据流是异步的,系统行为的最差情况只能通过所有网络数据流的集合进行估计。与 CAN 总线类似,消息的传输时延依赖于整个网络的负载大小,只是 AFDX 的抖动可以限定在一定的范围之内,如 $500\,\mu s$。但系统的可组合性能受到限制,系统节点或者消息数量的变化需要仔细的分析和设计。目前,AFDX 网络主要应用于航空电子系统中且实现成本较高。缺乏系统同步也限制了 AFDX 在高速实时分布式控制系统中的应用。

AFDX 协议用 Ethernet 介质,但是包含 ARINC 429 特性(也就是点到点通信)、确定的带宽、数据冗余和优先级服务质量。这些概念提供了一条通向确定性的道路,这在实时关键性安全系统(safety critical system)中是极其重要的。

AFDX 网络有严格的发送和接收延时限制。为了保证带宽,有最大数据包长限制。AFDX 网络具有序列化的数据包,也就是接收数据包的顺序与发送时的顺序是一致的。AFDX 网络端系统具有双余度的端口,每个端口可以发送同样的数据。AFDX 网络中的虚链路(virtual link)利用交换以太网点对点机制实现了类似 ARINC 429 发送者和接收者的概念。交换机是 AFDX 网络中最重要的组件。交换机包含五个相互作用的功能模块,如图 6-13 所示。

图 6-13　AFDX 交换机的五个相互作用功能模块

(1) 过滤与管制功能负责对到达交换机的帧进行筛选,采用的规则涉及帧完整性、帧长度、流量预算限制及发往目标可达性检查等。

（2）交换功能模块将已经通过过滤与管制功能处理的帧转发至对应的物理输出端口。转发功能需要遵照网络事先定义的静态配置表。

（3）端系统功能模块主要用于监视和数据加载，是交换机和维护、调试设备的通信接口。

（4）监视功能模块对交换机的运行进行监控，记录事件日志，包括帧的到达信息、帧的 CRC 校验情况，提供 AFDX 交换机的健康检测功能。

6.2.4.8　TTP 总线

TTP 协议用于关键安全系统设计时全部采用 TTP/C，它由维也纳科技大学和 TTTech 公司共同开发，提供同步和容错机制的 TTP/C 主要用于关键安全实时系统的设计，总线型结构支持 5 Mbit/s，星型结构支持 25 Mbit/s，采用时间触发机制，提供更高的确定性和可靠性。TTP 国际标准协议是 2011 年 3 月由 SAE 正式发布的 AS6003 标准。TTP/C 在车辆、航空上应用比较广泛，如奥迪 A8 汽车、A380、波音 787、F16 和 M346 高级教练机等机型的控制系统上都已成功应用，是重要的关键安全控制总线。

TTP 总线协议实现了严格的时间触发通信模型，具有完全确定性。在 TTP 网络中每个节点都按照 TDMA（时分多址访问）的调度策略提前分配了访问网络的时间。与 CAN 总线不同的是，TTP 网络的确定性不受网络负载增加或减少的影响。通信模型的健壮、确定性特质能够提供较好的组合性，系统可以随意地增加或删除消息。因此，TTP 在认证和测试验证等方面都比 CAN 具有优势。

TTP 以分布式时钟同步算法为基础[11]，要求组织到 TDMA 轮中的通信必须在特定的时隙进行，从而避免了总线上的冲突。一个 TDMA 轮又划分成具有灵活长度的时隙。通信系统中的每个 LRU 都有一个时隙（它的发送时隙），并在这个轮中发送帧（见图 6 - 14）。

群周期是 TDMA 轮序列的重复。在不同的轮中，可以在帧中发送不同的消息，但是在每个群周期中会重复状态消息的完整集合。这些消息在提前定义的时间被广播到总线上的每个节点，并具有已知的时延，因此能保证消息到达目标 LRU 的硬实时性。

消息描述符列表（MEDL）中保存了所有的网络配置信息，包括全局时间的时钟建立数据和通信速率，通信时隙、轮和周期的安排，以及节点间的传输时延、总线保护器参数、启动参数、各种服务和识别参数。

在上电或者重启动时，群中所有节点都试图与群同步。在上电且主机和

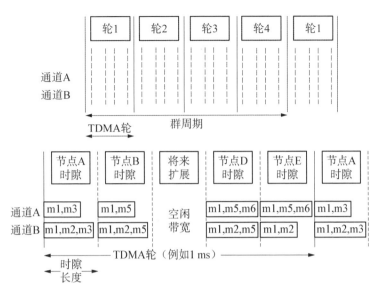

图 6‑14　TTP 通信群周期

TTP 控制器初始化完成后,TTP 控制器进入监听状态并等待具有显式时间信息的帧,通过接收到的帧与群同步后 LRU 开始发送数据。

TTP 中的分布式时钟同步为所有节点提供了相同的时间基准,不需要使用任何专用的外部时钟源。精确的全局时间对于确定性容错分布式系统来说是至关重要的。

同步是通过不断的校正和维护使对时间的共同理解保持在精度间隔(±Π/2)内。这是通过在每个时间轮的结尾使用"故障容错平均算法(FTA)"完成的。每个 TTP 控制器测量时隙到达时间和 MEDL 中期望达的时间的差异。这个算法取最近 4 次的测量值,舍去最大值和最小值,将剩余 2 个值进行平均,由此得到本地时间的校正项。如果要容忍单次非对称时间故障,至少需要 4 个 LRU。可以达到的精度 Π 表达式如下:

$$\Pi = \frac{(\varepsilon + \xi)(N - 2k)}{N - 3k} \tag{6-1}$$

式中:N 为所有时钟的个数;k 为任意故障时钟的个数;ε 为网络抖动;ξ 为重同步时刻时钟的最大漂移量。

TTP 群由一组连接到双余度通信信道上的 LRU 或者 LRM 组成。每个 LRU 的硬件组件包括 TTP 通信控制器和具有软件模块(应用程序、FT‑COM 和实时操作系统 RTOS)的主机处理器(或者控制器),如图 6‑15 所示。

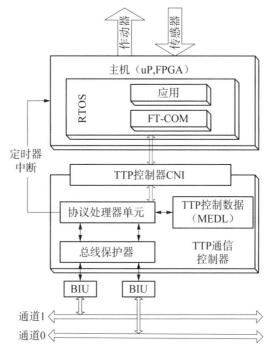

图 6-15 具有主处理器的 LRU 或者 LRM

  TTP 现场总线将不同的节点连接起来并发送数据帧,包含应用数据和状态消息,这些数据和状态信息指向节点或者子系统上运行的不同分布式应用。一个应用由在一台或者多台主机上执行的应用任务组成。依靠应用软件和 I/O 硬件,主机可以获得并记录从传感器得到的数据,控制作动器,为分布式控制回路提供数据处理能力,也可以执行这些任务的组合。

  TTP 总线在数据链路层采用曼彻斯特编码,因此在分布式组件之间可以采用变压器隔离的方式。

  TTP 总线的应用难点是 TTP 网络的时间规划,时间规划既要考虑系统控制周期又要考虑 TDMA 的大小,还要考虑各个节点的时隙次序,因此需要强大的开发工具进行支持。

6.2.4.9 TTE 总线

  TTE[12] 的全称是 time-triggered-ethernet,标准号为 SAE AS6802[13],于 2011 年完成。TTE 支持 100 Mbit/s 和 1 Gbit/s。TTE 总线是在以太网的基础上,结合了 TTTech 的基于时间触发技术的容错和实时性机制,实现了航电系统等对实时性要求较高的系统与传统 PC 等非实时系统在同一网络内的通信。

TTE 有 3 种不同的通信类别：基于时间触发的通信、限速的通信和最大效率的通信。基于时间触发的通信有基于时间触发的发送机制，并且具有能够按时间进行转发的交换机，能够在确定时间延迟内进行发送和接收，降低突跳概率。限速通信则具有有限的延迟的无丢包通信特性，发送方具有确定的发送带宽。最大效率的通信则不具备时间确定特性，可以与 IEEE 802.3 的标准协议兼容。

6.2.5 计算机内部互联总线

内部总线指的是飞行器控制与管理计算机内部各 LRM 之间进行数据通信所采用的总线。

6.2.5.1 并行总线

三代机的飞行控制系统中计算机与各接口板多采用并行总线互连，实际上是将计算机的本地总线延伸至板外，将各接口板映射到处理器板的一个地址空间，通过片选区分各功能板。并行总线可采用 ISA、PCI 等总线标准。这种架构实际上是以处理器为中心的传统的计算机系统架构，总线数较多，时序控制困难，测试验证复杂，出现故障时系统降级速度快。

6.2.5.2 ARINC 659 总线

霍尼韦尔开发了串行背板总线 SAFEbus，并首先应用在波音 777 飞机信息管理系统（AIMS）中，AIMS 提供诸如座舱显示和飞机数据网关等安全关键功能。目前，该总线已经被标准化为 ARINC 659 总线标准。基于 ARINC 659 总线的计算机系统结构可以实现模块级系统降级。

ARINC 659 背板数据总线采用同步串行方式，时钟频率为 30 MHz，数据线同时传输两位，因此总线传输速率为 60 Mbit/s。总线驱动器采用集电极开路器件，具有线或能力[14]。ARINC 659 总线结构如图 6 - 16 所示。

ARINC 659[15] 是一种高度完备的背板总线，它的设计提供了容错能力及健壮性。

串行线的使用减少了硬件，简化了完全并发监控，从而增加了可靠性。为了提高"可用性"，每个总线接口单元（bus interface unit，BIU）都同时与两个总线连接。通过在每个 LRM 内的双 BIU 之间采用交叉比对，全部 4 路总线都提供自检测能力。这 4 路总线之间更进一步的交叉检查增强了数据的可用性。

一个典型的时间触发计算机系统采用 ARINC 659 串行背板总线和各功能板以资源节点的方式挂接在总线的方式。ARINC 659 总线以"无主"的方式运行，即每个节点都参与总线的运行与维护中，但总线的运行与维护又不唯一依赖

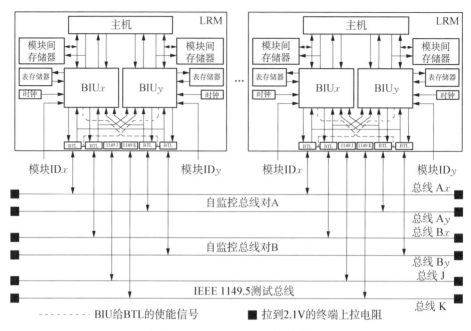

图 6-16 ARINC 659 总线结构图

于任何单一的总线节点,这种结构避免了传统余度计算机结构中信息缺少交叉增强能力的缺点,避免了系统余度降级速度过快。挂接在总线上的每个功能板的总线接口单元均依据在设计阶段就已确定的某个特定的总线时间片进行总线数据的发送或接收操作。

ARINC 659 总线中"时间触发"的含义为在确定的时间开始执行确定的任务,并在确定的时间段内完成该任务,其中不但包括总线在规定的时间传输指定的数据,还包括各个功能模块在规定的时间启动指定的任务。通过时间触发机制,保证了系统运行的确定性,降低了计算机的传输延迟并且减少了传输抖动,提高了系统运行的可靠性。ARINC 659 总线可以通过由每个 BIU 在指定的时刻发出的特定中断信号的方式触发功能节点对应任务的执行,依靠此机制可以使得系统级任务的调度执行与 ARINC 659 总线的运行保持同步,从而为全系统提供统一的时间基准。

ARINC 659 总线上的各个 LRM 通过 BIU 模块进行通信,BIU 模块在时域和值域上的行为完全是事先定义好的,即 BIU 模块需要 ARINC 659 总线的时间规划表才能正常工作。基于 ARINC 659 总线的飞行控制计算机系统开发时(见图 6-17),需要一个专门用于调试开发的特殊 BIU 模块,该 BIU 模块在调试开发阶段插入飞行控制计算机机箱的调试(预留)槽位内,通过 RS232 与上位机(工控机)进行通信,上位机上安装有 ARINC 659 总线调试开发环境。

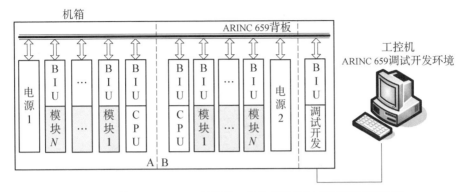

图 6‑17　基于 ARINC 659 总线的飞行控制计算机系统开发系统架构

6.2.6　计算机模拟与离散量输入输出

常见的飞行器控制与管理计算机接口为模拟量输入、输出,离散量输入、输出。模拟量输入、输出主要通过 AD/DA 芯片进行,集成度较高,本节不再进行叙述。离散量输入、输出则可分为分立器件和集成芯片两种。

离散量采集常见的信号为 28 V/开、地/开。图 6‑18 所示是带有光耦和内部测试输入的 28 V/开采集电路[16],电阻用于限流,二极管用于防止串流,光耦用于将 28 V/开输入信号转换为地/开信号,内部开关用于 BIT 的使能,稳压管可根据要求选择,用于控制使光耦导通的最小电压。经过光耦转换的地/开信号

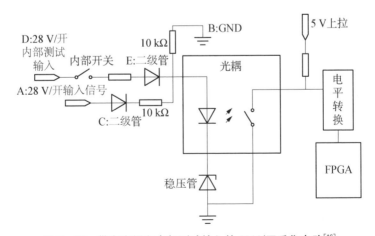

图 6‑18　带有光耦和内部测试输入的 28 V/开采集电路[16]

经过电平转换经由 FPGA 进行采集。为了节约电路占板面积,控制功耗,目前离散量采集也采用集成采集芯片。典型的芯片有 HKA1223 - CSC、HI - 8435(见图 6 - 19)[17],可根据需要将输入配置为 28 V/开或地/开,并将离散量的采集结果经过芯片上的 SPI 总线接口发出,相比于分立式器件,其优点是可根据需要配置输入形式,可根据需要设置电压检测门限,通过总线形式节省了计算端(FPGA)的接口数量。

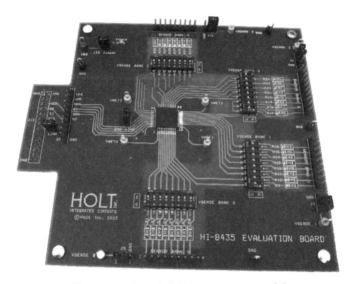

图 6 - 19 HOLT 生产的 HI - 8435 评估板[17]

离散量输出接口电路根据是否实现电气隔离而有隔离和非隔离两种形式,输出的主要形式有 28 V/开、地/开。输出接口电路一般由隔离驱动、功率驱动放大电路、电压转换构成,高可靠的航电设备一般要求还要具备异常保护和故障处理电路、雷电防护电路、BIT 电路,其中驱动隔离电路主要用于计算端 I/O 接口与后级之间的隔离,防止外部信号干扰对计算端的 I/O 接口造成损失。电气隔离的电路一般采用继电器作为隔离的手段,典型的电路设计形式如图 6 - 20 所示[18],优点是电路设计简单,输出电流范围广,吸合有声音,可判断电路是否开始工作,缺点是动作时间为毫秒级,触点寿命有限,并且继电器线圈有一定的干扰。非隔离形式的离散量输出接口电路则仅适用于小电流的驱动的离散量输出,由隔离驱动电路和晶体管电路构成。离散量输出接口电路的集成电路形式为单片式集成电路,集成离散量输出、保护和故障指示的功能,分为高端开关(high-side switch)和低端开关(low-side switch)两种,前者类似于 28 V/开,后

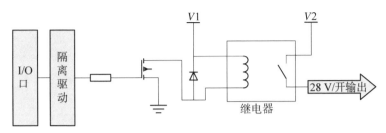

图 6‑20　基于继电器的离散量输出接口电路[18]

者为地/开,代表产品有英飞凌的 PROFET 系列[19]。

对于模块化航空电子结构,离散量输入、输出,模拟量采集等一般都采用远程数据接口单元(RDIU)[20]进行接口的归集,并且通过机载网络与核心处理机进行分享,其优势在于可扩展性强,核心处理机和远程数据接口单元可分开进行验证,根据需求定制的成本比一体化的接口+计算机要低。典型的 RDIU 硬件由计算模块(CPM)、接口模块(IOM)构成。计算模块包含总线通信单元(如RS485、RS422、ARINC 429)、信息处理功能单元(如处理器、FLASH、gpio、FPGA)、外部总线(如 AFDX)、状态监测单元。接口模块包含电源单元、外部I/O 接口预处理单元,主要提供接口外部电路的实现、尖峰浪涌的抑制和电源的变换的功能。

6.2.7　计算机外部电连接器

机载电气连接的物理接口主要依靠各类特殊设计的电连接器以保证可靠的电气连接,并根据需要实现防水、防腐蚀功能。电连接器的国产厂家包括中航光电、航天电器、中兵航联科技等。连接器根据种类具有不同的标记,如表 6‑1 所示。

表 6‑1　机载电连接器的主要种类和用途

序号	标记	含义	主要用途	标准
1	J16、S6	金属框架连接器	机柜机箱之间的电路连接	GJB 177A(MIL‑C‑81659B)、Q/21EJ719—2009
2	S8	小型金属框架连接器	小型机柜的盲插连接、机箱前面板或电缆间的连接	ARINC 801、EN4644
3	XC	高可靠密封线簧连接器	设备与电缆或电缆与电缆之间的电气连接	GJB 2889

（续表）

序号	标记	含义	主要用途	标准
4	M12	M12 规格接口	电调天线接口,GPS 授时接口,用户定义报警(UDA),监控信号传输	IEC 61076 - 2 - 101
5	J30J、HJ30J	大小电流混装矩形电连接器	大小电流接触件混装	GJB 2446A
6	Y	圆形电连接器	卡口或螺纹,用于电气连接	GJB 598A
7	YF、JF、TY	圆形、矩形可分离连接器	用于需要使用过程中进行分离、脱落的电气连接	GJB 598A
8	SMA、 SMB、SMPM、TNC	射频同轴连接器	用于高速通信连接	MIL - PRF - 39012、GB/T 11313
9	旋转连接器	带有滑环的连接器	用于穿过旋转机构	JB/T 13968—2020

6.3　模块化计算机设计

6.3.1　计算机模块化技术发展现状

随着无人机技术的成熟和民用、防务市场对无人机需求的不断增加,无人机制造厂家及无人机机型出现了大量增长,并且随着无人机航电系统功能综合化技术的发展,无人机飞行器控制与管理计算机所需要承担的功能不仅包含了传统的航路管理、阶段管理、指令管理和飞行控制,部分型号还集成了任务计算机所承担的部分功能。为了降低无人机飞行器控制与管理计算机的开发成本和周期,同时提升飞行器控制与管理计算机的性能,面向开放式架构的模块化飞行器控制与管理计算机成为一种可行的选项。可供参考的模块化飞行器控制与管理计算机架构设计有集成模块化航电 IMA 架构和 OpenVPX 架构。

6.3.1.1　集成模块化航电 IMA

模块化计算机需要采用模块化的硬件资源,即将数据处理、数据存储、功能扩展、电源转换、物理接口等进行功能的分模块设计,形成独立的可组合板卡。模块化航电在民用客机中首先应用,即集成模块化航电(IMA),典型的 IMA 核心系统包括通用处理模块(common processing module, CPM)、数据存储模块

(mass memory module, MMM)、机载网络交换模块(AFDX-switch module, ASM)和电源模块(power supply module, PSM)[21]。模块之间通过 ARINC 659、AFDX 网络进行连接,对外通信通过机载网络交换模块进行。

模块化计算机的运行可采用多层次的软件框架,如应用层、操作系统层和模块支持层。通过分层实现计算机应用软件、操作系统与接口驱动的隔离,使得代码具备可移植性,当替换底层硬件时,不需要重新进行应用层、操作系统层软件的开发与认证,提升了可信性的同时降低了成本。另外,通过应用分区可以实现各应用之间在时间和空间的隔离。时间隔离是指每个分区都获得一个特定的时间窗口,分区内的任务只能在此时间窗口内运行[21];空间隔离是每一个分区都被分配特定的内存、存储器,其他任务无法访问,以保证物理空间上的隔离。

6.3.1.2 OpenVPX

OpenVPX 是在模块化开放系统方法 MOSA 计划下的一种硬件标准。MOSA(modular open systems approach)是美国国防部(DoD)提出的战略标准化计划,其主要目的是标准化接口实现相同功能的不同供应商产品之间的互相替代和互操作,以提升供应商的多样性,并通过竞争降低国防采购成本,提升产品性能。

相比于 ARINC 659 百兆级的通信速度,OpenVPX 的典型特点是板间通信带宽高,其板间可以有多个通道,一个通道可以最多有 4 个连接,而单连接的带宽为 1.25 Gbaud~6.25 Gbaud。虽然 OpenVPX 主要是面向计算能力需求较高的雷达[22]、任务计算所提出的标准,但随着飞行器控制与管理计算机所承载的飞行器管理智能化水平的提升,其所需的计算能力、可扩展性需求也在提升,因此 OpenVPX 作为一种高性能、模块化的架构亦可能在将来得到应用。

OpenVPX 首先从系统架构方面对硬件进行了规范化,其外形尺寸一般为 3U 或 6U,分为 8 槽或 16 槽配置[23]。该标准对网络(高速以太网交换)、计时(高精度导航与授时模块)、系统管理(VITA 46.11)和电源系统(VITA 62)均进行了规定。VPX,即 VITA 46.x 规定了 VPX 相关的一系列标准。OpenVPX 即 VITA 65.x,规定了一系列的附加标准以完善硬件规范。VITA 65.x 通过定义档案(profiles)来定义 OpenVPX,分别是 slot profiles、backplane profiles、module profiles 和 chassis profiles。slot profiles 用于规定接口的物理属性,backplane profiles 用于定义 solt 之间的连接关系,module profiles 定义接口具体的通信协议,Chassis Profiles 规定机箱类型、插槽数量、主电源输入、模块冷却类型、底板配置文件和提供的底板电源等。

与 VITA 65. x 相关的标准如表 6 - 2 所示。

表 6 - 2　与 OpenVPX 相关的标准

标准编号	标 准 名 称
VITA 46. x	VPX 基础标准,目前有 VITA 46.0～46.11,分别规定了 VPX 基线标准、VMEbus 信号映射、Serial RapidIO、PCI Express、Gigabit Ethernet 控制平面等内容
VITA 47. x	插入件的环境、设计和建造、安全和质量标准 (environments, design and construction, safety and quality for plug-in units)
VITA 48. x	加固增强机械设计规范 (VPX REDI-ruggedized enhanced design implementation mechanical specifications)
VITA 49. x	无线传输层 (VITA radio transport layers)
VITA 62. x	VPX 的模块化供电 (Modular power supply for VPX)
VITA 66. x	光纤连接的 VPX (optical interconnect on VPX)
VITA 68. x	VPX 信号完整性和兼容性 (VPX compliance channels)
VITA 78. x	用于航天的 VPX (space VPX)

OpenVPX 的计算平台架构可以划分为 5 个层次[24]:管理层(management plane)、控制层(control plane)、数据传输层(data plane)、扩展层(expansion plane)、组件层(utility plane)。其中,管理层用于组织管理基于 IPMI 标准的硬件资源,包括运行控制与电源控制;控制层使用低延迟、中等带宽的通信模式,如千兆以太网;数据传输层为高带宽、低延迟的数据通路,通信协议可以选择 Rapid IO、10～100 Gbit 以太网、光纤以太网;扩展层用于将若干紧耦合的处理板进行连接,可选择的通信协议包括 PCIe;组件层为系统提供基础服务,包括电源、时钟、复位等信号。图 6 - 21 所示为 OpenVPX 的计算平台架构。

国内研华[25]、国科环宇等均推出了面向 OpenVPX 的通用产品,包括机箱、功能板卡、背板等。在国外,LCR 推出了多个系列的嵌入式计算机箱,用于承载满足标准的板卡[26];Mercury 推出了 AMMP(航电模块化任务平台)[27],是一款

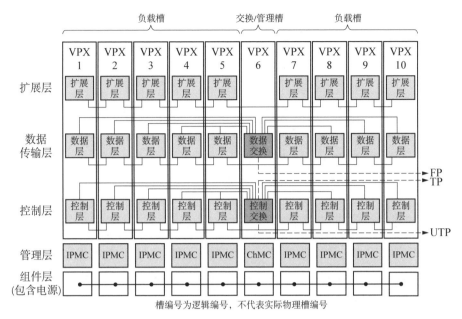

图 6-21　OpenVPX 的计算平台架构

搭载了 Intel Core i7 处理器的满足 OpenVPX 标准的任务计算机；Curtiss-Wright 推出了 VPX3-4936，是一款 3U 尺寸的 GPGPU 产品，采用了英伟达的 Ampere GPU[28]。主要国外产品实物外形如图 6-22 所示。

图 6-22　LCR 机箱、Mercury AMMP 和 VPX3-4936 的实物图（从左向右）

6.3.2　飞行器控制与管理计算机设计流程

无人机飞行器控制与管理计算机的设计需要综合考虑应用需求、技术成熟度、可扩展性和可维护性。

应用需求分析过程首先需明确飞行器控制与管理计算机的功能和性能要求，主要包含以下几个方面：

（1）外部接口的种类和数量，一般包括离散量输入、输出的类型和数量，模拟量采集的电压、电流范围和数量,脉冲信号输入、输出的类型和数量,总线通信的种类和数量,以太网接口或光纤接口的需求等。

(2) 供电类型和电源品质,如交流或直流、电压、最大电流,以决定是否需要多路供电,是否需要设计计算机所需要具备的抗雷电、抗浪涌的能力。

(3) 自检测(BIT)功能的要求,包括需要进行自检测的种类,自检测的要求,如上电自检测是否需要进行离散量和模拟量的自检测,飞行中自检测是否需要核心温度监测、看门狗、电压监测,并确定故障和自检测的判断准则。

(4) 计算资源的要求,包括对于 CPU 主频、核心数、内存容量、内存速度、数据存储的要求,此外,还需要考虑软件、操作系统对于核心计算器件种类的限制。

(5) 特殊计算或部件要求,如对于并行计算、图形渲染、神经网络加速,集成无线电相关,如天线、射频器件,卫星导航(GNSS)接收机,惯性导航器件等。

(6) 使用环境的要求,包括散热条件、工作温度范围、储藏条件、工作振动、沙尘和盐雾、电磁环境等。

(7) 体积和重量的要求,包括外形尺寸的限制、重量的限制。

(8) 开发调试要求,包括 JTAG 接口、调试串口、系统擦写安全防护功能。

(9) 可靠性要求,MTBF 指标。

根据应用需求开展设计首先应综合计算机需求、技术成熟度、供应链的稳定性,按照如下的步骤逐步确定计算机的可行方案:

(1) 定义核心计算架构、余度配置;

(2) 定义计算机模块,确定模块间连接方式;

(3) 确定模块与计算机单板的对应关系,确定单板的功能;

(4) 根据单板的功能展开设计;

(5) 根据初步方案进行热量、强度、FMEA 分析;

(6) 对方案进行评审,收集意见后进行设计优化。

其中,失效模式和影响分析,即 FMEA 分析可以获得机载计算机平台和组成能够产生的故障模式,以及引起故障的原因和影响,并针对薄弱环节提出设计改进和使用的补偿措施。

完成计算机设计方案后,进行生产、调试、环境试验,并根据试验中出现的问题进行修正。

6.3.3　飞行器控制与管理计算机模块化设计

微小型无人机的飞行器控制与管理计算机目前通用性较强,由于体积、重量和成本的限制,多数采用具有一定计算能力的单片机芯片,并采用制导、导航与控制一体化结构,模块化复用并不明显。对于中大型无人机,由于机型间需求存在一定差异,采用单项目定制计算机仍然是主要方式。但随着生产商对成本控制、交付周期、技术成熟度的要求的提升,模块化设计和通用无人机飞行器控制与管理计算机技术也在持续发展。

与集成模块化航电基本架构类似,无人机飞行器控制与管理计算机的模块化可分成通用处理模块、电源模块和接口模块。

通用处理模块进行算法的运算、接口协议的实现。算法的运算可根据系统的要求选择 PowerPC、x86、SPARC、ARM 等指令集处理器,并根据计算能力的需求采用不同频率和多核处理器。考虑到模块的通用性,可选择开发三种计算能力的配置(低、中、高配置)。根据系统对计算能力的需求进行配置的选择。通用处理模块还具有与板间通信、处理芯片调试相关的电路。

接口模块主要承载外围接口电路的实现,包括离散量采集调理电路、离散量输出电路、RS422/RS485 接口芯片,以及其他通信协议的硬件支持电路。

电源模块用于浪涌抑制、掉电保护,机载电源多以直流 28 V 为输入,采用单余度或者多余度供电方式,电源模块需要为机载计算机其他模块提供 1.0 V、1.8 V、3.3 V、5 V、12 V、28 V 等多种电压的电源。

背板模块用于连接不同的模块,该模块的实现形式一种是实体的背板,另一种是无实体背板,由板间的连接器以及在各个模块上的通信芯片构成,可采用 ARINC 659、以太网等实现板间连接。

存储模块主要用于存储飞行过程中的数据,该模块可能与通用处理模块合并或考虑可拆卸因素单独将其作为一个模块。

特殊功能模块用于承载如 GNSS 接收机、AHRS、目标检测等感知、任务决策相关的特殊功能。

上述模块并不完全代表单个电路板,因为某些模块可以由多块电路板构成,并且部分模块可能与其他模块共同构成一块电路板。无人机飞行器控制与管理计算机的模块化需要遵循如下的准则:

(1) 控制模块的总个数,模块的功能应明晰;

(2) 单个模块的设计应具备系列化、通用化的特点,包括尺寸、接口,便于其他的计算机项目复用;

(3) 模块间通信应具有一定的通用性和可复用性,并且应采用可扩展性较强的开放式总线架构,模块的升级不应影响模块间的通信,模块的对外接口的电气定义应保持相对固定；

(4) 应具备能够管理模块复用的质量机制，如由于芯片停产、设计缺陷所导致的对于模块的修正，应将其传递到使用该模块的所有项目中。

参考文献

[1] 程俊强,陈益,刘帅.飞行控制计算机系统比较研究及发展趋势分析[J].航空计算技术,2021,51(1):84-88.

[2] 宋科璞.大飞机电传飞行控制系统设计技术研究[D].西安:西北工业大学,2019.

[3] 雷志荣,史龙.小型无人机双余度飞控系统设计[J].测控技术,2020,39(10):130-134.

[4] Hodson R F, Chen Y. Heavy lift vehicle (HLV) avionics flight computing architecture study[R]. National Aeronautics and Space Administration, 2011.

[5] 刘利加,曹东,王余伟.主从式双余度飞控计算机容错策略研究[J].电光与控制,2017,24(7):95-99.

[6] Xilinx. Zynq 7000 SoC 产品介绍[EB/OL].[2023-05-03]. https://china.xilinx.com/products/silicon-devices/soc/zynq-7000.html.

[7] 航宇微. YULONG810A 产品介绍[EB/OL].[2023-04-22]. https://www.myorbita.net/ywbk/info_16.aspx?itemid=14829&lcid=82&ppid=4&pid=.

[8] Primmer M. An introduction to fibre channel[R]. Hewlett Packard Journal, 1996.

[9] 朱志强. ARINC 818 协议特性分析[J].电子技术(上海),2013,40(6):30-32.

[10] 陈艳辉.基于 FC-AE-ASM 网络的 MPI 技术的研究与实现[D].成都:电子科技大学,2011.

[11] 张兴隆,苏罗辉,杨敏.基于 FPGA 的时间触发协议控制器实现[J].系统仿真学报,2010,22(S1):114-118.

[12] TTTech. Time-triggered ethernet[EB/OL].[2023-05-03]. https://www.tttech.com/explore/time-triggered-ethernet.

[13] SAE International. Time-triggered ethernet: AS6802[S]. 2016.

[14] 苏罗辉,牛萌,刘坤.时间触发系统体系结构研究[J].计算机工程与设计,2014,35(6):1956-1961.

[15] 许宏杰,刘宇峰,夏杰,等. ARINC 659 总线技术综述[J].电子技术应用,2016,42(10):142-145.

[16] 朱耀国,惠晓强,李阳.两种离散量信号采集电路的对比[J].山西电子技术,2022(2):3-5.

[17] HI-8435[EB/OL].[2023-05-08]. http://www.holtic.com/products/3081-hi-8435.aspx.

[18] 惠晓强,秦冲,董凯.机弹载离散量输出接口设计与技术[J].电脑知识与技术:学术交流,2021,17(2):192-193,216.

[19] Smart power switches-infineon[EB/OL].[2023-05-09]. https://www.infineon.com/cms/en/product/power/smart-power-switches.

[20] 段泽伟.一种 IMA 架构下远程数据接口单元的设计与实现[J].航空计算技术,2018,48(4):100-104.

［21］郝玉锴,戴小氏,崔西宁.综合化模块化航空电子架构航电系统飞行管理模块的设计
　　　［J］.科学技术与工程,2021,21(16):6923－6929.

［22］刘一龙.基于 OpenVPX 架构的雷达信号源设计与实现［D］.北京:北京理工大学,2015.

［23］陈志列,陈超,刘志永,等.基于 VPX 总线的高级计算平台的研究与设计［J］.兵工自动
　　　化,2012,31(4):24－27,31.

［24］Elma. Open VPX family of standards［EB/OL］.［2023－05－03］. https://www.
　　　elma.com/zh-CN/capabilities/architectures/OpenVPX.

［25］Advantech. MIC－6315 基于 Intel® Xeon® D－1500 处理器的 Open VPX CPU 刀片式
　　　计算机［EB/OL］.［2023－05－03］. https://www.advantech.com.cn/zh-cn/products/
　　　6fde628a-a5f8-4477-98c0-6854491ec445/mic-6315/mod_2a3c27cc-f7dd-457a-82b8-7daf63ee10da.

［26］Keller J. The next generation of open-systems embedded computing standards［EB/
　　　OL］.(2023－02－22)［2023－05－03］. https://www.militaryaerospace.com/computers/
　　　article/14288587/opensystems-standards-embedded-computing-sosa.

［27］SOSA-aligned 3U VPX avionics mission computer for fixed-wing aircraft and helicopters
　　　introduced by Mercury［EB/OL］.(2022－06－23)［2023－05－03］. https://www.
　　　militaryaerospace.com/computers/article/14277914/mission-computer-avionics-sosa.

［28］DA Staff. SOSA aligned NVIDIA ampere GPU processor with configurable gen4 PCIe
　　　switch［EB/OL］.(2022－10－12)［2023－05－03］. https://www.defenseadvancement.com/
　　　news/sosa-aligned-nvidia-ampere-gpu-processor-with-configurable-gen4-pcie-switch/.

第7章 无人机伺服作动系统设计

伺服系统又称为随动系统,要求系统精确跟踪控制指令,实现理想运动控制。在无人机自主控制系统中,伺服作动系统所控制和管理的是无人机自主控制系统的执行机构,在 OODA 循环中属于最后的"A"环节。所有自主控制系统的规划、决策和控制指令,最终都要通过伺服作动系统转化为改变无人机运动状态的力和力矩,从而实现无人机的飞行控制功能。

因为机上无人,所以一些较为先进的技术有机会在无人机上率先得以应用和发展,对伺服作动技术而言也是如此。目前,在中小型无人机的应用领域中:机电伺服作动器(EMA)几乎占据统治地位;电静液伺服作动器(EHA)则有望在中大型无人机上得以应用;其他各种面向特定场景/特定需求,甚至革命性的新型作动技术也纷纷崭露头角,呈现出很大的发展潜力。

本章首先从功率电传的角度出发,分别介绍 EHA 和 EMA 两种用于无人机的典型伺服作动技术,然后介绍无人机领域近年来国内外有所研究和应用的创新作动技术,并简单介绍伺服控制电子技术。

7.1 电静液伺服作动技术

7.1.1 功率电传作动技术的发展

飞行控制系统功率电传作动技术的发展可以追溯到 20 世纪 50 年代。"高生存性的飞控系统计划"(survivable flight control system program)发起了几项用于超声速飞机的综合作动装置(integration actuator package, IAP)的研究。IAP 是指一个自主式的液压作动集合装置,包括一个液压伺服作动器和为其供压的一个或几个整体式电机驱动液压泵、液压油箱、油滤、控制阀以及视需的热交换器。IAP 最大的优势在于,相对于分布式液压系统,作为一种自主式的液压综合作动装置,可以彻底消除由于集中式液压源失效导致的共模故障。

20 世纪 90 年代,为了适应飞机将向全电/多电方向发展,飞机由独立控制向综合控制、飞控系统由集中控制向集散控制方式的转变,作动系统也相应朝着一体化功率电传的方向发展,功率电传(PBW)作动技术蓬勃发展。功率电传作动技术是以大容量供电系统为基础,用电能取代常规液压能源的作动技术。由于采用了电驱动作动系统,可以彻底取消原机上液压系统,解决了原液压系统漏油导致的故障,提升了飞机整机的安全性。同时,与液压作动系统相比,采用电驱动系统控制主舵面,可以有效实现飞机整机的能量管理。高性能电传作动技术可以简化系统结构,优化资源配置,提高能源利用效率、功重比、可靠性、测试性和维护性,降低全寿命周期成本,已成为未来先进飞机机载作动系统的发展方向。

相比于传统液压作动系统,功率电传作动系统有如下优点:

1) 结构简单,维护容易,重量轻

液压作动系统需要一套复杂的中央液压系统并存在漏油问题,因而结构复杂,所需支持设备多,维护困难。单个功率电传作动器与单个液压作动器相比虽然重量不占优势甚至更重,但考虑到取消了相应的液压管路,以及功率电传作动系统,因而具备更高的效率,飞机总体的重量可大大降低。

2) 效率高

传统的液压作动系统不管作动器工作与否,为了满足响应的快速性,必须维持一定的液压系统压力,这将消耗大量的功率。以普通军机为例,液压作动系统仅零位时的系统内漏就将损失 10 kW 左右的功率。而功率电传作动器只在工作时才会消耗功率,变节流调速为容积调速,因而有更高的效率。

3) 更好的容错性与安全性

余度结构是飞机为了提高可靠性而经常采取的方法,为了避免液压源的共模故障,液压作动系统需要采取多个液压回路。而功率电传作动系统的一个突出优点就是可以避免液压源的共模故障,能更方便地实现余度结构,同时可以简单地将单个故障作动器予以切除。

国外数据表明,F-35 飞机采用多电飞机技术后,起飞重量减轻 8%,体积减小 12.7%,航程增加 28%,机电系统采购费用减少 8%～9%,全寿命周期费用降低 5%～6%。高性能高可靠功率电传作动技术是多电/全电飞机、高性能无人飞机平台所必需的技术,在航空装备体系中占有相当重要的战略地位。

国外功率电传作动技术发展经历了技术研究探索、工程样机研制及型号服役装备三个阶段。20世纪50年代,道蒂公司开发了火神轰炸机使用的综合作动装置(IAP),利用交流发电机驱动感应电机,由电机带动变量液压泵转动,通过伺服阀控制液压泵的排量和进回油切换,实现液压作动筒的速度及方向控制,这可视为功率电传作动器的雏形。从20世纪90年代开始,得益于电磁技术、数字信号处理技术、大功率伺服技术的进步,美国实施了多电飞机计划,相继突破高压直流起动发电、功率电传作动器等一批关键技术,研发了一体化大功率起动/发电系统、电动综合环控系统、功率电传作动系统,大幅减轻了功率电传作动系统重量、缩小了体积,有效减少了传统从发动机引气对飞机产生的不利影响,提高了飞机可靠性和生存力。1995年开始,美国实施综合子系统技术(J/IST)演示验证计划,建成一批地面和飞行验证条件手段,通过一系列关键演示验证项目,实现了起动发电、功率电传作动等系统综合,为F-35研制提供了技术成熟的子系统,降低了研制风险。2008年,美国启动了飞行器综合和能量技术发展(INVENT)计划,利用系统综合和优化方法,提升热管理效率,进一步解决作战飞机的热管理难题。正是在这些研究计划的支持下,电作动系统技术成熟度逐渐提升,使得F-35等先进战机研制装备电作动系统产品并大量服役。

功率电传作动技术的核心是功率电传作动器,它一般包括综合作动装置(IAP)、电静液作动器(EHA)及机电作动器(EMA)三种形式。

IAP一般采用伺服泵或伺服阀控制作动筒运动。它与EHA的不同之处在于电机单方向运转,与作动方向无关。在作动器静止时,IAP电机需要保持一定的转速(包括空载条件下),以维持作动器工作,获得更快的启动响应。而EHA在作动器静止时,电机几乎处于停转状态,即可以保持舵面位置。

EHA包括一个或几个液压作动筒,其油腔与双向定量泵相连,泵由功率电子控制的可变速电动机驱动。它包括集成的液压油补偿器以及连接上述液压元件的壳体。在壳体内装有附加功能所需要的部件。

EMA由电机带动减速器,经减速后通过滚柱丝杠转换为输出杆的直线位移,并依靠内部的LVDT形成闭环控制。机电作动器直接由电机驱动,无须液压源,但故障安全的结构(如防卡滞的随动旁通功能、故障回中功能等)设计复杂。当多个作动器同时驱动一个舵面时,要求备份工作的作动器处于旁通随动状态,由于EMA难以实现旁通功能,因此EMA一般用在单个作动器驱动单个舵面的情况,这些控制面一般都不是主控舵面(并非EMA绝对不能用于主控舵面,EMA曾用作副翼作动器),如扰流片作动器。

综上所述,功率电传作动技术是新一代飞机能量优化与管理的必然需求,是多/全电飞机重要关键技术,是提升飞机安全性、改善维护性的重要保障。近 20 年来的理论和实践探索证明,用功率电传作动器取代液压作动器已经成为一种必然的趋势,而且随着多电、全电作动技术的日益成熟,也将进一步加快这种发展的步伐。

表 7 - 1 对比分析了传统液压作动器、EMA、EHA 及 IAP 的各类特性。

表 7 - 1　多类作动器对比分析表

特性	传统液压作动器	机电作动器（EMA）	电静液作动器（EHA）	综合作动装置（IAP）
相对重量	轻	较重	较重	很重
相对成本	低	较高	较高	很高
MTBF	高	较高	较高	低
发热问题	由于液压油可以将热量带走,因此发热问题不明显	EMA 需要进行热设计,在长期高载荷工作时,发热问题较大	EHA 需要进行热设计,在长期高载荷工作时,发热问题明显,但比 EMA 要改善很多	IAP 需要进行热设计,在长期高载荷工作时,发热问题较大
刚度	靠阀窗口密封,刚度好	由于磨损或减速器的间隙,可能引发振荡,影响作动器刚度	刚度较好	刚度较好
安全性	故障时可以旁通	存在卡死的可能	故障时可以旁通	故障时可以旁通
液压油源	需要液压源	直接电驱动,无须液压源	直接电驱动,无须液压源	直接电驱动,无须液压源

7.1.2　EHA 调速方案

电静液作动技术作为功率电传作动系统的重要组成,是分布式液压系统成功应用的典型代表。电静液作动器(EHA)不需使用中心液压源,EHA 以容积调速系统为基础,由控制器、电动机及双向液压泵、液压作动筒及蓄能器组成。电机由飞机主电源提供电力,电机带动液压泵,通过控制泵的转速和方向达到控制作动筒位移输出的目的。由于摆脱了机上集中液压源的限制,EHA 具有可靠性高、生存力强、维修性好、效率高的特点,可以大量节省设备费用,提升飞机整体性能。

EHA 采用以泵为核心的容积调速,替代传统电液作动器以阀为核心的节流调速。它的调速方式完全依靠电机调速,这与 IAP 的调速方式有所不同。根据 IAP 的调速方式可以分为伺服阀控 IAP 及伺服泵控 IAP。伺服阀控 IAP 采用电液伺服阀精确控制作动筒的流量,IAP 带有电机驱动的液压泵为作动器提供能源。伺服泵控 IAP 采用伺服变量泵,改变泵的排量以匹配输出压力和作动器速率需求。同时,还可以采用伺服阀、电机及自适应变量泵的阀泵联控,以更加有效地匹配舵面负载,满足作动器高动态的要求。

　　无论是伺服阀控 IAP 还是伺服泵控 IAP,大多需要采用伺服阀进行节流调速,用来精确控制作动筒的流量或斜盘排量。以伺服阀控 IAP 为例,这个方案中电机驱动泵单方向旋转,产生的流量供给伺服阀进油腔,伺服阀在控制运动方向、位置误差的同时,控制电机转速和阀电流完成位置伺服。这种方案可以发挥伺服阀高频响优势,降低电机、伺服电子技术要求。但是,由于控制方式的特点,伺服阀控 IAP 方案存在如下问题。

　　1) 抗污染能力差

　　由于伺服阀的引入使得作动器抗污染能力降低,EHA 属于闭式系统,内部少量油液长时间循环工作,油液中的任何异物都可能导致控制性能的降低甚至失效。

　　2) 存在节流损失

　　阀控 EHA 需通过节流控制实现位置控制,这样必然导致节流损失,分为三种情况:一是空载静止时,由于伺服阀正常工作需要提供初始压力(约 2 MPa),因此电机泵需维持一定转速,伺服阀将产生节流损失;二是空载高速运动时,伺服阀可以采用过流量设计方案,但油液终将以一定的压差高速流过伺服阀窗口,产生节流损失;三是在大负载运动时,由于压差较大,节流损失明显。这些节流损失将全部转化为热量使作动器温度升高,这对于发热敏感的功率电传作动器是需要尽量避免的。

　　3) 控制难度加大

　　为了简化设计方案,通常伺服阀工作于变压力工况,不同压力下伺服阀特性的变化使得控制难度加大,低压力时伺服阀存在较大的死区、零偏等也给调试带来较大困难。

　　4) 体积、重量增加

　　伺服阀使得作动器体积、重量增加,内部油路相对更加复杂,特别是在大功率 EHA 上,需要选用 3～4 倍额定流量的伺服阀,将使作动器体积、重量增加 8%～10%。

功率电传作动器的另一问题在于泵的排量是否需要随负载变化。在大负载工况下,作动器将产生较大电流,进而产生大量的热量,对控制器、电机热性能提出较高要求。采用自适应变量泵的方案,可以在大负载时通过调节泵排量,提高转速、降低电机输出扭矩,减小电机相电流及减轻发热,从而降低对伺服电子、电机的要求,同时获得较好的热特性。但存在如下不足:

(1) 大负载时损失部分动态性能。变量泵在大负载时排量减小,需要提高电机转速才能输出同等流量,负载越大,排量越小,转速越高,由于惯量的影响使得速度的调节时间远大于电流调节时间,因此必然导致部分动态性能的丧失。

(2) 变量机构复杂,惯量较大,不利于动态性能的提升。

(3) 低温工况热性能较难发挥。低温工况下,油液黏滞阻力增大,湿式电机搅拌阻尼需要较大扭矩去克服,此部分扭矩直接作用于电机,变量泵亦无法使其降低,因此低温工况变量泵方案热性能收益并不显著。

(4) 接近满载的情况下,泵的排量接近于零,此时电机转速不高,用于散热的泵的泄漏流量也非常小,导致这种工况下电机散热困难。

基于上述分析,功率电传作动器的几种不同调速方式比较如表 7-2 所示。

表 7-2　阀控 IAP 与泵控 EHA 的对比分析

特性	阀控 IAP	泵控 EHA	
		变量泵控	定量泵控
动态特性	高	中	高
结构/装调复杂度	高	中	低
功率重量比	低	中	高
热特性	发热大	发热小	发热较小
抗污染能力	差	较差	强
控制难度	高	中	低

欧美经过多年工程样机研制及试飞,目前多电飞机(如 A380、F-35 等)的电静液作动器方案都采用高性能伺服电机驱动定量柱塞泵的调速方案。在 ISO 22072 电静液作动器规范中明确了 EHA 的定义。

Electro-hydrostatic actuator (EHA): electrically powered actuator that includes one or several hydraulic rams whose chambers are connected to a bi-directional, fixed-displacement pump driven by a variable-shaft-speed, electric motor controlled by power electronics.

即电静液作动器 EHA 是一种包括一个或多个液压油缸的功率电传作动器,其作动筒的两腔与双向定排量柱塞泵相连,由电力电子驱动器驱动的变转速伺服电机控制柱塞泵的转向和转速。

综上所述,新一代电静液作动器应采用高性能伺服电机驱动定量柱塞泵的调速方案。

7.1.3　电机设计与控制技术

7.1.3.1　电机选型

电机是电静液作动器的核心部件,它的特性对于作动器的性能实现至关重要。电机种类众多,主要包括步进电机、开关磁阻电机、感应电机、直流电机、无刷直流电机和永磁同步电机等。

步进电机通过控制脉冲数量来控制转矩角度,一个脉冲对应一个步距角,控制步进电机需要信号脉冲和方向脉冲两个信号,信号脉冲控制转速,方向脉冲控制方向。步进电机在低速段会出现低频振动的问题,同时速度过高容易造成失步,在较高转速情况下扭矩会急剧下降。

开关磁阻电机结构简单,价格便宜,电机的转子无绕组和永磁体,因此允许高温运行,可靠性高。功率涵盖 10 W～5 MW 的各种高低速驱动调速系统,广泛应用于电动汽车驱动、家用电器、纺织行业、电力传动等领域。但开关磁阻电机体积大、功重比低,低速时转矩脉动大,不适合应用到位置伺服中。

感应电机是由气隙旋转磁场与转子感应电流相互作用产生电磁力,将电能转化为机械能。感应电机结构简单,容易实现弱磁控制,调速系统容易实现超过 10 000 r/min 的速度运行,高速低转矩时运行效率高,低速时可输出高转矩,调速范围宽,制造成本低。但感应电机功重比低,空载或轻载时需要励磁电流,损耗大,难以应用于 EHA 伺服系统。

直流电动机具有运行效率高调速性能好等诸多的优点,但是机械接触的电刷换向器存在着相对的机械摩擦,由此带来了噪声、火花、无线电干扰、寿命短等致命弱点,再加上制造成本高和维修困难等缺点,从而大大限制了其应用范围。

无刷直流电机是随着电机控制技术、电力电子技术和微电子技术的发展而出现的一种新型电机。它是在有刷直流电动机的基础上发展起来的。无刷直流电机转子采用高矫顽力、高磁能积的稀土永磁材料,因而体积小、重量轻、转子转动惯量小、无励磁损耗、效率高。其最大的特点是没有换向器和电刷组成的机械接触机构,因此没有换向火花,转速不受机械换向的限制,可达几十万转每分钟。因为采用永磁体为转子,没有励磁损耗,其发热的电枢绕组通常装在外面的定子上,热阻小,散热容易,无刷直流电动机转子转动惯量小,因而要求有良好的静态特性和高动态响应速度的伺服驱动系统。无刷直流电动机相比于感应电动机和直流电动机显示了更多的优越性,适合应用到 EHA 伺服作动系统中。

无刷直流电机系统按其绕组反电势的波形和电流的波形可分为两大类(两者对比见表 7-3):方波无刷直流电机和正弦波无刷直流电机。比较两种永磁无刷直流电机:方波无刷直流电机,功重比高,控制简单,成本低,但是电动机运行时,三相电枢绕组中一相一相轮流接通或两相两相轮流接通,在工作气隙内产生"跳跃式"旋转磁场,转矩脉动较大;而正弦波无刷直流电机借助正弦调制和空间矢量调制技术,电动机运行时三相绕组同时接通,在电枢绕组内流过接近正弦波的交流电流,在工作气隙内产生"连续式"旋转磁场,电机运行时的力矩脉动小,有利于电静液作动的控制。因此,EHA 一般选用正弦波无刷直流电机,即永磁同步电机。

表 7-3　方波与正弦波驱动对比分析

项目	方波驱动	正弦波驱动
控制方法	简单,霍尔三相六状态位置换相	复杂,需要空间矢量变换控制算法
转矩脉动	换相脉动大,低速电机抖动明显	转矩脉动小,可实现零转速控制
弱磁增速	1:(1.2~1.3)	1:(1.5~2.0)
控制精度	较低	较高,动态性能好
运行噪声	较高	较低
传感器	霍尔反馈,无位置传感器(不可频繁调速)	旋转变压器
生产成本	较低	较高

7.1.3.2　EHA 用电机冷却设计

电机根据其内部是否通有油液又可分为干式电机(液压油不经过电机)和湿式电机(液压泵壳体中的泄漏油通过电机后引入蓄能器),由于 EHA 的电机需要与泵实现一体化设计,同时湿式电机可以让流体带走线圈产生的大量热量,在很大程度上可以解决大功率电机的发热问题,大幅提升电机的功重比,因此 EHA 大多采用湿式电机的结构方案。此外,采用湿式电机不需要使用泵与电机间的高速旋转轴封,减少了 EHA 动密封的外漏点,提升了可靠性。但是,当电机转子中充满油液,高速运转的电机将产生很大的"搅拌阻尼",影响 EHA 的性能与热特性。

目前,成功应用于各类飞机的 EHA,大多采用了电机泵集成插装式设计技术。它使用液压泵泄漏腔的液压油流经电机气隙,主动吸收电机绕组所发的热,将电机热量带至作动器其余结构部分进行散热,使伺服电机的额定输出功率大幅提高,同时提高了电机功重比。湿式电机的散热一般有三种结构类型:外套式散热、全浸泡式散热及半浸泡式散热,如图 7-1 所示。

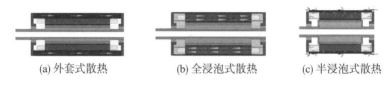

(a) 外套式散热　　　(b) 全浸泡式散热　　　(c) 半浸泡式散热

图 7-1　电机散热方式

外套式散热的电机外壳采用油液冷却,冷却油液不流经线圈绕组和转子,散热效率较低,但由于转子中没有油液,电机搅拌阻尼很小。同时,与泵连接需要高性能的轴封,防止油液外漏。

全浸泡式散热电机的冷却油液流经线圈绕组和转子,散热效率较高,与泵连接不需要高性能的轴封,泵泄漏的油液直接进入电机,采用静密封的电机外壳不会产生动密封的外漏问题。但是,必须考虑在 EHA 负载特性设计中,这种结构存在电机搅拌阻尼。

一方面,半浸泡式散热的电机在电机定子线圈与转子之间设计了密封隔套,这样冷却油液可以流经定子线圈,散热效率高。另一方面,冷却油液不流经转子,电机搅拌阻尼很小。但是与泵连接需要高性能的轴封以防止油液外漏,由于 EHA 是闭式循环系统,对外漏的要求极严格,因此目前还没有能够满足 EHA 外漏要求的轴封。

综合考虑各种因素,目前飞行控制作动系统的 EHA 一般都采用全浸泡式散热方式。

7.1.3.3　电机提高功重比设计

高功重比电机最终高性能的体现是电磁、流体、热,以及性能、体积、重量等综合权衡后所需要达到的最优结果,因此在设计时需要考虑以下几方面。

(1) 高性能材料:通过采用更高磁能积的硬磁材料应用及更低损耗的软磁

材料,可以提高电机整体性能,降低损耗,提升效率和功重比。

(2) 电磁架构技术:采用基于 Halbach 电磁架构下电机理论和数学模型的设计。这种构型需要从最基本的麦克斯韦电磁场理论出发,推导出新型电磁结构下性能的解析计算方法。通过采用传统径向磁场电机模型为参考,从基本电磁场理论出发,进行该电磁架构电机性能的理论计算模型。

(3) 电磁性能与损耗的仿真计算:在奠定电机理论计算模型后,需要进行电磁仿真以验证电机理论计算的正确性。而对于该磁场结构,无法进行平面化仿真,因此要进行精确的模拟仿真,必须要构建正确的立体场仿真模型。在此模型下,进行电机电磁场的模拟仿真,验证解析计算的正确性,同时进一步指导电机结构的优化设计。

(4) 流场、电磁场、热场综合分析:分析影响机械功率输出的敏感因素,进行优化分析,完成全数学电磁、热、流体综合建模。

(5) 电机磁、热、机械结构一体化设计:高功率密度电机内部电磁场能量密度很高,电机漏磁、齿槽效应、磁滞涡流效应、饱和效应、温升问题等尤其突出。而且随着中频逆变电源的采用,逆变器输出谐波分量的存在使得电机内部电磁场分布得更加复杂,这些因素都影响着电机的性能品质。因此,必须关注热产生的机理,在此基础上重点关注其分析方法,最终指导电磁机结构设计。另外,对机械功能输出影响因素进行分析,分析电感电阻等电气指标、磁密分布的电磁指标、磁结构尺寸指标等,避免出现大功率电动机机械特性偏软的现象,最终达到性能好、体积小、重量轻的目标。

为了提高电机的功重比,可采取以下手段。

1) 选择性能更优的永磁体材料

永磁体分为两大类:合金永磁材料和铁氧体永磁材料。其中,合金永磁材料包括稀土永磁材料($Nd_2Fe_{14}B$)、钐钴材料(SmCo)、铝镍钴(AlNiCo)材料等。

EHA 用永磁同步电机可选择高性能永磁材料(Sm_2Co_{17}):

(1) 剩磁@100 ℃:1.16 T。

(2) 矫顽力@100 ℃:−865 000 A/m。

(3) 电抗:1.5×10^{-6} Ω·m。

(4) 密度:8 300 kg/m^3。

2) 采用 Halbach 永磁体阵列结构

Halbach 阵列永磁体具有良好的自屏蔽效应,可以产生比剩余磁场强度更大的静态磁场,其气隙磁场呈正弦分布,极大地减少了磁场的谐波分量,在同等体积和重量的条件下,通过 Halbach 阵列结构提高永磁同步电机的功重比。然而,EHA 用永磁同步电机所选用的永磁体的剩磁和矫顽力大;切割成型的永磁体难以装配,必须借助辅助工装来实现装配。

3) 空心轴设计

为了降低电机重量和转动惯量,提高电机功重比,EHA 用永磁同步电机往往采用空心轴设计,将电机转轴设计成分体结构,把中间多余的材料挖空。这种设计必须在前期对电机轴进行强度和疲劳的设计和校核,以满足使用需求,同时对加工制造提出了更高的要求。

7.1.3.4 电机降损耗设计

为了进一步提高 EHA 作动器的功重比,必须尽量降低损耗,为了达到降低损耗的目的,从以下几个方面考虑。

1) 选择材料更好、更薄的叠片

将定子叠片改换成 0.1 mm 的钴铁叠片,这将大大降低电机的定子铁耗。然而,采用该叠片后,加工效率会大大降低。

2) 永磁体轴向切割

常规的永磁同步电机采用条状永磁体粘接在转子上,EHA 用永磁同步电机为了降低转子铁耗,将永磁体轴向切割,在一定程度上阻断感应通路,进而达到降低转子铁耗的目的。采用该技术后,电机的永磁体由原来的几块变成了几十块甚至几百块,对电机装配提出了很高的要求。

7.1.3.5 永磁同步电机控制

正弦波永磁同步电机内部磁场十分复杂,很难精确地建立数学模型,一般电机控制中进行简化处理,往往做如下假设[1]:

(1) 忽略磁场饱和、涡流和磁滞损耗;

(2) 三相定子绕组完全对称,且各相绕组轴线在空间上相差 120°,转子上无阻尼绕组;

(3) 定子电流在气隙中产生正弦分布的磁动势,忽略高次谐波的影响。

永磁同步电机在控制中,将自身进行坐标变换,坐标系固定在转子上,将永磁同步电机等效成一台直流电机来实现控制。永磁同步电机矢量控制中常用的三个坐标系如下。

1) abc 三相静止坐标系

该坐标系中,规定 abc 三相绕组轴线与 abc 坐标系的三个轴线重合,电机电压、电流和磁链同样在各自坐标轴上。在该坐标系下,电压、电流和磁链等物理量为电机真实变量的瞬时值,电机方程中的系数为随时间和转角变化的变量,状态方程极为复杂,难以求解。

2) $\alpha\beta$ 两相静止坐标系

在 $\alpha\beta$ 两相静止坐标系中,α 轴和 α 相绕组轴线重合,β 轴超前 α 轴 $90°$。由于 EHA 用永磁同步电机多采用星形连接的结构,因此零序电流为零,往往不做考虑。

3) dq 两相同步旋转坐标系

在该坐标系中,d 轴方向为转子永磁体磁链方向,q 轴超前 d 轴 $90°$。dq 坐标系与永磁同步电机转子同步旋转,旋转坐标系的 d 轴与静止坐标系的 α 轴之间的夹角为 θ。

永磁同步电机经过坐标变换后,使得电机方程简化,等效成直流电机便于控制。下面介绍永磁同步电机矢量控制中的坐标变换。

1) 三相 abc 静止坐标系和 $\alpha\beta$ 两相静止坐标系之间的变换

设电机相关变量在三相 abc 坐标系下的分量分别为 x_a、x_b、x_c,在 $\alpha\beta$ 坐标系中的分量分别为 x_α、x_β,则两个坐标系之间有如下的变换关系:

$$
\begin{bmatrix} x_\alpha \\ x_\beta \end{bmatrix} = C_{3s/2s} \begin{bmatrix} 1 & -\dfrac{1}{2} & -\dfrac{1}{2} \\ 0 & \dfrac{\sqrt{3}}{2} & -\dfrac{\sqrt{3}}{2} \end{bmatrix} \begin{bmatrix} x_a \\ x_b \\ x_c \end{bmatrix} \tag{7-1}
$$

$$
\begin{bmatrix} x_a \\ x_b \\ x_c \end{bmatrix} = C_{2s/3s} \begin{bmatrix} 1 & 0 \\ -\dfrac{1}{2} & \dfrac{\sqrt{3}}{2} \\ -\dfrac{1}{2} & -\dfrac{\sqrt{3}}{2} \end{bmatrix} \begin{bmatrix} x_\alpha \\ x_\beta \end{bmatrix} \tag{7-2}
$$

式中:C 为坐标变换系数。

2) $\alpha\beta$ 两相静止坐标系和 dq 两相同步旋转坐标系之间的坐标变换[2]

设电机相关变量在 $\alpha\beta$ 坐标系中的分量为 x_α、x_β,在两相静止坐标系中的分量为 x_d、x_q,两个坐标系之间的变换关系如下:

$$
\begin{bmatrix} x_d \\ x_q \end{bmatrix} = \begin{bmatrix} \cos\theta & \sin\theta \\ -\sin\theta & \cos\theta \end{bmatrix} \begin{bmatrix} x_\alpha \\ x_\beta \end{bmatrix} \tag{7-3}
$$

$$\begin{bmatrix} x_a \\ x_\beta \end{bmatrix} = \begin{bmatrix} \cos\theta & -\sin\theta \\ \sin\theta & \cos\theta \end{bmatrix} \begin{bmatrix} x_d \\ x_q \end{bmatrix} \tag{7-4}$$

式中:θ 为 dq 坐标系 d 轴与静止坐标系 α 轴之间的夹角。

3) 三相 abc 静止坐标系和 dq 两相同步旋转坐标系之间的变换

$$\begin{bmatrix} x_d \\ x_q \end{bmatrix} = C_{3s/2s} \begin{bmatrix} \cos\theta & \cos\left(\theta - \dfrac{2}{3}\pi\right) & \cos\left(\theta + \dfrac{2}{3}\pi\right) \\ -\sin\theta & -\sin\left(\theta - \dfrac{2}{3}\pi\right) & -\sin\left(\theta + \dfrac{2}{3}\pi\right) \end{bmatrix} \begin{bmatrix} x_a \\ x_b \\ x_c \end{bmatrix} \tag{7-5}$$

$$\begin{bmatrix} x_a \\ x_b \\ x_c \end{bmatrix} = C_{2s/3s} \begin{bmatrix} \cos\theta & -\sin\theta \\ \cos\left(\theta - \dfrac{2}{3}\pi\right) & -\sin\left(\theta - \dfrac{2}{3}\pi\right) \\ \cos\left(\theta + \dfrac{2}{3}\pi\right) & -\sin\left(\theta + \dfrac{2}{3}\pi\right) \end{bmatrix} \begin{bmatrix} x_d \\ x_q \end{bmatrix} \tag{7-6}$$

下面分别介绍永磁同步电机在三种坐标系下的数学模型。

1) 三相 abc 静止坐标系下的永磁同步电机数学模型

三相 abc 静止坐标系下正弦波永磁同步电机的电压方程为

$$\begin{bmatrix} u_a \\ u_b \\ u_c \end{bmatrix} = \begin{bmatrix} R_a & 0 & 0 \\ 0 & R_b & 0 \\ 0 & 0 & R_c \end{bmatrix} \begin{bmatrix} i_a \\ i_b \\ i_c \end{bmatrix} + \frac{\mathrm{d}}{\mathrm{d}t} \begin{bmatrix} \Psi_a \\ \Psi_b \\ \Psi_c \end{bmatrix} \tag{7-7}$$

电机磁链方程如下:

$$\begin{bmatrix} \Psi_a \\ \Psi_b \\ \Psi_c \end{bmatrix} = \begin{bmatrix} L_{aa}(\theta) & M_{ab}(\theta) & M_{ac}(\theta) \\ M_{ba}(\theta) & L_{bb}(\theta) & M_{bc}(\theta) \\ M_{ca}(\theta) & M_{cb}(\theta) & L_{cc}(\theta) \end{bmatrix} \begin{bmatrix} i_a \\ i_b \\ i_c \end{bmatrix} + \Psi_{\mathrm{f}} \begin{bmatrix} \cos\theta \\ \cos\left(\theta - \dfrac{2}{3}\pi\right) \\ \cos\left(\theta + \dfrac{2}{3}\pi\right) \end{bmatrix} \tag{7-8}$$

2) $\alpha\beta$ 两相静止坐标系下的电机数学模型

定子电压方程:

$$\begin{bmatrix} u_{s\alpha} \\ u_{s\beta} \end{bmatrix} = \begin{bmatrix} R_s & 0 \\ 0 & R_s \end{bmatrix} \begin{bmatrix} i_{s\alpha} \\ i_{s\beta} \end{bmatrix} + \frac{\mathrm{d}}{\mathrm{d}t} \begin{bmatrix} \Psi_{s\alpha} \\ \Psi_{s\beta} \end{bmatrix} \tag{7-9}$$

力矩方程:

$$T_e = \frac{3}{2} p (\Psi_{s\alpha} i_{s\beta} - \Psi_{s\beta} i_{s\alpha}) \qquad (7-10)$$

3) dq 两相旋转坐标系下的电机数学模型

定子电压方程：

$$\begin{bmatrix} u_{sd} \\ u_{sq} \end{bmatrix} = \begin{bmatrix} R_s & -\omega L_d \\ \omega L_q & R_s \end{bmatrix} \begin{bmatrix} i_{sd} \\ i_{sq} \end{bmatrix} + \frac{\mathrm{d}}{\mathrm{d}t} \begin{bmatrix} \Psi_f \\ 0 \end{bmatrix} \qquad (7-11)$$

力矩方程：

$$T_e = \frac{3}{2} p (\Psi_{sd} i_{sq} - \Psi_{sq} i_{sd}) = \frac{3}{2} p [\Psi_f i_{sq} + (L_d - L_q) i_{sq} i_{sd}] \quad (7-12)$$

采用矢量控制策略，可以得到与直流调速系统相媲美的控制性能，矢量控制策略是通过控制定子电流的幅值和相位实现对电机转矩和转速的控制，其原理如图 7-2 所示。

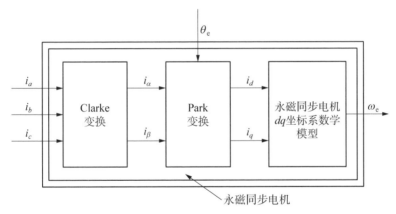

图 7-2　永磁同步电机矢量控制系统原理框图

永磁同步电机矢量控制技术通常情况下包括 $i_d = 0$ 控制，最大转矩/电流比控制（MTPA 控制），弱磁控制，$\cos\varphi = 1$ 控制等[3]。

1) $i_d = 0$ 控制

由于永磁同步电机定子电流只存在交轴电流分量 i_q，且永磁体励磁磁动势正交于电枢反应磁动势，因此电磁转矩中仅包含永磁转矩分量，磁阻转矩分量为零，具体为 $T_e = \frac{3}{2} p \Psi_f i_q$。由于 $i_d = 0$，永磁同步电机输出转矩仅受控于转矩电流分量 i_q，因此该控制方法简单有效，尤其适合于表贴式永磁同步电机矢量控制系统[4]。然而,由于定子励磁电流分量为零,使得该方法无法应用于基速以上调速控制。

2) 最大转矩/电流比控制

最大转矩/电流比控制(MTPA 控制),顾名思义,就是单位电流实现最大转矩输出的控制。由于内置式永磁同步电机转子结构的不对称性,其直、交轴电感不等,即 $L_d \neq L_q$,因此 MTPA 控制能够有效利用内置式永磁同步电机磁阻转矩,进而提高其过载能力和工作效率,降低成本,进而得到广泛应用。对表贴式永磁同步电机而言,MTPA 控制就是 $i_d = 0$ 控制。

3) 弱磁控制

弱磁控制[3]是一种利用控制器的容量,在永磁同步电机定子注入无功电流,通过弱化电机励磁磁场的方式来提高电机空载和轻载的转速的方法。

4) $\cos\varphi = 1$ 控制

该方法将电机功率因数为 1 作为控制目标进行控制,可降低与之匹配的逆变器的容量,但往往会牺牲电机控制过程中的动态性能。

上述几种常见的永磁同步电机控制方法各有优缺点,可根据不同的应用场合选择更为合适的控制策略,在一些特定的应用场合也可选择两种以上的控制方法,根据输入变量切换控制策略。

机载设备使用环境极为苛刻,要求 EHA 作动器在 $-55 \sim 125\,℃$ 范围内都能够可靠工作,而且为了提高 EHA 作动器的功重比,电机必须能够高速运行,一般需要达到 $1\,500\,\text{rad/s}$,甚至 $2\,000\,\text{rad/s}$ 以上,同时 EHA 作动器需要高动态工作,频带达到 $10\,\text{Hz}$ 左右,这将要求电机速度环需要具备高动态。因此,EHA 用永磁同步电机在控制策略方面需要重点研究以下几个方面:

(1) $i_d = 0$ 的矢量控制策略;

(2) 弱磁增速与低温加热控制策略;

(3) 补偿控制策略;

(4) 无差拍控制策略;

(5) 变增益控制。

分别介绍如下。

1) $i_d = 0$ 的矢量控制策略

该控制方法是永磁同步电机最为常见的方法,其控制系统如图 7-3 所示。该控制策略包含电机速度环和电流环,旋转变压器采集电机转子速度,与速度指令形成闭环,速度偏差经过 PI 控制器得到电流指令信号;电流传感器采集电机三相电流值,旋转变压器采集电机转子角位置,三相电流经过坐标变换得到旋转坐标系下的力矩电流和励磁电流,与电机的指令电流形成电流闭环,电流误差经过电流环 PI 控制器得到电压指令,然后经过坐标反变换和 SVPWM 算法得到逆变器六个开关管的驱动信号。

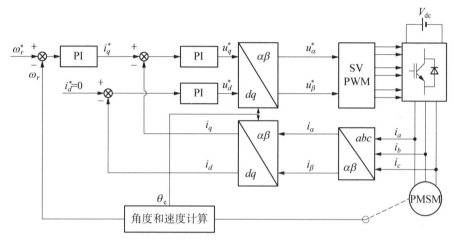

图 7-3 永磁同步电机矢量控制系统

2) 弱磁增速与低温加热控制策略 ($i_d < 0$)

EHA 用永磁同步电机在高速段和极低温情况下会采用 $i_d < 0$ 的控制策略。EHA 作动器的负载特性近似为弹簧负载,即负载力与活塞杆伸出或缩回的位移成正比,且作动器在输出大负载时输出速度小,仅在空载和轻载的情况下才需要最大速度输出,因此弱磁增速控制策略非常适合 EHA 用永磁同步电机。EHA 用永磁同步电机为全浸入式油冷结构,在极低温情况下,电机需要能够工作,但允许其性能降低,一般会要求作动器在 5 min 左右时间内恢复全性能,因此需要使电机快速热起来。在极低温情况下,采用 $i_d < 0$ 的控制策略,利用电机定子电阻的无功损耗和搅拌损耗使得电机温度迅速升高至常温状态,当温度超过阈值后,恢复至 $i_d = 0$ 的控制策略。

永磁同步电机驱动系统在实际运行中会受到最大电流和最大电压的限制。最大电压由直流母线电压和控制器调制策略决定,最大电流取决于电机和控制器所能允许的最大电流[5]。为保证电机的最大转矩输出能力和满足快速启停能力,应在受限运行条件下合理分配电机的 d 轴电流和 q 轴电流,以在弱磁区充分实现转矩最大化输出能力。

对于表贴式电机来说，$i_d = 0$ 控制即为 MTPA 控制，对应电机恒转矩加速阶段，如图 7-4 中的 OA 段。电机在恒转矩下加速至 A 点电压限制圆的转速，电机反电势逼近最大电压，此时受到电压极限圆的限制。为进一步提高转速，电机需要进行弱磁升速，同时由于电流极限圆对其限制，电流轨迹沿着电流极限圆向着转速更高的电压极限圆的方向移动，电机此时进入弱磁 I 区，如图 7-4AB 段。对于弱磁 II 区，大部分永磁同步电机达不到此状态，只有满足 $\Psi_f/L_d > i_{\lim}$ 时，最大输出功率轨迹降落到电流极限圆内，才会存在电流弱磁 II 区。若存在弱磁 II 区，电机到达 B 点电压极限圆的转速，定子电流按照最大输出功率轨迹进行移动，即保持 d 轴电流不变，降低 q 轴电流。

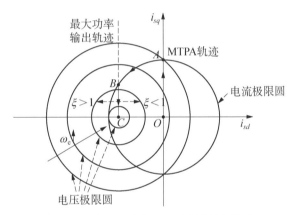

图 7-4 永磁同步电机弱磁增速控制轨迹

针对弱磁 I 区的控制算法，当前主要有两种方式，一种是经典的"$1/\omega_r$"弱磁方法，另一种是电压闭环弱磁方法。前者实现简单，但未充分利用电压极限和电流极限的运行条件，这样的电流分配由于并不严格符合理想电流轨迹，无法实现最大输出转矩，造成转速提升受限。后者可以充分利用系统的极限条件，同时采用的是闭环方式，极大地提高了系统的参数鲁棒性和稳定性，相比于前者实现较为复杂。电压闭环控制的实现方式：根据电压极限条件，给定电压矢量幅值和最大电压矢量幅值 $u_{\text{smax}} = U_{\text{dc}}/\sqrt{3}$ 的误差，经过 PI 控制器，得到弱磁电流的给定值；根据电流极限条件，q 轴电流的限幅值由 d 轴电流的给定和最大电流决定。图 7-5 为 SPMSM 弱磁 I 区电压闭环的控制框图。

永磁同步电机在高速驱动系统中，由于逆变器和电机本身电压和电流的约束以及较高电流频率等因素，会带来一些突出的问题，如电压调节裕量降低，dq

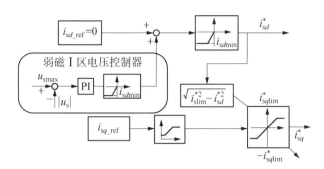

图 7-5　SPMSM 弱磁Ⅰ区电压闭环控制框图

轴电压耦合严重,低载波比下延时问题加重等。这些问题都会使控制系统的动态响应降低,同时作动器的频带要求较高,因此想要提高系统带宽,必须降低以上问题对系统频带的影响。

电压调节裕量降低和 dq 轴电压交叉耦合严重都可以归结为电流调节器的问题。针对转速上升致的电压调节裕量降低,在电流调节器中加入反电势扰动补偿项,消除电流调节器在高速段反电势扰动的影响,如图 7-6 中的 e_{Dsdq} 项;加入抗积分饱和项,消除电流调节器在高速段退饱和速度慢的影响,如图 7-6 所示,K_c 为抗积分饱和系数。

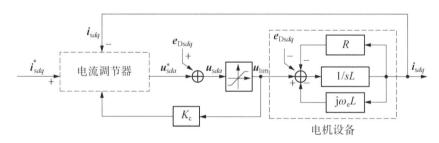

图 7-6　反电势扰动补偿和抗积分饱和调节器

根据电机的 dq 轴电压方程可知,dq 轴电压中的旋转反电势项 $j\omega_e L_{dq} i_{dq}$,随着转速的升高其值逐渐增大,高速阶段忽略电阻压降和加入反电势补偿,电流调节器输出的 dq 轴电压主要由旋转反电势项所决定。传统的 PI 电流调节器,在参数设计上忽略了旋转反电势分量,在中低速旋转反电势分量较小,可以对其影响进行忽略,但在高速段旋转反电势分量较大,会导致 dq 轴耦合严重,降低其动态响应和系统稳定性。一般工程上针对 dq 轴解耦有两种解决方案,一种是前馈电流调节器,另一种是复矢量电流调节器。

前馈电流调节器和复矢量电流调节器都是从传统的 PI 电流调节器演化而来的,其中也沿用了传统 PI 参数设计的零极点对消的基本思想。图 7-7 为前馈电流调节器框图,利用给定的 dq 轴电流作为前馈环节的输入,来抵消变换的主导极点。从图 7-8 和图 7-9 的闭环零极点图和伯德图可以看出,在同步频率较低时,对消效果较好,但随着同步频率的升高,跟随能力变差,耦合并未完全抵消。从伯德图可以看出,随着同步频率的升高,其幅频特性因耦合的加深而产生一定的畸变。由此得到,前馈调节器的解耦性能会随着转速的升高而降低。

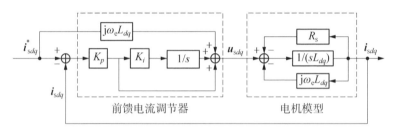

图 7-7　前馈电流调节器

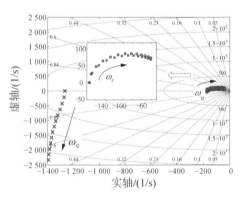

图 7-8　前馈电流调节器系统闭环零极点图

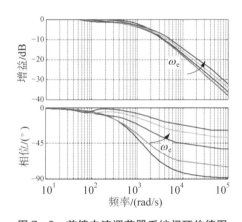

图 7-9　前馈电流调节器系统闭环伯德图

图 7-10 为复矢量电流调节器框图,其利用 PI 调节器内部引入复数项,产生一个复数零点,以消除电机模型中的复数极点。从图 7-11 和图 7-12 的闭环零极点图和伯德图可以看出,使得变化的零点能够始终跟随并抵消同步频率升高而变化的极点,保证调节器始终能够保持良好解耦性能,而与同步转速无关。同时,由伯德图可以看出,闭环的幅频特性在不同同步频率下完全一致,表明复矢量电流调节器具有良好的解耦性能。但复矢量中引入的前馈会通过一个积分环节,其抗扰性能相对较差,实际 dq 轴电流的采集存在较大的噪声。

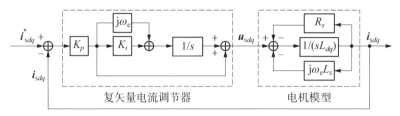

图 7-10　复矢量电流调节器

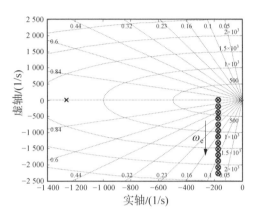

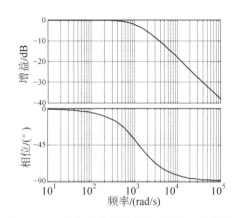

图 7-11　复矢量电流调节器系统闭环零极点图　图 7-12　复矢量电流调节器系统闭环伯德图

3）补偿控制策略

在液压伺服系统应用中,环境温度变化范围较大[6],温度的变化会导致电机定子电阻和转子磁链的变化,逆变器的非线性、电机相电流的采集延迟误差和转子角位置的采集延迟误差都会对电机高速段的控制精度产生影响,而且该应用场合对电机的体积、重量都有严格的限制,定子磁密会设计在很高的水平,因此在大功率工作状态下,定子 dq 轴电感会出现一定程度的饱和。为了提高电机的控制精度,降低阶跃指令的速度和电流的超调,采用补偿控制策略。

（1）定子电阻补偿。

在伺服作动器的应用场合中,电机的环境温度变化范围极宽,要求电机在 $-55\sim125\ ^{\circ}\mathrm{C}$ 均能正常工作。在基于模型的控制策略中,需确保电气参数在全温度范围变化下控制策略均能有效运行。定子电阻会随温度的变化而变化,为了减弱定子电阻参数的变化对控制策略稳定性的影响,将温度变量引入控制当中。

铜线的电阻随温度变化的经验公式为

$$R_x = \frac{234.5 + t_x}{234.5 + 25} R_{25} \tag{7-13}$$

为了得到电机绕组温度,在电机内部紧贴绕组的多个不同位置安装温度传感器,一般选择热敏电阻作为温度传感器。这是由于热敏电阻体积小,重量轻,可集成到电机内部。

(2) 转子角度采集延迟补偿。

由于控制器在采集电机转子位置角度时存在一定延时,因此每个电流周期解算时刻电机实际的位置角度与采集量之间存在偏差。当电机转速较低时,该误差可忽略不计;当电机转速较高时,该误差量则不可忽略。

控制器对各物理量的采集时序如图 7-13 所示。

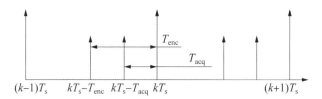

图 7-13 电机相电流、转子位置采集与控制策略解算的时序

利用采集到的电机转子角度直接解耦与利用电机真实角位置解耦矢量如图 7-14 所示。

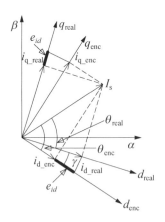

图 7-14 在解算时通过采集到的转子位置与真实电机转子位置对电流矢量进行解耦

由角度误差产生的 dq 轴解耦后的电流误差量为

$$\begin{cases} e_{iq} = I_s \sin(\theta_{real}) - I_s \sin(\theta_{enc}) \\ e_{id} = I_s \cos(\theta_{real}) - I_s \cos(\theta_{enc}) \end{cases} \tag{7-14}$$

电机真实角度表达式为

$$\theta_{real} = \theta_{enc} + \gamma \tag{7-15}$$

式中：γ 是电机在角位置采集时刻到控制器解算时刻（即 T_{enc}）转子转过的电角度。

该角度误差主要影响电机电流等参量的解耦精度,可导致电机脉动幅度的增加,当电机速度过高时,还有可能导致电流环控制的失效。

角位置采集时刻 T_{enc} 的时间很短,同时考虑到电机具有较大的转动惯量,因此电机在这段时间内转速变化可忽略不计。由此得到电机转子角度补偿公式为

$$\theta_{real}(k) = \theta_{enc}(k) + \omega_e(k) T_{enc} \tag{7-16}$$

4）无差拍控制策略[7-8]

无差拍控制是一种基于模型的控制算法,与传统的 PI 控制策略相比,其动态性能更好。在一些需要提升动态性能的应用场合,可采用该算法对控制对象进行控制。但无差拍控制的鲁棒性比 PI 控制算法的差,在设计无差拍控制时必须充分考虑系统的鲁棒性,然后进行详细的设计与验证后方可使用。

在 EHA 伺服系统的应用场合,要求电机可工作在 1 000 rad/s 以上;电机具备很高的动态性能,转速从 0 rad/s 升至 1 000 rad/s 的时间不超过 100 ms。因此,电机的电流环需要具备高动态,为了提高电机电流环频带,采用无差拍控制策略。同时,EHA 作动器需要在 $-55\sim120$ ℃ 的范围内都能可靠运行,但在大电流、大负载情况下,难免出现磁路和电感饱和的情况,为了能够设计出一种既能提高电流环频带,又能满足鲁棒性要求的无差拍控制算法,提出了一种预测控制和 PI 控制相结合的强鲁棒性无差拍控制算法。

第 k 个采样周期,电流预测值如式(7-17)所示。

$$\begin{cases} i_d(k+1) = (1 - \dfrac{T_s}{L_d} R_s) i_d(k) + \dfrac{T_s}{L_d} u_d(k) + \dfrac{T_s}{L_d} \omega_e(k) L_q i_q(k) \\ i_q(k+1) = (1 - \dfrac{T_s}{L_q} R_s) i_q(k) + \dfrac{T_s}{L_q} u_q(k) - \dfrac{T_s}{L_q} \omega_e(k) [L_d i_d(k) + \psi_f] \end{cases} \tag{7-17}$$

为了在第 $k+1$ 个周期结束时刻跟踪上指令电流,第 $k+1$ 个周期施加给电

机的电压可根据电机状态方程求得,同时考虑电机参数和逆变器输出电压与计算值之间均存在差异,为了消除这个误差,确保在第 $k+1$ 个指令周期结束时刻电机电流能够跟踪上指令电流,则需要满足式(7-18)和式(7-19)。

$$\begin{cases} u_d(k+1) = R_s i_d(k+1) + L_d \dfrac{i_d^*(k) - i_d(k+1)}{T_s} - \omega_e(k) L_q i_q(k+1) + e_{ud}(k) \\ u_q(k+1) = R_s i_q(k+1) + L_q \dfrac{i_q^*(k) - i_q(k+1)}{T_s} + \omega_e(k)[L_d i_d(k+1) + \psi_f] + e_{uq}(k) \end{cases}$$

$$(7-18)$$

$$\left[\sum_{m=k+1}^{k+1+n} e_{ud}(m) \right]^2 + \left[\sum_{m=k+1}^{k+1+n} e_{uq}(m) \right]^2 = 0 \tag{7-19}$$

第 k 个周期结束时刻的电流在理论上等于第 $k-1$ 个周期电流的指令值,由此可令

$$\begin{cases} e_{ud}(k) = \left(k_p + k_1 \dfrac{z}{z-1} \right) [i_d^*(k-1) - i_d(k)] \\ e_{uq}(k) = \left(k_p + k_1 \dfrac{z}{z-1} \right) [i_q^*(k-1) - i_q(k)] \end{cases} \tag{7-20}$$

在实际应用中,由于温度变化、电机饱和程度的变化、逆变器死区时间等因素的影响,必须考虑参数变化对电机控制稳定性的影响。当只考虑电阻发生变化时,dq 轴电流环传递函数如式(7-21)所示。

$$\begin{cases} \dfrac{i_d(z)}{i_d^*(z)} = \dfrac{\dfrac{L_d}{T_s} z^2 + \left(k_p + k_i - \dfrac{L_d}{T_s} \right) z - k_p}{z \left[\dfrac{L_d}{T_s} z^3 + \left(\Delta R_s - \dfrac{L_d}{T_s} \right) z^2 + (k_p + k_i - \Delta R_s) z - k_p \right]} \\ \dfrac{i_q(z)}{i_q^*(z)} = \dfrac{\dfrac{L_q}{T_s} z^2 + \left(k_p + k_i - \dfrac{L_q}{T_s} \right) z - k_p}{z \left[\dfrac{L_q}{T_s} z^3 + \left(\Delta R_s - \dfrac{L_q}{T_s} \right) z^2 + (k_p + k_i - \Delta R_s) z - k_p \right]} \end{cases}$$

$$(7-21)$$

式(7-21)包含一个接近于1的零点和一个接近于1的极点,为了保证零极点对消需满足:

$$k_p + k_i \ll \dfrac{L_d}{T_s} \quad \text{且} \quad k_p + k_i \ll \dfrac{L_q}{T_s} \tag{7-22}$$

下面以 q 轴电流响应为例,分析电阻变化情况下 k_p 和 k_i 参数的变化对系统稳定的影响,如图 7-15 和图 7-16 所示。

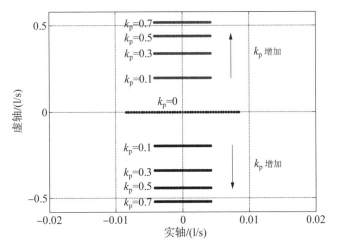

图 7-15 $k_i=0$,选取不同的 k_p,当仅考虑定子电阻变化情况时,电流环传递函数特征根轨迹

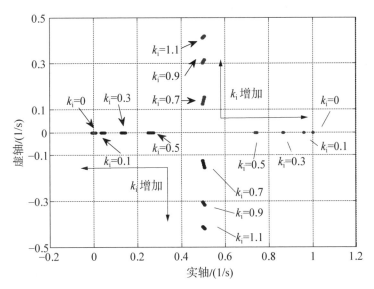

图 7-16 $k_p=0$,选取不同的 k_i,当仅考虑定子电阻变化的情况下,电流环传递函数特征根轨迹

从上述根轨迹曲线可得出结论,当 k_p 从零增加时,电流环传递函数的根轨迹向外延展,当 $k_p>2.6$ 时,传递函数的根轨迹超过单位圆,系统发散。换言之,当仅考虑电阻变化对系统稳定余度的影响时,k_p 选择的幅值越小越好。

从上述根轨迹曲线可得出结论：当 $k_p=0$ 且 k_i 从 0 增加至 0.6 时，电阻在规定范围内变化，根轨迹在实轴上移动，系统的稳定裕度不断增大；当 k_i 从 0.6 增大至 1.1 时，根轨迹朝虚轴方向移动，系统稳定裕度不断减小，直到 k_i 增大到 2.6 时，根轨迹超过单位圆，系统发散。

采用一个 10 kW 的正弦波永磁同步电机进行仿真分析，该电机的具体参数如表 7-4 所示。

表 7-4　电机参数

项目	量值
定子电阻/Ω	0.084
d 轴电感/mH	220
q 轴电感/mH	260
磁链/Wb	0.022 8
额定转速/(r/min)	8 700
额定功率/kW	10
极数	8

电机模型由 Matlab Simulink 中的模块搭建而成，电机模型的解算周期为 0.1 μs，PWM 信号周期为 100 μs，相电流和电机转子角位置采样周期也为 100 μs，T_acq 为 3 μs，T_enc 为 20 μs。为了验证上述控制策略，在 Matlab Simulink 中搭建了仿真模型。

在仿真模型中，电流环采用本节所述的无差拍控制方法，控制器参数 $k_p=0$、$k_i=0.5$，在初始时刻（$t=0$），电机转速指令为变化 25 000 r/min 的斜坡指令，0.4 s 后到达 10 000 r/min，保持 10 000 r/min 的转速 0.4～0.6 s，在 0.6 s 以后电机转速指令转为变化－25 000 r/min 的斜坡指令，直到 1 s，电机转速指令降为 0，其仿真结果如图 7-17 所示。

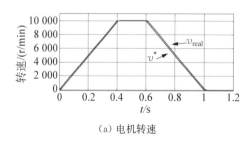

(a) 电机转速

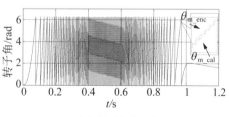

(b) 电机转子机械角位置

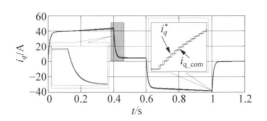

（c）电机 q 轴电流的指令的反馈曲线

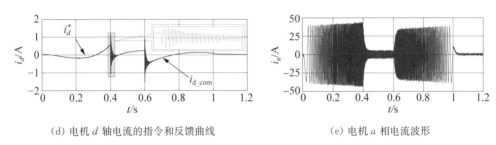

（d）电机 d 轴电流的指令和反馈曲线　　　　（e）电机 a 相电流波形

图 7-17　带有改进型电流环预测控制的永磁同步电机矢量控制仿真结果

图 7-17（a）给出了电机转速的指令和反馈仿真波形，v^* 为电机速度指令，v_{real} 为电机实际转速。图 7-17（b）给出了电机转子机械角位置的仿真波形，θ_{m_enc} 为测量的转子机械角位置，θ_{m_cal} 为补偿后的转子机械角位置。图 7-17（c）给出了电机 q 轴电流的指令和反馈仿真波形，i_q^* 为 q 轴电流指令，i_{q_com} 为 q 轴电流补偿后的反馈值。图 7-17（d）给出了电机 d 轴电流的指令和反馈仿真波形，i_d^* 为 d 轴电流指令值，i_{d_com} 为 d 轴电流补偿后的反馈值。图 7-17（e）给出了电机 a 相电流的采样值。

5）变增益控制

变增益是一种最简单的优化局部性能的方法，在 EHA 伺服作动系统控制中频繁被用到，主要用于速度限幅控制和小幅值变增益控制。主要解决作动器撞底问题，并提高系统频带。

速度限幅值控制的基本思想是根据作动器当前的位置，限制电机的速度指令，保证电机在做阶跃响应时不会出现作动筒撞底的现象。

小幅值变增益控制的基本思想是在小指令范围内时，提高作动器控制器的增益，在大指令范围内时，降低控制器的增益，进而达到提高作动器动态响应的目的。

7.1.4 高可靠高速液压泵

7.1.4.1 泵的选型

液压泵是电静液作动器的关键部件,为作动器提供液压压力和流量。根据常用液压泵的结构不同一般分为齿轮泵、叶片泵和柱塞泵,其中柱塞泵又可分为径向柱塞泵与轴向柱塞泵。选择适当结构的液压泵,对 EHA 的可靠性与功重比至关重要。在电静液作动器设计中,泵的转速越高,需要的泵的排量就越小,所需电机的输出扭矩就越小,目前国际先进 EHA 的电机转速都在万转每分钟以上。而液压泵压力的提高则可以减轻作动器重量,提高功重比。此外,EHA泵应可以较方便地与电机、作动器壳体形成一体化插装设计,这样可以进一步减轻重量,提升功重比。常见类型泵的比较如表 7-5 所示。

表 7-5 常见类型泵的比较

项目	结构	制造	体积重量	压力	排量	转速	容积效率/%	总效率/%
齿轮泵	结构简单	精度要求较低	体积小,重量轻	低(通常在 14 MPa 以下)	范围较大	一般	80~90	65~85
叶片泵	结构简单(比齿轮泵复杂)	精度要求一般	体积小,重量轻	一般较低,特殊可达 17.5 MPa 或以上	范围较大	一般	80~95	65~85
径向柱塞泵	结构复杂,零件多	精度要求较高	体积和重量大	较高(常用 10~40 MPa)	范围较大	较低	85~90	80~85
轴向柱塞泵	结构较复杂	精度要求较高	体积小,重量轻	较高(常用 10~40 MPa)	范围较大	较高	90~95	85~90

因此,从以上分析可以看出轴向柱塞泵具备高压、高速、高效、高功重比的特点,同时易于集成一体化设计,适合用于电静液作动器。

在电静液作动器中可以采用自适应变量液压泵。自适应变量液压泵排量可根据液压泵出口压力线性变化,在大负载低转速工况下,电机输出扭矩小,电流小,发热少。自适应变量泵压力排量及扭矩变化如图 7-18 所示。

但自适应变量液压泵大负载输出速度偏小,且结构复杂、体积大、重量重。采用两种泵的 EHA 机械特性如图 7-19 所示。

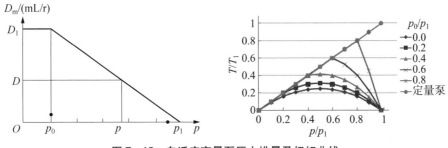

图 7‑18　自适应变量泵压力排量及扭矩曲线

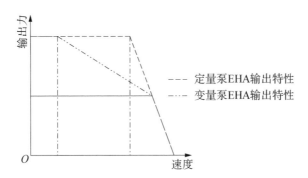

图 7‑19　机械特性对比曲线

两种液压泵的性能对比如表 7‑6 所示。

表 7‑6　变量泵与定量泵比较

项目	自适应变量液压泵	定量泵
排量	液压泵排量根据液压泵出口压力线性变化	排量不变
电机输出扭矩	在大负载低转速工况下,电机输出扭矩小,电流小,发热少	电机输出扭矩与压力成正比
机械特性	大负载时的舵机输出速度比定量泵小	较好
体积、重量	结构复杂,体积大,重量重	结构简单,可与电机设计成一体化结构,插装式安装

自适应变量泵通过减小作动器在大负载低转速工况下的排量,减小电机电流,降低发热。但是,由于变量机构的引入使得液压泵的结构复杂,机械特性的包络范围减小。同时,泵的转动惯量增大,影响作动器的快速性。另外,如果液

压作动筒为非对称结构,液压泵也需要选择非对称液压泵,其要求液压泵的正反转排量与作动筒面积比高度一致。而自适应变量泵的排量与作动器的压力及负载敏感机构的刚度紧密相关,这给非对称排量的设计带来很大的困难。目前,通过电机和控制器的降额设计及湿式电机的成熟应用,已经可以解决电机的发热问题。

定量泵结构简单,转动惯量较变量泵小,在设计非对称配流方面更易于实现,同时泵的可靠性高,因此定量泵更适合应用到 EHA 作动器中。定量柱塞泵总体结构和外形如图 7-20 所示,主要构型特点包括滑靴式柱塞、配流盘式非对称配流、缸体外支承转子、固定间隙回程。定量柱塞泵与作动器通过 3 个连接套连接,与电机轴通过内外花键连接,泵的泄漏回油通过泵外包容油滤通向电机进行冷却。

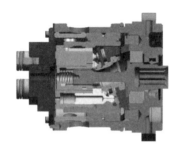

图 7-20   液压泵结构和外形

7.1.4.2   非对称配流泵

非对称排量指的是泵旋转一周时吸入和排出的液压油量不相等。非对称配流泵适用于伸出与缩回作动筒作用面积不同的电静液作动器,泵的排量比需要与作动筒作用面积比相匹配。

非对称配流设计通过配流部分(配流窗口、缸体窗口)的结构设计,从而影响配流窗口面积变化规律,保证泵的全工况流量比满足 EHA 需要。另外,由于其非对称排量特点,相比于对称配流设计,采用这种设计可能出现更大的压力、流量脉动冲击及额外的泄漏,设计时需要特别关注。

非对称配流设计的主要过程如下:通过计算获得配流窗口面积变化方案对应的流量比、压力、流量的冲击与脉动,根据计算结果调整配流窗口面积的变化方案,使流量比与要求匹配,并降低压力、流量的冲击与脉动,逐步优化迭代,直至获得最优的设计。配流窗口面积变化方案的优化迭代可以通过配流结构的变化实现。

　　将泵旋转一周进行数值离散,离散步长与空间极坐标离散步长相同,则泵旋转一周过程中任意时间下的缸孔与配流盘腰孔的相对位置可描述,将任意相对位置下的缸体端面窗口与配流盘窗口的交集作为配流面积。以时间为自变量,即可得到泵旋转一周下的配流窗口面积变化规律,如图 7-21 所示。

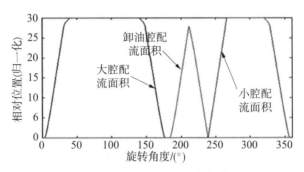

图 7-21　配流面积变化规律

　　由于泵上、下止点和闭死区的影响,不同工况下的流量比均不相同,一般计算结果表明,泵正转时的流量比永远低于反转时的值(单窗口侧排油,双窗口侧吸油认为是正转,另一个方向则为反转),其中正转时满载下的流量比相对空载的更低,反转时满载下的流量比相对空载的更高。

　　通过调整配流盘窗口边缘的结构,包括无泄压槽半圆形结构、带半圆形泄压槽半圆形结构、带三角形泄压槽半圆形结构、无泄压槽矩形结构等,降低泵的吸油腔、排油腔、蓄能器腔的压力、流量冲击与脉动。

7.1.4.3　泵的摩擦副

　　EHA 作动器液压泵额定工况下摩擦副 PV 值极高,摩擦瞬间温度升高。因此,对摩擦副材料需选择高温性能优异的高强铜合金作为配副材料。通过对摩擦副材料表面进行表面改性强化处理,进一步提高材料表面硬度,降低摩擦因数,保证材料高温稳定性,以提高液压柱塞泵在高压高速工况下的使用寿命。

　　通过对表面改性前后的摩擦副试样进行摩擦耐久试验,试验分析结果如图 7-22 所示。根据结果可知,表面改性强化后,大大增加了合金钢表面化学惰性,完全抑制了摩擦化学反应,使得合金钢磨损率大幅降低。试验初期存在一个磨损率较高的磨合阶段,之后进入稳态磨损阶段,磨损率大幅降低。其中,合金钢试样磨损率由十几微米每小时降至零点几微米每小时,铜合金磨损率由十几

微米每小时降至几微米每小时,合金钢表面改性强化试样磨损主要源于表面微
犁沟形成的剥落。

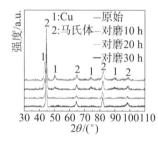

图 7‑22 高强铜合金钢摩擦副表面改性强化磨痕形貌及物相分析

7.1.4.4 高速高压柱塞泵

泵控 EHA 用双向泵除常规性能要求外,还需要满足实际工况要求的泵频
繁换向,且换向能力需达到一定频响的要求。验证该项需求可以利用伺服电机,
实现泵转速的高频换向,过程中通过液控单向阀组同步油路切换,监测转速、压
力、流量等指标。

与常见的轴向柱塞泵不同的是,高速高压 EHA 液压泵可以采用无靴式斜
盘副结构来适应超高转速的需求,并且它的泄油经过滤后直接进入驱动电机内
部,并流经作动器的循环油路,帮助电机散热。

结合高速高压 EHA 泵的特殊需求,以新材料应用技术为支撑,发挥结构陶
瓷在摩擦磨损方面的优势,可以采用综合性能最优的结构陶瓷材料——热等静
压氮化硅陶瓷作为斜盘材料,通过陶瓷/金属摩擦副摩擦磨损试验、斜盘副流‑
固‑热耦合仿真分析、高可靠性陶瓷斜盘全包容结构设计、陶瓷斜盘精密加工技
术等研究,分析新材料在高速重载摩擦副上的应用可行性和优缺点,结果表明结
构陶瓷材料可以满足高速高压 EHA 泵高可靠性和长寿命的需求。

工程陶瓷又称为现代陶瓷,是精细陶瓷的一个分支。工程陶瓷可分两类,分
别是功能陶瓷和结构陶瓷。功能陶瓷可以用来制造各种传感器,因为它具有绝
缘性好、介电性好、半导性和磁性等优良性能,其表现出的优秀使用性能可以满
足汽车电子化对各个部件提出的更高的性能需求。结构陶瓷广泛用于发动机和
热交换零件的制造,因为在高温工况下,它依然具有很高的强度、隔热性及耐磨
性,并且密度和膨胀系数都较低。结构陶瓷主要包括氮化硅陶瓷、氧化铝陶瓷、
碳化硅陶瓷等[9]。

氮化硅陶瓷具有高强度、高硬度、耐磨性好、热膨胀系数小的特点,并且具有

优良的高温性能,其使用范围已经渗透到各个尖端领域。氮化硅陶瓷的加工制备方法有反应烧结、常压烧结、热等静压烧结、热压烧结等。其中,热等静压烧结是一种先进的高温结构陶瓷制造工艺。热等静压烧结工艺是在密闭容器中以高压惰性气体或氮气作为传压介质,通过高温高压的共同作用,向被加工件的各向均衡施压。因此,相比于其他烧结工艺,被加工件的致密度更高,均匀性更好,性能更优异。热等静压烧结尤其对共价键的物质更为有效。热等静压氮化硅($HIP-Si_3N_4$)作为一种新型的结构型陶瓷材料,具有尺寸稳定性好,抗胶合性好,硬度高与韧性强等优良的性能。

7.1.5　EHA 伺服控制器

伺服控制器接收来自飞行控制与管理计算机输出的控制指令,按照控制指令的要求实现大功率 EHA 伺服回路的控制与监控,同时提供伺服系统工作所需的二次电源。

例如,某大功率 EHA 伺服控制器提供下述主要功能:

(1) 提供传感器及伺服控制器所需要的各种二次电源及传感器激励电源,并具有过压、过流和短路保护功能。

(2) 对模拟量与线性可变差接变压器(linear variable differential transformer, LVDT)位置传感器、压力传感器等进行信号调理及 A/D 转换、电磁驱动阀(solenoid operated valve, SOV)驱动等。

(3) 依据外部指令,综合位置反馈信号、速度反馈信号和电机相电流信号进行伺服回路控制律计算,输出 PWM 波,实现对大功率伺服电机的控制和功率驱动。

(4) 具备正弦波电机的控制功能。

(5) 具备同一机箱内部各 SA 板通过控制器通信数据连接(controller communication data, CCDL)进行信息交互的能力。

(6) 驱动电路具备上电缓启和电流泄放通道,泄放通道配备泄放电阻。

(7) 具备伺服回路的故障检测、隔离与 BIT 自检能力。

(8) 伺服控制器预留 3 路 1394B 通信接口,使伺服控制器具备与控制计算机通信的能力。

(9) 伺服控制器具备开放的调试接口与检测接口,便于对电流环、速度环、位置环、故障监控和控制结构进行调节。

此外,军用飞机上的伺服作动器一般需要电气多余度设计,传统的伺服阀式作动器一般采用四余度的架构,随着产品可靠性的提升,新一代战斗机和无人机已开始采用三余度架构。一种典型控制器的架构如图 7-23 所示。

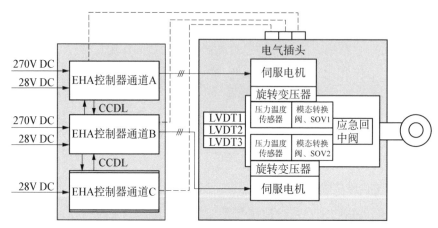

图 7-23　EHA 控制器的架构

7.1.5.1　控制器弱电部分

EHA 作动器控制器包含强电部分和弱电部分,强电部分主要用于实现电能变换,驱动电机工作。弱电部分主要用于信号的调理、解算,以及信号的变换和驱动。EHA 作动器单个电气通道包含 LVDT 解调电路、旋转变压器解调电路、电流采集、温度采集、液位采集、作动筒压力采集、伺服回路解算、故障监控解算等功能。其控制器的架构如图 7-24 所示。其中,信号的解调和调理在 FPGA中实现,伺服控制和监控策略在 DSP 中实现。

在控制器内,单通道电源系统设计如下:

(1) 机上的多余度 28 V 直流供电在通道内进行综合,实现系统电源的余度供给。综合形成的电源通过浪涌抑制器、EMI 滤波器后形成 28 V_OR 电源。

(2) 28 V_OR 电源通过隔离 DC/DC 生成 15 V 电源供驱动板使用,与 270 V共地。

(3) 28 V_OR 电源同时经过隔离 DC/DC 变换器生成 28 V 通道电源。

(4) 隔离后的 28 V 通道电源经过非隔离 DC/DC 变换器生成伺服控制器工作所需的各种二次电源,需要的二次电源包括直流 ±15 V、+5 V、SOV_15 V、交流 7 V/1 800 Hz(供作动器位置传感器激磁电源)、交流 7 V/10 kHz(供正弦波电机的正余弦磁阻旋变激磁电源,该电源由伺放板提供)、高压压力传感器供电28 V、低压压力传感器供电 15 V、蓄压器供电 28 V、SOV 复位电源 28 V。电源系统如图 7-25 所示。

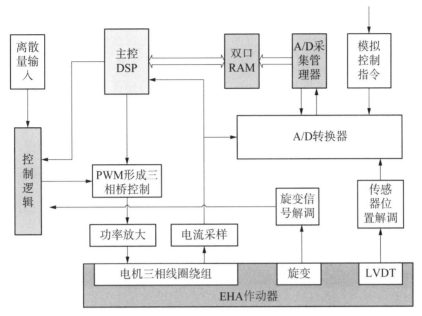

图 7‑24　EHA 控制器弱电部分硬件架构

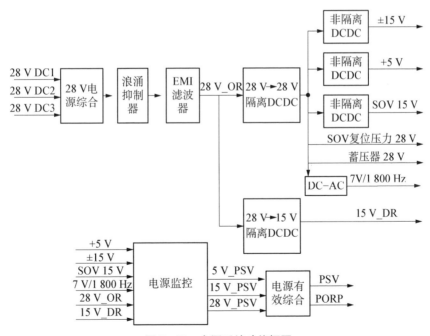

图 7‑25　电源系统功能框图

其他电路设计如下。

1）温度采集电路

根据对温度监控的要求,完成油温传感器、电机温度传感器、IGBT 模块温度传感器、泄放电阻温度信号处理电路设计,经 AD 采集后进入 FPGA,形成超温保护信号,实现对电机和功率模块的保护。温度传感器多种多样,机上一般考虑耐受环境特性和体积重量,选择合适的温度传感器,在控制器中设计对应的驱动和采集调理电路,即可实现对应温度的测试。

2）门极驱动电路设计

门极驱动电路可以选择集成化的驱动芯片,也可选择分立器件独立搭建,集成芯片隔离效果好、抗干扰设计经过验证,但成本高。分立器件搭建的门极驱动电路成本低,但对电路布局和设计要求较高。

EHA 作动器的控制器往往要求高功重比、小体积,因此选择集成芯片,隔离驱动器件选用 POWER - INTEGRATIONS 公司的 IGBT 驱动器。该器件为双通道隔离型 IGBT 驱动器,具备 450 A/1 200 V 或者 600 A/650 V 的通用 IGBT 模块驱动能力;单电源供电,隔离型的内部 DC/DC 转换器实现初级控制端和后级驱动端的电气隔离。

抗干扰设计:由于高压侧大功率高频通断会产生巨大的开关噪声,因此 IGBT 的门极驱动必须可靠,否则会导致大功率开关器件的误开通或误关断,进而导致舵机控制出现紊乱。

IGBT 的门极开通门限为 5.8 V,设计门极驱动输出电压达到 +15 V/-8 V,具备 6 A/1 W 的驱动能力,提供了足够可靠的 IGBT 驱动应用,保证 IGBT 的可靠开通和关断。

3）相电流采集电路设计

工业上为了降低成本往往采用精密电阻串接在主电路中,通过采集电阻两端电压实现相电流的采集。EHA 作动器是位置伺服,需要内环的频带高,电流采集范围大,精度要求高,电流采集精度差会引起作动器抖动,因此在这种应用场合下需要选择采集范围更大、精度更高的电霍尔式电流传感器。该传感器可以实现采集信号与电流信号的隔离,再通过差分放大电路进行调理,送给 AD 进行采样。电流传感电路如图 7 - 26 所示。

4）母线电压传感电路设计

为了控制母线电压上电缓冲环节及泄放环节正常工作,需要对母线电容两端的电压进行采样。为保证采样信号与母线电压隔离,采用 LEM 公司的霍尔电压传感器,电压传感电路如图 7 - 27 所示。

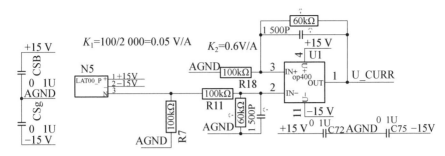

图 7 - 26　电流传感电路

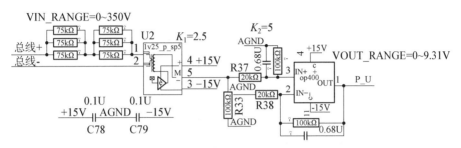

图 7 - 27　电压传感电路

7.1.5.2　强电部分

EHA 作动器的强电部分包含三个部分:上电缓冲电路、泄放电路和电机控制伺服电路。

上电缓冲电路是为了限制上电过程中过大的电容充电电流,避免器件损坏。上电缓冲电路主要包含三个电子器件,即上电缓冲电阻、功率二极管和旁路晶闸管。上电前控制器检测直流母线电压,当母线电压低于阈值时晶闸管不开通,当检测到母线电压高于阈值时晶闸管开通。

泄放回路是为了消耗电机回馈到直流母线的能量,即作动器在大指令阶跃时突然减速。作动器承受大顺载时,能量从负载端传到电机,再经过逆变器将能量传至直流母线,若无泄放回路,会导致直流母线电压因能量聚集而快速升高,进而损坏功率电子器件,导致控制器失效。泄放回路的控制策略如下:当检测到直流母线电压高于开通阈值时,泄放回路打开;当检测到电压泄放至低于关断阈值时,泄放回路关闭。为了保证泄放回路不出现频繁开通关断切换的现象,一般开通阈值和泄放阈值的设置需要保持一定差值。

逆变电路是为了实现电机的控制,逆变电路的设计往往与电机本体的结构以及控制策略相关,EHA 作动器往往采用如图 7 - 28 所示的 6 个开关管的三相桥结构。在一些特殊的场合需要电机本身具备容错能力,在逆变器架构选择上还包含 10 个开关管的五桥臂结构、12 个开关管的多电平结构,以及 12 个开关管的开放绕组式逆变器结构等。

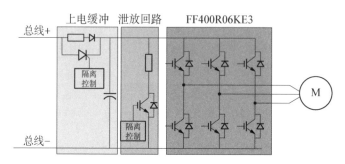

图 7‐28　EHA 控制器强电部分结构框图

7.1.5.3　CCDL 电路

以三余度控制器为例,三个控制通道之间采用 CCDL 实现机箱内数据互传,CCDL 接口可采用差分四线式 RS422 实现,差分驱动器为 SM3490。CCDL 波特率一般为 2 Mbit/s,传输数据包括位置指令信号、LVDT 反馈信号、速度反馈信号、I_q 指令信号、I_q 反馈信号、CSE 通道使能信号等。

三个通道 DSP 之间通过硬线同步方式进行数据传输。同步信号经差分驱动器 SM3490 驱动后,将差分信号传输到其他通道,同时接收来自其他通道的差分同步信号。每个通道必须具备两路发送器和两路独立的接收器。通道之间采用"双握手"同步,如图 7‐29 所示。

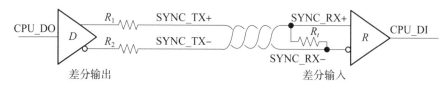

图 7‐29　通道间同步电路

7.1.6　电静液作动器的故障监控

EHA 作动器在正常工作情况下,需要具备在线故障监控能力,当作动器一个电气通道发生故障后,能够检测出故障,并能够可靠地实现隔离。

EHA 作动器包含两种在线监控器,一种是监控本通道故障的监控器,另一种是非相似余度监控其他通道故障的监控器。

监控本通道故障的监控器包含以下几个方面。

(1) 作动器舵面位置信号故障监控(包括余度信号比较监控与传感器和值自监控)。

该监控器主要思想是将三个通道的舵面位置信号进行比较,当本通道的舵面位置与另外几个通道的偏差超过阈值,则判断该通道舵面位置采集链路发生故障。为了避免液压余度降级过快,该通道的位置反馈信号选择 CCDL 传输过来的其他电气通道获得的位置反馈信号的平均值作为本通道的反馈信号。

(2) 伺服电机旋转变压器故障监控。

旋转变压器往往采用成熟的解调芯片,目前诸多型号所选的旋转变压器解调芯片均自带故障监控功能。为此可以简化该监控器的设计,通过读取芯片上预留的故障信息,即可判断旋转变压器是否发生故障。

(3) SA 板控制监控,包括看门狗、自身信号回绕。

伺服控制板上为了监控一次电源电压、二次电源电压,增加了多个 AD 采集电路,用于监控控制板上各关键点的电压是否正常。看门狗设计是为了监控控制器的芯片是否发生故障,在常规的伺服控制中都需设置该功能。控制自身回绕设计是航空产品特有的设计方式,它主要用于监控 AD 检测电路是否发生故障,它通过芯片发出信号,通过自身 AD 回绕检测该信号,然后芯片内部通过比较两个信号是否一致来验证 AD 采集回路是否发生故障。

(4) 相电流传感器监控。

相电流传感器监控器主要利用三个电流传感器采集电机的三相电流,理论上星型接法的电机三相电流代数和为零,当采集到的三相电流代数和超过门限值时该监控器报故障。

(5) IGBT 基极驱动监控。

该监控器主要用于基极驱动是否正常工作,其基本思想是,当作动器正常工作时,控制器 IGBT 的驱动电压指令不可能长时处在饱和状态;当监控到作动器电机指令电压长时处在饱和值时,则判断 IGBT 驱动信号故障。

(6) SOV 电流监控。

通过采集 SOV 线圈电流,与门限值比较,电流过大或过小均会报 SOV 电流故障。该监控器主要监控 SOV 的驱动电路、线缆是否发生断线,以及控制器 SOV 驱动电路是否发生故障。

(7) 270 V DC 电源监控。

该监控主要用于监控直流母线电压,该电压不能长时间过低。

(8) 油液温度、电机温度、IGBT 温度、压力监控。

温度监控主要是通过各类温度传感器,将传感器安装至对应位置,通过控制器调理电路采集各测试点的温度,该信息仅用于监控上报,不能作为切除该通道的信息。压力监控主要是通过压力传感器采集作动筒负载腔的压力和回油的压力,同样是仅用于记录,并不能用于作为切除该通道的信息。

7.2 机电伺服作动技术

7.2.1 机电伺服作动器组成与分类

机电伺服作动器(electro-mechanical actuator,EMA)常用作无人机飞行控制系统的执行机构,是指由电机进行功率传输和驱动的作动系统,通过控制电机的运行直接地或间接地控制负载的运动,实现控制目标的位置控制。

机电作动器摆脱了液压传动和控制,直接将飞机二次能源系统的电能转换为机械能,通过机械传动机构驱动舵面或其他被控运动机构,其主要结构一般包括驱动电机、传动机构、输出部件和传感器等。机电作动器与伺服控制器共同组成机电伺服作动系统,接收来自控制系统的指令,驱动电机将电能转换为机械能通过传动机构输出,实现对负载进行伺服控制的功能要求,图 7-30 为机电伺服系统原理图。

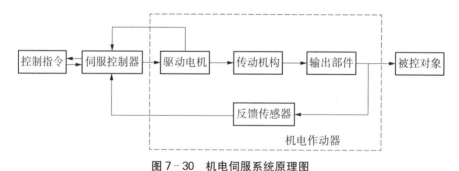

图 7-30 机电伺服系统原理图

机电伺服作动系统的主要优势如下:

(1) 系统的布局和综合变得更容易,并可提供隔离和重构能力,可以提高功率源故障时的生存性。

(2) 提高了功率源的余度等级,而且引入了非相似的功率余度,能够有效克服液压源的共因故障。

(3) 改善飞机的 MTBF,免除对现场维修人员的液压系统培训,大量减少地面支持设备。

(4) 取消了中央油源及相应的油路,减少飞机空载时的重量,改善飞机结构损伤情况下的生存性。

(5) 简化安装设计,减少了维修程序,缩短了整机的 MTTR,可有效提高出勤率。

(6) 减少了安装和维护液压和气压管路的费用,因而减少寿命周期费用。

机电伺服作动系统的主要劣势如下:

(1) 刚度偏小,易受载荷影响。

(2) 存在间隙、摩擦等非线性特性。

(3) 存在磨损现象和卡滞故障。

(4) 大功率条件下的减速机构导致尺寸和重量较大。

按输出形式不同,机电作动器可分为直线运动和旋转运动两大类,能够跟随输入信号,成比例输出直线位移或旋转角度。

按被控物理量来划分,机电伺服系统主要有以下三种:位置伺服作动系统、速度伺服作动系统、力伺服作动系统。在无人机飞行控制系统中,主要使用位置伺服作动系统。

驱动电机既是机电伺服作动器中的动力部件,又是控制部件,也是机电伺服系统的核心部件,无人机机电伺服作动器通常使用永磁无刷直流电机,按其驱动电流方式可分为方波驱动的无刷直流电机(brush less direct current, BLDC)和永磁同步电机(permanent magnetic synchronization motor, PMSM)。与传统的有刷直流电机相比,这两种类型电机的共同特点是结构简单,不仅具有更高的使用寿命和更强的环境适应性,且具有更高的效率和更高的功率密度。无刷直流电机与永磁同步电机相比具有如下优点和缺点[10]。

主要优点如下:

(1) 转子位置传感器结构较简单,成本低。

(2) 位置信号仅需做逻辑处理,电流环结构简单,控制器总成本较低。

(3) 相同机壳尺寸下,输出转矩可提高 15%。

主要缺点如下:

(1) 转矩脉动大。

(2) 高速运转时矩形电流会发生较大畸变,引起转矩下降。

(3) 定子磁场非连续旋转,定子铁心附加损耗增加。

因此,目前在无人机机电伺服作动器中,通常根据所使用的负载需求,选用适合的驱动电机。在中小功率负载条件下使用方波型无刷直流电机,在大功率负载条件下使用永磁同步电机。

直线式传动机构常用滚珠丝杠、行星滚柱丝杠和梯形螺纹丝杠。滚珠丝杠传动具有减速比大、刚性好、效率高等优点,其间隙和摩擦力的控制相对容易实现,同时采用该传动有利于提高系统的刚度和精度。行星滚柱丝杠效率高、噪声小,理论上相同直径的滚柱丝杠能承受的静载为滚珠丝杠的 3 倍,寿命为滚珠丝杠的 15 倍,且抗机械冲击能力强,易于安装,更适用于超大功率传动机构。梯形螺纹丝杠具有结构简单、加工方便、易于自锁等优点,但摩擦阻力大,传动效率低,侧向间隙不易控制。

旋转式机械传动机构常用正齿轮传动、行星齿轮传动、谐波齿轮传动和蜗杆传动。正齿轮传动结构简单、受力情况较好、单级传动比较小,如需要多级传动,体积、重量均较大;行星齿轮传动的传动比较大、传动效率高、结构紧凑、体积小、重量轻,但制造、装调要求较高;谐波齿轮传动单级传动比大、体积小、重量轻、承载能力大、运动精度高、能够做到无侧隙啮合,但存在制造复杂、传动比下限值较高和刚度低等问题;蜗杆传动用于交错轴间传递运动及动力,传动比大、工作较平稳、噪声低、可自锁,主要缺点是效率低、易发热。

位移传感器按需使用直线位移传感器或角度位移传感器。

另外,根据具体功能需求,还使用到其他一些部件,如电磁制动器、离合器、扭矩限制器、行程开关等。

7.2.2　机电伺服作动器的现状与发展趋势

机电作动方面,国外技术自 20 世纪 60—70 年代开始在航空功率电传需求牵引下快速发展,机电作动器已形成丰富的产品谱系与货架产品,成熟度高。机电伺服作动器以其制造成本相对低廉、维护成本低、可靠性高等优势成为伺服控制领域的重要发展方向[11]。

随着无人飞行器逐渐向功能一体化、结构灵巧化发展,以及多电、全电作动技术的日益成熟,机电作动技术发展的步伐越来越快。目前,国内外多种型号的无人机广泛采用了机电作动器作为驱动部件,与有人机大多在辅助操纵系统(缝翼、襟翼、可配平水平安定面的驱动)使用 EMA 不同,无人机通常全机操纵系统均采用 EMA,前轮转弯控制系统和机轮刹车系统也使用了机电作动器。比较典型的机型如下:

(1) 美国捕食者无人机;

（2）美国 X - 37B 空天无人机；

（3）美国 X - 51、X - 43 系列高超声速飞行器；

（4）美国 NASA 推力矢量控制系统；

（5）欧洲 Vega 火箭发射器；

（6）中国翼龙系列无人机；

（7）中国彩虹系列无人机；

（8）中国云影系列无人机；

（9）中国长鹰系列无人机；

（10）中国 AV500 系列无人直升机。

对比国外机载机电作动技术，国内在产品方面，主要存在种类不全、功率等级不够高的明显差距，具体表现在高功重比、大功率机电作动器，高动态机电作动器和电动水平安定面作动器尚无产品或产品没有实际应用，与国外同类产品的没有可比性，而在可靠性、安全性和寿命方面的差别未知。国内在技术方面，主要在高安全机电作动器设计技术、高压驱动机电伺服控制技术和机电作动系统健康管理技术等方面存在明显差距。

机电伺服作动技术的发展可从三个方面进行归纳：从性能上看，向高精度、高效率、高可靠性、高适应性方向发展；从功能上看，向小型化、轻型化、多功能方向发展；从层次上看，向系统化、复合集成化方向发展。

总体看来，机电伺服作动的研究发展重点为大功率、冗余技术、高集成度、高功重比、高效率、直驱式结构，以及低成本、灵巧智能化等技术，实现全数字化、智能化、综合化是未来机电作动器发展的总趋势[11]。

7.2.3　机电伺服作动技术指标

机电伺服作动系统的技术指标包含电气性能和机械性能两部分。

主要电气性能包含以下指标：

（1）工作电压：供电（包括离合器等部件的供电）标准，明确给出机电作动器的正常工作电压和误差。

（2）绝缘电阻：绕组之间和绕组与壳体之间的绝缘电阻。

（3）功耗：在最大负载或额定负载下消耗电流的最高量值要求。

（4）打滑电流：具备摩擦离合器打滑或输出机构制动功能的产品在打滑或制动时所消耗的电流范围。

（5）极性：作动器输出方向与传感器反馈信号极性的对应关系。

主要机械性能包含以下指标：

（1）最大输出力（力矩）：直线式机电作动器的最大输出力或旋转式机电作动器的最大输出扭矩及最大输出力（力矩）下的工作时间。

（2）打滑力（力矩）：直线式机电作动器的打滑力或旋转式机电作动器的打滑扭矩，应是一个数据范围。

（3）额定力（力矩）：直线式机电作动器的额定输出力或旋转式机电作动器的额定输出扭矩，应是一个具体数值，通常应同时明确产品在额定载荷下的工作时间，如果无特殊规定，产品在额定载荷下应能长期工作。

（4）额定速度：在额定力（力矩）下的速度。

（5）空载速度：在空载条件下的速度。

（6）工作行程（额定行程）：在最大输入指令下对应的行程。

（7）机械行程：规定机电作动器正反两个方向的最大机械行程。

（8）电气零位：规定在输入零指令条件下机电作动器输出部件的位置。

（9）机械零位：在飞控系统舵面零位条件下机电作动器输出部件的位置。

（10）不灵敏区：产生可察觉到和可测量到的运动的最低输入指令幅值。

（11）位置精度：实际输出位置与理论位置的偏差。

（12）频带：在空载输入规定幅值条件下，输出 $-3\,\mathrm{dB}$ 的幅值频率或 $-90°$ 的相移频率（先到者为准），输入幅值为最大输入信号的 $5\% \sim 10\%$。

（13）阶跃特性：产品在输入单位（$1\,\mathrm{V}$）阶跃指令下，输出响应的特性，包括超调量范围、振荡次数等。

（14）滞环：空载条件下以 $0.01 \sim 0.05\,\mathrm{Hz}$ 的频率、100% 额定行程循环时，在相同输入指令下，产品正向输出位置与反向输出位置的最大差值。

（15）间隙：在零指令条件下，正反向分别施加大于舵机静态摩擦力（力矩）的载荷时行程变化量。

（16）刚度：在通电条件下，输出部件负载增量与输出部件位移增量的比值。

7.2.4　机电伺服作动关键技术

1）高安全机电作动器设计技术

机电作动器是飞行自动控制系统的重要组成部分，对飞行器的姿态和飞行轨迹控制起着决定性作用，作动器能否可靠工作直接决定飞行器是否能够安全飞行，一旦出现故障将有可能造成重大安全事故。机电作动器特有的"卡滞"故障，给飞行安全带来严重的危害。随着飞行器性能的不断提升、寿命的持续增加以及环境的不断恶化,作动器的安全性指标要求不断提高,高安全作动器的设计难度不断加大,因此,高安全机电作动器设计技术是多/全电飞机机电作动系统的关键技术。

按照美军标 MIL-F-9490D 标准的规定,要使电传操纵系统具有与不可逆助力操纵系统相当的安全可靠性,其可靠性指标应为 1.0×10^{-7} h^{-1} 左右,而单通道的作动器设计尚不能达到该要求。因此,为了提高作动器的安全性,可通过余度设计、通道间隔离保护设计提高作动器自身的健壮性,提高作动器在故障下的容错性,降低周期性维护成本;此外,可通过仿真分析、试验验证评估作动器的能力包线,发现薄弱环节,提前规避作动器的失效风险。

高可靠机电作动器设计技术包括高可靠部件设计技术、故障隔离技术、仿真评估及试验验证技术。通过机械传动余度设计、冗余电机设计及机械防护设计提升部件可靠性;采用高可靠制动器、力矩限制器及防逆转机构等故障隔离防护设计提升作动器安全等级;应用热仿真分析技术、力学环境仿真分析技术、HALT/HASS 试验技术、加速寿命试验及寿命预测技术,对产品可靠性进行准确的评估和试验验证。

目前,技术较为成熟的冗余配置机电作动器构型有电气双余度电机/机械无余度、双电气无余度电机/机械无余度、双电气无余度电机/机械双余度、双电气双余度电机/机械双余度,各构型主要特点如表 7-7 所示,架构一、二使用较多。

表 7-7　各构型机电作动器主要特点

项目	架构	重量	MTBF	任务可靠度	系统复杂性
架构一	电气双余度电机/机械单	较轻	高	最低	简单
架构二	双电气无余度电机/机械单	较重	较高	较高	简单
架构三	双电气无余度电机/机械双	较重	较高	较高	较复杂
架构四	双电气双余度电机/机械双	较重	较高	最高	较复杂

2) 电机高功重比设计技术

随着机电作动器功率等级的提高,驱动电机体积和重量的增大、减速传动机构尺寸和重量的增大、产品刚度偏小以及易受载荷影响等缺陷显现,限制了大功率机电作动器的发展和使用,因此电机高功量比设计技术是机电传动作动器应用持续发展的关键技术。

轻量化高可靠永磁电机的拓扑结构研究:基于驱动用高效轻量化高可靠永

磁电机的结构拓扑对比分析与优化设计,包括定转子槽极数配合关系,定子绕组结构形式(整数槽分布绕组、分数槽集中绕组),转子永磁体和转子磁障的设计,定子结构支撑的设计与材料选取;对比分析高电磁负荷条件下,不同拓扑结构电机的转矩输出能力和效率,建立有效的高电磁负荷的永磁电机设计理论方法和流程,以满足机电作动器对驱动电机的尺寸、转矩及功率密度要求。

轻量化高可靠永磁电机的损耗精确计算及优化:为了满足电机的轻量化高可靠要求,铁芯一般工作于高电磁负荷条件下,其局部饱和严重,磁密分布情况复杂(交变磁场与旋转磁场共同作用),高速运行时铁损增加显著。因此,铁耗的精确计算是高效永磁电机优化设计的关键。

轻量化高可靠永磁电机电磁、热、结构多物理场综合设计分析:为满足驱动电机轻量化高可靠的要求,电机结构设计迎来了很大挑战,即电机的效率与电机的体积和重量之间的矛盾,电机的转子转速与转子动态特性之间的矛盾,电机高转矩密度输出与电机结构支撑部件之间的矛盾。因此,在整个电机设计过程中需要考虑电机的电、磁、热、力等关键物理量在电机运行过程中的相互影响与制约,开展多物理场综合设计分析。

3) 高压驱动机电伺服控制技术

高压驱动机电伺服控制技术是指由高压驱动电机(典型电压为 270 V)进行功率传输和驱动的技术,通过控制电机的运行直接或间接地控制负载的运动,实现控制目标的精确、高效、高动态位置控制。机电伺服控制技术主要是实现伺服电机各环路准确、稳定、高动态的控制。

高压驱动机电伺服作动技术是支撑"多电""全电"飞机/飞行器发展的关键技术之一,高压驱动机电伺服控制技术包括高动态控制技术、高精确度建模仿真技术和机械谐振抑制、摩擦补偿等非线性控制技术。通过提高伺服电子控制频率,减小控制延迟、进行延迟补偿、弱磁升速等实现高动态控制;在精确建模仿真技术方面,考虑饱和非线性、机械弹性、间隙、黏滞阻尼、参数整定、模型辨识、信号延迟等非线性因素,实现精确建模;研究机械谐振的形成机理,设计谐振抑制方案并进行验证,设计摩擦补偿方案抑制爬行现象。

4) 冗余机电作动系统故障检测与监控技术

冗余机电作动系统故障检测与监控技术作为提高机电作动系统可靠度与安全性的重要技术,主要包括对系统进行的故障检测、重构、健康评估及预测。

为了提高机电伺服系统的可靠性和可用性,需要将故障检测技术和故障预测与健康管理(prognostics and health management, PHM)技术应用到该系统中,重点研究在机电伺服系统的性能发生退化时对该系统进行的故障检测、重构、健康评估及预测。其中,PHM 技术的实现将使原来由事件主导的反应性维修(事后维修)以及与时间相关的预防性维修(定期维修)被基于状态的维修(condition-based maintenance, CBM),即视情维修所取代。PHM 技术可以在准确的时间对准确的部件进行准确的维修,这有效地提高了产品的可用性,减少了保障费用。

PHM 系统是新一代飞机研制的关键辅助系统,其技术的突破及功能实现对新一代飞机适应二级维修体制、提高综合保障能力和作战效能、减少飞机寿命周期维护费用具有重要的现实意义。

国内的冗余机电作动系统故障检测与监控技术已有一定的研究与发展,目前对于经典的电气双余度机电伺服系统故障实时检测已做到全面覆盖,但是基于复杂架构的机电伺服系统故障监控及故障预测方面仍处于研究过程中。

7.2.5　典型无人机机电伺服作动产品

1) 电气双余度电机/机械无余度-直线式

产品工作原理如图 7-31 所示,该架构产品可实现三种工作模式。

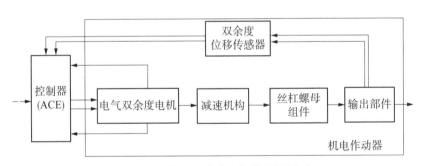

图 7-31　电气双余度电机/机械无余度

(1) 主通道工作:电机通过主通道绕组工作输出所需的转速和转矩,作动器的输出速度和输出力均满足使用要求,作动器电气备通道处于备份工作状态。

(2) 备通道工作:主通道发生电气故障,切除主通道电机使能,电机主通道绕组电流被截止,电机备通道绕组接通正常输出所需的转速和转矩,作动器的输出速度和输出力均满足使用要求。

(3) 主备通道均故障:发生电气两次故障或机械一次故障,电机两个绕组使能均被切除,作动器处于浮动状态。

2) 双电气无余度电机/机械无余度

产品工作原理如图 7 - 32 所示,该架构产品可实现三种工作模式。

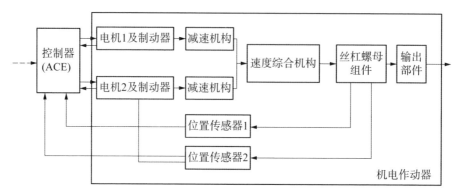

图 7 - 32 双电机机电作动器

(1) 主通道工作:电机 1 工作,电机 2 处于被锁定状态,电机 1 输出所需的转速和转矩,使作动器的输出速度和输出力均满足使用要求。

(2) 备通道工作:主通道的电机因故障被切除,电机 1 被锁定;电机 2 工作,电机 2 输出所需的转速和转矩,使作动器的输出速度和输出力均满足使用要求。

(3) 主备通道均故障:两个故障通道的电机均被切除,通过控制电机制动器可使作动器处于浮动或锁定状态。

3) 双电气无余度电机/机械双余度

产品工作原理如图 7 - 33 所示,该架构产品可实现三种工作模式。

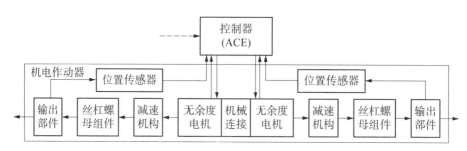

图 7 - 33 串联式机械双余度机电作动器

(1) 双通道均正常工作:作动器正常输出功率。

(2) 任何一个通道故障后处于锁定状态,另一通道正常工作:相同指令下作动器的输出位移均较双通道工作减半,作动器的速度随负载变化,也低于双通道工作正常工作模式。

(3) 双通道均故障：两个故障通道的电机均被切除，通过控制电机制动器或使用带自锁功能的梯形丝杠组件使作动器处于自由或锁定状态。

串联式结构简单，可有效实现机械防卡滞能力提升，但是作动器长度尺寸较大，适用于特定的安装空间。

4) 双电气无余度电机/机械双余度

产品工作原理如图 7 - 34 所示，该架构产品可实现三种工作模式。

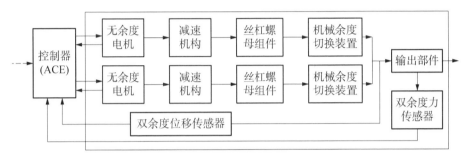

图 7 - 34　并联式机械双余度机电作动器

(1) 双通道均正常工作：作动器正常输出功率。

(2) 任何一个通道故障：切断故障通道电机，通过机械余度切换装置，隔离故障通道，另一台电机正常工作，此时作动器输出力不变，由于单电机所受负载增大，运动速度略有下降，工作行程不受影响。

(3) 双通道均故障时：两台电机均处于切除状态，通过机械余度切换装置，使作动器处于自由状态。

并联式结构紧凑，可实现机械防卡滞能力提升，但是控制方式复杂，在双通道正常工作时须通过双电机转矩同步算法控制两台电机的转矩平衡，以防止出现双通道力纷争现象导致作动器运动异常。

7.3　创新作动技术

进入 21 世纪，航空飞行器向新构型（无尾、飞翼、变体等）、高超声速（$Ma \geqslant 5$）、高隐身化、无人化（各类无人机）和近空间（高度为 20～40 km）发展的趋势日见明显。同时，智能材料也因其自感知、自诊断、自驱动、自修复、结构轻质、高能量密度等新特性，获得了航空工程师们的青睐。

随着材料技术、航空技术等的不断融合发展,采用创新、多元、混合、异构控制效应的作动方式及原理开始大量应用在飞行器伺服作动领域,包括基于智能材料实现的作动操纵、应用智能材料的机翼主动变形控制、基于创新效应器的主动气流控制等技术。通过工程师们在这一领域所进行的大量理论分析、样机研制、试飞测试等研究,这些创新控制作用与常规气动控制面结合使用或完全替代常规舵面,有望在未来使用条件下,满足新气动布局航空器控制操纵的需求。

7.3.1　下一代飞机对新型作动的技术需求

从 21 世纪 10 年代末期开始,国外对第六代(国内称第五代)战斗机的任务和技术特征相关研究和讨论逐渐成为航空领域的一个热点。

经美国军方和工业界对第六代战斗机及其可能的作战概念与技术特征进行讨论,意见比较一致的能力和技术特征主要包括较五代机更高的隐身能力、飞行中变体能力、可根据飞行速度调整其特性的发动机、定向能量(高能微波和激光)武器、高度网络化环境、灵巧蒙皮和高灵敏度传感器融合技术;存在分歧意见的特征是有人机和无人机之争;被工业界否定的特征是飞机高超声速($Ma \geqslant 5$)飞行,但不排除高超声速能力用于六代机动能武器的可能性。

在飞机气动和结构布局方面,波音公司明确提出无尾、双发的隐身布局;洛克希德·马丁公司的"臭鼬工作队"则提出非常规外形的机翼、接近水平的倾斜尾翼,并且具备自恢复结构(自恢复材料和形状)的能力。从目前展现出来的飞机任务和技术特征来看,对飞行控制技术具有跨越性发展意义和重大挑战的是基于人工智能的自主控制技术和基于智能材料和结构的变体飞机控制技术。

近些年来材料科学与流体技术相结合,产生出多种新型控制装置,可以取代传统的气动操纵面用于飞机的飞行控制。这些控制装置可划分为两大类:第一类基于智能材料和结构(如形状记忆合金或聚合物),在外部激励下自身变形产生控制力和力矩;第二类是分布式安装的微小型激励器,它们对局部流场产生干扰或冲击,改变整个流场的气流分布,达到控制目标。第一类装置与变体飞机应用紧密相关;第二类主动流场控制技术作为创新的飞行控制方案而被列入 NASA 的变体计划(morphing program)项目,也有研究者将这类流场控制技术称为"虚拟变体"技术。

将变体飞机控制技术作为飞行控制技术一个发展方向来讨论主要基于两点考虑。第一,在国外六代战斗机开始酝酿时,航空工业界对于变体飞机技术具有信心。普遍认为以 2030 年作为六代机的服役时间,变体飞机技术已经成熟,可以拿出满足要求的工业产品。且从材料科学的角度看,它比高超声速飞机更具有现实性。第二,主动流场控制和变体飞机控制技术都不是传统飞行控制技术的渐进式发展,而是重要的创新和挑战。这两种系统都具有分布式的体系结构、全新的组成部件工作机理与特性,以及飞机的典型非线性、时变的动力学特性。这些都给系统和分系统的分析、设计、综合与验证带来新的挑战。

7.3.2　基于智能材料的灵巧作动技术

智能材料研制及工程化技术进展极大地推进了其在伺服作动领域的应用,常用的智能材料包括压电陶瓷、压电薄膜、形状记忆合金、磁致伸缩材料、电流变体等。利用智能材料的特性,可实现现有伺服作动部件的改进设计或使用智能材料直接作动,开发出了基于智能材料的灵巧作动技术。典型智能材料特性如表 7-8 所示。

表 7-8　典型智能材料特性

项目	最大驱动应变 $(\mu\varepsilon)$	弹性模量 /Pa	合成应变 $(\mu\varepsilon)$	响应频率 /Hz	最高使用温度 /℃	驱动方式	驱动机理
压电陶瓷 PZTG - 1195	1 000	9×10^{-6}	350	1~20 000	200	电压	逆电压效应
压电薄膜 PVCF	700	0.3×10^{-6}	10	1~20 000	常温	电压	逆电压效应
形状记忆合金 Nitinol	20 000	4×10^{-6}(马氏体状态)、13×10^{-6}(奥氏体状态)	8 500(奥氏体状态)	0~5	300	电流温度	形状记忆效应
电致伸缩材料 PMN	1 000	17×10^{-6}	500	1~20 000	300	强电场	电偶极子在外电场作用下发生旋转,电偶极子沿电场方向平行排列,使晶体结构变形
磁致伸缩材料 Terfenol DZ	2 000	7×10^{-6}	580	1~20 000	400	强磁场	在外加磁场中,材料内部的小磁畴发生偏转并沿磁场方向重新取向,使材料产生变形

（续表）

项目	最大驱动应变 /($\mu\varepsilon$)	弹性模量 /Pa	合成应变 /($\mu\varepsilon$)	响应频率 /Hz	最高使用温度 /℃	驱动方式	驱动机理
电流变体	屈服应力 3.5 kPa，2.0 kV/mm 重复性偏差 10％，5 000 h；电流密度 2 μA/cm^2			1～12 000	200	强电场	在电场作用下，胶质悬浮体迅速排列成相对有规则的链条状柱形结构并具有固体性质

压电材料是一种应用非常广泛的功能材料，具有高频响、高功率密度、输出力大的特点，但是压电材料的输出位移小，在一些要求大位移、大输出的高功率应用场合下，压电材料无法满足要求。

最新的研究结果表明，如果将压电材料和液压控制相结合，开发基于压电材料的作动部件，可获得高功率、高频响等的新作动部件。例如：可利用压电材料输出直接或经过位移放大，驱动阀芯运动，构成一种新型的直接驱动智能伺服阀；可使用压电材料驱动液压泵的活塞运动，通过分步、重复的方式，输出流量和压力，形成基于智能材料的液压泵。

欧美在 20 世纪末就已广泛地开展了基于功能材料的液压部件的研制工作。美国的 Jason E. Lindler 及 Eric H. Anderson 等设计开发了基于压电陶瓷的直接驱动阀。采用压电陶瓷堆栈的输出经过位移放大驱动阀芯的方案（见图 7-35），该阀采用开环控制，没有采用位置反馈。

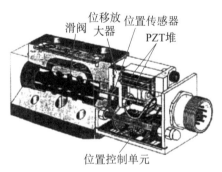

图 7-35　基于压电陶瓷的直接驱动阀

图 7-36 所示是一种基于压电陶瓷的偏转板射流伺服阀，其原理结构如下：压电结构 2 末端与反力杆 5 进行连接，另一端通过夹紧装置 1 安装于支撑结构

10 和外罩 11 上,并安装于上壳体 12 上;阀体 13 上装有阀套 8、阀芯 7 和传感器 3,并与上壳体进行连接。

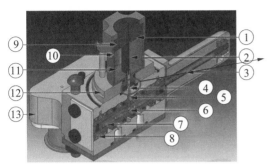 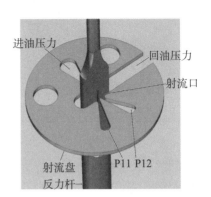

1—压电材料的夹紧装置;2—压电结构;3—传感器;4—射流级;5—反力杆;6—反力杆小球;7—阀芯;8—阀套;9—密封结构;10—前置级支撑结构;11—外罩;12—上壳体;13—阀体。

（a）伺服阀整体原理结构　　　　　　（b）前置级原理结构

图 7-36　基于压电陶瓷的偏转板射流伺服阀原理结构

这种伺服阀的工作过程如下:压电陶瓷双晶片在驱动电压的控制下产生位移输出,驱动反力杆上的偏导板结构与射流盘之间产生相对位移,形成前置级的压差变化,从而驱动阀芯,改变阀套的窗口大小,从而实现流量输出;反力杆与阀芯连接,产生反馈力矩作用于压电结构,形成直接力反馈;传感器用于位移监测,可用于控制系统的信号监测。该类伺服阀也可取消反力杆结构,并将传感器的监测数据传给压电材料的驱动控制器,形成电反馈伺服阀结构。

美国的 KCI 公司设计开发了使用压电堆驱动的液压泵,该液压泵质量为 450 g,外形尺寸为 $\phi38\,\mathrm{mm}\times100\,\mathrm{mm}$,输出体积流量最大可达 1 L/min,压力最大可达 20 MPa,泵的结构原理如图 7-37 所示,泵及控制器的外形如图 7-38 所示。

目前,采用该公司生产的压电液压泵的无人机已成功试飞,该压电泵用来驱动无人机的 6 个舵面。压电液

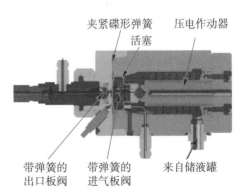

图 7-37　KCI 公司的压电液压泵

　　　　　　KCI 压电液压泵（带控）

图 7-38　KCI 公司的压电液压泵和控制器

压泵由压电陶瓷驱动往复运动的活塞、复位弹簧、可变的压力容腔、吸油单向阀和排油单向阀组成。压电液压泵的吸油和排油两个动作交替高频循环运动，以向外输出压力和流量。吸油时，压电陶瓷驱动器断电，嵌位圆盘弹簧回弹，泵油腔压力降低、在弹簧作用下油箱压力增大，吸油单向阀打开，使得泵油腔吸油。给压电陶瓷施加电压，压电陶瓷驱动体输出位移，驱动活塞运动，活塞运动使得可变压力容腔容积变小，压力升高，排油单向阀被打开，输出压力和流量。排油时，压电陶瓷驱动器供电，驱动器推动活塞及嵌位圆盘弹簧压缩运动，泵油腔压力增大；此时，排油单向阀打开，使得泵油腔向外排出油液。

　　美国的 Jason E. Lindler 和 Eric H. Anderson 等开发了基于压电陶瓷的固液混合作动器，其实质与 Lisa D. Mauck、William Oates 和 Christopher S. Lynch 等开发的压电液压泵式作动器采用同样的原理，也是采用压电叠堆驱动器驱动液压泵的活塞，通过泵的输出流量控制作动器输出。固液混合式作动器工作原理如图 7-39 所示，外形结构如图 7-40 所示。开发的作动器最大输出力达到 3 000 N，最大输出速度为 55 mm/s，作动器输出力和输出速度的特性曲线如图 7-41 所示。

　　2005 年，欧洲直升机公司利用一架 BK117 试验直升机开始了"压电陶瓷电襟翼控制系统"的正式首飞。电襟翼控制系统的初步目标是使旋翼桨尖涡系固有的、相对高的噪声水平降低，同时明显减轻机体结构振动，提高现代直升机的性能水平。BK117 电襟翼控制系统采用了 3 个襟翼组件，分别装在每片旋翼桨叶的后缘。压电陶瓷作动器根据长度的变化来改变电压，不需要飞行员的干预，每秒可驱动旋翼襟翼 15～40 次。压电陶瓷电襟翼作动器结构如图 7-42 所示。

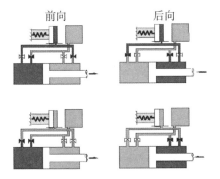

图 7‐39　固液混合式作动器工作原理图

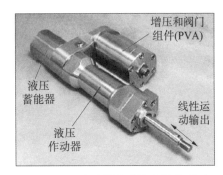

图 7‐40　固液混合式作动器外形图

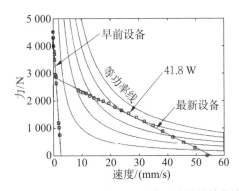

图 7‐41　作动器输出力和输出速度的特性曲线

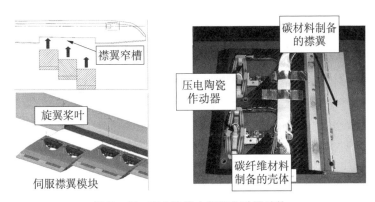

图 7‐42　压电陶瓷电襟翼作动器结构

在美国国防预先研究计划局(DARPA)的资助下,波音公司联合美国航空航天局(NASA)开展了基于智能材料的直升机旋翼桨叶后缘电襟翼(见图 7‐43)的研究试验工作。波音公司研制的旋翼桨叶后缘电襟翼弦长为 89 mm,展长达

914 mm,最大偏转角度为 $\pm 6°$;采用的压电陶瓷作动器最大输出力为 500 N,自由行程为 2 mm,驱动电压为 (475 ± 725) V,质量为 0.98 kg。

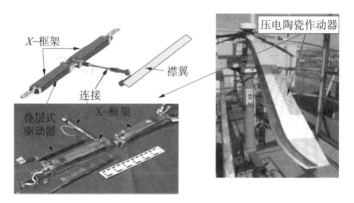

图 7‑43　波音公司研制的旋翼桨叶后缘电襟翼

7.3.3　变体飞机控制作动机构

　　未来飞行器对隐身性、机动性、能量效率等都提出了更高的要求,变形机翼技术可根据不同的任务和飞行环境改变机翼形状,使飞行器获得最佳的气动性能,这已经成为未来飞行器的重要特征和发展方向之一。采用变形机翼技术,可使飞行器减小阻力、提高升力、提高机动性、减少起降距离、减少油耗、扩展航程、提高升限等,在整个飞行包线上保持综合性能最优。研究表明,使用传统机械结构的变形机翼质量大、结构复杂、维修费用高,限制了新型飞行器的发展。智能材料实现的机翼结构具有轻质、高能量密度、自驱动、大变形、良好的传感特性、自修复等性能,满足变形机翼设计需求。基于智能材料的变形机翼技术是未来飞行器发展的关键技术之一,具有广泛的应用前景。

　　"变形机翼"概念的提出可以追溯到 20 世纪。最早的可变形飞机可以追溯到莱特兄弟的飞行者一号。莱特兄弟由秃鹰的飞行动作获得灵感,用木材和布等软材料制作了柔性机翼,利用缆索和滑轮扭曲机翼,通过改变弯度控制飞机滚转。在飞机发展的百余年间,飞机的变形技术也在不断演变:襟翼、副翼、变后掠翼,可收放式起落架、机头下垂,可调式进气道、推力矢量喷管,全动尾翼等。以上所列都可以看作是变体飞机发展的初始阶段。这些变形技术均在不同程度上改善了飞机的气动特性和飞行性能,但是绝大多数机构复杂,功能受限,效率较低,难以适应较广范围飞行条件的变化。

　　20 世纪 60—70 年代是变后掠翼技术发展的黄金时期,先后出现了十几个型号的变后掠翼飞机,典型的变形驱动结构如图 7-44 所示。F-14 舰载战斗机利用变后掠翼技术成功兼顾了舰上起降、巡逻待机和超声速冲刺性能,而 TU-160 战略轰炸机则从中获得了洲际飞行、超声速和超低空飞行能力。变后掠翼技术不仅证明了飞机在飞行过程中可以大幅度改变机翼外形,更重要的是这种变形带来了较大速度范围内的气动收益。甚至到目前为止,这种收益都是难以超越的。变后掠翼飞机比较理想地兼顾了低速、跨声速和超声速飞行性能,但同时也付出了结构、重量、操纵等方面的代价,而且其变形形式仍然是机械的、单自由度的,变形量主要体现在一些相对量(如后掠角、展弦比、顺气流相对厚度等)的变化,而涉及飞机物理特征的一些绝对量(如机翼面积、浸润面积等)的变化却非常小。

2003 年,DARPA 正式启动了 MAS(Morphing Aircraft Structures)研究计划,以期保持其绝对的空中作战能力。洛克希德·马丁公司和 Hypercomp/NexGen 公司分别研制的"变形机翼"项目(见图 7-45)均是 MAS 研制计划的一部分。MAS 研制计划是为军用飞机开发新一代技术,使之通过采用变形部件大大提高军用飞机的多用途能力。MAS 研制计划的较长远目标是要研制出一种比"全球鹰"无人机续航能力更强,比 F-22 机动性更高的可变形体飞机。

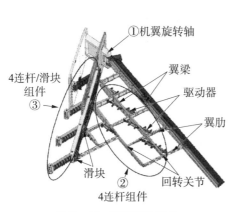

图 7-44　变形驱动结构

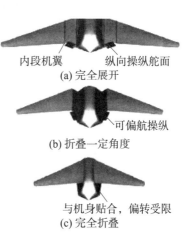

图 7-45　机翼折叠时内段机翼上操
　　　　　纵舵面的变化

随着智能材料技术的发展,集成智能材料的变形机翼方案不断涌现,智能材料构成机翼主要结构件,实现从结构承力维持形状到多功能变体适应、从分域隐身到全域隐身的技术需求。基于智能材料的变形机翼技术研究可使飞机获得如下收益：

（1）变形机翼形状的可控变化使飞机在不同飞行状态均能获得好的翼面升阻比，提高飞行效率。

（2）变形机翼局部区域变形偏转实现飞机操纵舵面与机翼的无缝设计，消除传统气动操纵面所造成的机翼缝隙和鼓包，减少气动飞行阻力和噪声，提升飞行器隐身性能。

（3）变形机翼基于智能材料的集成分布式设计，提供飞行操纵的控制余度，提升飞机安全性。

（4）变形机翼的综合控制可有效实现飞机颤振抑制等复杂控制功能。

（5）智能材料的集成应用实现了操纵机构与机翼结构的优化设计，使机翼控制速度、控制精度、环境适应性提升。

美国 FlexSys 公司创新地提出了机翼翼肋柔性结构的设计概念，结合智能材料驱动实现了变形机翼工程样机研制（见图 7-46），并获得了美国空军研究实验室（AFRL）的支持，有望在飞机上实现应用。

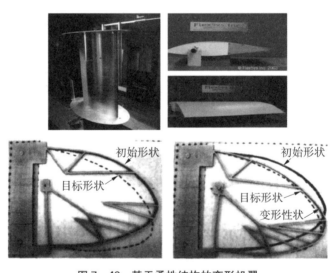

图 7-46　基于柔性结构的变形机翼

NASA 和 AFRL 利用湾流Ⅲ公务机开展了自适应柔性后缘主动变形机翼（见图 7-47）的飞行试验。该技术可提高 3%～12% 的燃油效率、降低 40% 的噪声。可针对变化的飞行状态对翼型进行实时优化，并且可实现阵风或激动载荷减缓。

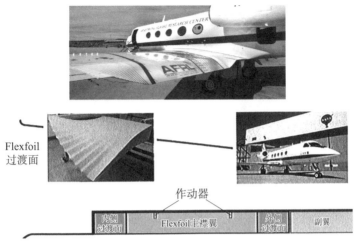

图 7‑47　自适应柔性后缘主动变形机翼

利用形状记忆合金、形状记忆聚合物在温度场变化下的特性,也可实现机翼变形偏转,满足变体飞机不同飞行模态下机翼构型的需求(见图 7‑48)。通过热刺激,形状记忆聚合物可以实现由刚性聚合物向弹性体的转变,此时可以改变聚合物的形状,撤去热刺激后,形状记忆聚合物可以恢复到刚性聚合物,并保持此状态,当再受到热刺激时,形状记忆聚合物会自动恢复到初始形态。可以看出,形状记忆聚合物无缝蒙皮既可以在弹性体状态随机翼折叠变形(伸长变形可达 200%),又可以在刚性聚合物状态承受气动载荷,并保持光滑连续,保证机翼良好的气动性能。

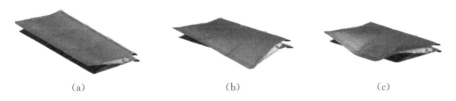

(a)　　　　　　　　　(b)　　　　　　　　　(c)

图 7‑48　形状记忆合金实现的变形机翼

7.3.4　主动流场控制作动器(虚拟变体技术)

近年来随着流动控制技术的发展,尤其是主动流动控制技术不断取得新的进展,提出将流动控制技术应用在飞行控制上。这一想法的实现在英国的FLAVIIR(Flapless Air Vehicle Integrated Industry Research)研究计划中初见端倪。该计划希望通过无舵飞行器的研制,为下一代无人机或无人战斗机的研制做技术储备。目前,研究人员已经成功制造出"Demon"无人机并完成了首飞试验。"Demon"无人机通过吹气方式实现飞机的俯仰和滚转控制,其吹气控制系统增加了引气、吹气等附加设备,这无疑增加了无人机内部结构的复杂程度及机身重量,不利于面向实际应用的推广使用。但是,它采用辅助气流系统进行飞行器的控制给人们以新的启迪。

其基本原理是通过分布于机翼的射流产生装置将高速射流从出口喷出,与飞行器表面的绕流相互作用,改变射流出口附近及下游局部区域的流动状态,从而影响局部区域的表面压力分布,达到调整翼面升力的目的。可以在飞行器上局部位置合理布置射流,改变飞行器局部位置压力分布来控制全局气动力矩变化。

图 7-49 为主动气流改变状流流场示意图。

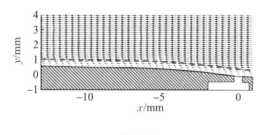

(a) 射流关闭

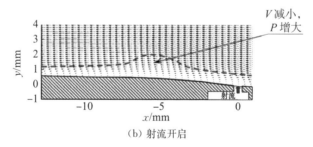

(b) 射流开启

图 7-49 主动气流改变扰流流场示意图

为了不对被控流场造成附加影响,流场控制系统所用的传感器和作动器的主要约束是体积小型化/微型化、齐平安装且无尖锐凸出物。主动流场控制技术具有很广阔的应用前景,目前的研究和应用较多的有如下一些场合:

(1) 在中等或大迎角机动飞行中,通过诱导气流重新附着翼面来控制气流分离,以改善气动性能和扩展飞行包络线。

（2）集成为创新效应器（novel effector）取代传统舵面和伺服机构，形成新型分布式飞行控制系统方案。

（3）发展为射流式或引气式无机械偏转的保形矢量推力控制技术，取代现有笨重的、复杂的机械偏转机构。

（4）控制因气流引发的空腔（如起落架舱、武器舱等）谐振，以达到降低阻力和噪声的目标。

例如，火花放电等离子体合成射流激励器是一种新的基于等离子体气动激励的主动流动控制装置。2003 年，美国约翰-霍普金斯大学应用物理实验室首先提出该类型的火花放电等离子体合成射流激励器，由于其产生的射流局部最大瞬时速度高达上百米每秒，对于高速来流流动尤其是超声速来流具有良好的主动控制效果，逐渐被国内外学者关注。

其典型结构与工作原理如图 7-50 所示。它由一个开有出口孔缝的绝缘腔体和一对电极组成，形成一个射流需经历三个阶段：在腔体内进行火花放电，产生等离子体［见图 7-50（a）］；放电伴随的高温加热腔内气体，使其温度和压力快速升高，从而由出口急速喷出，形成可用于流场控制的气体射流［见图 7-50（b）］；瞬间完成射流导致腔体产生负压以及温度下降，随后外部气体乘虚充填腔体，准备下一次放电和射流的形成［见图 7-50（c）］。三个阶段构成一个射流周期。

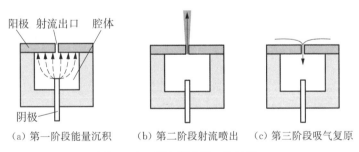

（a）第一阶段能量沉积　　（b）第二阶段射流喷出　　（c）第三阶段吸气复原

图 7-50　射流激励器工作过程

尽管目前国内外采用该类型的等离子体射流激励器绝大多数用于高超声速下的激波控制，但由于其产生的射流能量集中，且射流速度高达上百米每秒，因此该种类型的等离子体射流有望在低、亚声速无舵飞行控制技术中发挥其技术潜力。

此外，值得一提的是，2014 年 12 月，厦门大学与中航工业气动院合作进行了等离子体射流控制飞翼模型气动力及力矩的风洞试验研究(见图 7-51)。实验研究结果表明:等离子体合成射流可明显改变飞翼模型横向气动力矩。

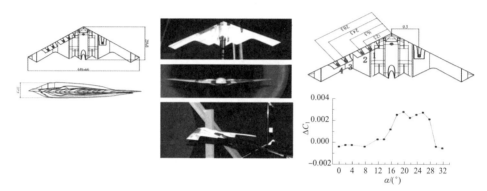

图 7-51 等离子体射流控制飞翼模型

7.4 伺服控制电子技术

随着飞机技术的发展,多电/全电飞机已成为下一代飞机的发展趋势,电力作动器(electrically powered actuator)将成为飞机新的主要舵面执行机构,并组成实现功率电传的电力作动系统。电力作动系统也是今后强激光武器、动能武器、高功率微波武器、电磁脉冲武器等新概念武器空中搭载平台的支撑技术,是高性能无人机所必须重点发展的技术,在我国武器装备体系中占有相当重要的战略地位。通常来说,机电作动器(EMA)和电静液作动器(EHA)都属于电力作动器。

对于机载作动系统而言,通常根据具体应用场景和构型特征,设计选用作动器作为执行机构。根据作动器技术的发展,目前无人机伺服作动系统多采用机电作动器,有的无人机也采用 DDV 式作动器。总体来说,EMA 在无人机上的应用更为广泛,即由电动机通过机械齿轮装置直接驱动作动器输出。EMA 的伺服控制以数字控制方式为主,部分功能电路采用数模混合方式。伺服控制电子的工作电压有 28 V DC、100 V DC、160 V DC、270 V DC 等,输出功率从几百瓦到几千瓦。

随着无人机控制性能的提升、机动性能的提高、作战半径的扩大,对于执行机构的要求也越来越高,大功率 EMA 及其伺服控制电子的应用越来越广泛。

7.4.1　伺服控制电子的功能及架构

伺服控制电子的基本功能是接收来自飞行控制计算机的作动器控制指令，综合作动器的位置反馈信号，经过一定的伺服控制律运算，控制作动器运动，从而操纵相应舵面。

以三环控制为例的 EMA 伺服控制回路如图 7‒52 所示。对于 EHV 式作动器或 DDV 式作动器的伺服控制电子而言，三环控制为作动器位置回路、阀位置回路和电流回路。

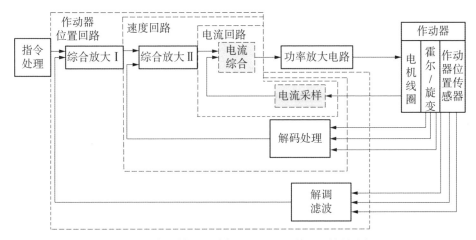

图 7‒52　伺服控制回路框图(以 EMA 的三环控制为例)

此外，伺服控制电子还有一些辅助功能，例如：伺服控制电子应能实现控制回路的在线故障检测，并能将伺服回路的工作状态发送到飞行控制计算机；伺服回路在故障状态下，伺服控制电子应能通过故障处理电路，满足不同余度等级下的故障工作和故障安全要求；BIT 状态下，伺服控制电子应能完成规定的 BIT 测试项目，满足飞行控制系统对伺服回路进行机内自检测的要求。

伺服控制电子的功能模块组成与控制对象密切相关，其复杂程度主要取决于伺服回路的组成及余度等级，总体上来说，伺服控制电子的功能模块组成如下。

1) 总线接口电路

完成伺服控制与飞行控制计算机的通信和数据交换功能，接收飞行控制计算机的工作模态控制指令，将伺服控制回路的工作状态和故障信息上报飞行控制计算机。

2) 位置解调电路

将作动器位置反馈传感器输出的交流电压转换成直流电压，形成反馈指令，供伺服回路综合使用。

3）综合放大电路

完成输入指令和反馈指令的综合，进行必要的放大、滤波和限幅处理，形成舵机的控制指令。

4）功率放大电路

对 DDV 式液压舵机而言，完成对直接驱动阀工作状态的控制，提供力马达线圈的工作电流；对 EMA 而言，完成对电机工作状态的控制，提供电机绕组的工作电流。

5）开锁机构控制电路

对 DDV 式作动器而言，用于舵机电磁阀接通和断开两种工作模态的转换和控制，并提供相应的电磁阀工作电流；对于部分 EMA 而言，用于电磁离合器的接通和断开两种工作模式的控制和转换，并提供相应的离合器工作电流。

6）控制逻辑及延时电路

根据伺服控制监控电路的输出状态，完成伺服控制各种工作模式的转换和控制，并进行必要的延时处理，使其满足伺服回路的逻辑控制和时序要求。

7）故障监控电路

如传感器和值监控、模型监控、电流监控（DDV 的力马达线圈、电机绕组）等，对于 EMA，还应有电机转子位置传感器故障监控。所有监控电路共同完成伺服回路工作状态的监控，并经过逻辑综合后给出相应的伺服回路状态信息。

8）BIT 支持电路

完成 BIT 工作状态控制，提供 BIT 工作激励信号。

7.4.2　伺服控制电子硬件技术

7.4.2.1　数字伺服控制平台设计

常见的数字伺服控制平台一般分为两种，一种为基于 DSP＋FPGA 的平台，另一种为基于 MCU 的处理器平台。

1）DSP＋FPGA 平台

伺服控制器采用 DSP 及 FPGA 两种数字芯片并行工作，大幅提高了控制器的数字处理速度，缩短控制器任务周期，并且可以相互监控，提高可靠性。DSP＋FPGA 并行工作的架构中具体分工如下：由 FPGA 实现 A/D 采集控制、串行总线通信（协议层）、HALL 解码、PWM 控制信号生成及 DSP 芯片监控等任务，由 DSP 完成控制律计算、BIT 余度管理、总线通信（应用层）及 FPGA 监控等任务。

例如,数字处理芯片采用 TI 公司带自监控功能的处理器 TMS570 系列的 TMS570LS3137,一款基于 ARM Cortex 内核的浮点双核处理器,其主频为 180 MHz,运算能力为 288 DMIPS①,双核处理器"锁步"运行,每个处理器和存储器都具有 BIT 功能,FLASH 和 SRAM 具备 ECC 校验,同时该处理器具有 UART、FLEXRAY、CAN、PWM 等外围接口。FPGA 选用 ACTEL 公司的 A3P1000L 系列芯片,包含 100 万门逻辑资源,保证了宽环境适应性,高可靠性,元器件供货可靠持久的要求。其具体功能模块如图 7-53 所示。

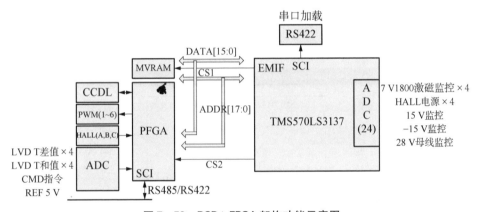

图 7-53　DSP+FPGA 架构功能示意图

典型的功能划分如下:DSP(TMS570LS3137)的功能为完成余度管理、通道监控、控制律计算等适合于发挥处理器资源特长的任务。FPGA 主要完成接口管理(包括 ADC、HALL 传感器信号解码、SCI 总线接口等),尤其是在 FPGA 中可以完成 SCI 总线接口的协议解包及组包工作,特别是在系统中 SCI 接口较多时,这样可以大量缩短 DSP 处理器的运行周期。同时,针对直流无刷电机 (BLDC)的控制,PWM 生成相对简单,可以在 FPGA 中实现,一方面可以再次缩短 DSP 的运行机时,另一方面在无人机伺服系统中经常会有一个余度内控制多路电机的任务(简称"一控多"),因此在 FPGA 中实现该部分功能,可以形成逻辑模块,轻松实现"一控多"应用,并易于扩展和移植。

2) 基于 MCU 平台

基于 MCU 的平台,充分使用 MCU 中自带的外设资源,例如 PWM 生成模

---

① DMIPS 是衡量整数计算能力的单位,指每秒 100 万条指令。

块、SCI串联模块、SPI接口模块、ADC/DAC接口、GPIO资源等,可以节省大量硬件资源,但是难点在于软件开发和系统综合。

图7-54所示为某型无人机一个余度通道的伺服控制架构,采用主从MCU的方案。其中,主处理器使用MPC5644的片上ADC资源实现作动器位置采集、电压电流采集等功能,使用SCI接口实现通道间交叉传输(CCDL),使用三个SPI接口实现与外部总线和其他MCU的数据通信,并且在MPC5644上实现作动器的位置闭环控制。从处理器采用MC56F84789,同样使用该处理器的片

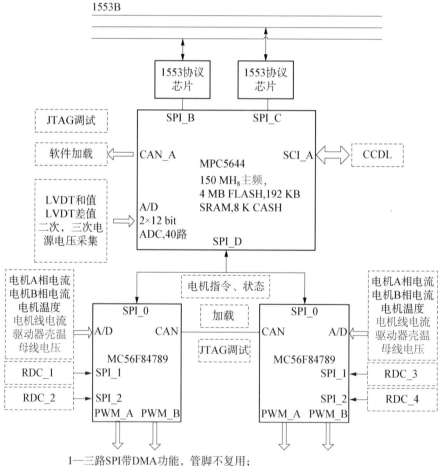

1—三路SPI带DMA功能,管脚不复用;
2—两组PWM管脚不复用;
3—CAN总线带DMA功能,管脚不复用;
4—2个12 bit cyclic ADC,共有16个采集通道,管脚不复用;
5—1个16 bit SAR ADC,共有16个采集通道,管脚不复用。

图7-54 某型无人机伺服控制器数字控制系统架构图

上 AD 实现电机控制的相关量采集,使用 SPI 接口进行通信及读取电机位置传感器数据,并使用 PWM 生成模块实现 PWM 输出。在该处理器上实现电机的速度环和电流环控制。

7.4.2.2　功率驱动及逆变技术

对于电动作动器来说,电机控制是关键,一般常采用直流无刷电机和永磁同步电机,不论控制哪种电机,驱动电路均会采用三相逆变桥的拓扑结构,对于三相逆变电路,通常有以下两种设计架构。

1) 采用集成驱动模块

通常选取的集成模块至少要集成六路功率开关管(包括 MOSFET 管或 IGBT 管),有些还同时集成六路功率开关管的门级驱动电路,这时只需提供六路 PWM 信号即可完成对三相逆变桥的控制。此种情况需要外部设计 PWM 光电隔离电路,以实现功率侧和控制侧的隔离,防止不同类型电气信号之间的干扰,提高了单板信号质量,其原理如图 7－55 所示。

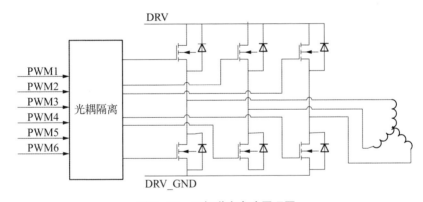

图 7－55　三相逆变电路原理图

对于有些集成度更高的驱动模块,三相功率驱动和光电隔离电路在一起集成,这样能进一步缩小硬件的体积,有利于小型化的设计。

根据前文所述,功率级电压可能为 28 V DC 至 270 V DC 不等,为实现高、低电压之间信号的传输,通常会采用光电耦合的隔离传输技术,将数字电路产生的六路 PWM 控制信号与电机功率驱动电路进行电气隔离,防止强电信号对弱电信号的干扰,提高单板信号质量。

在无人机伺服控制器的电机驱动电路设计中,大功率混合集成电机驱动模块的应用可进一步减小控制器的体积和重量,并且大幅减少功率器件数量,提高

控制器可靠性。例如,某功率驱动器所采用的智能功率模块,内部集成六个 IGBT 功率开关管,其主要特性如下:

(1) 110 ℃ 温度条件下,具有输出 500 V/50 A 电流的额定能力,瞬态能力 100 A;

(2) 全隔离桥;

(3) IGBT 管压降(V_{ce})为 2.3 V(I_c=50 A,@125 ℃);

(4) 内置快恢复二极管;

(5) 可调节死区;

(6) 内置温度检测功能。

2) 采用分立的功率开关管

一般来说,三相逆变桥功率集成模块的价格较高,对于低成本的无人机无法使用,因此需要采用分立的功率开关管进行搭建。MOSFET 管/IGBT 管的驱动采用具有自举功能的驱动芯片(如 IR 公司的 IR2130),可以应用在母线电压高达 270 V DC 的驱动电路中。其电路原理如图 7-56 所示,这样可以实现低成本的设计。

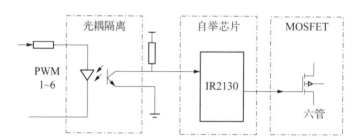

图 7-56　某低成本无人机伺服驱动电路原理图

7.4.2.3　传感器信息处理

伺服电子作为伺服作动系统的核心部件的同时,也是一个独立的 LRU,与作动器和其他传感器的交联信号较多,其中模拟信号接口主要包括各类传感器反馈信号。

飞行控制系统中使用的许多传感器输出的是载波交流信号,如线位移差动传感器(LVDT)和角位移传感器(RVDT),解调电路就是将此类传感器的交流载波调幅信号变换为与其成比例的直流信号。下面以应用较广的非相敏解调电路为例进行阐述。

非相敏解调电路,顾名思义,其输出信号只与输入信号的幅值有关,对于输入信号的相移不敏感。这种解调器彻底消除了传感器输出波形产生的畸变,从而提高了解调器的精度。但在设计时,与之匹配的电阻必须选用高精度的,运算放大器选用失调电压低的,否则输出零位偏大会影响解调器的精度。图 7-57 所示为经典的非相敏解调电路。

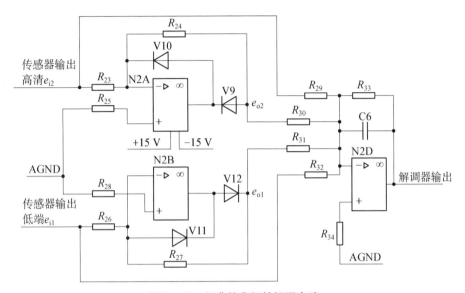

图 7-57　经典的非相敏解调电路

其原理如下:

N2B 组成半波整流电路,二极管 V12 的负端信号 e_{o1} 与输入信号 e_{i1} 的关系如下:

(1) 当 $e_{i1} > 0$ 时,$e_{o1} = 0$;

(2) 当 $e_{i1} < 0$ 时,$e_{o1} = -e_{i1}$。

e_{o1} 与 e_{i1} 由反相加法器 N2D 求和,输入信号 e_{i1} 与输出信号 V_{o1} 的关系如下:

(1) 当 $e_{i1} > 0$ 时,$e_{o1} = 0$,$V_{o1} = -e_{i1}$;

(2) 当 $e_{i1} < 0$ 时,$e_{o1} = -e_{i1}$,$V_{o1} = -e_{i1} - 2e_{o1} = -e_{i1} + 2e_{i1} = e_{i1}$。

N2A 组成半波整流电路,二极管 V9 的正端信号 e_{o2} 与输入信号 e_{i2} 的关系如下:

(1) 当 $e_{i2} < 0$ 时,$e_{o2} = 0$;

(2) 当 $e_{i2} > 0$ 时,$e_{o2} = -e_{i2}$。

e_{o2} 与 e_{i2} 由反相加法器 N2D 求和,输入信号 e_{i2} 与输出信号 V_{o2} 的关系如下:

(1) 当 $e_{i2} < 0$ 时,$e_{o2} = 0$,$V_{o2} = -e_{i2}$;

(2) 当 $e_{i2} > 0$ 时,$e_{o2} = -e_{i2}$,$V_{o2} = -e_{i2} - 2e_{o2} = -e_{i2} + 2e_{i2} = e_{i2}$。

在不考虑电容 C6 时,V_{o1} 和 V_{o2} 的波形如图 7-58 所示。

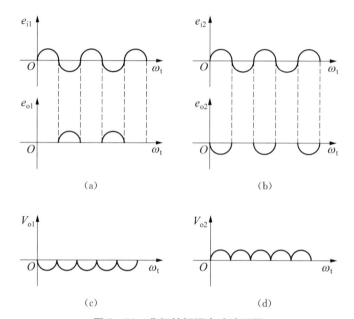

图 7-58　非相敏解调电路波形图

N2D 组成一阶低通滤波器电路,其传递函数为

$$K_f(s) = K_{f0}/[(s/\omega_0)^2 + 1] \qquad (7-23)$$

式中:K_{f0} 为通带增益,$K_{f0} = -R_{33}/R$,$R = R_{29} // R_{30} // R_{31} // R_{32}$;$\omega_0 = \sqrt{1/R_{33}C_6}$,$\omega_0$ 为一阶特征频率。

7.4.3　伺服控制软件架构

伺服控制器软件采用通用化设计,系统上电并完成复位,依据流程图进行工作,任务调度软件流程图如图 7-59 所示。

(1) 伺服控制器初始化:初始化芯片相关设置及控制回路相关参数。

(2) 判断上电标:用于识别是上电复位还是看门狗复位。

(3) 如果是上电复位,则进行上电自检测(PUBIT);如果上电检测正常,则

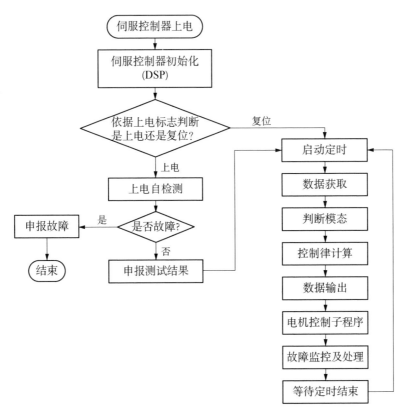

图 7 - 59　任务调度软件流程图

转到周期任务;如果上电检测故障,则申报故障。

(4) 如果上电标是看门狗复位或者 PUBIT 正常,则进入周期任务,启动定时器。

(5) 数据获取:为处理器采集所有需要控制或监控的模拟量和数字量。

(6) 判断模态:如果伺服控制器定义了一些不同的控制模态,则根据上一步获取的数据进入相应的模态支路。

(7) 控制律计算:进行伺服闭环控制计算。

(8) 数据输出:为处理器根据控制律计算的结果控制相关的模拟量和数字量的输出。

(9) 电机控制子程序:如果软件中包含相关电机控制程序,则根据控制律计算的结果输出相应的 PWM 控制信号。

(10) 故障监控及处理:进行 IFBIT 相关监控。

(11) 等待定时结束：处理器执行完相关计算后，等待下个周期的中断请求。任务周期要有 20%～30%的留空度。

7.4.4 大功率电机控制算法

7.4.4.1 电机控制方式的发展

(1) 第一阶段：变压变频控制方式。

在 20 世纪 60 年代，德国科技人员首先提出将通信技术中的脉宽调制(pulse width modulation, PWM)技术应用于交流传动中。用 PWM 构成的正弦波脉宽调制(sinusoidal PWM, SPWM)的变频器，可以解决常规六拍阶梯波变频器中存在的问题，因此该技术也成为近代交流调速系统新的发展方向。

到 20 世纪 80 年代初，日本学者提出了基于磁通轨迹的磁通轨迹控制方法，也就是大家熟知的电压空间矢量控制(space vector PWM, SVPWM)。SVPWM 以三相波形的整体生成效果为目标，通过逼近气隙旋转磁场轨迹来生成基于磁通轨迹的电压空间矢量和调制波形，以达到调压调频的目的。

(2) 第二阶段：矢量控制方式。

矢量控制(vector control, VC)也称磁场定向控制(field orientated control, FOC)，是 1971 年由德国人首先提出的。其基本思想是将交流电机数学模型向直流电动机进行等效转换，因此尽管交流电机控制复杂，但同样可以实现转矩、磁场等特性的独立控制。

矢量控制的基本原理就是控制转子磁链，以转子磁通定向，然后分解定子电流，使之成为转矩和磁通两个分量，经过坐标变换实现正交或解耦控制。

(3) 第三阶段：直接转矩控制方式。

1985 年，德国鲁尔大学 M. Depenbrock 教授首先提出直接转矩控制理论(direct torque control, DTC)。直接转矩控制不需要像矢量控制必须通过控制电流、磁链来间接控制转矩，而是把转矩直接作为被控量来控制。其实质是用空间矢量分析方法，以定子磁场定向方式，对定子磁链和电磁转矩进行直接控制。由于直接转矩控制不是通过定子电流来间接控制转矩，因此省略了电流或电压的控制环，这也有助于系统提高其快速响应能力。同时，直接转矩控制的运算均在静止定子坐标系中，不需要坐标系转换，也就不需要复杂的矢量变换，大大简化了运算过程，提高了控制运算速度。

尽管直接转矩控制方式的控制思想简单明了，控制方式简单，但是矢量控制的研究和开发较早，技术逐渐成熟和完善，现在已经步入广泛深入的实用化阶段,而对直接转矩控制而言,还有许多技术问题需要解决。

目前,永磁同步电机最主要的控制方式是基于转子磁场定向的矢量控制。基于定子磁场定向的直接转矩控制于 20 世纪 80 年代中期提出。矢量控制与直接转矩控制的思想都是基于磁场定向控制,前者基于转子磁场而后者基于定子磁场。本节主要描述与探讨永磁同步电动机的矢量控制,并对直接转矩控制方法进行简要分析。

7.4.4.2 永磁同步电机矢量控制方法

电压控制方式应用最广泛的形式是矢量控制。矢量控制又称转子磁场定向控制,其可以得到自然的解耦控制,在实际系统中得以广泛应用。永磁同步电机矢量控制结构如图 7-60 所示。

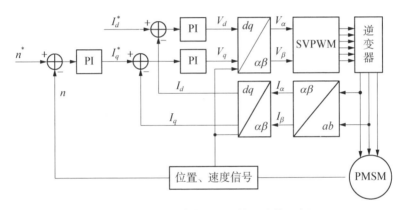

图 7-60 永磁同步电机矢量控制结构示意图

由图 7-61 不难看出,矢量控制下对永磁同步电机的控制可以最终归结为对电机 d、q 轴电流的控制。在电磁转矩给定的情况下,通过选择不同的 d 轴与 q 轴电流控制方式,可以形成不同的控制策略。

主要的矢量控制方式包括 $i_d = 0$ 控制,最大转矩/电流控制,$\cos\varphi = 1$ 控制,恒磁链控制等,在 7.1 节中已有介绍,此处不再赘述。

7.4.4.3 永磁同步电机直接转矩控制方法

直接转矩控制是一种基于定子磁场定向的控制方法,直接在静止 $\alpha\beta$ 坐标系下完成计算与控制,是一种实施起来相对简单的控制方法。通过在定子磁链幅值不变的基础上,调节定子与转子磁链的夹角,从而达到控制输出转矩的目的。而对于直接转矩控制方法来说,保持定子磁链幅值恒定,控制定子磁链旋转的速度及角度则成为该方法的关键。

直接转矩控制通常实现步骤如下：

(1) 计算精准两相电压 U_α、U_β；

(2) 通过电压计算当前磁链的大小及位置；

(3) 基于磁链大小及位置，选择基本电压矢量输出。

7.4.4.4　两种控制方法简要对比及分析

(1) 控制效果方面，与矢量控制相比，直接转矩控制具有更快的系统响应，但因其仅对转矩和磁通进行观测，电流及转矩脉动较大，从而电机稳态性能，尤其是低速性能较差。

(2) 数学模型方面，矢量控制是将静止坐标系下的测量值转换到旋转坐标系下进行计算，再转换到静止坐标系下输出，而直接转矩控制所有计算均在静止坐标系下完成。

(3) 控制结构方面，矢量控制需要经过速度、电流两级控制，直接转矩控制主要依据滞环比较，直接更新逆变器开关状态，因此缺少电流直接控制。

(4) 最终控制的实现方式方面，矢量控制输出多采用 SPWM 或 SVPWM 等调制方式来控制逆变器的通断，通过 PWM 波控制电机转矩，而直接转矩控制是在固定控制周期内通过比较结果刷新器件开关状态，从而实现电机控制。

7.4.5　功率电子电路的安装技术

7.4.5.1　功率电子电路的布局技术

功率电子电路主要实现 DC/AC 的三相全桥逆变。对于三相全桥的 6 个功率管，以 10 kHz 左右的频率进行开关工作，驱动电压和电流可以达到 270 V/200 A 以上，因此在开关过程中如何进行相应的设计以防止干扰 5 V TTL 或 3.3 V TTL 电平的 PMW 控制信号，是布局布线技术的重点。

例如，在某型逆变器设计中，功率驱动级主要包含光耦隔离及三相逆变桥两个部分，在布局时一定要遵从信号流的方向进行芯片布局，不能出现信号的回绕，如图 7-61 所示。

7.4.5.2　功率电子电路的布线技术

在功率电子电路的布线时要注意两点。第一点为地层的划分，不同信号的地不能重叠。第二点为载流能力的计算与布线设计。

1) 地层的划分

如图 7-62 所示，DGND 层、三个浮空地以及功率地之间不能有重叠，相应的控制信号要在对应的地层平面内进行信号连接，不能跨地层连线。

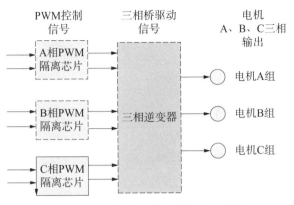

图 7‐61　功率电子电路的布局示意图

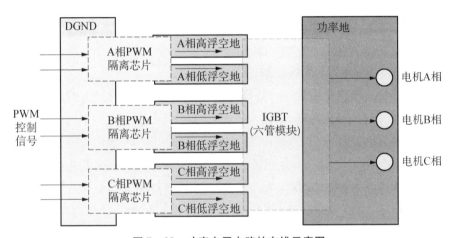

图 7‐62　功率电子电路的布线示意图

对于部分采用 IPM 智能功率模块的项目,在设计中还包含了四个 DC/DC 的隔离电源,在地层设计时参照图 7‐63 进行设计。

2) 载流能力的计算及布线设计

在功率电子电路中电流有可能达到 100 A 以上,因此需要根据不同的电流计算相应的 PCB 线和过孔的载流能力,PCB 线的载流能力具体可参见《军用电子设备印制电路板设计要求》(GJB 4057—2000)中 6.2.2.1 节的规定,过孔的载流能力参见 IPC‐2221 标准。

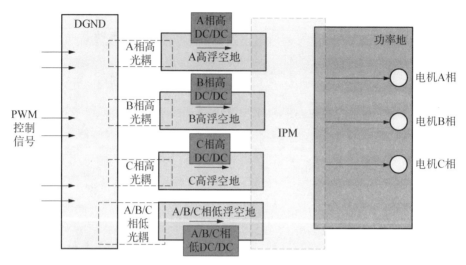

图 7 - 63　基于 IPM 智能功率模块的功率电子电路的布线示意图

7.4.6　功率电子的热耗计算

功率模块的热耗计算是进行热设计的基础,但是热耗与当前的工况是紧耦合的,要给出所有工况的精确计算方法比较困难。因此,在工程中通常采用以下两种方法进行估算。

(1) 根据器件厂家信息:使用器件的生产厂家在官网上提供的计算模型或功耗计算软件进行估算,具体可登录相关网站进行了解。

(2) 进行工程估算:对于很多器件官网无法提供热耗计算的情况,可参考如下方法进行估算。一般对于功率模块(如 IGBT),包含晶体管 IGBT 的导通损耗、晶体管 IGBT 的开关损耗、续流二极管的导通损耗、续流二极管的开关损耗四个部分的估算,各部分的估算分别介绍如下。

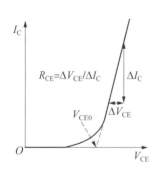

图 7 - 64　IGBT 的输出特性曲线

7.4.6.1　晶体管 IGBT 的导通损耗 $P_{\text{Tr-dc}}$

IGBT 的输出特性如图 7 - 64 所示。

包含两个主要参数:IGBT 的通态电压 V_{CE} 和 IGBT 的导通电阻 R_{ce}。这两个参数可根据器件手册得出。当输出电流为正弦波时,IGBT 的导通损耗计算公式为

$$P_{\text{Tr-dc}} = \frac{1}{2\pi} V_{\text{CE0}} I_{\text{C-MAX}} + \frac{1}{8} R_{\text{ce}} I_{\text{C-MAX}}^2 +$$

$$\frac{1}{8}M\cos\theta V_{\text{CE0}}I_{\text{C-MAX}} + \frac{1}{3\pi}M\cos\theta R_{\text{ce}}I_{\text{C-MAX}}^2 \qquad (7-24)$$

式中：$I_{\text{C-MAX}}$ 为输出电流最大峰值；M 为逆变器的调制比；$\cos\theta$ 为功率因数。

如果器件手册中所给出的 IGBT 曲线无法按照 V_{CE0} 和 R_{ce} 的形式得到，只能得到在 $I_{\text{C-MAX}}$ 点的管压降 V_{CE}，则可采用以下简化的公式：

$$P_{\text{Tr-dc}} = \frac{1}{8}V_{\text{CE}}I_{\text{C-MAX}} + \frac{1}{3\pi}M\cos\theta V_{\text{CE}}I_{\text{C-MAX}} \qquad (7-25)$$

7.4.6.2 晶体管 IGBT 的开关损耗 $P_{\text{Tr-sw}}$

晶体管 IGBT 的开关损耗计算公式如下：

$$P_{\text{Tr-sw}} = \frac{1}{\pi}(E_{\text{ON}} + E_{\text{OFF}})f_{\text{sw}} \qquad (7-26)$$

式中：E_{ON} 为开通消耗的能量，E_{OFF} 为关断消耗的能量，可通过手册查询获取；f_{sw} 为开关频率。

如果 E_{ON} 和 E_{OFF} 无法在器件手册中查到，则可通过以下方法计算得到：

$$P_{\text{Tr-sw}} = \frac{1}{6}(T_{\text{ON}} + T_{\text{OFF}})f_{\text{sw}}U_{\text{C}}I_{\text{C}} \qquad (7-27)$$

式中：T_{ON} 为开通时间；T_{OFF} 为关断时间；U_{C} 为母线电压；I_{C} 为电流有效值。

7.4.6.3 续流二极管的导通损耗 $P_{\text{FW-dc}}$

续流二极管 FWD 的导通损耗的输出特性如图 7-65 所示。

包含两个主要参数：二极管的通态电压 V_{F0} 和二极管的导通电阻 R_{F}。这两个参数可根据器件手册得出。则二极管的导通损耗计算公式为

$$P_{\text{FW-dc}} = \frac{1}{2\pi}V_{\text{F0}}I_{\text{C-MAX}} + \frac{1}{8}R_{F}I_{\text{C-MAX}}^2 -$$

$$\frac{1}{8}M\cos\theta V_{\text{F0}}I_{\text{C-MAX}} -$$

$$\frac{1}{3\pi}M\cos\theta R_{\text{F}}I_{\text{C-MAX}}^2$$

$$(7-28)$$

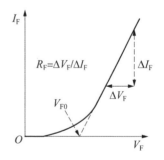

图 7-65 续流二极管 FWD 的导通损耗的输出特性

式中：$I_{\text{C-MAX}}$ 为输出电流最大峰值；M 为逆变器的调制比；$\cos\theta$ 为功率因数。

如果在器件手册中给出的 IGBT 的曲线无法按照 V_{F0} 和 R_F 的形式得到,只能得到在 $I_{C\text{-MAX}}$ 点的管压降 V_F,则可用以下简化的公式:

$$P_{FW\text{-}dc} = \frac{1}{8}V_F I_{C\text{-MAX}} - \frac{1}{3\pi}M\cos\theta V_F I_{C\text{-MAX}} \tag{7-29}$$

7.4.6.4　续流二极管的开关损耗

FWD 的开通一般比较快,开通能量损耗可以忽略,但是在导通时,有电荷存储在结耗尽区,当向关断状态转变时,这些电荷需要被释放掉,该放电时间成为反向恢复时间 t_{rr},在这段时间内反向电流流过二极管产生能量消耗 E_{rr}。

$$P_{Tr\text{-}s} = \frac{1}{\pi}E_{rr}f_{sw} \tag{7-30}$$

7.4.7　功率电子设备的结构设计

7.4.7.1　散热设计

无人机功率电子设备热设计的目的在于通过合理的散热设计,基于热传递的三种基本方式(热传导、热对流和热辐射),有效地控制产品内部各个器件的温度,以使其在要求的环境条件下不超过许用温度。

热量的传递过程可以概括为热源→传热路径→冷却装置。

基于上述传热过程,热设计的总体原则如下:

(1) 选择耐热更高的器件或热流密度小的器件封装形式;

(2) 缩小传热路径上的热阻;

(3) 提高散热器(热沉)的换热能力。

其中,冷却技术包括自然冷却、强迫风冷、强迫液冷、蒸发冷却等,每种冷却技术所能达到的最大散热能力如图 7 - 66 所示。

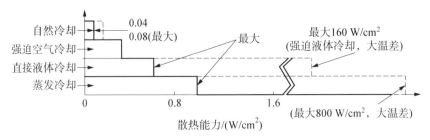

图 7 - 66　GJB Z27—1992 中关于冷却方式的选择[12]

注:横向柱状图的横坐标表示散热能力,纵坐标表示不同的冷却方式;温升为 40 ℃。

但随着冷却能力的提升,冷却系统的复杂程度也随之增加,导致其可靠性下降,同时也会占用较大空间和重量。由于无人机一般情况下体积空间以及重量要求均非常苛刻,故在满足要求的前提下应尽可能选择简单可靠的冷却方法。

热设计环境至少需要考虑以下两种状态:极限工作环境和推荐工作环境。在极限工作环境下,设备通常工作在极限高温,元器件最高结温必须低于元器件手册规定的最高结温。推荐工作环境一般为可靠性预计环境,环境温度低于极限高温,元器件结温必须低于降额温度或者手册规定的推荐结温。

以下分别从热源、传热路径和冷却装置介绍功率电子设备的热设计方法。

功率电子中热源主要来自产生热量较为集中的器件,包括功率半导体器件和电阻等,应首选散热面积大,并可采用多个散热面同时散热的器件;在元器件的安装方向上,应考虑以最大限度有效利用已有散热装置;热敏感元件应该远离高温区或增加热屏蔽层;大电流接线端子面积应尽量大,并满足最小载流要求。

在元器件选型后,需要对传热路径进行合理设计布局,包括增加接触面的对接压力、增加柔性间隙填充材料、提高两接触表面的粗糙度、增加接触点的数量等方式来减小接触热阻,并尽可能减少零件间的接触面数量,必要时通过焊接方式实现连接,以降低接触热阻;同时,在导热路径上,材料应选用热阻较低的材料及组件,如铜、铝或热管等。热界面材料(thermal interface material, TIM)的涂敷厚度对于元器件,尤其是大功率电机控制经常采用的绝缘双极晶体管(insulated gate bipolar transistor, IGBT)类元器件散热具有重要影响[13]。通过丝网漏印等工艺,导热硅脂类热界面材料厚度控制在 $0.1 \sim 0.2 \, mm$,通常会得到最优的导热效果。

冷却装置一般为设备外壳齿形散热片结构、自带风扇的散热片、强迫液冷散热片等,冷却结构需要在有限的体积内形成较大的换热面,即与热交换介质(空气或冷却液)有较低的热阻。当整机的热流密度低于 $0.2 \, W/cm^2$ 时,则可以通过自然散热的冷却装置实现设计,例如设备外壳散热片,或在设备内部热源模块对应散热面设计散热器等方式;当整机热流密度高于 $0.2 \, W/cm^2$ 时,则应考虑使用强迫风冷的冷却装置,例如自带风扇、引入强迫冷空气;如果整机热流密度高于 $0.8 \, W/cm^2$,则应考虑使用液冷的冷却装置进行散热。

7.4.7.2　振动冲击适应性设计

无人机大功率电子设备的振动适应性设计主要目的是在振动环境下防止产品因某激振频率而产生有害共振。有害共振主要指两自由度间出现可以相互作用的耦合,导致在振动环境下产品因振动响应过大,使出现的最大应力超出许用值。由于无人机在任务剖面上较有人机更加严酷,故无人机的振动冲击量级势必较高。因此,必须对其进行振动冲击的适应性设计。设备所受振动冲击能量的传递路径为设备安装紧固结构→主承载结构→功能印制板、模块或非承载结构→印制板上元器件。

以下分别从安装结构、主承载结构、功能模块及印制板上元器件角度介绍功率电子设备的振动冲击适应性设计方法。

在电子设备安装条件允许的情况下,安装结构应首选使用隔振器的安装方式,因为大部分功率电子设备质量和体积都较大,在载荷作用下易形成较大惯性力,用于安装固定内部功能器件的机箱势必要承受较大应力,在振动冲击中易发生破坏。而且通过机箱将振动频率的一部分能量进行了放大,可导致功能器件在与机箱耦合频率处承受较大振动能量,从而产生功能失效。隔振器可有效将振动吸收在隔振器内部(以内能的形式),从而直接降低传递至设备机箱上的振动能量,使得功能模块、元器件在较低振动冲击量级下工作,提高了设备的可靠性。隔振器的安装平面应尽量与设备的重心重合,这样可以减少设备隔振系统其他自由度的耦合,从而提高隔振效率。设计安装隔振器时应对产品最大摆动空间进行预计,一般设计中该摆动空间至少为 $5\,\mathrm{mm}$。对于安装隔振器的设备应充分考虑其连接线缆的紧固,通过计算确保因线缆产生的最大惯性力在连接器的承受范围以内,并保留 1.5 倍的安全系数,防止由于摆动空间过大导致线缆或连接器失效。

如果环境工况振动量级较低(S_{GRM}① $< 8g$ 且 $W_{\max} < 0.1g^2/\mathrm{Hz}$,$g$ 为重力加速度 $9.8\,\mathrm{m/s^2}$),可不使用隔振器进行振动隔离。主要的安装方式包括支耳安装与快卸安装。支耳安装需要根据预计设备的总重量,计算安装螺钉尺寸及数量以保证可靠紧固,一般情况应保证产品上最大应力小于材料的疲劳极限。快卸安装方式重点需要考虑 GJB 441 中列出的 A 类、B 类和 C 类三种安装方式,通常情况下因 A 类快卸锁紧装置无法提供拔出力,故主要与非机箱安装接插类连接器配合使用,B 类与 C 类快卸锁紧装置能够提供拔出力,可以与机箱安装接插类连接器配合使用。上述三种快卸锁紧方式根据设备重量和体积按照 GJB 441 的要求,调整锁紧装置的间距,实现大尺寸机箱紧固安装。当选用快卸锁紧安装方式时,需通过设计调整内部各个功能模块和印制板的频率至少远离 1.5 倍安装架与机箱系统的固有频率[14],并需要注意安装架与机箱系统三个轴向固

---

① S_{GRM} 为加速度均方根。

有频率的差异,以及内部模态振型的方向。

对于机箱主要承载结构,在设计中应该尽可能提高其固有频率,以防止主承载结构在振动响应中出现较大形变,通常至少将该固有频率设计为 300 Hz 以上,并关注其各阶模态振型,防止出现有害振型与安装架或内部模块产生共振。目前,常见提高承载结构的方式为设计加强筋,设计超静定结构(即增加安装紧固点)、更换比刚度更大的材料,尽可能使用稳定结构(如三角形结构),减少孔洞等减弱刚度的特征,必要时通过铸造、整体加工或焊接等方式提高固有频率,以及控制主承载结构的形心与设备整体重心距离应小于 100 mm 等。

因常规元器件质量较小(定义不超过 7 g 每引脚的器件为轻型器件),对加速度较不敏感,但由于大量表贴器件的应用需要控制印制板的变形量,所以机箱内部印制板在设计中也应尽量提高其固有频率到 100 Hz 以上(对于某些加速度敏感器件,应以减小加速度响应为核心优化目标,一般通过增加最大变形来实现)。对于中型功能模块或器件,因其质量较大,加速度引起的载荷也将会导致固定方式失效,故应综合考虑协调加速度与形变的量值,一般加速度最大响应 $S_{GRM} < 50g$,品质因数应小于 $10^{[15]}$,最大变形量应小于 0.12 mm(对于不同器件封装该许用变形量略有差异)。对于大型模块器件应考虑直接将其安装于主承载结构上,防止其因紧固结构无法提供较大刚度,在振动中出现较大变形而导致结构失效。如果器件为振动敏感器件,应单独为其设计能量吸收装置(如板载隔振器或阻尼器等),并预留足够的能量吸收空间。

7.4.7.3　电磁兼容性设计

对于大功率电子设备,从接地、屏蔽和布线等角度进行电磁兼容性设计介绍。

一般情况下,应分开设计信号地、干扰地和壳地[16]。设备接地回路应保证足够的载流能力(保证最大故障电流安全通过)和足够低的阻抗(设备内部接地电阻应小于 2.5 mΩ),并能稳定可靠地永久接地。接地点间材料应尽量一致,以防止电化学腐蚀,如无法保证一致时应增加保护镀层以提高兼容性。接地点两配合面必须光滑、清洁,并且紧密接触,同时保证没有非导电表面处理层或其他物质。接地点安装后应涂覆保护涂层,以防止腐蚀影响接地效果。

对于功率电子设备的屏蔽性设计,应优先选用金属机箱,或者必须有金属镀层来保证设备形成一个封闭的屏蔽体。机箱的最小壁厚应至少为 1.2 mm,以保证低频大功率电磁波的屏蔽效能优于 −40 dB,或采用多层屏蔽以加强屏蔽效果。用作屏蔽的板或壁应尽量减少开孔,如必须开孔,通常直径应小于 3 mm,如果需要增大开孔可设计屏蔽盖板或叠层结构实现屏蔽。由于功率电子设备内部电流较高,内部自身易产生较大电场干扰,应在设备机箱设计中分区域进行电屏蔽,尤其对功率区与控制区应设计屏蔽金属隔板,壁厚满足上述最小壁厚要求,以达到要求的屏蔽效能。对于机箱屏蔽,应首先减少机箱搭接缝隙的长度和数量。对于搭接面的螺钉间距应小于最小电磁波波长 $\lambda/20$ [17](通常螺钉间距不超过 50 mm),以保证搭接屏蔽面的连续性。如无法保证搭接面的螺钉间距,应通过增加壁厚的方式进行弥补,保证缝隙深度不小于 6 mm。在必要时设计搭接面导电胶垫,在有效的空间内提高屏蔽效能,但须考虑屏蔽胶垫的老化导致屏蔽性能随使用时间下降。导电衬垫在设计中应考虑过压限位结构,防止安装过程中导致的屏蔽失效。搭接屏蔽截面的粗糙度 R_a 应优于 3.2。

功率电子设备的布线主要包括电缆线束铜排方式和印制线。为减小线缆自感应优先选用实心、扁平的铜排。对于直流线缆回路导致的杂散电感,应尽量减小回路的面积,优先设计叠层式母排方式(该回路面积仅为叠层间距),可以有效减少电感系数和电压尖峰。印制板馈线回路面积也应尽可能小,应使其特性阻抗尽量小。

7.4.7.4 耐腐蚀防护设计

针对舰载等特殊使用环境下无人机伺服作动系统的设计,应充分考虑伺服控制电子的耐腐蚀防护设计。

产品的腐蚀防护设计首先应确认产品的安装位置、安装区域以及主机给出的环境适应性要求,并据此来制订产品的腐蚀防护设计方案。结构设计、材料选用、表面处理与油漆涂层等都应满足环境适应性设计要求。

腐蚀防护设计及选用应遵循如下原则:

(1) 综合考虑材料选用、表面处理与涂层体系的配套性和协调性。

(2) 尽量采用密封结构和密封措施(包括导电密封、某些元件的永久密封等)。

(3) 尽量采用成熟的表面防护技术。

(4) 采用的腐蚀防护与控制方法应经过环境适应性验证。

(5) 避免不同类金属接触;不可避免时要考虑材料之间的相容性,同时要采取防接触腐蚀控制措施,按 GJB 1720A—2018 的规定执行。

首先,在材料选用时要综合考虑材料的电气、机械、物理、化学、加工性能等特性,还应考虑选用耐腐蚀性好的材料。对于有一定受力要求的构件尽可能选用密度小、力学性能好、防腐性能优良的金属材料(如钛合金、防锈铝等)。在进行表面处理选型时应综合考虑材料的特性、热处理状态、使用条件和部位、结构形状和公差配合等因素,同时应根据零件类型、特性、使用环境和条件及寿命确定表面处理的厚度。另外,耐腐蚀性能低的金属零件应尽量选用阳极性防护层,零件的表面处理通常应在热处理、机加工、焊接、成形和冲孔工序完成之后进行,复杂形状零件进行表面处理时,应关注缝隙处是否会滞留氧化溶液,不能选用可能滞留槽液的表面处理方法。结构设计时应尽量减少连接,同时尽量选用同种金属或电位差小的不同金属(包括镀层)相互连接,或选用相容的金属连接,不同类的金属应采用电绝缘处理。产品的密封设计也是腐蚀防护设计的重要环节,应根据密封部位的结构特点、使用要求、可能遭遇的腐蚀环境与腐蚀类型选取相应的密封剂和密封方法。对于腐蚀防护等级要求较高的产品,可以在连接处、接缝处、接头等处均采用相应的密封措施以隔离湿气直接侵入电子部件和关键重要机械部件。最后,有机涂层的选择应根据产品使用环境情况,综合考虑涂层之间以及与基体的附着力、涂层的耐蚀性能、耐大气老化性能和耐湿热、盐雾、霉菌的“三防”性能,以及涂层系统各层之间的适配性和工艺性等进行取舍和优选。

7.4.8　功率电子的关键技术

功率伺服控制电子领域需要针对以下主要关键技术,进行重点突破和工程化应用研究。

1)高可靠大功率控制、驱动技术

进行宽转速范围(电机转速在 18 000 rad/s 以上)的电机控制技术及信号处理技术研究,实现多对极三相电机速度信号和位置信号的处理;进行高电压、大电流情况下的功率驱动用元器件和相关电路的研究;进行泵升电压和再生能量的处理技术研究和工程实现。

2)隔离检测技术

包括高电压的隔离检测、反馈技术研究,大电流的隔离检测、反馈技术研究,温度传感信息的处理采集技术研究,用于实现过压、过流、欠压、过温等故障检测与保护。

3)伺服控制器的机械结构和热设计技术

合理进行功能模块划分、小型化设计,根据功率开关器件的实际工况计算功耗,并进行仿真分析,从而完成控制器的热设计及功率电传伺服控制系统的热管理。

4)功率电传伺服控制策略及算法

进行功率电传伺服控制器余度技术的分析和研究,对新型电机控制算法进行研究和工程验证。

参考文献

［1］ 杨建飞.永磁同步电机直接转矩控制系统若干关键问题研究［D］.南京:南京航空航天大学,2012.

［2］ 全江华.变速恒频双馈电机风力发电系统的研究与仿真分析［D］.合肥:合肥工业大学,2009.

［3］ Jo C, Seol J Y, Ha I J. Flux-weakening control of IPM motors with significant effect of margnetic saturation and stator resistance［J］. IEEE Transactions on Industrial Electronics, 2008,55(3):1330-1340.

［4］ 张国强.基于全阶滑模观测器的 IPMSM 无位置传感器控制策略研究［D］.哈尔滨:哈尔滨工业大学,2013.

［5］ 金辛海.永磁同步电机无传感器控制系统动态性能与鲁棒性研究［D］.哈尔滨:哈尔滨工业大学,2020.

［6］ 夏立群,朱明君,胡逸雪,等.高速高精度永磁同步电机补偿策略研究［J］.微电机,2022,55(3):56-64.

［7］ Preindl M, Schaltz E. Sensorless model predictive direct current control using novel second-order PLL observer for PMSM drive systems［J］. IEEE Transactions on Industrial Electronics, 2011,58(9):4087-4095.

［8］ Drobnic K, Nemec M, Nedeljkovic D, et al. Predictive direct control applied to AC drives and active power filter［J］. IEEE Transactions on Industrial Electronics, 2009,56(6):1884-1893.

［9］ 王柏昆.结构陶瓷韧化机理的研究进展［J］.中国科技信息,2007(19):264,273.

［10］ 谭建成.永磁无刷直流电机技术［M］.北京:机械工业出版社,2011.

［11］ Maré J C. Aerospace Actuators 2: Signal-by-Wire and Power-by-Wire［M］. London: Wiley-ISTE, 2017.

［12］ 国防科学技术工业委员会.电子设备可靠性热设计手册:GJB/Z 27—92［S］. 1992.

［13］ Department of Defense. Reliability/design thermal applications: MIL-HDBK-251［S］. 1978.

［14］ 中国人民解放军总装备部.军用装备实验室环境试验方法 第16部分:振动试验:GJB 150.16A—2009［S］. 2014.

［15］ 汪凤泉.电子设备振动与冲击手册［M］.北京:科学出版社,1998.

［16］ 国防科学技术工业委员会.电子设备和设施的接地、搭接和屏蔽设计指南:GJB Z25—1991［S］. 1991.

［17］ Department of Defense. Handbook for Grounding, bonding and shielding design practices: MIL-HDBK-1857［S］. 1998.

第 8 章　发展与展望

　　得益于机械、材料、控制、通信、电子、光学、软件、算法等相关技术的进步，近年来无人机系统的性能和成熟度得到不断提升，并且在技术推动和市场拉动的双重作用下，无人机系统正逐步进入一种良性循环的迭代发展模式。一方面，无人机在各种传统的经典任务场景中表现得越来越出色，逐步实现了"能飞到能用"的跨越。另一方面，无人机系统性能的提升拓展了其应用领域，在原有需求之外不断涌现出更多新的和潜在的应用场景，同时来自新需求的牵引反过来进一步促进了相关技术的发展。

　　在上述发展过程中，面向自主性/自主能力要求的自主控制系统作为无人机系统最为重要的子系统之一，其研究与应用也是无人机系统不断成熟和走向实际应用的重要推动力量。尤其是随着智能技术的进步，与其密切相关的自主控制系统也迎来了新的发展机遇和挑战。

　　本章结合无人机的发展应用，对无人机自主控制系统的发展要求、发展现状和未来发展前景进行分析与展望。

8.1　无人机系统发展应用概述

　　众所周知，无人机自诞生以来，其用途主要集中于军事领域。尽管最近 10 年来，在民用领域涌现出许多无人机新的应用方向，有些甚至已经初步形成了产业化发展的局面，如农业植保、航拍娱乐、管线巡检等；但整体而言，军用需求仍然是无人机发展及应用最为重要的推动力量。同时，由于自主控制系统作为无人机系统的重要组成，无人机系统的发展及应用必然引领并指导着自主控制系统的发展，而且起决定性作用。

进入新时期,在军用领域,国外以美国为首的西方先进国家先后提出了"网络中心战""第三次抵消战略""决策中心战""多域战"等新的作战概念和要求,催生出"陆、海、空、天、电、磁、光"等多维复杂环境下的体系联合作战新模式,进一步促进了无人机系统的发展。

目前,无人机系统的发展与应用可简单归纳为三个主要方面,分别是任务领域不断拓展、应用模式持续创新、发展重点日益明确。以下主要从军事应用的角度出发,对上述三个方面进行概述。

8.1.1　任务领域不断拓展

与过去相比,无人机系统的性能显然得到了极大提升,其任务领域也在飞速不断拓展,尤其是在军用任务领域,表现出以下若干典型特征。

1) 传统任务领域仍为核心

20 世纪 20 年代,英国等率先开始将无人遥控飞机作为靶机。自那时起,靶机一直都是无人机的主要任务用途之一,甚至早期很长一段时间内,无人机就是靶机的代名词[1]。经过百年的发展,靶机已经衍生出了巡航靶机、旋翼靶机和实体靶机系列,其中巡航靶机还包括低速、亚声速和超声速三大类[2]。由于靶机的主要作用是检验对空武器作战效能,随着作战飞机的发展,在保证低成本的前提下,新型高端靶机也开始具备超声速机动、隐身等先进的飞行特性,可满足多样化的电子、光电武器及战术对抗训练的要求。

无人机传统任务领域除了用作靶机之外,最重要的核心应用是承担情报、监视和侦察(intelligence, surveillance & reconnaissance, ISR)任务。ISR 无人机也是各国现役无人机装备中数量最大、型号最多、使用最频繁的一种,并已成为军事 ISR 不可缺少的重要组成。以美国空军为例,一直都将基于无人机的 ISR 能力建设放在非常重要的位置,已形成了覆盖高、中、低空,远、中、近程,大、中、小型等各类 ISR 无人机的装备体系。同时,随着越来越多新平台的投入以及传感器和信息系统的发展,无人机系统的 ISR 能力也在不断增强,这是获取决策优势的重要途径[3-4]。

2) 新兴任务领域多点开花

无人机系统除了承担传统的靶标和 ISR 任务之外,随着网络化环境下信息作战任务需求的增长,通过加装不同的任务载荷,已成功开辟出多个面向无人机的新兴任务领域,典型的例子包括通信中继、反辐射、干扰/诱饵、武器校准、战损评估、战场搜救等。由于无人机不用考虑人身安全,也没有人的生理条件限制,并且具有使用灵活方便、效率高、成本低等优点,在上述任务领域已经逐渐开始占据主流。

同时,察打一体目前已经成为中大型无人机的主要任务形式之一。自 21 世纪初,察打一体无人机被美国首先应用于阿富汗"反恐"战争开始,无人机实现了传统任务模式的升级,开始具备地面打击能力,并开始承担若干低烈度、小规模的一线实际作战任务。察打一体无人机基于 ISR 无人机发展而来,在 ISR 能力基础上可对地面甚至空中的动态、时敏目标进行有效打击,典型代表包括美国的 MQ-1"捕食者"、MQ-9"死神",以及我国的 CH-4、"翼龙"等。

3) 未来任务领域前景可期

随着技术进步和能力增强,无人机未来所扮演的任务角色也在不断升级,将逐步承担越来越多的空中主战任务和支援任务。目前,发展中的若干未来无人机典型任务场景包括以下几个方面。

(1) 防空火力压制/摧毁任务。

自 21 世纪初无人作战飞机(unmanned combat aerial vehicle, UCAV)概念在美国诞生以来,为其规划的主要作战任务就是执行防空火力压制和防空火力摧毁(suppression/destroy of enemy air defenses, SEAD/DEAD),典型例子是美国 21 世纪初发展的 X-45 和 X-47 等系列项目。

(2) 空战任务。

近年来,人工智能技术的进步也使得空战决策成为可能,典型如美国 2016 年开发的 ALPHA 自主空战模拟系统,具备学习和进化的能力,并且展现出良好的应用前景。2017 年,美国空军在试验中采用 MQ-9,首次发射空-空导弹击落了另一架无人机,标志着无人机迈出了走向真实空战的第一步。2019 年,美国 DARPA 宣布启动 ACE"空战演进"项目,旨在实现空中视距内机动(通常称为空中格斗或狗斗,dogfight)的自动化和智能化,并建立飞行员对无人系统自主能力的信任。此外,尚处于论证中的第六代战斗机一种可能的设计是具备"有人-无人双模驾驶"能力,应可在无人模式下执行空战任务。

(3) 空中加/受油任务。

空中加/受油也是未来无人机着力发展的重要任务领域。2015 年 4 月,美国首次完成了由 X-47B 无人机与 K-707 加油机的无人机自主空中受油试飞验证,标志着无人机自主受油任务的相关技术已经趋于成熟。2017 年,美国国防部正式立项美国海军 MQ-25"黄貂鱼"项目,强调航母适配性和空中加油能力,开始大力发展舰载无人机加油机。

(4) 货运/物流任务。

货运/物流是典型的军民两用任务,在这一领域,近年来尤其对于民用电商/物流行业而言,无人机已成为业界巨头角力的重要战场之一。亚马逊、顺丰、京东等公司纷纷投入巨资,推动无人机物流一步步走向实用。在国外,2017 年 8月,冰岛正式启动无人机送货服务,成为全球首个推出无人机送货商用服务的国家。2017 年 10 月,国内由中国科学院工程热物理研究所和朗星无人机公司作为总体单位研发的大型货运无人机 AT200 完成首飞,标志着全球首款吨位级货运无人机的诞生。

根据目前已开展相关研究和项目的进展情况,无人机在多个任务领域已逐步展现出诱人的应用前景,可以毫不夸张地想象,在军用领域,未来某一天作战的天空不排除被无人机完全占领。

8.1.2 使用模式持续创新

在任务领域不断拓展的同时,无人机系统的使用模式也在不断创新,呈现出以下典型特征。

1) 从遥控到自主

早期无人机的使用都是通过人来遥控操纵的,所以无人机那时也经常被称为 RPV(remotely piloted vehicle)。随着控制技术的进步,无人机的控制方式开始从遥控到程控,并逐渐开始具备一定程度的自主飞行和自主执行任务的能力,使用模式也从"人在回路中"参与,逐渐过渡到"人在回路上"监控,在可预见的未来,不排除在某些特定飞行任务场景中,无人机在获取足够信任后,能够实现完全的自主飞行。

2) 从单机到协同

2017 年,在美国空军建军 70 周年发布的《美空军科技发展计划》报告[5] 中,明确列出了无人机系统未来发展的三类主要使用操作模式(取代有人机、与有人机协同、无人机组队协同),并给出了相应的发展路线及主要任务场景(见图 8-1)。

在信息化/网络化的体系对抗作战背景下,无人机必然需要与体系中的其他装备进行协同,才能有效发挥最大的作战效能。因此,无人机由过去的单机使用转向协同使用必然是未来的主流模式,包括有人-无人协同、无人-无人协同、异构协同、一致性协同、空-地协同等多种不同的具体使用形式。

3) 从专用到多用

由于任务领域的拓展,无人机系统承担的任务种类也随之增长,在技术进步

图 8-1 美空军对无人系统的发展规划(2017 年)

的推动下,无人机的使用模式也由过去的专用系列化多型号,逐步向"一机多能"多用途单一型号发展,目前所采用的主要实现手段是开放式模块化设计。例如,波音澳大利亚公司 2020 年 5 月最新发布了面向"忠诚僚机"概念的"空中力量组队系统"(airpower teaming system, ATS)无人机,在所发布的视频中,针对无人作战僚机采用了"可换头设计",即采用同一机身,可以选装 4 种不同的机头以分别面向不同的任务。这种基于模块化设计的"一机多能""随需换装"使用模式,使得无人机在作战运用中的灵活性得到了极大的提升,并可有效控制无人机的使用和维护成本。

此外,随着美国"马赛克战"概念的提出、深化和落地,无人机系统的发展也会借鉴"马赛克战"具有的简单、多功能、可快速拼接等特点,在系统实现中采用批量低成本、单一功能模块进行动态组合,构造一种面向多用途的按需集成、极具弹性的使用模式。

8.1.3 发展重点日益明确

随着任务领域的不断拓展以及使用模式的持续创新,无人机在实际中的应用和研究越来越广泛和深入,对其方方面面的认识也越来越到位,未来无人机系统发展的重点已日益明确。

以美国国防部历年来发布的"无人机/无人系统综合路线图"(以下简称"路线图")为例,自 2001 年起美国国防部前后共发布了 8 版,该"路线图"一直以来都是无人机系统发展的全面性指导文件,具有极为重要的参考价值。

在 2018 年 8 月底发布的最新版"路线图"中[6],针对工业界/学术界的技术研究发展水平以及国防部自身任务需求,对无人系统所涉及的先进技术、已有标准、面临挑战、发展趋势等多个方面进行了分析,凝练出了无人系统的四个关键主题:互操作性、自主性、网络安全和人机协作,并分别列出了相应的近、中、远期发展目标。

与以往版本相比,这一版"路线图"明显更加简明扼要,且深入到位。尤其重要的是,这一版更加强调面向未来的联合作战需求,特别是立足现状,明显聚焦到有人系统和无人系统的高效无缝融合,上述四个关键主题就是未来一个阶段内明确的发展重点,以下进行简要介绍。

1) 互操作性

未来战争的胜负很大程度上取决于各参战系统/单元相互之间的有效协同,互操作性指的是多个平台/系统通过协同操作完成给定任务的能力。无人机系统的互操作性主要面向体系化联合作战,是实现有人系统与无人机系统之间互连互通、信息共享、协同控制的基础,可以保证无人机系统与其他系统之间信息的快速传输,促进作战系统的相互合作与协同,从而提升体系运行的效果和效率。

无人机系统的互操作性包括五项关键使能因素,分别如下:

(1) 面向指挥、控制和通信通用/开放架构;

(2) 软件、固件和硬件的模块化和部组件互换能力设计;

(3) 针对自主性的测试、评估、验证与确认(test and evaluation/validation and verification, TEVV);

(4) 服务于决策生成的数据传输集成;

(5) 贯穿产品生命周期的系统数据权限。

2) 自主性

自主性指的是某一实体基于自身的知识以及对环境和态势的理解,面向目标独立做出决策和行为的能力。自主性一直以来都是无人系统发展最为重要的原始驱动力。可以预见,无人系统自主地获得和授权使用,将对现有作战理念带来革命性的变化。自主性或自主能力的增强可以大幅提升无人系统的作战效率和有效性,并可形成战略性的优势。

无人机系统自主性发展的四项关键使能因素分别如下：

（1）人工智能（artificial intelligence，AI）/机器学习（machine learning，ML）；

（2）基于自主性提升的效率和效能提升；

（3）人机互信的建立；

（4）自主性的武器化运用。

3）网络安全

在信息化环境下，网络安全的重要性毋庸置疑。同样地，在现阶段及可预见的未来，无人机系统的运行几乎完全依赖于网络连接和有效的频谱接入，因此网络的安全可靠至关重要，是无人机系统发展与应用的有效保障。

无人机系统网络安全的发展包括三项关键使能因素：

（1）具备防御和免疫能力的网络运行；

（2）敏感数据/信息的安全保障；

（3）电磁频谱（electromagnetic spectrum，EMS）与电子战（electronic warfare，EW）。

4）人-机协作

人-机和谐共生、高效融合是无人系统发展的最终目标。相对而言，所对应的人-机交互与协作是一个相对较新的跨学科领域，其中人与无人系统之间的沟通、工作划分与建模、相互配合度、协作可行性与可靠性等都是需要深入研究的问题。未来军事任务实现中，基于人-机协作的有人系统/无人系统综合集成运用是必然的选择。

无人机系统人-机协作的发展主要包括两项关键使能因素：

（1）人-机接口；

（2）人-机编组。

8.2　无人机发展对自主控制系统的要求

不难看出，无人机系统的发展与应用在很大程度上依赖于自主控制系统，尤其是无人机系统发展的四大关键主题均与自主控制系统密切相关，这对自主控制系统关键技术的突破，以及面向工程化应用的系统设计与实现都提出了很高的要求。相关要求可归纳为三个主要方面，分别是网络化和智能化要求、隐身和机动能力要求、低成本可消耗性要求。这些要求贯穿了物理域、信息域和认知域,从多个角度对自主控制系统的需求和功能形成了牵引和约束,直接影响到系统的设计实现和未来关键技术的发展方向。

8.2.1 网络化和智能化要求

无人机自主控制系统作为典型的现代人工系统,在其发展过程中同样体现出由数字化到网络化,再到智能化的明显特征。在当前工程实际中,基于电传飞行控制的技术基础,毫无疑问自主控制系统已经完全实现了数字化;同时,现阶段在"无人化协同""体系攻防"等应用场景需求的大力牵引下,自主控制系统正在逐步向网络化的目标坚实迈进;智能化则是对自主控制系统与生俱来的永恒追求,并且"计算智能""感知智能""认知智能"等技术发展正在快速推进自主控制系统的智能化进程。

网络化要求主要体现在无人机面向任务的体系协同自主控制功能的实现。目前,主要面向"有人-无人协同控制"和"多无人系统协同控制"这两个无人机重要的应用发展方向,典型的应用场景分别是近年来大热的"忠诚僚机"和"蜂群作战"。显然地,在无人机参与的网络化协同任务中,信息交互主要是基于网络实现的。在任务过程中,无人机自主控制系统不仅要面向任务要求,实现协同感知/认知、协同规划/决策、协同控制/执行等功能;而且要在考虑任务、自然环境、敌我态势等不确定性的基础上,进一步考虑网络信息交互和传输中的不确定性,例如常见的延迟、中断、阻塞等,研究和分析各种网络通信受限的情况对自主控制系统和协同任务的影响,并研究相应的处理和解决问题的方法。

因为智能化作战的核心在于无人平台及体系的自主性,而自主性水平则决定了武器装备智能的高低[7],所以智能化要求从来就是无人机自主控制系统的核心诉求之一,而且体现在系统设计实现的方方面面。例如,在自主控制系统分层递阶结构(见图 2-11)中,不论是在决策管理层,还是在组织协调层和控制执行层,尽管不同层级的智能程度水平有所不同,并且智能自上而下依次降低,但智能化要求在各个层级中都有切实的不同体现。以无人机作战对抗为例,若从基于 OODA 循环的角度审视自主控制系统功能,智能化主要体现在第二个"O"和"D",即"认知"(orientation)和"决策"(decision)环节。在"认知"环节中,需要根据前端"感知"(observation)环节获取的各种信息进行智能化融合与处理,以实现敌我双方意图与作战态势的分析与判断;在"决策"环节,基于前述"认知"的结论,智能化实现各种战术决策、任务/目标分配、航迹规划/重规划和战术机动决策等功能。在 OODA 循环的其他两个环节,智能化也有体现,例如"智能感知""智能飞行控制"等功能的实现。此外,智能化还体现在自主控制系统的学习和进化上,如近年来面向空战的自主进化决策相关研究等。

8.2.2 隐身和机动能力要求

对先进无人机平台,尤其是无人作战类飞机而言,隐身能力和机动能力要求是重要的系统指标[8],而且它们对平台的气动外形设计、控制操纵面的配置/布局均会产生重大影响,这些影响则直接关系到自主控制系统底层——"控制执行层"的设计实现。

仍基于 OODA 循环考虑,为满足先进无人机的隐身和机动能力要求,自主控制系统设计主要面向其中的"A",即"执行"(action)环节。通常是在传统意义上飞行控制的范畴内,采用各种有效的控制技术,解决飞行中由于隐身和机动能力要求所带来的稳定性和操纵性相关问题。

隐身能力的获取存在多种技术途径,包括隐身气动外形、隐身材料/涂料、电磁/红外干扰、屏蔽等。其中,与自主控制系统设计与实现密切相关的是气动外形隐身设计要求。以美国 F-117A 和 B-2 等优秀隐身战机为例,F-117A 依靠独有的多面体气动结构布局实现隐身能力(RCS $0.01\sim0.001\ \mathrm{m}^2$),B-2 则通过翼身融合的无尾飞翼气动布局实现隐身能力(RCS $0.1\ \mathrm{m}^2$)。但是,隐身飞机的隐身能力在一定程度上是以牺牲飞机的飞行性能为代价的:F-117A 的稳定性很差,是美国空军公认最难操纵的飞机;B-2 所采用的无尾布局则存在航向稳定性差和基于阻力方向舵的操纵性问题。与常规飞行器相比较,为了实现它们的飞行品质要求,控制系统设计的难度和挑战要大得多。

机动能力对无人作战类飞机至关重要。由于机上无人,所以至少从过载的角度,无人机的机动能力可以轻易突破有人驾驶飞机 $8g\sim9g$ 的常规设计要求限制,同时也可对平台的负过载能力进行拓展,这相对于有人驾驶飞机无疑是一种颠覆性的能力。此外,面向过失速的超机动能力也是先进无人作战飞机所要具备的能力之一。要实现无人机的各种机动能力要求,如果在气动、结构、强度、动力都可行的前提下,最终则需要依靠稳定、鲁棒、可靠的控制系统来实现无人机的大机动/超机动飞行。除了常规讨论的机动性之外,无人机的机动能力还体现在敏捷性上,即改变机动飞行状态的能力。从国内外公开文献看,目前这方面的研究还很少,不排除需要针对无人机的特性,对其机动性和敏捷性做出与时俱进的新定义,并持续不断地进行深入研究。

在工程实际中,隐身能力和机动能力往往存在一定的冲突,若想两者兼得需要做出一定的折中。在这一方面 F-22 是优秀的工程典范,有效将隐身外形、低超声速波阻、大迎角气动及非定常前体涡控制等多方面约束综合考虑,不仅获得了较好的隐身能力(RCS 0.1 m²),还具有很强的机动能力。此外,综合考虑隐身和机动能力要求,甚至结合航程航时等续航能力要求,无人机平台采用先进的非常规布局(如变体等)也是一个可行的方向。

面向隐身和机动能力的要求,自主控制系统主要需要解决好两个层次的问题:底层是新的结合气动布局所采用的控制操纵面实现与应用方式,包括气动、矢量、射流、直接力等各种类型的控制操纵面,以及它们的有效综合;上层是为实现能力要求所采用的新的控制算法、控制策略和评价方法,包括现代多变量控制理论的研究与应用、面向无人机的品质评价准则等。

8.2.3　低成本可消耗性要求

近年来,在美国主导下,可消耗无人机系统(attritable UAS)的概念日益兴起。究其原因:一方面,现代战争的成本越来越高,经济实力强如美国,也难以支撑高端武器平台(如 F-22、F-35 等)的大量采购、使用和维护;另一方面,随着科技的进步,体系协同的能力得以不断增强,尽管体系构成中一些成员或单位的个体能力有限,但是它们与已有高端装备形成了体系化的集成和协同,所带来的好处可以极大地弥补低端平台能力的不足,在获取同等能力和作战效果的前提下,可在一定程度上有效降低成本。

在上述背景下,目前低成本可消耗性已经作为武器装备发展的基本要求贯穿了美国军方引领的无人僚机、无人集群、马赛克战等众多热门概念和相关研究。根据可查的文献和信息,美国 AFRL 和 DARPA 资助开展了大量低成本/可消耗无人机系统的项目,尤其是在 2016—2020 年公开和曝光的相关项目层出不穷,从多个角度和方向对可消耗无人机系统的实现形成了有效支撑,其中若干有代表性的典型项目列于表 8-1。

表 8-1　近年来美军可消耗无人机相关的重要项目[8-11]

项目名称	主导方	简要介绍
Low Cost Attritable Aircraft Technology (LCAAT)	AFRL	面向低成本可消耗无人机的项目群
Low Cost Attritable Strike Demonstrator (LCASD)	AFRL	面向低成本平台的 LCAAT 子项目,单价不超过 300 万美元

（续表）

项目名称	主导方	简要介绍
Skyborg	AFRL	吸收合并了 LCAAT 和 LCASD 等新的面向可消耗无人机的项目群
Low Cost Attritable Aircraft Platform Sharing (LCAAPS)	AFRL	面向不同任务要求，可适应性快速重组的低成本航电、核心机体技术
Golden Horde	AFRL/DARPA	面向弹药的网络化自主协同攻击技术
Gremlins	DARPA	可消耗无人机发射/回收（基于 C - 130 等）
Air Combat Evolution (ACE)	DARPA	基于人工智能的自主空战技术
Collaborative Operations in Denied Environments (CODE)	DARPA	面向拒止环境，基于人工智能算法的无人机协同作战自主能力提升
Mosaic Warfare	DARPA	面向大量低成本、单一功能武器系统的动态组合、密切协作及自主规划，以形成一个按需集成、极具弹性的作战体系

　　对于自主控制系统而言，为了满足面向武器装备发展的无人机低成本可消耗性要求，可基于开放式架构采用模块化设计，从而便于系统功能的增强和扩充，提升系统使用的弹性和灵活性，保证系统良好的可维护性，并有效降低系统的生命周期费用。更进一步，基于马赛克战的概念和思想，可面向不同的平台和任务，最终实现自主控制系统功能和能力的快速升级、变换与重组。为此，需要统筹考虑并合理解决以下主要问题：

　　（1）开放式系统结构设计；

　　（2）相对统一的软硬件接口及标准协议建立；

　　（3）通用化/模块化的软硬件设计；

　　（4）软件可重用设计；

　　（5）商用货架产品和技术的应用；

　　（6）互操作性的考虑等。

8.3　无人机自主控制系统发展与展望

8.3.1　发展现状

　　实现真正意义上面向各种不确定性难题的自主控制系统，不论是对于科学理论研究，还是对于工程设计实践，都是一项革命性的技术挑战，同时是一个不断迭代、渐进发展的过程。

无人机自主控制系统的发展途径基本上是以传统的制导、导航与控制(GNC)系统为基础,借鉴已有的技术基础和工程实践经验,针对无人机任务和环境的复杂性、动态性和不确定性,并考虑相应的人机交互实现,在其各项功能上进行面向自主性要求的拓展。

目前,在这一发展过程中,无人机自主控制系统呈现出以下较为典型的技术特征和现状。

1) 控制对象向混合、动态的复杂大系统发展

无人机自主控制系统不仅需要实现无人机平台的自主飞行,而且需要结合所执行的任务,面向各种不确定性,实现任务自适应自主飞行。更进一步,随着参与飞行和任务无人机数量的增加,还需要实现多无人机协同任务自适应自主飞行。显然地,控制的要求已不再是单一的飞行控制,目标也随着飞行和任务的不同变得多样且可能互相制约。因此,无人机自主控制系统无疑是一个多结构、多尺度、多模式混合的复杂大系统[12],具有离散符号和连续动力学混杂的典型特征[13],而且除控制外,还涉及感知、信息交互、决策、管理等多方面内容。

黄琳的文章引用了关肇直和许国志的观点,对系统规模和复杂性的关系进行了阐述:"系统规模大不是问题的实质,从理论上讲规模大的线性系统与规模较小的线性系统并无本质上的差异,问题在于非线性,而特别值得研究的是上层由运筹学决定而下层由动力学确定的复杂系统[12]。"无人机自主控制系统作为一个典型的事件驱动与时间驱动的混合动态系统,正属于上述复杂系统的范畴。

2) 控制结构设计向开放式层次化的控制系统架构发展

无人机自主控制系统作为一种典型的大规模复杂智能化系统,功能要素多、逻辑关系多、层次结构复杂,同时系统对周期、成本、维护性、通用性、扩展性等都有较强的要求,因此其实现通常采用开放式层次化的控制系统架构。

自主控制系统的实现一般按照智能控制系统精度随智能降低而增大(IPDI)的原则,建立系统的层次划分架构,并且在各层次之间采用标准的接口。这种开放式的系统架构具有诸多优点,不仅便于不同系统部件之间的互连、互通和互操作,而且便于硬件和软件的移植和重用,也便于系统功能的增强和扩充。采用开放式层次化系统架构,不仅可以提高系统的冗余和重构能力,而且可以用最低的生命周期费用达到所要求的任务性能和保障性,并为系统功能的扩展和性能改进奠定基础。

此外,开放式系统架构不仅涉及各种相关硬件,也涉及软件。软件开放系统、软件可重复使用、软件可变规模与硬件的开放性同样重要,也是降低系统全寿命周期费用、缩短研制开发周期的重要措施。例如,近年来由美国海军航空系统司令部发起,广受关注的"未来机载能力环境"[14](future airborne capability environment, FACE)标准,就是一种典型的开放式软件架构策略,通过在已安装好硬件的军用航电平台上建立软件通用操作环境,使 FACE 组件应用在不同平台上可被重新部署,从而实现跨平台的可移植性和重用性。

3) 控制功能实现向标准模块化设计发展

标准的模块化设计是系统实现结构简化和综合化的基础,也是实现系统可重构的基础。对于自主控制系统,一方面基于开放式系统架构,另一方面结合面向功能实现的标准模块化设计,实际上采用更多的是所谓"模块化开放式系统架构"(modular open systems architecture, MOSA)思想,可视为是综合模块化航电(integrated modular avionics, IMA)的设计思想的扩展和延伸,其实现准则主要包括建立 MOSA 使能环境、采用模块化设计、设计关键接口、使用开放式标准以及验证的一致性。

开放式系统中的标准化模块能有效地将各子系统集成到更大的系统中,使需求与应用相适应,从而提升系统集成能力、缩短系统研发周期、节约系统维护成本,确保系统能够与其他所有相关系统实现互操作。在无人机自主控制系统的设计实现中,根据 MOSA 思想,同时结合软件使能控制[15](software enabled control, SEC)中的开放式控制平台(open control platform, OCP)技术,采用标准化的物理/逻辑接口,将系统的各种功能进行模块化分解与积木式集成,在可扩展的框架下实现多个不同的可配置应用,从而更好地满足系统开放性、可扩展、可配置、便于维护/升级等要求。

4) 控制算法设计向多变量、非线性方向发展

与有人驾驶飞机相比,由于机上无人,无人机(尤其是现代先进无人机)的设计约束相对更少,从飞行包线、机动性、敏捷性等角度出发,无人机可挖掘的潜力比有人驾驶飞机要大得多,而这种潜力的有效释放在很大程度上依赖于优秀的控制算法和控制策略。此外,在有人驾驶飞机的飞行控制律设计过程中,出于安全性、继承性的考虑,实际中往往趋于保守,使得多变量、非线性先进控制技术的工程化应用进展相对缓慢。

现代先进无人机作为一类典型的强非线性的多输入多输出系统,随着任务和使命要求的不断发展,其复杂程度和控制要求在不断提高,用于实现无人机飞

行的控制算法设计也趋于复杂,呈现出多模态、多约束、多准则的典型特征。为了在整个飞行包线内保证系统稳定,而且具有良好的动/静态品质,多变量、非线性控制技术有机会率先在无人机领域得到应用。近年来,国内外通过各类小型无人机的相关试验验证与应用,关键技术的成熟度得到了很大提升,并在逐步走向工程化实用。

针对多变量、非线性控制技术在无人机领域的研究应用和发展,有两个主要方向,分别面向如何使用及如何评价的问题。前者更多关注的是如何将多变量、非线性控制技术有效地用于无人机控制对象,后者侧重于基于多变量、非线性的无人机飞行品质评价体系建立与方法研究。

5) 系统综合向以控制为核心的一体化综合发展

由于系统自身及其应用的复杂性,在无人机自主控制系统的实现过程中,越来越多地需要以控制为核心,一体化地考虑所涉及的多方面相关领域,实现系统能力和性能的综合提升,典型的若干案例如下。

(1) 导航、制导与控制一体化。

在综合飞行器管理、航电系统综合化等技术发展趋势下,导航、制导与控制一体化是解决无人机系统面向功能、性能、可靠性等多约束优化问题的一种低成本有效手段,已在诸如微小飞行器、战术导弹等小型无人飞行器上得到了广泛应用。柴天佑也曾明确指出,导航制导一体化控制系统是运载工具自动化系统的重要发展方向[16]。导航、制导与控制一体化系统一般通过采用通用的开放式系统架构及模块化计算机,从而实现计算处理能力共享,资源利用率高;同时,可增强系统构件、软件的复用性,使得系统易于升级和维护,降低系统成本;此外,一体化的设计减小了系统的体积与重量,为任务设备腾出更多的有效载荷。

(2) 面向先进布局无人机的气动、结构、动力与控制一体化。

一方面,随着主动控制技术的发展和随控布局设计思想的应用,飞行器的设计理念已从被动走向主动,更多地将气动、结构和控制进行综合一体化考虑。例如在飞机结构设计中,不再以增加结构重量为代价来提高结构刚度,进而回避气动弹性问题,而是可以通过在机翼上布置多个控制面,通过主动控制系统驱动其联合偏转,提高机翼控制气流的能力,进而主动调节结构气动弹性效应,从而减轻结构重量,优化飞机性能[17]。

另一方面,先进布局无人机越来越多地采用各种创新的控制效应,包括各种多元、混合、异构的控制作用,例如主动气流控制、射流矢量喷管、灵巧材料变形控制、连续气动控制面等,这些创新控制作用与常规气动控制面结合使用,可以满足未来新气动布局飞行器的控制性能要求。这些新型控制效应的实现,同样需要针对气动、结构、动力和控制进行一体化综合考虑。

(3) 面向不确定性的决策、管理与控制的一体化。

基于分层递阶控制的观点,飞行控制系统的控制功能从底层不断地向高层移动,从常规控制拓展为决策、管理与控制的一体化综合,对于有人驾驶飞机主要体现为智能辅助决策控制功能的实现,对于无人机则体现为具有处理不确定性能力的自主控制系统实现。面向飞行和任务中的不确定性,要求自主控制系统从一体化的角度系统地去设计和分析其中的决策、管理与控制各环节,系统地考虑决策、管理与控制的体系架构、机制和实现途径。需要在满足决策、组织、协调、执行的一致性功能要求基础上,针对信息、事件和数据层阶性的多尺度、多分辨率特征,进行深入全面的考虑和研究,以便突破全局性、系统性和多目标、多约束的设计、优化、开发、综合、试验、验证和评估等诸多关键性问题。

(4) 网络化信息环境下的控制、计算与通信的一体化。

在网络化的信息环境下,面向任务的协同越来越重要,包括有人-无人的协同和无人智能体之间的协同。无人机自主控制系统的控制对象也从单一的飞行器平台对象拓展为大量互联和互操作的异构物理与信息系统,因此系统体现出控制、计算与通信一体化的明显特征。分布式计算、通信与传感环境下的飞行器控制系统中分布的计算单元基于分布的指令及传感信息计算控制规律,通过分布的执行器控制分布的对象,以达到系统的控制目标,这些分布的活动是借助于分布的通信交互联系,以及共同的任务协同而构成一个完整的大系统。例如,在多无人机编队或者任务协同中,通信拓扑的变化,通信延迟的波动,都会对控制系统的性能产生明显的影响,需要结合控制要求,系统地针对分布式计算/传感/通信等环节进行一体化的考虑,从而获取高品质的系统控制功能和性能。

8.3.2 面临的挑战

基于上述无人机自主控制系统的发展现状,当前自主控制系统发展所面临的主要挑战来自以下几个方面。

1) 人与自主控制系统的互融互信

自主控制系统研发与应用的最终目的还是为了使无人系统更好地服务于人类。限于现阶段自主控制系统的技术水平尚难以实现较高层次的自主性,自主控制系统在使用和发展中面临的首要问题和挑战就是需要明确何时并以何种程度使用自主控制系统,或何时进行何种干预。这是一个关于"人"对无人系统如何进行授权和信任的问题,是最终建立人与自主控制系统互融互信的基础。图8-2从可靠性的角度对此进行了形象的描绘。

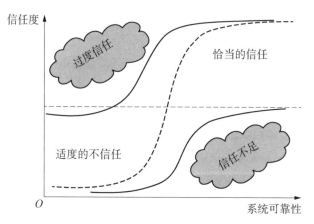

图8-2 对自主系统的适度信任至关重要[18]

为了有效地建立人机互信,并且将其现阶段落实到自主控制系统的设计中,尤其是面向军事应用时,需要把握好几个基本的原则:

(1) 绝大多数情况下,自主控制系统的最终控制权限应掌握在人的手中;

(2) 根据实际需求进行自主控制系统的设计,避免为设计而设计;

(3) 自主的状态必须足够透明,自主的推理必须可追溯,自主的行为必须可解释;

(4) 必须避免自主模式的增殖,避免授权范围外自主性的不利影响;

(5) 必须保证自主控制系统的功能一致性,系统输出的随机性必须控制在一定范围内。

2) 面向环境、态势/威胁的智能感知

感知的三个层次分别是察觉、理解和预测[19],自主控制系统在动态不确定环境中正常运行的前提是对环境、态势及威胁的实时感知与认知。当前,自主控制系统的智能感知水平还相当有限,关于智能认知的研究才刚刚起步。就作战应用而言,智能感知/认知是打赢当前信息化战争乃至未来智能化战争都必须首要突破的瓶颈[20]。

这方面的相关研究和挑战可以归纳为两个主要的方向。一是从数据/信息融合的角度出发,研究多模态的智能融合感知,即基于已有的多种传感器,采用智能融合的手段,实现不同传感器特性差异的互补,从而显著提升系统的感知能力。二是仿生/类脑等新型感知手段的研究与开发。例如围绕传感器的仿生视觉、动态视觉、角度敏感像素传感器等相关研究,又如算法方面基于深度学习中卷积神经网络框架的图像/视觉技术等,其中一些类脑感知技术已经开始与无人机应用相结合,呈现出良好的发展态势[21-22]。

在智能感知方面,需要进一步深入研究的若干典型方向如下:

(1) 态势感知及评估对知识的表达、组织和利用;

(2) 计算机认知、推理和评估的研究和应用;

(3) 定量和定性相结合的态势评估的研究;

(4) 基于跨平台信息共享的信息获取与信息融合;

(5) 资源和时间约束下的多任务态势评估;

(6) 具备学习/进化能力的感知与认知等。

3) 面向不确定性的自主规划、决策与控制

自主控制的主要特征是"在无人干预的情况下,面对不确定性,实时或近实时地解决复杂的优化控制问题",因此面向不确定性的规划、决策与控制功能实现是自主控制系统的核心问题,需要解决参数不确定性、结构不确定性、事件不确定性等所带来的一系列挑战。

近年来,人工智能技术得到了极大的发展,相关理论的不断成熟必将极大地促进无人机自主规划、决策与控制的研究和应用,尤其是深度学习、强化学习等智能化算法,有望取得应用突破并发挥至关重要的作用。

面向工程应用需要研究和解决的主要问题如下:

(1) 实时规划/重规划,如任务/航迹规划等;

(2) 面向任务的智能自主决策,如自主空战等典型任务;

(3) 编队飞行与防撞控制,包括队形生成、保持、重构、防撞等;

(4) 面向协同的分布式规划、决策与控制;

(5) 通信延迟、受限、拒止等条件下的协同控制;

(6) 故障诊断与自主容错控制(尤其是预期外的故障);

(7) 面向智能算法的高性能机载计算能力实现等。

4) 自主控制系统的验证、评估与确认

现阶段,绝大多数的研究集中于自主控制系统的设计与实现过程,针对其验证、评估与确认的研究还不多见。这也从一个侧面反映了在自主控制系统的认识方面不够深入,远未全面地从理论研究走向工程应用。

与常规的控制系统相比,自主控制系统的行为模型尚不成熟,尤其是具备自

土性的核心部分往往采用智能算法或工具实现,模型呈现出"灰色"甚至"黑色"特性,模型拆解困难,可解释性差,系统的输出在一定范围内也存在随机性。这使得传统的系统综合验证、评估与确认手段一定程度上不再适用甚至失效,需要未雨绸缪,探索新的方法和手段。

值得大力开展研究的若干相关方向如下:

(1) 自主控制系统的综合、验证与确认方法;

(2) 自主控制系统的自主性/自主能力评价;

(3) 多变量/非线性控制系统的稳定性、鲁棒性评价;

(4) 自主无人机飞行品质评价;

(5) 自主无人机任务效能评估等。

8.3.3　未来展望

自主控制系统的开发与设计正在逐步由理论研究转向实现工程化应用。着眼未来,有以下若干趋势值得重点关注,它们或将对无人机自主控制系统的设计与实现产生重大的影响。

1) 无人机的体系化运用

从无人机的应用方式看,经历了从单机运用到有人-无人协同,再到无人机编队/集群完成任务,以及与其他无人系统的协同运用,这一由平台逐渐过渡到体系运用的变化过程非常明显。

从自主控制系统的实现结构看,也在从面向"一机一型"的封闭专用系统结构向开放式模块化结构转变[23],并进一步基于"马赛克战"思想的不断升级[24],这一过程虽然直接强调的是系统实现的开放性、互操作性、通用性和成本可负担性,但是背后同时所体现的也是无人机体系化运用的趋势推动力量。

因此,未来无人机自主控制系统的开发与设计,不仅需要结合载体/平台特性考虑系统层面各功能和性能的实现,而且需要更多地去兼顾考虑无人机体系化运用层面的各种相关问题。

2) 以认知/决策为中心的智能化作战

现代战争形态正由机械化、信息化向智能化演进,各军事强国纷纷将智能化作战作为未来的主要发展方向。智能化作战是指以人工智能为核心,以信息网络、大数据、云计算、物联网和智能控制等技术为支撑,通过使用智能化武器装备平台而进行的作战[25]。

无人机作为支撑智能化作战的重要装备,"自主系统"和"智能化"作为其核心要素体现在美国国防部[6]、空军[8-9]、陆军[26-27]、北约[28]的众多重要报告中。尤其是在"后网络化"时代,认知优势和决策优势在作战中的地位越来越重要,使得美军近年来在关于无人系统作战运用中,也在不断强调"认知中心战""以决策为中心的马赛克战"等新理念。

因此,自主控制系统的研究与应用的发力点应更多地集中于面向不确定性的智能化"认知"和"决策"两个主要方向上,需要充分借鉴和利用人工智能技术的发展与进步,面向无人机的实际运行环境和承担的任务,开展有的放矢的工程化应用研究。

3) 先进工具、算法的应用与推广

与传统有人驾驶飞机的飞行控制系统相比,无人机自主控制系统的开发与设计更加复杂,需要将系统的感知、规划、决策和行动等各种模块有机地结合起来,实现期望的任务管理、飞行管理、飞行控制等主要功能。

因此,无人机的自主控制系统已然成为一个复杂的大系统,工程中传统的系统设计开发方法在一定程度上应用受限且效能较为低下,需要引入新的工具、新的算法来提升系统的设计开发能力。

例如,在自主控制系统的需求分析和建模仿真阶段,可以引入 DoDAF[29]的思想方法和相关工具,使对复杂系统理解和认识更加到位,有利于系统需求分析和后续系统设计开发。又如,目前已经在无人机机载系统中普遍采用的自动代码生成技术等,可以极大地提升系统的开发效率。在未来,类似的先进系统设计工具必然会在自主控制系统的开发中得到更加广泛和深入的应用。

除了先进工具之外,先进算法,尤其是人工智能领域的先进算法、面向非线性多变量对象的控制算法等,有望在无人机自主控制系统的设计中得到应用与推广。例如,已有针对空战决策[30]、博弈对抗[31]等场景的智能算法应用研究,并取得了可喜的进展,呈现出了良好的前景。

参考文献

[1] 曾庆华,郭振云. 无人飞行控制技术与工程[M]. 北京:国防工业出版社,2011.

[2] 王道波,任景光,蒋婉玥,等. 无人靶机及其自主控制技术发展[J]. 科技导报,2017,35(7):49-57.

[3] Otto R P. Air Force ISR 2023: delivering decision advantage[R]. United States Air Force, 2013.

[4] Jamieson D. Next generation ISR dominance flight plan: summary[R]. United States Air Force, 2018.

［5］ Blackhurst J L. Integrity-service-excellence-AIR Force science and technology program ［R］. United States Air Force, 2017.

［6］ Unmanned systems integrated roadmap 2017—2042［R］. Department of Defense 2018.

［7］ 胡晓峰,荣明. 智能化作战研究值得关注的几个问题［J］. 指挥与控制学报,2018,4(3)： 195 - 200.

［8］ Gunzinger M, Rehberg C, Autenried L. Five priorities for the Air Force's future combat air force［R］. The Center of Strategic and Budgetary Assessments, 2020.

［9］ Zacharias G L. Autonomous horizons-the way forward, a vision for Air Force senior leaders of the potential for autonomous systems, and a general framework for the science and technology community to advance the state of the art［R］. Office of the United States Air Force Chief Scientist, 2019.

［10］ Deptula D. Restoring America's military competitiveness: mosaic warfare［R］. Mitchell Institute for Aerospace Studies, 2019.

［11］ Clark B, Patt D, Schramm H. Mosaic warfare-exploring artificial intelligence and autonomous systems to implement decision — centric operations［R］. The Center of Strategic and Budgetary Assessments, 2020.

［12］ 黄琳,杨莹,李忠奎. 关于智能控制的几个问题［J］. 中国科学(信息科学),2018,48(8)： 1112 - 1120.

［13］ 陈宗基,张汝麟,张平,等. 飞行器控制面临的机遇与挑战［J］. 自动化学报,2013,39(6)： 703 - 710.

［14］ The Open Group. FACE™(future airborne capability environment) technical standard, edition 3.0［S］. 2017.

［15］ Samad T, Balas G. Software-Enabled Control: Information Technology for Dynamical Systems［M］. Piscataway: Wiley-IEEE Press, 2003.

［16］ 柴天佑. 自动化科学与技术发展方向［J］. 自动化学报,2018,44(11)：1923 - 1930.

［17］ 胡海岩,赵永辉,黄锐. 飞机结构气动弹性分析与控制研究［J］. 力学学报,2016,48(1)： 1 - 27.

［18］ Endsley M R. Autonomous horizons, system autonomy in the Air Force—a path to the future, volume I: human autonomy teaming［R］. Office of the United States Air Force Chief Scientist, 2015.

［19］ Endsley M R. Toward a theory of situation awareness in dynamic systems［J］. Human Factors, 1995,37(1)：32 - 64.

［20］ 朱丰,胡晓峰,吴琳,等. 从态势认知走向态势智能认知［J］. 系统仿真学报,2018,30(3)： 761 - 771.

［21］ 赵欣怡,宗群,张睿隆,等. 类脑智能技术在无人系统上的应用［J］. 控制理论与应用, 2019,36(1)：1 - 12.

［22］ 刘建业,杨闯,熊智,等. 无人机类脑吸引子神经网络导航技术［J］. 导航定位与授时, 2019,6(5)：52 - 60.

［23］ Gonzales D, Harting S. Designing unmanned systems with greater autonomy: using a federated, partially open systems architecture approach［R］. Rand Corporation, 2014.

［24］ Sapaty P S. Mosaic warfare: from philosophy to model to solutions［J］. International

Robotics & Automation Journal, 2019,5(5):157 - 166.

［25］丁友宝,彭志刚,张洪群. 智能化作战及军队战略推进与发展［J］. 国防科技,2019,40
(4):4 - 8,49.

［26］Andresky N L, Henderson J. Operationalizing robotic and autonomous systems in support of multi-domain operations white paper［R］. United States Army Capabilities Integration Center, 2018.

［27］Feickert A. U. S. Ground forces robotics and autonomous systems (RAS) and artificial intelligence (AI): considerations for congress［R］. Congressional Research Service, 2018.

［28］Reding D F, Eaton J. Science & technology trends 2020—2040［R］. Defense Technical Information Center, 2020.

［29］DoD Architecture Working Group. DoD architecture framework 2.02［R］. Department of Defense, 2010.

［30］黄长强. 未来空战过程智能化关键技术研究［J］. 航空兵器,2019,26(1):11 - 19.

［31］曹雷. 基于深度强化学习的智能博弈对抗关键技术［J］. 指挥信息系统与技术,2019,10
(5):1 - 7.

索　引